应用型本科 机械类专业"十二五"规划教材

"十二五"江苏省高等学校重点教材(编号：2015－2－038)

材 料 力 学

主　编　陈菊芳　　朱福先　　韩文钦
副主编　杨　超　　于彩敏　　杨　梅
参　编　陈　逸
主　审　马景槐

U0277898

西安电子科技大学出版社

内 容 简 介

本书是"十二五"江苏省高等学校重点教材,也是为应用型本科院校精心编写的材料力学教材。

本书共 12 章,主要内容包括绪论、轴向拉伸与压缩、剪切与挤压、扭转、弯曲内力、弯曲应力、弯曲变形、应力状态分析与强度理论、组合变形、压杆稳定、动载荷和能量法等。本书中每章例题经过精心挑选,注意理论与工程实际问题结合,并配有解题分析和讨论。各章末均配有思考题与习题,附录 C 给出了思考题与习题参考答案。

本书适合作为应用型本科院校工科各专业的"材料力学"课程的教材,也可作为高职高专和成人教育的教材,还可作为相关工程技术人员的参考书。

图书在版编目(CIP)数据

材料力学/陈菊芳,朱福先,韩文钦主编. —西安:西安电子科技大学出版社,2016.6
应用型本科机械类专业"十二五"规划教材
ISBN 978 - 7 - 5606 - 4016 - 7

Ⅰ. ① 材… Ⅱ. ① 陈… ② 朱… ③ 韩… Ⅲ. ① 材料力学-高等学校-教材 Ⅳ. ① TB301

中国版本图书馆 CIP 数据核字(2016)第 021670 号

策划编辑 高 樱
责任编辑 王 瑛
出版发行 西安电子科技大学出版社(西安市太白南路 2 号)
电   话 (029)88242885 88201467   邮   编 710071
网   址 www.xduph.com   电子邮箱 xdupfxb001@163.com
经   销 新华书店
印刷单位 陕西天意印务有限责任公司
版   次 2016 年 6 月第 1 版 2016 年 6 月第 1 次印刷
开   本 787 毫米×1092 毫米 1/16 印 张 20.5
字   数 481 千字
印   数 1~3000 册
定   价 45.00 元

ISBN 978 - 7 - 5606 - 4016 - 7/TB

XDUP 4308001 - 1

应用型本科 机械类专业规划教材
编审专家委员名单

主　任：张　杰（南京工程学院 机械工程学院 院长/教授）

副主任：杨龙兴（江苏理工学院 机械工程学院 院长/教授）

张晓东（皖西学院 机电学院 院长/教授）

陈　南（三江学院 机械学院 院长/教授）

花国然（南通大学 机械工程学院 副院长/教授）

杨　莉（常熟理工学院 机械工程学院 副院长/教授）

成　员：（按姓氏拼音排列）

陈劲松（淮海工学院 机械学院 副院长/副教授）

郭兰中（常熟理工学院 机械工程学院 院长/教授）

高　荣（淮阴工学院 机械工程学院 副院长/教授）

胡爱萍（常州大学 机械工程学院 副院长/教授）

刘春节（常州工学院 机电工程学院 副院长/副教授）

刘　平（上海第二工业大学 机电工程学院 教授）

茅　健（上海工程技术大学 机械工程学院 副院长/副教授）

唐友亮（宿迁学院 机电工程系 副主任/副教授）

王荣林（南理工泰州科技学院 机械工程学院 副院长/副教授）

王树臣（徐州工程学院 机电工程学院 副院长/教授）

王书林（南京工程学院 汽车与轨道交通学院 副院长/副教授）

吴懋亮（上海电力学院 能源与机械工程学院 副院长/副教授）

吴　雁（上海应用技术学院 机械工程学院 副院长/副教授）

许德章（安徽工程大学 机械与汽车工程学院 院长/教授）

许泽银（合肥学院 机械工程系 主任/副教授）

周　海（盐城工学院 机械工程学院 院长/教授）

周扩建（金陵科技学院 机电工程学院 副院长/副教授）

朱龙英（盐城工学院 汽车工程学院 院长/教授）

朱协彬（安徽工程大学 机械与汽车工程学院 副院长/教授）

前　言

本书是"十二五"江苏省高等学校重点教材,也是为应用型本科院校精心编写的材料力学教材。

本书共 12 章,主要内容包括绪论、轴向拉伸与压缩、剪切与挤压、扭转、弯曲内力、弯曲应力、弯曲变形、应力状态分析与强度理论、组合变形、压杆稳定、动载荷、能量法等。本书内容覆盖面广,可以满足不同专业、不同学时课程的需要。

本书借鉴了近年来国内应用型本科院校力学课程的教学经验,充分考虑了培养应用型人才的特点,并结合了当前社会对应用型人才培养的需要,在内容上进行了精选,在篇章体系上进行了合理安排,在表述上深入浅出,在知识的理解上循序渐进,同时注重基本概念、基本理论和工程的实用性,力求理论与应用并重,知识传授与能力培养并重,是培养应用型本科人才的具有科学性、适应性、针对性的教材。

本书的主要特点如下:

(1) 精选内容。本书内容是根据教育部高等学校力学教学指导委员会制定的"材料力学教学基本要求"进行选取的,并参考了其他教材,因此内容较全面。同时,例题、思考题、习题的选择遵循了工程性、典型性和代表性的原则。

(2) 突出工程应用。本书的定位是"应用型本科教材",为遵循"应用、实践、创新"的教学宗旨,体现应用型的特点,在体现科学性、理论够用的前提下,选取了丰富的工程案例,以加强实践性的内容。

(3) 注重能力培养。本书大多数例题均配有解题分析,且条理清楚、层次分明,展示了材料力学解决问题的全过程,有助于培养学生分析问题和解决问题的能力。此外,大多数例题后还配有讨论,可帮助学生将所学知识融会贯通,并会举一反三。

参加本书编写工作的有江苏理工学院的陈菊芳、朱福先、韩文钦、杨超、杨梅、陈逸,三江学院的于彩敏。其中第 1、3 章及附录由陈菊芳、陈逸编写,第 2、4 章由于彩敏编写,第 5、6、7 章由朱福先编写,第 8、9 章由韩文钦编写,第 10、12 章由杨超编写,第 11 章由杨梅编写。陈菊芳负责全书的统稿、定稿工作。江苏理工学院马景槐教授担任本书主审。

在本书的编写过程中,编者参考了近年来国内外一些优秀教材,吸取了它们的许多长处,并选用了其中的部分例题、思考题与习题,在此向这些教材的编著者致以衷心感谢。

限于编者水平,书中不足之处在所难免,衷心希望读者批评指正,以便重印或再版时不断提高和完善。

编　者

2015 年 11 月

目　　录

第 1 章　绪论 ……………………… 1
　1.1　材料力学的任务 …………… 1
　　1.1.1　构件的承载能力 ……… 1
　　1.1.2　材料力学的任务 ……… 2
　1.2　材料力学的基本假设 ……… 3
　　1.2.1　对变形固体的基本假设 … 3
　　1.2.2　对构件变形的基本假设 … 3
　1.3　外力、内力和应力 ………… 4
　　1.3.1　外力 …………………… 4
　　1.3.2　内力与截面法 ………… 4
　　1.3.3　应力 …………………… 6
　1.4　变形与应变 ………………… 7
　1.5　杆件变形的基本形式 ……… 8
　思考题 …………………………… 9
　习题 ……………………………… 10

第 2 章　轴向拉伸与压缩 ………… 11
　2.1　引言 ………………………… 11
　2.2　拉(压)杆的内力 …………… 12
　　2.2.1　轴力 …………………… 12
　　2.2.2　轴力图 ………………… 13
　2.3　拉(压)杆的应力 …………… 15
　　2.3.1　拉(压)杆横截面上的应力 … 15
　　2.3.2　圣维南原理 …………… 16
　　2.3.3　拉(压)杆斜截面上的应力 … 17
　2.4　材料拉伸时的力学性能 …… 19
　　2.4.1　拉伸试验与 σ-ε 曲线 …… 19
　　2.4.2　低碳钢拉伸时的力学性能 … 20
　　2.4.3　其他塑性材料拉伸时的
　　　　　 力学性能 ……………… 22
　　2.4.4　铸铁拉伸时的力学性能 … 23
　2.5　材料压缩时的力学性能 …… 24
　2.6　拉(压)杆的强度计算 ……… 25
　　2.6.1　极限应力、许用应力与
　　　　　 安全因数 ……………… 25
　　2.6.2　拉(压)杆的强度条件 … 26
　2.7　拉(压)杆的变形 …………… 29

　　2.7.1　拉(压)杆的轴向变形 … 29
　　2.7.2　拉(压)杆的横向变形 … 30
　2.8　拉(压)杆的超静定问题 …… 33
　　2.8.1　拉(压)杆超静定问题的解法 … 33
　　2.8.2　温度应力 ……………… 35
　　2.8.3　装配应力 ……………… 36
　2.9　应力集中的概念 …………… 37
　思考题 …………………………… 39
　习题 ……………………………… 40

第 3 章　剪切与挤压 ……………… 48
　3.1　引言 ………………………… 48
　3.2　剪切的实用计算 …………… 49
　　3.2.1　剪切面上的内力 ……… 49
　　3.2.2　剪切面上的应力 ……… 49
　　3.2.3　剪切强度条件 ………… 49
　3.3　挤压的实用计算 …………… 50
　　3.3.1　挤压应力的实用计算 … 50
　　3.3.2　挤压强度条件 ………… 50
　3.4　连接件的强度计算 ………… 51
　思考题 …………………………… 56
　习题 ……………………………… 56

第 4 章　扭转 ……………………… 60
　4.1　引言 ………………………… 60
　4.2　外力偶矩、扭矩和扭矩图 … 61
　　4.2.1　外力偶矩的计算 ……… 61
　　4.2.2　扭矩 …………………… 61
　　4.2.3　扭矩图 ………………… 62
　4.3　圆轴扭转时的应力与强度条件 … 64
　　4.3.1　薄壁圆筒扭转时的切应力 … 64
　　4.3.2　切应力互等定理 ……… 64
　　4.3.3　切应变与剪切胡克定律 … 65
　　4.3.4　圆轴扭转时的应力 …… 65
　　4.3.5　极惯性矩和抗扭截面系数 … 68
　　4.3.6　扭转圆轴的强度 ……… 70
　4.4　圆轴扭转时的变形与刚度条件 … 71
　　4.4.1　扭转角 ………………… 71

　　4.4.2　圆轴扭转的刚度条件 ……… 73
　4.5　非圆截面杆扭转的概念 ……… 75
　　4.5.1　自由扭转与约束扭转 ……… 75
　　4.5.2　矩形截面杆的自由扭转 ……… 76
　　4.5.3　开口薄壁杆件的自由扭转 ……… 77
　　4.5.4　闭口薄壁杆件的自由扭转 ……… 78
　思考题 ……………………………………… 80
　习题 ……………………………………… 82

第5章　弯曲内力 ……………………… 86
　5.1　引言 ………………………………… 86
　5.2　梁的计算简图 ……………………… 87
　　5.2.1　支座约束的基本形式 ……… 87
　　5.2.2　载荷的基本形式 …………… 87
　　5.2.3　静定梁的基本形式 ………… 88
　5.3　剪力与弯矩 ………………………… 89
　5.4　剪力、弯矩方程与剪力、弯矩图 … 91
　5.5　剪力、弯矩与载荷集度间的
　　　　微分关系 ………………………… 96
　　5.5.1　剪力、弯矩与载荷集度间的
　　　　　　微分关系 ………………… 96
　　5.5.2　利用剪力、弯矩与载荷集度间的
　　　　　　微分关系绘制剪力图、弯矩图 … 97
　　5.5.3　剪力、弯矩与载荷集度间的
　　　　　　积分关系 ……………………… 102
　5.6　平面刚架的弯曲内力 ……………… 104
　思考题 ……………………………………… 105
　习题 ……………………………………… 105

第6章　弯曲应力 ……………………… 109
　6.1　引言 ………………………………… 109
　6.2　截面图形的几何性质 ……………… 109
　　6.2.1　静矩与形心 ………………… 110
　　6.2.2　惯性矩、惯性积和惯性半径 …… 112
　　6.2.3　平行移轴公式 ……………… 114
　　6.2.4　转轴公式 …………………… 115
　6.3　梁在平面弯曲时横截面上的正应力 … 116
　　6.3.1　变形的几何关系 …………… 116
　　6.3.2　物理关系 …………………… 118
　　6.3.3　静力关系 …………………… 118
　6.4　梁的正应力强度条件 ……………… 122
　6.5　弯曲切应力 ………………………… 127
　　6.5.1　矩形截面梁的弯曲切应力 …… 127
　　6.5.2　工字形截面梁的弯曲切应力 … 130
　　6.5.3　圆形截面梁的弯曲切应力 …… 131

　　6.5.4　薄壁圆环形截面 …………… 132
　6.6　梁的切应力强度校核 ……………… 133
　6.7　提高梁的弯曲强度的措施 ………… 136
　思考题 ……………………………………… 140
　习题 ……………………………………… 141

第7章　弯曲变形 ……………………… 147
　7.1　引言 ………………………………… 147
　7.2　挠曲线的近似微分方程 …………… 148
　7.3　用积分法求梁的变形 ……………… 149
　7.4　用叠加法求梁的变形 ……………… 155
　7.5　简单超静定梁 ……………………… 163
　7.6　梁的刚度条件及提高梁刚度的措施 … 165
　　7.6.1　刚度条件 …………………… 165
　　7.6.2　提高梁刚度的措施 ………… 166
　思考题 ……………………………………… 167
　习题 ……………………………………… 168

第8章　应力状态分析与强度理论 …… 172
　8.1　引言 ………………………………… 172
　8.2　应力状态的概念 …………………… 172
　8.3　复杂应力状态的工程实例 ………… 174
　　8.3.1　二向应力状态的工程实例 …… 174
　　8.3.2　三向应力状态的工程实例 …… 176
　8.4　二向应力状态分析的解析法 ……… 176
　　8.4.1　任意斜截面上的应力 ……… 176
　　8.4.2　主平面与主应力 …………… 177
　8.5　二向应力状态分析的图解法 ……… 179
　　8.5.1　应力圆的概念 ……………… 179
　　8.5.2　应力圆的作法 ……………… 179
　　8.5.3　根据应力圆确定斜截面上的
　　　　　　应力 ……………………… 180
　　8.5.4　根据应力圆确定主应力与
　　　　　　极值应力 ………………… 180
　8.6　三向应力状态 ……………………… 183
　　8.6.1　三向应力圆 ………………… 183
　　8.6.2　最大应力 …………………… 183
　8.7　广义胡克定律 ……………………… 185
　8.8　强度理论 …………………………… 187
　　8.8.1　强度理论概念 ……………… 187
　　8.8.2　适用于脆性断裂的强度理论 … 188
　　8.8.3　适用于塑性屈服的强度理论 … 189
　　8.8.4　强度理论的选用 …………… 190
　思考题 ……………………………………… 191
　习题 ……………………………………… 193

第9章　组合变形 ·················· 197

　9.1　引言 ·················· 197

　9.2　斜弯曲 ·················· 198

　　9.2.1　斜弯曲的应力计算 ·········· 198

　　9.2.2　斜弯曲梁的中性轴 ·········· 199

　9.3　拉伸(压缩)与弯曲的组合变形 ·· 201

　9.4　弯曲与扭转的组合变形 ······· 204

　思考题 ·················· 210

　习题 ·················· 211

第10章　压杆稳定 ·················· 216

　10.1　引言 ·················· 216

　10.2　细长压杆的临界压力 ·········· 218

　　10.2.1　两端铰支细长压杆的
　　　　　临界压力 ·········· 218

　　10.2.2　其他支座细长压杆的
　　　　　临界载荷 ·········· 220

　10.3　欧拉公式的适用范围和
　　　　经验公式 ·········· 222

　　10.3.1　临界应力与柔度 ·········· 223

　　10.3.2　欧拉公式的适用范围 ······· 223

　　10.3.3　临界应力的经验公式 ······· 223

　　10.3.4　临界应力总图 ·········· 224

　10.4　压杆的稳定计算 ·········· 225

　10.5　提高压杆稳定的措施 ········· 230

　思考题 ·················· 233

　习题 ·················· 234

第11章　动载荷 ·················· 239

　11.1　引言 ·················· 239

　11.2　杆件作加速运动时的应力与变形 ·· 239

　　11.2.1　杆件作匀加速直线运动 ····· 239

　　11.2.2　杆件作匀速圆周运动 ······· 240

　11.3　杆件受冲击时的应力与变形 ···· 244

　　11.3.1　垂直冲击 ·········· 244

　　11.3.2　水平冲击 ·········· 248

　　11.3.3　突然刹车 ·········· 249

　　11.3.4　提高杆件承受冲击能力的
　　　　　措施 ·········· 250

　11.4　交变应力与疲劳破坏 ········· 251

　　11.4.1　交变应力与疲劳破坏 ······· 251

　　11.4.2　交变应力的特征参数 ······· 253

　11.5　杆件的疲劳强度计算 ········· 254

　　11.5.1　材料的疲劳极限 ·········· 254

　　11.5.2　影响杆件疲劳极限的因素 ···· 255

　　11.5.3　对称循环下杆件的疲劳
　　　　　强度计算 ·········· 258

　　11.5.4　非对称循环下杆件的疲劳
　　　　　强度计算 ·········· 259

　　11.5.5　弯扭组合交变应力下杆件的疲劳
　　　　　强度计算 ·········· 260

　　11.5.6　提高杆件疲劳强度的措施 ···· 261

　思考题 ·················· 261

　习题 ·················· 263

第12章　能量法 ·················· 269

　12.1　引言 ·················· 269

　12.2　杆件应变能的计算 ·········· 269

　　12.2.1　轴向拉(压)杆的应变能 ····· 269

　　12.2.2　扭转圆轴的应变能 ·········· 270

　　12.2.3　弯曲梁的应变能 ·········· 270

　　12.2.4　组合变形杆的应变能 ······· 270

　12.3　互等定理 ·················· 272

　12.4　卡氏定理 ·················· 274

　12.5　莫尔定理与单位载荷法 ······· 278

　　12.5.1　莫尔定理 ·········· 278

　　12.5.2　单位载荷法 ·········· 279

　　12.5.3　计算莫尔积分的图乘法 ····· 282

　12.6　用单位载荷法求解超静定问题 ·· 285

　　12.6.1　用力法分析超静定问题 ····· 285

　　12.6.2　对称与反对称超静定
　　　　　问题分析 ·········· 286

　思考题 ·················· 288

　习题 ·················· 289

附录 ·················· 294

　附录A　常用材料的力学性能 ······· 294

　附录B　型钢表(GB/T 706—2008) ···· 295

　附录C　思考题与习题参考答案 ····· 307

参考文献 ·················· 317

第1章 绪 论

本章主要介绍材料力学的任务，材料力学的基本假设，内力、截面法、应力和应变等基本概念，为后续章节的学习打下必要的基础。

1.1 材料力学的任务

1.1.1 构件的承载能力

机械或工程结构的各组成部分称为构件，如机床的轴、建筑物的梁和柱等。机械或工程结构工作时，构件通常受到载荷作用。为保证机械或工程结构的正常工作，构件应具有足够的承受载荷的能力，简称承载能力。构件的承载能力主要包括强度、刚度和稳定性三个方面。

1. 强度要求

强度即构件抵抗破坏的能力。所谓破坏，是指构件断裂或发生塑性变形。为了保证构件安全正常工作，一般应保证构件在工作载荷作用下不发生断裂。例如，高压容器在内部压力作用下不能破裂，齿轮轮齿在工作时不应折断（见图 1.1(a)）等。构件受载荷作用时，通常会产生变形。当载荷完全卸除后可完全消失的变形称为弹性变形。当载荷完全卸除后不能消失的那部分变形称为塑性变形或残余变形。一般构件发生塑性变形时，其变形量较大。构件在工作中一般不应发生塑性变形。例如，图 1.1(b)所示的螺栓发生了塑性变形，其形状和尺寸都已发生较大改变，该螺栓已无法正常工作。

(a) 轮齿折断的齿轮   (b) 发生塑性变形的螺栓

图 1.1

2. 刚度要求

刚度即构件抵抗弹性变形的能力。许多构件，工作时产生过大的弹性变形是不允许的。例如，图 1.2 所示的车床主轴，即使有足够的强度，如果弹性变形过大，不仅会影响主轴上齿轮、轴承的正常工作，而且会影响机床的加工精度。

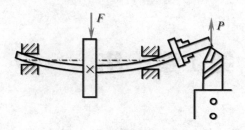

图 1.2

3. 稳定性要求

稳定性即构件维持原有平衡形态的能力。一些受压力作用的杆件，如千斤顶的螺杆、内燃机的挺杆、建筑施工的脚手架杆件等，当载荷超过某个数值后，若受到微小扰动，杆件会突然偏离原有的直线平衡形态而被压弯，使构件不能正常工作。例如，建筑施工的脚手架不仅需要有足够的强度和刚度，而且还要保证有足够的稳定性，否则在施工过程中会由于局部或整体结构的不稳定而导致整个脚手架的倾覆与坍塌，造成人民生命和国家财产的巨大损失（见图 1.3）。

(a) 建筑施工中的脚手架　　　　　(b) 失稳后的脚手架

图 1.3

1.1.2　材料力学的任务

在设计构件时，若截面尺寸不足或形状不合理，或材料选用不当，将不能满足构件的强度、刚度和稳定性要求，从而不能保证机械或工程结构的安全工作。相反，如果为满足上述要求，不恰当地加大截面尺寸或选用优质材料，将增加成本，造成浪费。材料力学的任务就是在满足构件强度、刚度和稳定性要求的前提下，为经济合理地设计构件提供必要的理论基础和计算方法。

在工程问题中，强度、刚度和稳定性是设计构件时必须考虑的三个方面，但对于不同的构件，又会有所侧重与区别。例如，储气罐主要是要保证强度，车床主轴主要是要具备足够的刚度，而受压的细长杆则应保持足够的稳定性。此外，对某些特殊构件还可能有相反的要求。例如，为防止超载，当载荷超出某一极限时，安全销应立即破坏；为发挥缓冲作用，车辆的缓冲弹簧应有较大的弹性变形等。

1.2 材料力学的基本假设

科学离不开假设，材料力学也一样。科学里的假设不是随意的，而是基于实验观察结果对真实世界的概念升华和对复杂事物的合理简化，而且这种合理性是经过工程实践检验的。材料力学的基本假设包括连续性假设、均匀性假设、各向同性假设和小变形假设。

1.2.1 对变形固体的基本假设

构件受力后，一般都要发生变形。在理论力学中，从其研究任务出发，忽略了物体的变形，将研究对象视为刚体。而在材料力学中要研究构件的强度、刚度和稳定性，不能忽略构件的变形，需将构件视为变形固体，简称变形体。

工程中使用的固体材料多种多样，其微观结构也非常复杂，为研究问题的方便，材料力学在研究构件的强度、刚度和稳定性时，仅考虑与问题有关的主要属性。对变形固体作如下假设：

1. 连续性假设

连续性假设是假设组成固体的物质毫无空隙地充满它所占据的空间，即认为构件是密实的。实际的变形固体都有不同程度的空隙，并不连续，但这种空隙的大小与构件的宏观尺寸相比极其微小，忽略其影响是合理的。按此假设，就可以将力学参量表示为可微的连续函数，从而简化了对构件进行力学分析时所采用的数学描述方法。

2. 均匀性假设

均匀性假设是假设固体的力学性能在固体内处处相同。实际的工程材料，各处的力学性能往往存在不同差异。例如，工程中大量使用的金属，组成金属的各晶粒的力学性能并不完全相同，晶界处和晶粒内的力学性能也不完全相同（图 1.4 为普通钢材的微观组织示意图），但因构件或构件的任一部分中，晶粒数目巨大且排列杂乱，材料的力学性能是各晶粒力学性能的统计平均值，因此假设材料的力学性能是均匀的，研究结果可满足工程需要。

图 1.4

3. 各向同性假设

各向同性假设是假设固体在各个方向上的力学性能相同。金属是常见的各向同性材料，就金属的单一晶粒而言，沿不同方向，力学性能并不相同，但金属构件内包含数量极多的晶粒，且各晶粒的排列是无规则的，因此，金属沿各方向的力学性能接近相同。

沿各方向力学性能相同的材料称为各向同性材料，如钢、铜、玻璃、高分子材料等。沿不同方向力学性能不同的材料称为各向异性材料，如木材、毛竹、胶合板等材料各向性能差异较大，不适用各向同性假设。

1.2.2 对构件变形的基本假设

在材料力学中，假设构件受力产生的变形量远小于构件的原始尺寸，该假设称为小变形假设。材料在载荷作用下将产生变形，材料力学主要研究材料的弹性变形，这种变形与构件的原始尺寸相比往往很微小，因此在研究构件的平衡与运动时，仍可以按变形前的原始尺寸考虑，从而使计算过程大大简化，且计算结果的精度能满足工程要求。

例如，在图 1.5 中，直梁在力 F 的作用下发生弯曲变形，引起梁的形状、尺寸与外力位置发生变化。但由于变形量 δ 远小于梁的原始长度 l，故在计算梁的支座反力和内力时，可以忽略 δ 的影响，仍采用梁变形前的原始几何尺寸和位置，从而使计算过程大大简化。

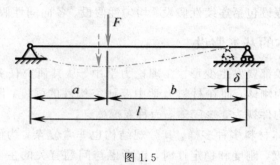

图 1.5

1.3　外力、内力和应力

1.3.1　外力

当研究某一构件时，其他构件和物体作用于其上的力均为外力，包括载荷与约束力。

按照作用方式的不同，外力可分为表面力和体积力。作用在构件表面的外力称为表面力，例如，作用于高压容器内壁的气体压力、作用于船体上的水压力等。按照表面力的分布情况，表面力又可分为分布力与集中力。连续分布在构件表面某一范围的力称为分布力。若外力分布面积远小于构件的表面尺寸，或沿杆件轴线的分布范围远小于杆件长度，就可看作是作用于一点的集中力。作用在构件各质点上的外力称为体积力，如构件的重力与惯性力等。

按照载荷随时间的变化情况，载荷可分为静载荷和动载荷。随时间变化极缓慢或不变化的载荷，称为静载荷。随时间显著变化的载荷，称为动载荷。构件在静载荷与动载荷作用下的力学行为不同，分析方法也颇有差异，但前者是后者的基础，因此首先介绍静载荷问题。

1.3.2　内力与截面法

在外力作用下，构件内部各部分之间产生的相互作用力称为内力。构件的内力随着外力的作用而产生，也随着外力的撤除而消失。截面法是材料力学中分析并求解内力的基本方法。要分析构件某截面上的内力，必须假想地沿该截面将构件切开，使截面上的内力得以显露。例如，要分析图 1.6(a)所示平衡杆件横截面 m—m 上的内力，需假想地沿该截面将杆切开，切开截面的内力如图 1.6(b)所示，左、右截面上的内力是作用与反作用关系，分布相同，指向相反。由连续性假设可知，内力是切开截面上的连续分布力系。

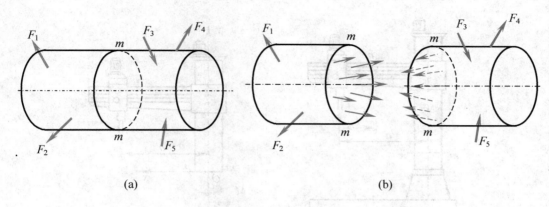

图 1.6

应用力系简化理论，把这个分布内力系向截面形心 O 简化，得主矢 F_R 和主矩 M_R，如图 1.7(a)所示。为了分析内力，沿截面轴线建立 x 轴，在所切截面内建立 y 轴与 z 轴，并将主矢 F_R 和主矩 M_R 沿上述 3 轴分解，得内力分量 F_N、F_{Sy} 与 F_{Sz}，以及内力偶矩分量 T、M_y 与 M_z，如图 1.7(b)所示。其中，F_N 称为**轴力**，它使杆件产生拉压变形；F_{Sy} 与 F_{Sz} 称为**剪力**，它们使杆件产生剪切变形；T 称为**扭矩**，它使杆件产生绕轴线的扭转变形；M_y 与 M_z 称为**弯矩**，它们使杆件产生弯曲变形。图 1.7(b)中标出了杆件截面上所有可能出现的内力分量。在很多情况下，杆件截面上仅存在一种、两种或三种内力分量。

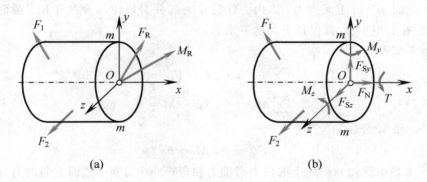

图 1.7

上述内力及内力偶矩分量与作用在该杆段上的外力保持平衡，根据平衡方程就可以确定截面 m—m 上的内力。

上述用截面假想地把构件分成两部分，以显示并确定内力的方法称为**截面法**。可将截面法归纳为以下三个步骤：

（1）**截开**。欲求某一截面上的内力时，就沿该截面假想地把构件截开，将构件分成两部分。

（2）**代替**。从截开的两部分中任取一部分作为研究对象，在该部分被截开的截面上用内力代替弃去部分对取出部分的作用。

（3）**平衡**。建立取出部分的静力平衡方程，确定未知的内力。

【例 1.1】　在载荷 F 作用下的钻床如图 1.8(a)所示，试确定立柱 m—m 截面上的内力。

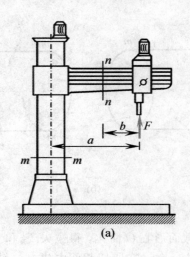 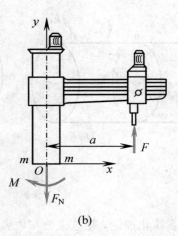

图 1.8

解题分析　欲求某一截面上的内力，可用截面法沿该截面假想地把构件截开，将构件分成两部分，任取一部分作为研究对象，一般所取部分的外力应为已知。

【解】（1）沿截面 m—m 假想地将钻床分成两部分。取截面 m—m 以上部分为研究对象，并以截面形心 O 为原点，建立坐标系（见图 1.8(b)）。

（2）在截面 m—m 上画内力，以内力代替弃去部分对取出部分的作用。截面上有内力 F_N 和 M（见图 1.8(b)），以保持上部的平衡。

（3）由平衡方程

$$\sum F_y = 0, \ F - F_N = 0$$

$$\sum M_O = 0, \ Fa - M = 0$$

求得内力 F_N 和 M 分别为

$$F_N = F, \ M = Fa$$

讨论　本题中截面 m—m 上的内力有轴力和弯矩两个分量。截面上的内力分量的种类和数量，一般可根据静力平衡方程判定。

1.3.3　应力

在例 1.1 中，内力 F_N 和 M 是截面 m—m 上分布内力系向点 O 简化后的结果，不能说明分布内力系在截面内某一点处的强弱程度。为此，我们引入内力集度的概念。设在图 1.6 所示受力构件的截面 m—m 上，围绕点 K 取微小面积 ΔA（见图 1.9(a)），ΔA 上分布内力的合力为 ΔF，则 ΔF 与 ΔA 的比值称为 ΔA 内的平均应力，用 p_m 表示，即

$$p_m = \frac{\Delta F}{\Delta A} \tag{1.1}$$

p_m 是一个矢量，其方向与 ΔF 相同，随着 ΔA 的逐渐缩小，p_m 的大小和方向都将逐渐变化。当 ΔA 趋于零时，p_m 的大小和方向都将趋于某极限值。这样得到点 K 处的**应力**，并用 p 表示，即

$$p = \lim_{\Delta A \to 0} p_{\mathrm{m}} = \lim_{\Delta A \to 0} \frac{\Delta F}{\Delta A} \tag{1.2}$$

p 是一个矢量，一般既不与截面垂直，也不与截面相切。通常把应力 p 沿截面的法向与切向分解为两个分量(见图 1.9(b))。沿截面法向的应力分量称为**正应力**，用 σ 表示；沿截面切向的应力分量称为**切应力**，用 τ 表示。

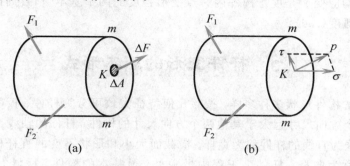

图 1.9

在我国法定计量单位中，应力的单位为帕斯卡(Pa)，1 Pa＝1 N/m²。由于这个单位太小，使用不方便，通常用 MPa，有时会用 GPa，其换算关系为 1 MPa＝10^6 Pa＝10^6 N/m²＝1 N/mm²，1GPa＝10^9 Pa＝10^3 MPa。

1.4　变形与应变

在外力作用下，构件发生变形，同时在构件内部产生应力，而且应力的大小与变形程度密切相关。为了研究构件的变形及其内部的应力分布，需要了解构件内部各点处的变形。为此，假想地把杆件分割成无数微小的正六面体，当正六面体的各边边长为无限小时，称为**单元体**(见图 1.10(a))。构件受力后，一般单元体棱边的长度将发生改变(见图 1.10(b))，相邻棱边所夹直角一般也将发生改变(见图 1.10(c))。

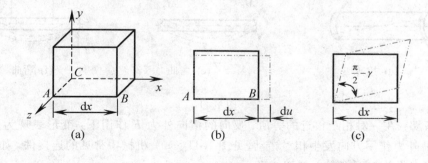

图 1.10

图 1.10(a)表示从受力构件中取出的包含某点 C 的单元体，与 x 轴平行的棱边 AB 的长度 $\mathrm{d}x$ 的变化 $\mathrm{d}u$(见图 1.10(b))，为绝对变形。比值

$$\varepsilon_x = \frac{\mathrm{d}u}{\mathrm{d}x} \tag{1.3}$$

ε_x 为点 C 处沿 x 方向的**线应变**(相对变形)或**正应变**，它表示某点处沿某方向长度改变的程

度。类似地，可定义该点处沿 y 方向和 z 方向的线应变 ε_y 和 ε_z，并规定伸长的线应变为正，反之为负。

　　构件受力后，其任一单元体，不仅其棱边的长度改变，而且原来相互垂直的两条棱边的夹角也将发生变化（见图 1.10(c)），其改变量 γ 称为点 C 在平面 xy 内的切应变或角应变。

　　线应变 ε 和切应变 γ 是度量构件内一点变形程度的两个基本量，它们的量纲都为 1，切应变的单位为弧度（rad）。

1.5　杆件变形的基本形式

　　工程实际中的构件形状多种多样，按照几何特征大致可分为杆件、板（壳）和块体。所谓杆件，是指一个方向尺寸远大于其他两个方向尺寸的构件。杆件的轴线是杆件各横截面形心的连线。轴线为直线的杆件称为直杆。横截面大小和形状不变的直杆称为等直杆。轴线为曲线的杆件称为曲杆。杆件是工程中最常见、最基本的构件。材料力学重点研究等直杆。

　　杆件受力情况各异，相应的变形就有各种形式。杆件在载荷作用下产生的变形可归结为以下四种基本变形形式。

　　（1）拉伸或压缩：在一对等值、反向、作用线与直杆轴线重合的外力 F 作用下，杆件沿轴线伸长或缩短（见图 1.11(a)、(b)）。起吊重物的钢索、桁架的杆件、液压油缸的活塞杆等的变形，都属于拉伸或压缩变形。

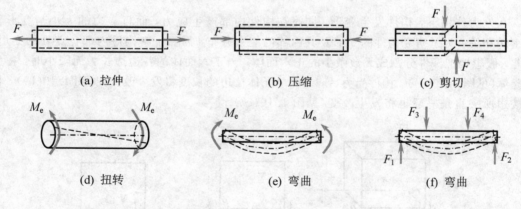

(a) 拉伸　　　　　　(b) 压缩　　　　　　(c) 剪切

(d) 扭转　　　　　　(e) 弯曲　　　　　　(f) 弯曲

图 1.11

　　（2）剪切：在一对相距很近的等值、反向的横向外力 F 作用下，变形表现为受剪杆件的两部分沿外力作用方向发生相对错动（见图 1.11(c)）。机械中常见的连接件，如铆钉、销钉、键等在工作状态下都产生剪切变形。

　　（3）扭转：在一对转向相反、作用面垂直于直杆轴线的外力偶作用下，杆件的任意两个横截面发生绕轴线的相对转动（见图 1.11(d)）。汽车的传动轴、电机和水轮机的主轴等，都产生扭转变形。

　　（4）弯曲：在一对转向相反、作用面在包含杆轴线的纵向平面内的力偶或垂直于杆件轴线的横向力作用下，杆件的轴线由直线变为曲线（见图 1.11(e)、(f)）。桥式起重机的大梁、各种芯轴以及车刀等都产生弯曲变形。

工程中还有一些杆件同时发生几种基本变形，这种变形形式称为组合变形。例如，车床主轴工作时发生弯曲、扭转和压缩三种基本变形；钻床立柱同时发生拉伸和弯曲两种基本变形。本书首先依次讨论四种基本变形的强度和刚度问题，然后再讨论组合变形。

思 考 题

1.1　构件的承载能力包括_____、_____和_____三个方面。

1.2　构件的强度、刚度和稳定性_____。

　　A. 只与材料的力学性能有关　　　　　　B. 只与构件的形状尺寸有关

　　C. 与 A 和 B 都有关　　　　　　　　　D. 与 A 和 B 都无关

1.3　为简化分析与计算，对变形固体提出的基本假设有_____、_____和_____。

1.4　各向同性假设认为，材料沿各个方向具有相同的_____。

　　A. 外力　　　　　　B. 变形　　　　　　C. 位移　　　　　　D. 力学性能

1.5　在下列四种材料中，_____不适用各向同性假设。

　　A. 铸铁　　　　　　B. 松木　　　　　　C. 玻璃　　　　　　D. 铸铜

1.6　小变形假设认为_____。

　　A. 构件不变形　　　　　　　　　　　　B. 构件不破坏

　　C. 构件仅发生塑性变形　　　　　　　　D. 构件的变形远小于其原始尺寸

1.7　下列关于内力的说法中，正确的是_____。

　　A. 内力随外力的改变而改变　　　　　　B. 内力与外力无关

　　C. 内力在任意截面上都均匀分布　　　　D. 内力沿杆轴总是不变的

1.8　计算内力主要采用截面法，截面法的适用范围是_____。

　　A. 只限于等截面直杆

　　B. 只限于直杆发生基本变形的情况

　　C. 只限于杆件发生弹性变形的阶段

　　D. 适用于任何变形体

1.9　如思考题 1.9 图所示拉杆，在利用截面法计算其内力时，分别采用横截平面、斜截平面、圆弧曲面和 S 形曲面将杆件截开。下列四种结果中，正确的是_____。

思考题 1.9 图

　　A. 无论哪种形状的截面，所得内力均相等

　　B. 横截平面所得内力最大，S 形曲面所得内力最小

　　C. 横截平面和斜截平面所得内力相等，圆弧曲面所得内力最小

D. 横截平面和斜截平面所得内力相等，S 形曲面所得内力最小

1.10　如思考题 1.10 图所示的 a 与 b 两个单元体，变形后的情况如虚线所示，则单元体 a 的左下角 A 处的切应变 $\gamma = $_____；单元体 b 的左下角 A 处的切应变 $\gamma = $_____。

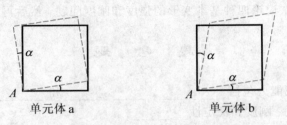

单元体a　　　　　　　　单元体b

思考题 1.10 图

习　　题

1.1　对图 1.8(a)所示的钻床，试求截面 n—n 上的内力。

1.2　如习题 1.2 图所示，在杆件的斜截面 m—m 上点 A 处的应力 $p = 120$ MPa，其方位角 $\theta = 20°$，试求点 A 处截面 m—m 上的正应力 σ 与切应力 τ。

1.3　如习题 1.3 图所示拉伸试样上 A、B 两点间的距离 l 称为标距。受拉力作用后，用变形仪量出两点间距离的增量为 $\Delta l = 4.5 \times 10^{-2}$ mm。若 l 的原长为 $l = 100$ mm，试求 A 与 B 两点间的应变 ε。

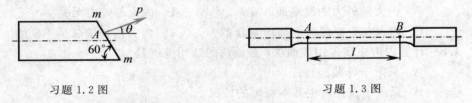

习题 1.2 图　　　　　　　　　　　习题 1.3 图

1.4　如习题 1.4 图所示圆形薄板的半径为 R，变形后 R 的增量为 ΔR。若 $R = 80$ mm，$\Delta R = 3 \times 10^{-3}$ mm，试求沿半径方向和外圆圆周方向的应变。

1.5　板件的变形如习题 1.5 图中虚线所示，试求直角 DAB 的切应变。

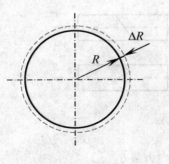

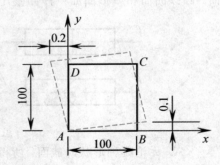

习题 1.4 图　　　　　　　　　　　习题 1.5 图

第 2 章　轴向拉伸与压缩

2.1　引　言

在实际工程中，承受轴向拉伸或压缩的杆件是相当多的。例如：图 2.1(a) 所示的吊车，在吊重 P 的作用下，杆 AC 和吊绳 CD 承受拉伸，而杆 BC 承受压缩（见图 2.1(b)）；图 2.2 所示的螺栓连接，当拧紧螺母时，螺栓承受拉伸；图 2.3 所示的千斤顶螺杆在顶起重物时，承受压缩。此外，拉床的拉刀在拉削工件时，承受拉伸；内燃机的连杆在燃气爆发冲程中承受压缩；桁架中的杆件，则不是受拉就是受压。

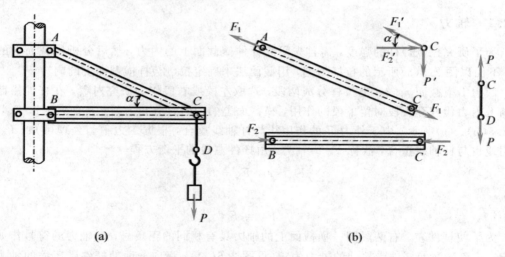

(a)　　　　　　　　　　　　　　　　　　(b)

图 2.1

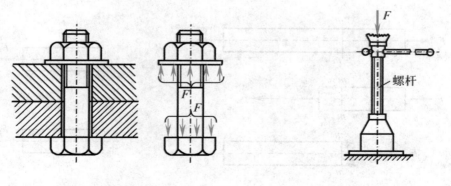

图 2.2　　　　　　　　　　　　　　　　图 2.3

这类杆件共同的受力特点是：外力或外力合力的作用线与杆件轴线重合；变形特点是：杆件沿着杆轴方向伸长或缩短。这种变形形式就称为轴向拉伸或压缩，这类构件称为拉杆或压杆。将这类杆件的形状和受力情况进行简化，可得到如图 2.4 所示的受力与变形示意图，其中实线表示受力前的形状，虚线表示受力变形后的形状。

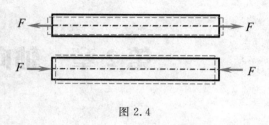

图 2.4

承受轴向拉伸或压缩的杆件在工程中很常见，对其强度和刚度的研究是材料力学的基本内容。本章主要研究拉(压)杆的内力、应力、强度、变形等问题，并讨论材料在拉伸与压缩时的力学性能及其测试方法。

2.2 拉(压)杆的内力

2.2.1 轴力

为了研究拉(压)杆的强度，需首先研究杆件横截面上的内力，然后分析横截面上的应力。下面以图 2.5(a)所示的拉杆为例，用截面法来确定拉(压)杆横截面上的内力。

假想沿横截面 $m—m$ 把拉杆分成两段，选取左段或右段作为研究对象，在杆件横截面上画上内力代替弃去段对留下段的作用，横截面上的内力是分布力系，其合力记作 F_N，如图 2.5(b)、(c)所示。由于外力 F 的作用线与杆轴线重合，根据二力平衡公理可知，F_N 的作用线也与杆轴线重合，故称 F_N 为轴力。由杆件左段的平衡方程

$$\sum F_x = 0, \quad F_N - F = 0$$

得

$$F_N = F$$

为了使杆件左、右两段同一横截面上的轴力具有相同的正负号，对轴力的符号作如下规定：背离截面使杆件受拉伸的轴力为正(见图 2.6(a))；指向截面使杆件受压缩的轴力为负(见图 2.6(b))。

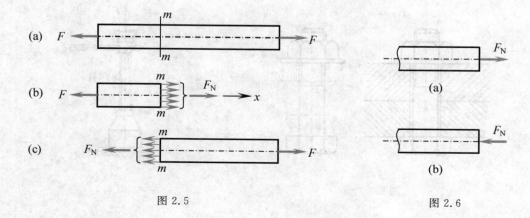

图 2.5

图 2.6

2.2.2　轴力图

若作用于杆件上的轴向外力多于两个，如图 2.7(a)所示，则多次利用截面法，可以求出各段横截面上的轴力。为了表明横截面上的轴力沿横截面位置变化的情况，可建立 F_N-x 坐标系，其中，x 轴平行于杆的轴线，表示横截面的位置，F_N 轴垂直于杆的轴线，表示横截面上轴力的数值，从而绘出表示轴力与横截面位置关系的图线，称之为轴力图，也称为 F_N 图。下面通过例题来说明轴力图的绘制方法。

【例 2.1】　一等直杆，其受力情况如图 2.7(a)所示，试作其轴力图。

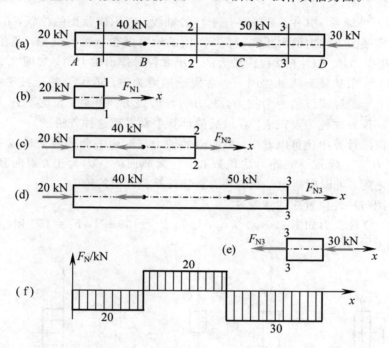

图 2.7

解题分析　杆件沿轴向作用多个外力，杆件每一段内各截面上的轴力相同，不同段内的轴力不同。要作轴力图，需要先分段计算轴力值。

【解】　(1) 计算各段的轴力值。

AB 段：任取截面 1—1，假想沿截面 1—1 将杆截开，选取左段作为研究对象，并画出受力图(见图 2.7(b))。假设截面上的轴力为正，轴力画成拉力，由平衡方程

$$\sum F_x = 0, \ 20 + F_{N1} = 0$$

得
$$F_{N1} = -20 \text{ kN}$$

结果为负值，说明该段轴力实际是压力。

BC 段：假想沿截面 2—2 将杆截开，选取左段作为研究对象，并画出受力图(见图 2.7(c))。由平衡方程

$$\sum F_x = 0, \ 20 - 40 + F_{N2} = 0$$

得
$$F_{N2} = 20 \text{ kN}$$

结果为正值，说明该段轴力是拉力。

　　CD 段：假想沿截面 3—3 将杆截开，选取左段作为研究对象，并画出受力图(见图 2.7(d))。由平衡方程

$$\sum F_x = 0, \quad 20 - 40 + 50 + F_{N3} = 0$$

得

$$F_{N3} = -30 \text{ kN}$$

结果为负值，说明该段轴力是压力。若取截面 3—3 的右侧杆件研究，受力如图 2.7(e)所示，所得结果相同，计算却比较简单。所以，一般应选取受力比较简单的一段作为分析对象。

　　(2)绘制轴力图。

　　建立 $F_N - x$ 坐标系，其中，x 轴平行于杆的轴线，表示横截面的位置，F_N 轴垂直于杆的轴线，表示横截面上轴力的大小和正负，正值的轴力画在 x 轴的上侧，负值的轴力画在 x 轴的下侧。根据 AB、BC、CD 段内轴力的大小和符号作出轴力图，如图 2.7(f)所示。

　　讨论　(1)在求某截面的轴力时，通常假设轴力为正(拉力)，然后按平衡方程计算，若得到的值为正，则说明该轴力为拉力，其方向与假设方向相同；反之为压力，其方向与假设方向相反。该方法称为设正法。在以后的计算中常采用这种方法。

　　(2)从上面的计算中还可以看出，截面上的轴力与截面一侧的外力构成平衡力系，所以截面上的轴力等于截面一侧外力的代数和，背离截面的外力为正，指向截面的外力为负。读者熟练之后，可以用截面一侧的外力直接计算截面上的轴力。

　　(3)轴力图与杆件位置应注意对齐。

　　【例 2.2】　立柱受力如图 2.8(a)所示，已知 $F_1 = 100$ kN，$F_2 = 150$ kN，不计立柱自重，试作其轴力图。

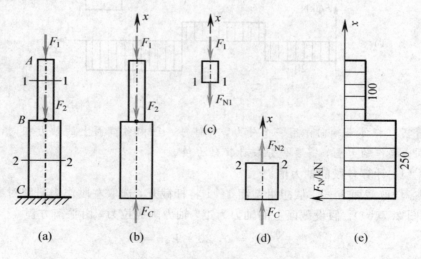

图 2.8

　　解题分析　为了方便计算轴力，可先求出立柱下端的约束力。

　　【解】　(1)求 C 端的约束力。

　　取立柱研究，受力分析如图 2.8(b)所示。由平衡方程

$$\sum F_x = 0, \quad F_C - F_2 - F_1 = 0$$

得 $$F_C = F_1 + F_2 = 250 \text{ kN}$$

（2）计算各段的轴力。

AB 段：假想沿截面 1—1 将杆截开，选取上段作为研究对象，并画出受力图（见图 2.8(c)）。由平衡方程

$$\sum F_x = 0, \ -F_1 - F_{N1} = 0$$

得 $$F_{N1} = -F_1 = -100 \text{ kN （压力）}$$

BC 段：假想沿截面 2—2 将杆截开，选取下段作为研究对象，并画出受力图（见图 2.8(d)）。由平衡方程

$$\sum F_x = 0, \ F_{N2} + F_C = 0$$

得 $$F_{N2} = -F_C = -250 \text{ kN （压力）}$$

（3）作轴力图。

根据上述计算结果作出轴力图，如图 2.8(e)所示。

2.3　拉(压)杆的应力

2.2 节已经介绍了如何求拉(压)杆的轴力，但是仅知道杆件横截面上的轴力，并不能立即判断杆件在外力作用下是否会因强度不足而被破坏。例如，两根材料相同而粗细不同的直杆，受到同样大小的拉力作用时，两杆横截面上的轴力也相同，随着拉力的逐渐增大，细杆必定先被拉断。这说明杆件强度不仅与轴力大小有关，而且与横截面面积有关，所以必须用横截面上的内力分布集度（即应力）来度量杆件的强度。

2.3.1　拉(压)杆横截面上的应力

首先观察拉(压)杆的变形。如图 2.9(a)所示，变形前，在杆的表面画两条垂直于轴线的横向线 *ab* 和 *cd*，然后在杆两端施加轴向拉力 *F*，观察发现，在杆件变形过程中，*ab* 和 *cd* 保持为直线，且仍然垂直于轴线，只是分别平移到了 *a'b'* 和 *c'd'* 的位置。根据这些现象，可作以下假设：拉(压)杆变形时，原为平面的横截面变形后仍保持为平面，且与轴线垂直。这个假设称为拉(压)杆的平面假设。根据这个假设，可以推论杆件拉压变形后任意两个横截面之间所有纵向纤维的伸长或压缩量相等，又由材料的均匀连续性假设可推断：横截面上的应力均匀分布，且应力方向垂直于横截面，即横截面上只有正应力 σ 且均匀分布，如图 2.9(b)所示。

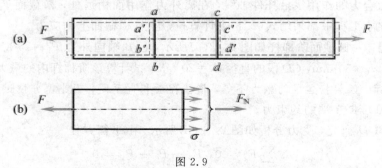

图 2.9

设杆件横截面面积为 A，轴力为 F_N，则横截面上各点处的正应力均为

$$\sigma = \frac{F_N}{A} \qquad\qquad (2.1)$$

式(2.1)已被试验所证实，适用于横截面为任意形状的等截面直杆。

关于正应力 σ 的正负号，规定与轴力 F_N 保持一致，即拉应力为正，压应力为负。

当杆件受多个外力作用时，通过截面法可求得杆件内的最大轴力 F_{Nmax}，如果是等截面杆件，则最大正应力 $\sigma_{max} = \dfrac{F_{Nmax}}{A}$；如果是变截面杆件，则一般需要利用式(2.1)分别求出每段杆件上的正应力，再比较确定最大正应力 σ_{max}。

2.3.2　圣维南原理

如图 2.10 所示，工程实际中的拉压杆件，其轴向外力的作用方式是多样的。受轴向外力作用方式的影响，在载荷作用点附近区域，应力往往并非均匀分布。将一对集中力 F 作用于矩形截面杆的端截面上时，杆件内的正应力等值线分布云图如图 2.11 所示。由图可见，在集中力作用点附件区域内的应力分布比较复杂，并不是均匀分布的，利用式(2.1)只能计算这个区域内横截面上的平均应力，不能描述载荷作用点附近应力分布的真实情况。

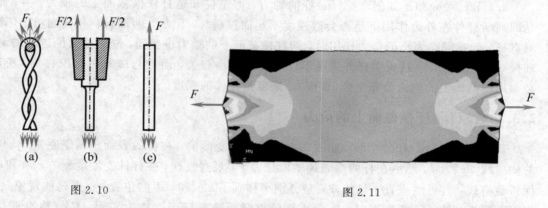

图 2.10　　　　　　　　　　　　　　　　　图 2.11

当作用在杆端的轴向外力沿横截面非均匀分布时，在杆端附近的截面上，应力实际上并非均匀分布。但是，大量试验研究表明，加载方式的不同，只对作用力附近截面上的应力分布有影响，这个结论称为圣维南原理。圣维南原理指出，力作用于杆端的分布方式，只影响杆端局部范围的应力分布，影响区的轴向范围约离杆端 1～2 个杆的横向尺寸。因此，只要外力合力的作用线沿杆件轴线，在离外力作用面稍远处，横截面上的应力均可视为均匀分布的。工程中都采用式(2.1)来计算拉(压)杆横截面上的应力。

【例 2.3】　一圆截面阶梯杆如图 2.12(a)所示，已知轴向外力 $P_1 = 25$ kN，$P_2 = 60$ kN，AC 段的直径 $d_1 = 30$ mm，CD 段的直径 $d_2 = 20$ mm，试计算该阶梯杆内的最大正应力。

解题分析　因为杆各段的轴力不等，横截面面积也不同，因此需分段讨论。

【解】　(1) 求 A 端的约束力。

取杆 $ABCD$ 研究，受力分析如图 2.12(b)所示。由平衡方程

$$\sum F_x = 0, \quad F_A - P_2 + P_1 = 0$$

得 $\qquad F_A = P_2 - P_1 = 35 \text{ kN}$

（2）计算各段的轴力，作轴力图。

分别对 AB、BC、CD 段应用截面法，受力分析如图 2.12(c)、(d)和(e)所示。由平衡方程计算各段轴力，或由截面一侧的外力计算各段轴力。

AB 段： $\qquad F_{N1} = -F_A = -35 \text{ kN}$ （压力）

BC 段： $\qquad F_{N2} = P_1 = 25 \text{ kN}$ （拉力）

CD 段： $\qquad F_{N3} = P_1 = 25 \text{ kN}$ （拉力）

根据计算结果作出轴力图，如图 2.12(f)所示。

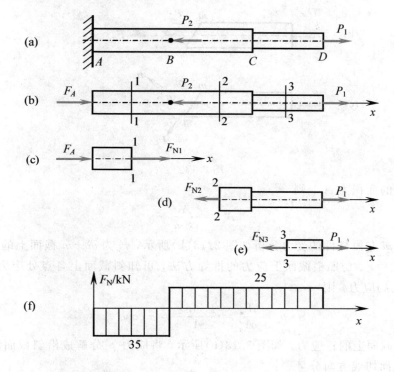

图 2.12

（3）应力分析。

由式(2.1)可知，该阶梯杆的最大正应力可能发生在 AB 段或 CD 段。

AB 段：$\sigma_{AB} = \dfrac{F_{N1}}{A_1} = \dfrac{F_{N1}}{\dfrac{\pi d_1^2}{4}} = \dfrac{-35 \times 10^3 \text{ N}}{\dfrac{\pi \times 30^2 \text{ mm}^2}{4}} = -49.5 \text{ N/mm}^2 = -49.5 \text{ MPa}$ （压应力）

CD 段：$\sigma_{CD} = \dfrac{F_{N3}}{A_3} = \dfrac{F_{N3}}{\dfrac{\pi d_2^2}{4}} = \dfrac{25 \times 10^3 \text{ N}}{\dfrac{\pi \times 20^2 \text{ mm}^2}{4}} = 79.6 \text{ N/mm}^2 = 79.6 \text{ MPa}$ （拉应力）

根据上述计算结果知，杆内的最大正应力为

$$|\sigma|_{\max} = 79.6 \text{ MPa}$$

2.3.3　拉(压)杆斜截面上的应力

前面讨论了拉(压)杆横截面上的正应力，为了更全面地了解杆内的应力情况，现研究杆件斜截面上的应力。

设直杆受到轴向拉力 F 的作用，其横截面面积为 A，假想用斜截面 m—m 将杆件切开，斜截面的外法线 n 与 x 轴间的夹角称为斜截面的方位角，用符号 α 表示（见图 2.13(a)）。其符号规定为：以 x 轴正方向为始边，逆时针转向的 α 为正，反之为负。

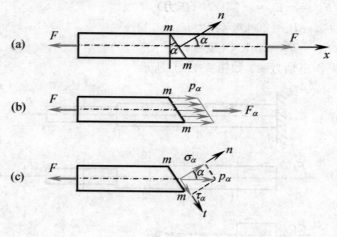

图 2.13

设斜截面的面积为 A_α，则

$$A_\alpha = \frac{A}{\cos\alpha}$$

截面 m—m 左段杆件的受力分析如图 2.13(b)所示，F_α 为 m—m 截面上的内力，由平衡方程求得 $F_\alpha = F$。仿照横截面上应力的推导方法，可知斜截面上各点处应力均匀分布。用 p_α 表示其上的应力，则

$$p_\alpha = \frac{F_\alpha}{A_\alpha} = \frac{F\cos\alpha}{A} = \sigma\cos\alpha$$

式中的 σ 为横截面上的正应力。如图 2.13(c)所示，将应力 p_α 分解成沿斜截面法线方向分量 σ_α 和沿斜截面切线方向分量 τ_α：

$$\sigma_\alpha = p_\alpha\cos\alpha = \sigma\cos^2\alpha \tag{2.2}$$

$$\tau_\alpha = p_\alpha\sin\alpha = \frac{\sigma}{2}\sin2\alpha \tag{2.3}$$

应力的符号规定为：正应力符号规定同前，切应力绕截面顺时针转动时为正，反之为负。

讨论　由式(2.2)和式(2.3)，易得下列结论：

(1) 在拉(压)杆的任意斜截面上，不仅存在正应力，而且存在切应力，应力的大小均随着截面的方位角的改变而发生变化。

(2) 当 $\alpha = 0°$ 时，$\sigma_\alpha = \sigma_{max} = \sigma$，而 $\tau_\alpha = 0$，即最大正应力发生在横截面上。

(3) 当 $\alpha = \pm45°$ 时，$\sigma_\alpha = \frac{\sigma}{2}$，$|\tau_\alpha| = |\tau|_{max} = \frac{\sigma}{2}$，即最大切应力发生在与轴线成 45° 的斜截面上。尽管在轴向拉(压)杆中最大切应力只有最大正应力大小的二分之一，但是如果材料抗剪能力比抗拉(压)能力弱很多，材料就有可能由于切应力而发生破坏。例如铸铁在轴向受压时，会沿着大约 45° 斜截面方向发生剪切破坏。

（4）当 $\alpha=90°$ 时，$\sigma_{\alpha}=\tau_{\alpha}=0$，即拉（压）杆在平行于轴线的纵截面上没有应力。

【例 2.4】　轴向受压等截面直杆如图 2.14(a)所示，已知横截面面积 $A=500\ \text{mm}^2$，轴向外力 $F=30\ \text{kN}$，试求斜截面 $m—m$ 上的正应力与切应力。

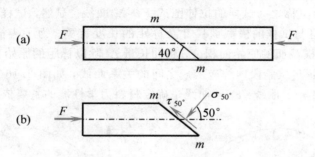

图 2.14

【解】　（1）计算横截面上的正应力。

杆的轴力 $F_{\text{N}}=-F=-30\ \text{kN}$，杆横截面上的正应力为

$$\sigma=\frac{F_{\text{N}}}{A}=\frac{-30\times10^3\ \text{N}}{500\ \text{mm}^2}=-60\ \text{N/mm}^2=-60\ \text{MPa}$$

（2）计算斜截面上的应力。

斜截面 $m—m$ 的方位角为 $\alpha=50°$。

由式(2.2)和式(2.3)得斜截面上的正应力和切应力分别为

$$\sigma_{50°}=\sigma\cos^2\alpha=-60\cos^2 50°=-24.8\ \text{MPa}$$

$$\tau_{50°}=\frac{\sigma}{2}\sin2\alpha=\frac{-60}{2}\sin100°=-29.5\ \text{MPa}$$

应力方向如图 2.14(b)所示。

2.4　材料拉伸时的力学性能

构件的强度、刚度与稳定性，不仅与构件的形状、尺寸及所受外力有关，而且与构件材料的力学性能有关。材料的力学性能是指材料在外力作用下表现出的变形和破坏等方面的特性。它要通过试验来测定。

2.4.1　拉伸试验与 σ-ε 曲线

为了便于比较不同材料的试验结果，对试样的形状、加工精度、加载速度、试验环境等在国家标准（《金属材料室温拉伸试验方法》，GB/T 228.1—2010）中都有详细规定。一般在常温（室温）、静载（缓慢加载）条件下测定材料的力学性能。图 2.15 为圆截面标准拉伸试样，标记 A 与 B 之间的杆段为试验段，其长度 l 称为标距。对于圆截面试样，标距一般有两种，即 $l=5d$ 和 $l=10d$，前者称为短试样，后者称为长试样，式中的 d 为试样试验

图 2.15

段的直径。

　　将试样两端装入试验机上，缓慢加载，使其受到拉力产生变形，直至被拉断。随着载荷 F 的增大，试样逐渐被拉长。标距 l 的伸长量用 Δl 表示。拉力 F 与变形 Δl 间的关系曲线如图 2.16(a)所示，称之为试样的拉伸图或 $F - \Delta l$ 曲线。显然，试样的拉伸图不仅与试样的材料有关，而且与试样的横截面尺寸及标距的长度有关。为了表征材料的拉伸性能，将拉力 F 除以试样横截面的原始面积 A，将伸长量 Δl 除以标距的原始长度 l，得到试验段横截面上的正应力 σ 与试验段内线应变 ε 之间的关系曲线，如图 2.16(b)所示，该曲线图称为应力-应变图或 $\sigma-\varepsilon$ 曲线。$\sigma-\varepsilon$ 曲线是确定材料力学性能的主要依据。

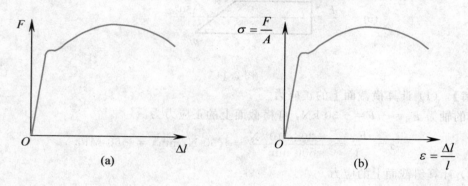

图 2.16

　　低碳钢和铸铁是两种不同类型的材料，都是工程实际中广泛使用的材料，它们的力学性能比较典型，本章以这两种材料为主要代表，介绍材料拉伸时的力学性能。

2.4.2　低碳钢拉伸时的力学性能

　　低碳钢是指含碳量不大于 0.25% 的碳素钢。这类材料在工程中应用较广，其拉伸应力-应变曲线具有典型意义，因此，首先介绍低碳钢拉伸时的力学性能。

　　图 2.17(a)所示为低碳钢 Q235 的应力-应变图。根据试验结果，低碳钢的力学性能大致如下：

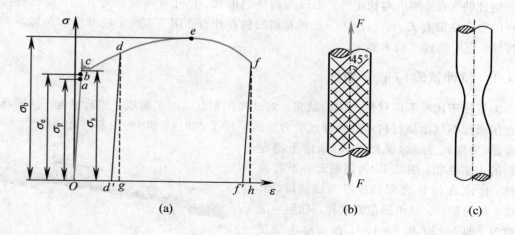

图 2.17

1. 弹性阶段

试验表明，在图 2.17(a)所示的 σ-ε 曲线的 Ob 段，如果卸去外力，变形将全部消失，这种变形称为弹性变形。因此，这一阶段称为弹性阶段。对应于 b 点的应力用 σ_e 表示，它是材料只产生弹性变形的最大应力，称为弹性极限。在弹性阶段的 Oa 段为直线，这一阶段称为线弹性阶段，在此阶段应力 σ 与应变 ε 成正比，即遵循胡克定律：

$$\sigma = E\varepsilon \tag{2.4}$$

式中，E 为与材料有关的比例常数，数值上等于直线 Oa 的斜率，称为弹性模量。直线段最高点 a 对应的应力，称为材料的比例极限，用 σ_p 表示。由此可见，胡克定律的适用范围为 $\sigma \leqslant \sigma_p$。弹性阶段的 ab 段为微弯曲线，由于弹性极限 σ_e 与比例极限 σ_p 相差很小，故工程中对两者一般不作严格区分。试验表明，低碳钢 Q235 的比例极限 $\sigma_p \approx 200$ MPa，弹性模量 $E \approx 200$ GPa。

当应力超过弹性极限后，若卸去外力，材料的变形只能部分消失，另一部分将残留下来，残留下来的那部分变形称为残余变形或塑性变形。

2. 屈服阶段

超过 b 点后，σ-ε 曲线图上出现一段近似水平线的小锯齿形线段，应力几乎不再增加或在一微小范围内波动，变形却在显著增加。这种应力几乎保持不变而应变显著增加的现象，称为屈服或流动。bc 段也因此称为屈服阶段。

在屈服阶段内的最高应力和最低应力分别称为上屈服极限和下屈服极限。试验表明，上屈服极限一般不如下屈服极限稳定，故规定下屈服极限为材料的屈服极限，用 σ_s 表示。由于屈服阶段会产生明显的塑性变形，这将影响构件的正常工作，因此，屈服极限是衡量这类材料强度的最为重要的指标。低碳钢 Q235 的屈服极限为 $\sigma_s \approx 235$ MPa。

若试样表面经过磨光，当应力达到屈服极限时，可在试样表面看到与轴线约成 $45°$ 夹角的一系列条纹，如图 2.17(b)所示。这是由于材料内部相对滑移而形成的，这些条纹称为滑移线。由前面的分析可知，轴向拉压时，在与轴线成 $45°$ 的斜截面上，有最大的切应力。可见，屈服现象的出现与最大切应力有关。

3. 强化阶段

屈服阶段结束后，材料又恢复了抵抗变形的能力，要使其继续变形，必须增加载荷，这种现象称为材料的强化。这一阶段称为强化阶段。强化阶段的最高点 e 所对应的应力是材料所能承受的最大应力，称为强度极限，用 σ_b 表示。低碳钢 Q235 的强度极限 $\sigma_b \approx 380$ MPa。

强化阶段发生的变形是弹塑性变形，其中弹性变形占较少部分，大部分是塑性变形。在这一阶段中，试样的横向尺寸有明显的缩小。

4. 局部变形阶段

在 e 点以前，试样标距段内的变形通常是均匀的。当到达 e 点后，试件变形开始集中于某一局部长度内，此处横截面面积迅速减小，形成缩颈现象，如图 2.17(c)所示。局部的截面收缩，使试件继续变形所需的拉力逐渐减小，应力-应变曲线相应呈现下降，直到 f 点，试样最后在缩颈处断裂。

5. 卸载定律与冷作硬化

如果把试样拉伸到强化阶段的某点 d 处，然后逐渐卸载，此时应力-应变关系将沿着斜直线 dd' 回到 d' 点（见图 2.17(a)），斜直线 dd' 近似平行于 Oa。这说明：在卸载过程中，应力和应变按直线规律变化，这就是卸载定律。拉力完全卸除后，应力-应变图中，$d'g$ 表示消失了的弹性应变，而 Od' 表示不再消失的塑性应变。

卸载后，如在短期内再次加载，则应力-应变关系大体上沿卸载时的斜直线 $d'd$ 变化。到 d 点后，又沿曲线 def 变化，直至断裂。从图 2.17(a) 中看出，在重新加载过程中，直到 d 点以前，材料的变形是弹性的，过 d 点后才开始有塑性变形。比较图中的 $Oabcdef$ 和 $d'def$ 两条曲线可知，重新加载时的比例极限得到提高，故材料的强度也提高了，但试样断裂时的塑性应变却由 Of' 减至 $d'f'$，即伸长率相应减小。这说明，在常温下将材料预拉到强化阶段，然后卸载，再重新加载时，材料的比例极限提高而塑性降低，这种现象称为冷作硬化。冷作硬化现象经退火后又可消除。

工程中常利用冷作硬化来提高材料的弹性极限。如起重用的钢索和建筑用的钢筋，常借助冷拔工艺以提高强度。又如对某些零件进行喷丸处理，使其表面发生塑性变形，形成冷硬层，以提高零件表面层的强度。但另一方面，零件初加工后，由于冷作硬化使材料变脆变硬，给下一步加工造成困难，且容易产生裂纹，这就往往需要在工序之间安排退火，以消除冷作硬化的不利影响。

6. 材料的塑性指标

材料产生塑性变形的能力称为材料的塑性性能。塑性性能是工程中评定材料质量优劣的重要方面。通过拉伸试验，可以测得表征材料塑性性能的两个指标：伸长率和断面收缩率。

试样拉断后，由于塑性变形，标距由原来的 l 增大为 l_1。定义以百分数表示的比值

$$\delta = \frac{l_1 - l}{l} \times 100\% \tag{2.5}$$

为材料的伸长率。显然，材料的伸长率愈大，所能产生的塑性变形也就愈大。工程中，通常按照伸长率的大小将材料分为两类：伸长率 $\delta \geqslant 5\%$ 的材料称为塑性材料；伸长率 $\delta < 5\%$ 的材料称为脆性材料。低碳钢 Q235 的伸长率 $\delta \approx 25\% \sim 30\%$，是典型的塑性材料。多数金属材料和高分子材料为塑性材料，如钢、铜、铝和塑料等；灰铸铁、玻璃、陶瓷等为脆性材料。脆性材料断裂后观察不到明显的塑性变形。

表征材料塑性性能的另一个指标是断面收缩率，定义为

$$\psi = \frac{A - A_1}{A} \times 100\% \tag{2.6}$$

式中，A 为试验前试样试验段的横截面面积，A_1 为试样断裂后缩颈处的最小横截面面积。低碳钢 Q235 的断面收缩率 $\psi \approx 60\%$。

2.4.3　其他塑性材料拉伸时的力学性能

图 2.18(a) 中给出了其他几种塑性材料拉伸时的 σ-ε 曲线，它们有一个共同特点是拉断前均有较大的塑性变形，然而它们的应力-应变规律却大不相同。Q345 钢和 Q235 钢一样，有明显的弹性阶段、屈服阶段、强化阶段和局部变形阶段。有些材料，如黄铜 H62，并

没有明显的屈服阶段,但其他三个阶段却很明显。还有些材料,如高碳钢 T10A,没有屈服阶段和局部变形阶段,只有弹性阶段和强化阶段。

对于没有明显屈服阶段的塑性材料,通常以产生 0.2% 塑性应变时的应力作为屈服指标,称为名义屈服极限,用 $\sigma_{0.2}$ 来表示,如图 2.18(b) 所示。

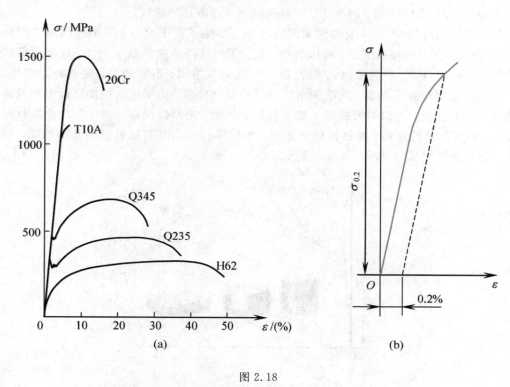

图 2.18

2.4.4　铸铁拉伸时的力学性能

灰铸铁(简称铸铁)也是工程中广泛应用的一种材料。铸铁拉伸时的应力-应变关系为一段微弯曲线,如图 2.19 所示,没有明显的直线部分。它在较低的拉应力下就被拉断,没有屈服和缩颈现象,拉断前的应变很小,伸长率也很小,属于典型的脆性材料。

铸铁的 σ-ε 曲线没有明显的直线段,在工程中,在较低的拉应力下可以近似地认为变形服从胡克定律,通常用一条割线来代替曲线,如图 2.19 中的虚线所示,并用它确定弹性模量 E。这样确定的弹性模量称为割线弹性模量。由于铸铁没有屈服现象,因此强度极限 σ_b 是衡量其强度的唯一指标。

铸铁等脆性材料的抗拉强度很低,所以不宜作为抗拉零部件的材料。铸铁经球化处理成为球墨铸铁后,力学性能有显著变化,不但有较高的强度,还有较好的塑性。国内不少工厂已成功地用球墨铸铁代替钢材制造曲轴、齿轮等零部件。

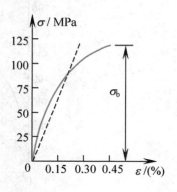

图 2.19

2.5　材料压缩时的力学性能

　　金属的压缩试样一般制成短圆柱，以免被压弯。圆柱
高度约为直径的 1.5～3 倍。混凝土、石料等则制成立方形的试块。

　　低碳钢压缩时的应力-应变曲线如图2.20所示。为了便于比较，图中还画出了拉伸时
的应力-应变曲线，用虚线表示。可以看出，在屈服以前两条曲线基本重合，这表明低碳钢
压缩时的弹性模量 E、屈服极限 σ_s 都与拉伸时的基本相同。不同的是，随着外力的增大，
试件被越压越扁却并不断裂，无法测出压缩时的强度极限。由于可从拉伸试验得到低碳钢
压缩时的主要性能，所以对低碳钢一般不做压缩试验。类似情况在一般的塑性金属材料中
也存在，但有的塑性材料，如铬钼硅合金钢，在拉伸和压缩时的屈服极限并不相同，因此
对这些材料还要做压缩试验，以测定其压缩屈服极限。

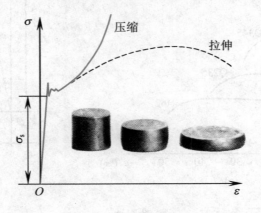

图 2.20

　　脆性材料压缩时的力学性能与拉伸时的有较大区别。例如，铸铁压缩和拉伸时的应力-应
变曲线分别如图 2.21 中的实线和虚线所示。由图可见，铸铁压缩时的强度极限比拉伸时的
大得多，约比拉伸时的强度极限高 4～5 倍。铸铁压缩时沿与轴线约成 45°～55°的斜面断

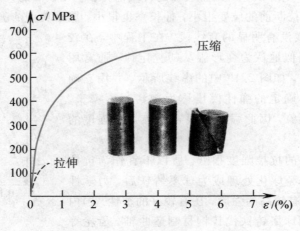

图 2.21

裂,如图 2.21 所示,说明是切应力达到极限值而发生破坏。铸铁试样拉伸破坏是沿横截面断裂,说明是拉应力达到极限值而发生破坏。

脆性材料抗拉强度低,塑性性能差,但抗压能力强,且价格低廉,宜于作为抗压构件的材料。铸铁坚硬耐磨,易于浇铸成形状复杂的零部件,广泛用于铸造机床床身、机座、缸体及轴承座等受压零部件。其他脆性材料,如混凝土和石料,其抗压强度极限也远高于抗拉强度极限。因此,脆性材料的压缩试验比拉伸试验更为重要。

综上所述,衡量材料力学性能的指标主要有比例极限 σ_p、屈服极限 σ_s、强度极限 σ_b、弹性模量 E、伸长率 δ 和断面收缩率 ψ 等。对很多金属材料来说,这些量往往受温度、热处理等条件的影响。附录 A 中给出了部分常用材料在常温、静载下的 σ_s、σ_b、δ 与 E 等主要力学性能,供读者参考。

2.6　拉(压)杆的强度计算

前面已经讨论了轴向拉伸或压缩时,杆件的应力计算和材料的力学性能,因此可进一步讨论拉(压)杆的强度计算问题。

2.6.1　极限应力、许用应力与安全因数

材料力学的主要任务之一是保证构件具有足够的强度,即足够的抵抗破坏的能力。为了解决强度问题,首先需要引入下面几个重要术语。

1. 极限应力

材料强度失效时所对应的应力称为材料的极限应力,记作 σ_u。

对于塑性材料,当其工作应力达到屈服极限 σ_s(或名义屈服极限 $\sigma_{0.2}$)时,会产生显著的塑性变形,从而导致构件不能正常工作,即塑性材料的强度失效形式为塑性屈服。因此,塑性材料的极限应力 σ_u 为屈服极限 σ_s 或名义屈服极限 $\sigma_{0.2}$。

对于脆性材料,其变形很小,当其工作应力达到强度极限 σ_b 时,会发生断裂,即脆性材料的强度失效形式为脆性断裂。因此,脆性材料的极限应力 σ_u 为强度极限 σ_b。

2. 许用应力与安全因数

材料安全工作所允许承受的最大应力称为材料的许用应力,记作 $[\sigma]$。

从理论上讲,只要在载荷作用下构件的实际应力 σ(以后称为工作应力)低于材料的极限应力 σ_u,强度就能满足要求。但工程实际中,需要留一定的强度储备。其主要原因如下:

(1)实际材料的成分、品质等难免存在差异,不能保证构件材料与试样材料具有完全相同的力学性能。

(2)作用在构件上的外力往往难以估计得十分精确。

(3)在进行力学分析时,从实际承载构件到理想力学模型往往需要经过一些简化,根据力学模型计算出来的应力通常带有一定的近似性。

考虑到各种因素,为了确保安全,需要给构件留有适当的强度储备。对于如果破坏将导致灾难性后果的重要构件,其强度储备更需要足够充分。因此,规定材料的许用应力

$$[\sigma] = \frac{\sigma_u}{n} \tag{2.7}$$

式中，n 为大于 1 的因数，称为**安全因数**。对于塑性材料，安全因数记作 n_s；对于脆性材料，安全因数记作 n_b。

如上所述，安全因数的确定取决于多种因素，不同材料在不同工作条件下的安全因数可从有关设计规范中查到。在一般条件下的静强度设计中，塑性材料的安全因数 n_s 通常取为 $1.2\sim2.5$；脆性材料均匀性较差，且易发生突然断裂，有更大的危险性，安全因数 n_b 通常取为 $2\sim3.5$，甚至取到 $3\sim9$。

应该指出，对于塑性材料，拉伸与压缩时的极限应力和许用应力是基本相同的，无需区分；对于脆性材料，拉伸与压缩时的极限应力和许用应力则差异很大，必须严格区分。脆性材料的拉伸许用应力记作 $[\sigma_t]$，压缩许用应力记作 $[\sigma_c]$。

2.6.2　拉(压)杆的强度条件

根据上述分析，为了保障构件安全工作，构件内的最大工作应力必须小于等于许用应力，即

$$\sigma_{max} = \left(\frac{F_N}{A}\right)_{max} \leqslant [\sigma] \tag{2.8}$$

式(2.8)为拉(压)杆的**强度条件**。对于等截面拉(压)杆，强度条件表示为

$$\sigma_{max} = \frac{F_{Nmax}}{A} \leqslant [\sigma] \tag{2.9}$$

根据强度条件，可以解决以下三类强度问题。

(1) 强度校核：已知拉(压)杆的截面尺寸、载荷大小以及材料的许用应力，检验构件是否满足强度条件，即校核构件是否能安全工作。基本步骤是首先计算给定载荷下构件中的最大工作应力，然后与许用应力比较，若满足强度条件，则说明构件安全。

(2) 设计截面：已知拉(压)杆承受的载荷和材料的许用应力，设计满足强度条件的构件尺寸。根据强度条件，拉(压)杆的横截面面积应满足：

$$A \geqslant \frac{F_{Nmax}}{[\sigma]} \tag{2.10}$$

(3) 确定许可载荷：已知拉(压)杆的截面尺寸和材料的许用应力，计算构件所能承受的最大载荷。根据强度条件，拉(压)杆所能承受的最大轴力为

$$F_{Nmax} \leqslant A[\sigma] \tag{2.11}$$

首先由式(2.11)确定构件所能承受的最大轴力，再确定构件所能承担的许可载荷。

最后还应指出，如果最大工作应力 σ_{max} 略大于许用应力，若不超过许用应力的 5%，则在工程上仍然被认为是允许的。

【例 2.5】 图 2.22 所示为铸造车间吊运铁水包的双套吊钩。吊钩杆部横截面为矩形，已知 $b=25$ mm，$h=50$ mm；吊钩材料的许用应力 $[\sigma]=50$ MPa。铁水包自重 8 kN，最多能容 30 kN 重的铁水。试校核吊杆的强度。

解题分析　铁水包的总载荷由两根吊杆来承担，由对称性可认为两根吊杆的受力相同。当铁水包中的铁水重为 30 kN 时，吊杆的轴力达到最大值。

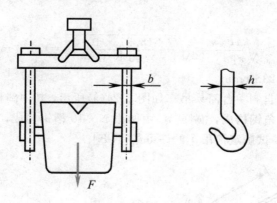

图 2.22

【解】（1）计算每根吊杆轴力的最大值，即

$$F_{Nmax} = \frac{F_{max}}{2} = \frac{1}{2} \times (30 \text{ kN} + 8 \text{ kN}) = 19 \text{ kN}$$

（2）计算吊杆的最大工作应力，即

$$\sigma_{max} = \frac{F_{Nmax}}{A} = \frac{F_{Nmax}}{bh} = \frac{19 \times 10^3 \text{ N}}{25 \text{ mm} \times 50 \text{ mm}} = 15.2 \text{ N/mm}^2 = 15.2 \text{ MPa}$$

（3）校核强度。

因 $\sigma_{max} = 15.2 \text{ MPa} < [\sigma]$，故吊杆的强度足够。

【例 2.6】　图 2.23 所示的油缸盖与缸体采用 6 个螺栓连接。已知油缸内径 $D = 360 \text{ mm}$，油压 $p = 1 \text{ MPa}$。若螺栓的许用应力 $[\sigma] = 40 \text{ MPa}$，试确定螺栓的内径 d。

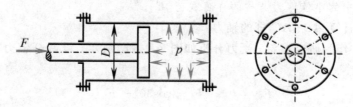

图 2.23

解题分析　螺栓承受轴向拉力，由对称性可认为每个螺栓的轴力相同，6 个螺栓的总轴力与油缸盖上的总压力平衡。

【解】（1）计算作用在油缸盖上的总压力 $F_总$，即

$$F_总 = p \frac{\pi D^2}{4} = 1 \text{ N/mm}^2 \times \frac{\pi (360 \text{ mm})^2}{4} = 101.79 \times 10^3 \text{ N} = 101.79 \text{ kN}$$

（2）计算每个螺栓内的轴力 F_N，即

$$F_N = \frac{F_总}{6} = 16.97 \text{ kN}$$

（3）计算螺栓的内径 d。

由强度条件

$$\sigma = \frac{F_N}{A} = \frac{F_N}{\frac{\pi d^2}{4}} = \frac{4F_N}{\pi d^2} \leqslant [\sigma]$$

解得

$$d \geqslant \sqrt{\frac{4F_N}{\pi[\sigma]}} = \sqrt{\frac{4 \times 16.97 \times 10^3 \text{ N}}{\pi \times 40 \text{ N/mm}^2}} = 23.2 \text{ mm}$$

因此，螺栓的内径 $d \geqslant 23.2$ mm。

【例 2.7】 某车间自制一台简易吊车如图 2.24(a)所示，其中斜杆 AB 由两根 50 mm×50 mm×5 mm 的等边角钢构成，横杆 AC 由两根 No.10 槽钢构成，材料均为 Q235 钢，许用应力 $[\sigma] = 120$ MPa。试确定该吊车的许可载荷 $[F]$。

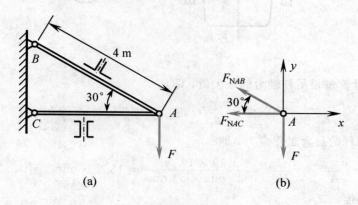

图 2.24

解题分析 使 AB 和 AC 杆均满足强度条件的最大载荷即为该吊车的许可载荷。首先计算 F 作用下各杆轴力，然后利用各杆的强度条件确定许可载荷 $[F]$。两杆确定出的 $[F]$ 可能不同，取其中的小值即为结构的许可载荷 $[F]$。

【解】 (1) 计算 AB、AC 杆的轴力。

选取节点 A 作为研究对象，受力分析如图 2.24(b)所示。设两杆轴力均为正，则由静力平衡方程

$$\sum F_x = 0, \ -F_{NAB}\cos 30° - F_{NAC} = 0$$

$$\sum F_y = 0, \ F_{NAB}\sin 30° - F = 0$$

解得

$$F_{NAB} = 2F, \ F_{NAC} = -\sqrt{3}F$$

计算表明，AB 杆受拉伸，AC 杆受压缩。在强度计算时，可取绝对值。

(2) 计算许可载荷。

查型钢表(即附录 B)，得斜杆 AB 的横截面面积 $A_{AB} = 4.803$ cm² ×2=9.606 cm²，横杆 AC 的横截面面积 $A_{AC} = 12.748$ cm² ×2=25.496 cm²。

由斜杆 AB 的强度条件

$$\sigma_{AB} = \frac{F_{NAB}}{A_{AB}} = \frac{2F}{A_{AB}} \leqslant [\sigma]$$

解得

$$F \leqslant \frac{A_{AB}[\sigma]}{2} = \frac{9.606 \times 10^2 \text{ mm}^2 \times 120 \text{ N/mm}^2}{2} = 57.6 \text{ kN}$$

由横杆 AC 的强度条件

$$\sigma_{AC} = \frac{F_{NAC}}{A_{AC}} = \frac{\sqrt{3}\,F}{A_{AC}} \leqslant [\sigma]$$

解得

$$F \leqslant \frac{A_{AC}[\sigma]}{\sqrt{3}} = \frac{25.496 \times 10^2\ \text{mm}^2 \times 120\ \text{N/mm}^2}{\sqrt{3}} = 176.6\ \text{kN}$$

两者之间取小值，因此该吊车的最大许可载荷为$[F]=57.6$ kN。

2.7　拉(压)杆的变形

杆件在轴向拉伸或压缩时，其轴线方向的尺寸和横向尺寸将发生改变。杆件沿轴线方向的变形称为轴向变形或纵向变形，杆件沿垂直于轴线方向的变形称为横向变形。

2.7.1　拉(压)杆的轴向变形

设一等直杆的原长为 l，横截面面积为 A，如图 2.25 所示。在轴向拉力 F 的作用下，杆件的长度由 l 变为 l_1，杆件在轴向的变形为

$$\Delta l = l_1 - l$$

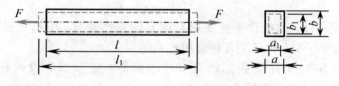

图 2.25

将 Δl 除以 l 得杆件沿轴向的线应变为

$$\varepsilon = \frac{\Delta l}{l} \tag{2.12}$$

当杆件横截面上的应力不超过材料的比例极限 σ_p 时，应力与应变成正比，这就是胡克定律，可以写成

$$\sigma = E\varepsilon \tag{2.13}$$

则

$$\sigma = \frac{F_N}{A} = E\frac{\Delta l}{l}$$

整理上式可得等截面常轴力拉(压)杆的轴向变形 Δl 的计算公式：

$$\Delta l = \frac{F_N l}{EA} \tag{2.14}$$

式(2.14)也称为胡克定律，是胡克定律的另一表达形式。由该式可以看出，若杆长及外力不变，EA 值越大，则变形 Δl 越小，因此，EA 反映杆件抗拉(压)变形的能力，称为杆件的抗拉(压)刚度。轴向变形 Δl 与轴力 F_N 具有相同的正负号，即伸长为正，缩短为负。

若拉(压)杆的轴力、横截面面积或弹性模量沿杆的轴线为分段常数，则可分段应用式(2.14)，然后叠加，得此拉(压)杆总的轴向变形为

$$\Delta l = \sum_{i=1}^{n} \Delta l_i = \sum_{i=1}^{n} \left(\frac{F_N l}{EA} \right)_i \tag{2.15}$$

若拉(压)杆的轴力、横截面面积沿杆的轴线为连续函数,则可根据数学中的微积分法,得拉(压)杆总的轴向变形为

$$\Delta l = \int_l \mathrm{d}\Delta l = \int_l \frac{F_N(x)}{EA(x)} \mathrm{d}x \tag{2.16}$$

2.7.2　拉(压)杆的横向变形

如图 2.25 所示,设杆件的原宽度为 a,原高度为 b,在轴向拉力作用下,杆件宽度变为 a_1,高度变为 b_1,则杆的横向变形与横向正应变分别为

$$\Delta a = a_1 - a, \quad \Delta b = b_1 - b$$

$$\varepsilon' = \frac{\Delta a}{a} = \frac{\Delta b}{b} \tag{2.17}$$

试验结果表明,当应力不超过材料的比例极限时,横向正应变与轴向正应变之比的绝对值为一个常数,该常数称为泊松比,用 μ 来表示,即

$$\mu = \left| \frac{\varepsilon'}{\varepsilon} \right| = -\frac{\varepsilon'}{\varepsilon} \tag{2.18}$$

由于横向应变 ε' 与轴向应变 ε 的正负号始终相反,故式(2.18)可写成

$$\varepsilon' = -\mu\varepsilon \tag{2.19}$$

和弹性模量 E 一样,泊松比 μ 也是材料固有的弹性常数。泊松比 μ 是一个无量纲的量,附录 A 的附表 A-1 中摘录了几种常用材料的 μ 值。

【例 2.8】　钢制阶梯杆受载如图 2.26(a)所示,已知 AB 段的横截面面积 $A_1 = 300 \text{ mm}^2$,BC 段和 CD 段的横截面面积 $A_2 = A_3 = 600 \text{ mm}^2$,三段杆的长度 $l_1 = l_2 = l_3 = 100 \text{ mm}$,材料的弹性模量 $E = 200 \text{ GPa}$,试求该阶梯杆的轴向总变形。

解题分析　由于杆各段的轴力不等,且横截面面积也不完全相同,因此需先分段计算各段的变形,然后相加。

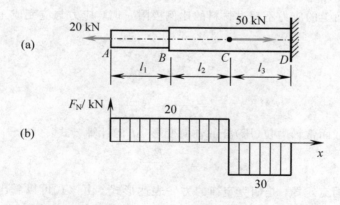

图 2.26

【解】　(1) 作轴力图。

首先分段计算各段轴力,作出轴力图,如图 2.26(b)所示。

（2）分段计算各段轴向变形。

AB 段：
$$\Delta l_1 = \frac{F_{N1} l_1}{E A_1} = \frac{20 \times 10^3 \text{ N} \times 100 \text{ mm}}{200 \times 10^3 \text{ N/mm}^2 \times 300 \text{ mm}^2} = 0.033 \text{ mm}$$

BC 段：
$$\Delta l_2 = \frac{F_{N2} l_2}{E A_2} = \frac{20 \times 10^3 \text{ N} \times 100 \text{ mm}}{200 \times 10^3 \text{ N/mm}^2 \times 600 \text{ mm}^2} = 0.017 \text{ mm}$$

CD 段：
$$\Delta l_3 = \frac{F_{N3} l_3}{E A_3} = \frac{-30 \times 10^3 \text{ N} \times 100 \text{ mm}}{200 \times 10^3 \text{ N/mm}^2 \times 600 \text{ mm}^2} = -0.025 \text{ mm}$$

（3）计算杆件轴向总变形，即
$$\Delta l_{总} = \Delta l_1 + \Delta l_2 + \Delta l_3$$
$$= 0.033 \text{ mm} + 0.017 \text{ mm} - 0.025 \text{ mm} = 0.025 \text{ mm（伸长）}$$

【例 2.9】 图 2.27(a)所示的简易托架，已知杆 AB 为圆截面钢杆，直径 $d = 20$ mm，长度 $l = 1$ m，$E_1 = 200$ GPa；杆 AC 为方截面木杆，边长 $a = 100$ mm，$E_2 = 12$ GPa。载荷 $F = 50$ kN。试求节点 A 的位移。

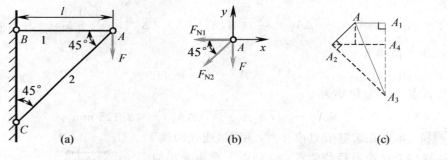

图 2.27

解题分析 在载荷 F 作用下，各杆均发生轴向变形，从而引起节点 A 的位置发生改变。要计算节点 A 的位移，首先应计算各杆轴力，然后计算各杆的轴向变形，再找各杆变形间的关系，求出节点位移。

【解】 （1）计算两杆轴力。

选取节点 A 作为研究对象，受力分析如图 2.27(b)所示。由静力平衡方程
$$\sum F_x = 0, \quad -F_{N1} - F_{N2}\cos 45° = 0$$
$$\sum F_y = 0, \quad -F_{N2}\sin 45° - F = 0$$

解得
$$F_{N1} = F = 50 \text{ kN（拉力）}$$
$$F_{N2} = -\sqrt{2}F = -70.7 \text{ kN（压力）}$$

（2）计算两杆变形。

杆 AB：
$$\Delta l_1 = \frac{F_{N1} l_1}{E_1 A_1} = \frac{F_{N1} l}{E_1 \dfrac{\pi d^2}{4}}$$

$$= \frac{50 \times 10^3 \text{ N} \times 1000 \text{ mm}}{200 \times 10^3 \text{ N/mm}^2 \times \dfrac{\pi}{4} \times (20 \text{ mm})^2} = 0.796 \text{ mm（伸长）}$$

杆 AC ：

$$\Delta l_2 = \frac{F_{N2} l_2}{E_2 A_2} = \frac{F_{N2} \times \sqrt{2}\, l}{E_2 a^2}$$

$$= \frac{-70.7 \times 10^3\ \text{N} \times \sqrt{2} \times 1000\ \text{mm}}{12 \times 10^3\ \text{N/mm}^2 \times (100\ \text{mm})^2} = -0.833\ \text{mm}（缩短）$$

（3）计算节点 A 的位移。

由计算知，Δl_1 为拉伸变形，Δl_2 为压缩变形。设想将结构在节点 A 拆开，杆 AB 伸长变形后变为 $A_1 B$，杆 AC 压缩变形后变为 $A_2 C$。分别以点 B 和点 C 为圆心，BA_1 和 CA_2 为半径作圆弧相交于点 A_3。点 A_3 即为托架变形后点 A 的位置。因为变形很小，$A_1 A_3$ 和 $A_2 A_3$ 是两段极短的圆弧，因而可分别用垂直于 $A_1 B$ 和 $A_2 C$ 的线段来代替。这两段直线的交点为 A_3，AA_3 即为点 A 的位移，且 $AA_1 = \Delta l_1$，$AA_2 = |\Delta l_2|$，$\angle AA_2 A_4 = \angle A_2 A_3 A_4 = 45°$，如图 2.27(c) 所示。

由图 2.27(c) 可以求出点 A 的垂直位移为

$$A_1 A_3 = A_1 A_4 + A_4 A_3 = AA_2 \times \frac{\sqrt{2}}{2} + A_2 A_4 = 2 \times |\Delta l_2| \times \frac{\sqrt{2}}{2} + \Delta l_1 = 1.974\ \text{mm}（\downarrow）$$

点 A 的水平位移为

$$AA_1 = \Delta l_1 = 0.796\ \text{mm}（\rightarrow）$$

从而可得点 A 的总位移为

$$AA_3 = \sqrt{(A_1 A_3)^2 + (AA_1)^2} = 2.128\ \text{mm}$$

讨论 本题在求解节点位移时，用"切线代圆弧"的方法找出节点变形后的位置，这是由于在小变形假设前提下，用切线代替圆弧所引起的误差较小，可以接受，并使问题的求解变得简单。

【例 2.10】 图 2.28 所示的立柱与横梁用螺柱连接，连接部分 AB 的长度 $l = 60\ \text{mm}$，直径 $d = 10\ \text{mm}$，拧紧螺母时 AB 段的伸长变形 $\Delta l = 0.03\ \text{mm}$，螺柱用钢制成，其弹性模量 $E = 200\ \text{GPa}$，泊松比 $\mu = 0.30$。试求：

（1）螺柱横截面上的正应力；

（2）螺柱预紧力；

（3）螺柱的横向变形。

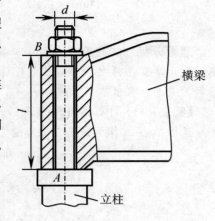

横梁

立柱

图 2.28

解题分析 本题给出了杆的轴向变形，要确定杆横截面上的应力、杆内的轴力及杆的横向变形。可以先计算轴向应变，然后根据胡克定律计算应力，再根据应力计算预紧力；求出轴向应变后，根据横向应变与轴向应变间的关系计算横向应变，再计算横向变形。

【解】 （1）计算螺柱的轴向正应变，即

$$\varepsilon = \frac{\Delta l}{l} = \frac{0.03\ \text{mm}}{60\ \text{mm}} = 5 \times 10^{-4}$$

（2）计算螺柱横截面上的正应力，即

$$\sigma = E\varepsilon = (200 \times 10^3 \text{ MPa}) \times (5 \times 10^{-4}) = 100 \text{ MPa}$$

（3）计算螺柱预紧力，即

$$F = A\sigma = \frac{\pi d^2}{4}\sigma = \frac{\pi \times (10 \text{ mm})^2}{4} \times 100 \text{ N/mm}^2 = 7.85 \text{ kN}$$

（4）计算螺柱的横向变形。

根据式(2.19)得螺柱的横向应变

$$\varepsilon' = -\mu\varepsilon = -0.30 \times (5 \times 10^{-4}) = -1.5 \times 10^{-4}$$

螺柱的横向变形为

$$\Delta d = \varepsilon' d = (-1.5 \times 10^{-4}) \times 10 \text{ mm} = -1.5 \times 10^{-3} \text{mm} = -0.0015 \text{ mm}$$

即螺柱直径缩小了 0.0015 mm。

讨论　本题求解时，也可先由胡克定律的另一表达式(2.14)求出预紧力 F，然后再由 F 计算螺柱横截面上的正应力 σ。

2.8　拉（压）杆的超静定问题

2.8.1　拉（压）杆超静定问题的解法

前面所讨论的问题中，约束反力和杆件的内力都可以用静力平衡方程全部求出。这种能用静力平衡方程式求解所有约束反力和内力的问题，称为**静定问题**。但在工程实际中，由于某些要求，需要增加约束或杆件，未知约束反力的数目超过了所能列出的独立静力平衡方程式的数目，这样，它们的约束反力或内力，仅凭静力平衡方程式不能完全求得。这类问题称为**超静定问题**或**静不定问题**。例如，图 2.29(a)所示的结构，其受力如图 2.29(b)所示，根据杆 AB 的平衡条件可列出三个独立的平衡方程，即

$$\sum F_x = 0, \qquad \sum F_y = 0, \qquad \sum M_A = 0$$

而未知力有 4 个，即 F_{Ax}、F_{Ay}、F_{N1} 和 F_{N2}。显然，仅用静力平衡方程不能求出全部的未知力，所以该问题为超静定问题。未知力数比独立平衡方程数多出的数目，称为超静定次数，故该问题为一次超静定问题。

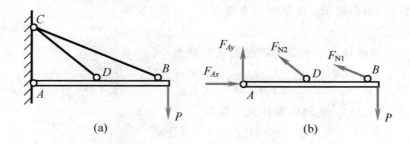

图 2.29

求解超静定问题，除了应利用平衡方程外，还必须研究变形。根据多余约束对位移或变形的协调限制，建立各部分位移或变形之间的几何关系，即建立几何方程，称为**变形协调方程**。然后根据变形协调方程，借助变形与内力间的关系，建立足够数量的补充方程。

利用平衡方程和补充方程可计算出所有未知力。

综上所述，求解超静定问题需要考虑三个方面：满足静力平衡方程；满足变形协调条件；服从力与变形间的物理关系。概言之，即应综合考虑静力学、几何与物理三个方面。下面通过例题说明超静定问题的分析方法。

【例 2.11】　如图 2.30(a)所示的结构，杆 1、2、3 的弹性模量均为 E，横截面面积均为 A，杆长均为 l。横梁 AB 的刚度远大于杆 1、2、3 的刚度，故可将横梁看成刚体。在横梁上作用的载荷为 P。若不计横梁及各杆的自重，试确定杆 1、2、3 的轴力。

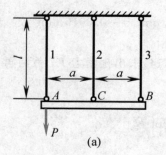 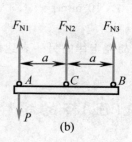 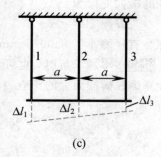

图 2.30

解题分析　本题有三个未知力，可建立两个独立的静力平衡方程，为一次超静定问题，还需要建立一个补充方程。

【解】　(1) 建立静力平衡方程。

选取横梁 AB 作为研究对象，设杆 1、2、3 均受拉，受力分析如图 2.30(b)所示，平衡方程为

$$\sum F_y = 0, \ F_{N1} + F_{N2} + F_{N3} - P = 0 \tag{a}$$

$$\sum M_A = 0, \ F_{N2} \times a + F_{N3} \times 2a = 0 \tag{b}$$

(2) 建立补充方程。

首先建立变形协调方程。要找到各杆变形之间的几何关系，关键是画出变形图。由于假设三杆均受拉，因此三杆均伸长。又由于把横梁看成刚性杆，因此结构变形后，横梁仍为直杆，如图 2.30(c)所示。变形协调方程为

$$2\Delta l_2 = \Delta l_1 + \Delta l_3 \tag{c}$$

由胡克定律得各杆变形与轴力间的关系分别为

$$\Delta l_1 = \frac{F_{N1} l}{EA}, \ \Delta l_2 = \frac{F_{N2} l}{EA}, \ \Delta l_3 = \frac{F_{N3} l}{EA} \tag{d}$$

将式(d)代入式(c)，整理后得补充方程为

$$2F_{N2} = F_{N1} + F_{N3} \tag{e}$$

(3) 联立平衡方程和补充方程求解。

联立平衡方程(a)、(b)和补充方程(e)，解得

$$F_{N1} = \frac{5}{6}P, \ F_{N2} = \frac{1}{3}P, \ F_{N3} = -\frac{1}{6}P$$

讨论　由计算结果可以看出：杆 1、杆 2 的轴力为正，说明实际方向与假设方向一致，

变形为伸长；杆 3 的轴力为负，说明杆 3 实际受力方向与假设方向相反，变形为缩短。这说明横梁 AB 是绕着 C、B 两点之间的某一点发生了逆时针转动。

2.8.2　温度应力

在工程实际中，构件或结构会遇到温度变化的情况。例如，若工作条件中温度改变或季节变化，杆件就会伸长或缩短。设杆件原长为 l，材料的线膨胀系数为 α，当温度改变 ΔT 时，杆件由于温度变化而产生的变形量为

$$\Delta l_T = \alpha \cdot \Delta T \cdot l \tag{2.20}$$

静定结构由于可以自由变形，当温度变化时不会使杆内产生应力。但在超静定结构中，由于约束增加，变形受到部分或全部限制，温度变化时就会使杆内产生应力，这种应力称为温度应力。计算温度应力的方法与载荷作用下的超静定问题的解法相似，不同之处在于杆内变形包括两个部分，一部分是由温度引起的变形，另一部分是由外力引起的变形。

【例 2.12】　如图 2.31(a)所示，高压蒸汽锅炉产生的蒸汽通过管道传送到原动机。与锅炉和原动机相比，管道刚度很小，故可把 A、B 两端简化成固定端，如图 2.31(b)所示。设管道长为 l，横截面面积为 A，材料的弹性模量为 E，线膨胀系数为 α。求当温度升高 ΔT 时，管道横截面上的应力。

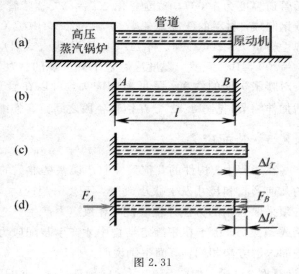

图 2.31

解题分析　当管道内通入蒸汽时，管道受热膨胀，若 B 端没有固定，则管道将伸长 Δl_T（见图 2.31(c)）。考虑到实际上 B 端固定，杆件不能自由伸长，必然在 A、B 两端产生约束反力 F_A、F_B。可设想杆件在 F_A、F_B 的作用下产生压缩变形 Δl_F，迫使杆件恢复到原位（见图 2.31(d)）。Δl_T 与 Δl_F 的大小应该相等，据此可建立补充方程，并与静力平衡方程联立求解。

【解】　（1）建立静力平衡方程。

选取管道作为研究对象，受力分析如图 2.31(d)所示，平衡方程为

$$\sum F_x = 0, \ F_A - F_B = 0 \tag{a}$$

由此可知，有两个未知量，可建立一个独立的静力平衡方程，为一次超静定问题，还需建立一个补充方程。

（2）建立补充方程。

管道总长不变，据此得变形协调方程为

$$\Delta l_T + \Delta l_F = 0 \tag{b}$$

根据式（2.20），得管道因温度升高引起的伸长量为

$$\Delta l_T = \alpha \cdot \Delta T \cdot l \tag{c}$$

由胡克定律得管道在 F_A、F_B 的作用下产生的轴向变形为

$$\Delta l_F = \frac{F_N l}{EA} = \frac{-F_B l}{EA} \tag{d}$$

将式(c)、(d)代入式(b)，整理后得补充方程为

$$F_B = \alpha \Delta T E A \tag{e}$$

(3) 联立平衡方程和补充方程求解。

联立平衡方程(a)和补充方程(e)，解得

$$F_A = F_B = \alpha \Delta T E A$$

(4) 计算管道中的温度应力，即

$$\sigma_T = \frac{F_N}{A} = \frac{-F_B}{A} = -\alpha \Delta T E \text{（压应力）} \tag{f}$$

讨论　设通入蒸汽前管道温度为 20℃，通入蒸汽后管道温度为 100℃，温度变化 $\Delta T = 80℃$。若管道由碳钢制成，材料的线膨胀系数为 $\alpha = 12.5 \times 10^{-6}℃^{-1}$，弹性模量 $E = 200\,GPa$。将 ΔT、α 和 E 代入式(f)，得 $\sigma_T = 200\,MPa$。可见，温度应力是十分可观的。为了削弱对膨胀构件的约束，降低温度应力，可以在管道中增加伸缩节（见图 2.32）、在钢轨各段之间留有伸缩缝等。

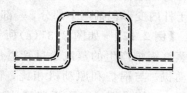

图 2.32

2.8.3　装配应力

在工程中，构件的几何尺寸制造误差是难免的。在静定结构中，这种误差只会使结构的几何形状和尺寸发生微小改变，不会引起应力。但在超静定结构中，情况就不一样了，必须采取强制的方法才能装配，导致应力产生。这种在装配过程中产生的应力称为装配应力或预应力。由于在超静定结构中才产生装配应力，因此装配应力问题的求解与超静定问题的求解方法相同，下面举例说明。

【例 2.13】　如图 2.33 所示的桁架，杆 3 的实际长度比设计长度 l 稍短，制造误差为 δ，已知杆 1 和杆 2 的抗拉(压)刚度均为 $E_1 A_1$，杆 3 的抗拉(压)刚度为 $E_3 A_3$。试分析装配后各杆的轴力。

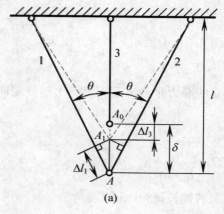

(a)

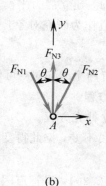

(b)

图 2.33

解题分析　如图 2.33(a)所示，强行装配后，杆 3 末端从点 A_0 移到点 A_1，杆 3 伸长，受拉力；杆 1 与杆 2 的末端从点 A 移到点 A_1，杆 1 与杆 2 缩短，受压力。

【解】　(1) 建立静力平衡方程。

选取节点 A 作为研究对象，受力分析如图 2.33(b)所示，各杆轴力按实际方向画出，平衡方程为

$$\sum F_x = 0, \quad F_{N1} \sin\theta - F_{N2} \sin\theta = 0 \tag{a}$$

$$\sum F_y = 0, \quad F_{N3} - F_{N1} \cos\theta - F_{N2} \cos\theta = 0 \tag{b}$$

由此可知，有三个未知力，可建立两个独立的静力平衡方程，为一次超静定问题，还需建立一个补充方程。

(2) 建立补充方程。

从图 2.33(a)中可以看出，变形协调方程为

$$\Delta l_3 + \frac{|\Delta l_1|}{\cos\theta} = \delta \tag{c}$$

由胡克定律得各杆变形与轴力间的关系分别为

$$|\Delta l_1| = \frac{F_{N1} l_1}{E_1 A_1} = \frac{F_{N1} l}{E_1 A_1 \cos\theta}, \quad \Delta l_3 = \frac{F_{N3} l}{E_3 A_3} \tag{d}$$

将式(d)代入式(c)，整理后得补充方程为

$$\frac{F_{N3} l}{E_3 A_3} + \frac{F_{N1} l}{E_1 A_1 \cos^2\theta} = \delta \tag{e}$$

(3) 联立平衡方程和补充方程求解。

联立平衡方程(a)、(b)和补充方程(e)，解得

$$F_{N1} = F_{N2} = \frac{\delta}{l} \frac{E_1 A_1 \cos^2\theta}{1 + \dfrac{2E_1 A_1}{E_3 A_3} \cos^3\theta} \text{（压力）}, \quad F_{N3} = \frac{\delta}{l} \frac{2E_1 A_1 \cos^3\theta}{1 + \dfrac{2E_1 A_1}{E_3 A_3} \cos^3\theta} \text{（拉力）}$$

讨论　将各杆轴力再除以横截面面积，即得各杆应力。假设三杆的抗拉(压)刚度均相同，材料的弹性模量 $E = 200$ GPa，$\theta = 30°$，$\delta/l = 1/1000$，计算出各杆横截面上的应力分别为 $\sigma_1 = \sigma_2 = 65.3$ MPa(压应力)，$\sigma_3 = 112.9$ MPa(拉应力)。可见，虽然构件尺寸误差很小，但所引起的装配应力仍然相当大。因此，制造构件时需要保证足够的加工精度，以尽量降低装配应力。但有时在工程中，人们又要利用装配应力来达到某种目的，例如，机械零件中的紧配合，钢筋混凝土结构中的预应力构件等，都是利用装配应力的典型实例。

2.9　应力集中的概念

等截面直杆受轴向拉伸或压缩时，横截面上的应力是均匀分布的。由于实际需要，有些零件必须有切口、切槽、油孔、螺纹、轴肩等，以致在这些部位上截面尺寸发生突然变化。试验和理论分析均表明，在零件尺寸突然改变处的横截面上，应力并不是均匀分布的。例如开有圆孔或切口的板条(见图 2.34)受拉时，在圆孔或切口附近的局部区域内，应力将急剧增加，但在离开圆孔或切口稍远处，应力迅速降低而趋于均匀。这种因杆件外形突然变化而引起的局部应力急剧增大的现象，称为应力集中。

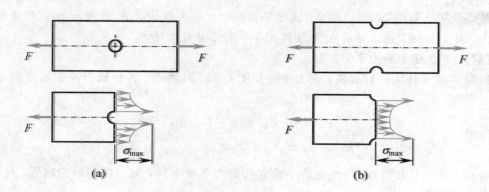

图 2.34

设发生应力集中的截面上的最大应力为 σ_{max}，同一截面上的平均应力为 σ，则比值

$$K = \frac{\sigma_{max}}{\sigma} \tag{2.21}$$

称为理论应力集中因数。其值大于 1，反映了应力集中的程度。试验和理论分析结果表明：构件的截面尺寸改变越急剧，构件的孔越小，缺口的角越尖，应力集中的程度就越严重。因此，构件上应尽量避免带尖角的孔或槽，在阶梯杆的变截面处要用圆弧过渡，并尽量使圆弧半径大一些。

各种材料对应力集中的敏感程度并不相同。塑性材料有屈服阶段，当局部的最大应力 σ_{max} 达到屈服极限 σ_s 时，该处材料首先屈服，其变形可以继续增大，而应力暂时不再增大。若外力继续增加，增加的力就由截面上尚未屈服的材料来承担，使截面上其他点的应力相继增大至屈服极限，如图 2.35 所示。因此，用塑性材料制作的构件，在静载荷作用下可以不考虑应力集中的影响。而对于用脆性材料制作的构件，情况就不同了。因为材料没有屈服阶段，当载荷增加时，应力集中处的最大应力 σ_{max} 一直领先，最早达到强度极限 σ_b，该处将首先产生裂纹。所以用脆性材料制作的构件，应力集中的危害性相当严重。因此，即使在静载荷作用下也应考虑应力集中对零部件承载能力的削弱。不过有些脆性材料内部本来就很不均匀，存在不少孔隙或缺陷，例如含有大量片状石墨的灰铸铁，其内部的不均匀性已经造成了严重的应力集中，测定这类材料的强度指标时已经包含了内部应力集中的影响，而由构件形状引起的应力集中则处于次要地位，因此对于此类材料做成的构件，由其形状改变引起的应力集中就可以不再考虑了。

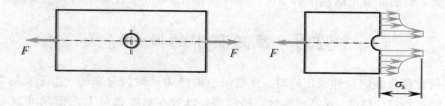

图 2.35

以上是针对静载作用下的情况，当构件受到冲击载荷或者周期性变化的载荷作用时，不论是塑性材料还是脆性材料，应力集中对构件的强度都有严重的影响，可能造成极大危害，这一问题将在第 11 章中讨论。

思　考　题

2.1　如思考题 2.1 图所示构件中，_____ 承受轴向拉伸或压缩变形。

2.2　如思考题 2.2 图所示阶梯杆，受三个集中力 F 作用，设 AB、BC、CD 段的横截面面积分别为 A、$2A$、$3A$，则三段杆的横截面上_____。

A. 轴力不等，应力相等　　　　　　　　B. 轴力相等，应力不等

C. 轴力和应力都相等　　　　　　　　　D. 轴力和应力都不等

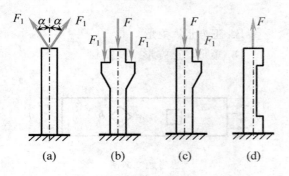 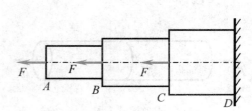

思考题 2.1 图　　　　　　　　　　　　　　　思考题 2.2 图

2.3　三根杆的横截面面积及长度均相等，其材料的应力-应变曲线分别如思考题 2.3 图中 a、b、c 所示，则其中强度最高的是_____，刚度最大的是_____，塑性最好的是_____。

2.4　思考题 2.4 图所示为某材料单向拉伸时的应力-应变曲线。已知曲线上一点 A 的应力为 σ_A，应变为 ε_A，材料的弹性模量为 E，则当加载到 A 点时的塑性应变为_____。

A. $\varepsilon_p = 0$　　　　　　　　　　　　B. $\varepsilon_p = \varepsilon_A$

C. $\varepsilon_p = \sigma_A/E$　　　　　　　　　D. $\varepsilon_p = \varepsilon_A - \sigma_A/E$

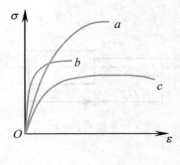 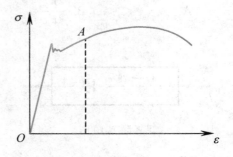

思考题 2.3 图　　　　　　　　　　　　　　　思考题 2.4 图

2.5　关于铸铁力学性能有以下两个结论：① 抗剪能力比抗拉能力差；② 压缩强度比拉伸强度高。其中，_____。

A. ①正确，②不正确　　　　　　　　　B. ①不正确，②正确

C. ①、②都正确　　　　　　　　　　　D. ①、②都不正确

2.6　塑性材料冷作硬化后，材料的力学性能发生了变化。以下结论中正确的是_____。

　　A. 比例极限提高，弹性模量降低　　　　B. 比例极限提高，强度极限不变

　　C. 比例极限不变，弹性模量不变　　　　D. 比例极限不变，塑性不变

2.7　如思考题2.7图所示的等直杆，其左半段为钢，右半段为铝，并牢固连结。施加轴力 F 后，两段杆件的_____。

　　A. 应力相同，应变相同　　　　　　　　B. 应力相同，应变不同

　　C. 应力不同，应变相同　　　　　　　　D. 应力不同，应变不同

2.8　如思考题2.8图所示的单向均匀拉伸的板条，若受力前在表面画上两个正方形 a 和 b，则受力后正方形 a、b 分别变为_____。

　　A. 正方形、正方形　　　　　　　　　　B. 正方形、菱形

　　C. 矩形、菱形　　　　　　　　　　　　D. 矩形、正方形

思考题2.7图

思考题2.8图

2.9　圆管在线弹性范围内轴向拉伸变形，其_____。

　　A. 外直径减小，壁厚不变　　　　　　　B. 外直径不变，壁厚减小

　　C. 外直径减小，壁厚也减小　　　　　　D. 外直径减小，壁厚增大

2.10　思考题2.10图所示的矩形截面杆的表面上，沿纵向和横向粘贴两个应变片，在力 F 作用下，若测得 $\varepsilon_1 = -120 \times 10^{-6}$，$\varepsilon_2 = 40 \times 10^{-6}$，则该杆件材料的泊松比是_____。

　　A. $\mu = 3$　　　　B. $\mu = -3$　　　　C. $\mu = \dfrac{1}{3}$　　　　D. $\mu = -\dfrac{1}{3}$

2.11　如思考题2.11图所示的阶梯杆，设左、右段的横截面面积分别为 A、$2A$，材料的弹性模量为 E，则该阶梯杆的轴向总变形为_____。

　　A. 0　　　　B. $\dfrac{Fl}{2EA}$　　　　C. $\dfrac{Fl}{EA}$　　　　D. $\dfrac{3Fl}{2EA}$

思考题2.10图

思考题2.11图

习　　题

2.1　计算习题2.1图中各杆的轴力，指出轴力的最大值，并作出轴力图。

2.2　求习题2.2图所示阶梯杆横截面1—1、2—2和3—3上的轴力，并作轴力图。若横截面面积分别为 $A_1 = 200 \text{ mm}^2$，$A_2 = 300 \text{ mm}^2$，$A_3 = 400 \text{ mm}^2$，求各横截面上的应力。

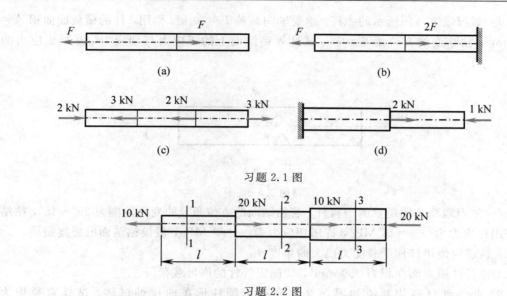

习题 2.1 图

习题 2.2 图

2.3　如习题 2.3 图所示的阶梯形圆截面杆，承受轴向载荷 $F_1 = 50$ kN 与 F_2 作用，AB 与 BC 段的直径分别为 $d_1 = 20$ mm 和 $d_2 = 30$ mm。

（1）试求截面 1—1 上的正应力；

（2）如欲使 AB 与 BC 段横截面上的正应力相同，试求载荷 F_2 之值。

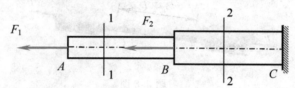

习题 2.3 图

2.4　试计算习题 2.4 图所示结构中杆 BC 的轴力，若杆 BC 为直径 $d = 16$ mm 的圆截面杆，试计算杆 BC 横截面上的正应力。

2.5　如习题 2.5 图所示，钢板受到 14 kN 的轴向拉力，板上有三个对称分布的铆钉圆孔，已知钢板厚度为 10 mm，宽度为 200 mm，铆钉孔的直径为 20 mm，试求钢板危险截面上的应力（不考虑铆钉孔引起的应力集中）。

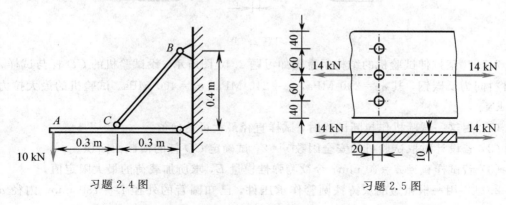

习题 2.4 图　　　　　　　　　　习题 2.5 图

2.6　如习题 2.6 图所示的木杆，承受轴向载荷 $F=10$ kN 作用，杆的横截面面积 $A=1000$ mm^2，粘结面的方位角 $\theta=45°$。试计算粘结面上的正应力与切应力，并画出应力的方向。

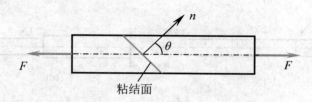

习题 2.6 图

2.7　如习题 2.6 图所示的塑料杆，若粘结面的方位角 θ 的变化范围为 25°～45°，粘结面的许用拉应力为 $[\sigma_t]=15$ MPa，许用切应力为 $[\tau]=9$ MPa，假设粘结面的强度最弱。

（1）试确定使得杆件承载能力最大的角度 θ；

（2）设杆件横截面面积为 900 mm^2，试确定杆件的许可载荷 $[F]$。

2.8　将三种材料均制成如习题 2.8 图所示圆柱形单向拉伸试样，试样直径均为 10 mm，标距均为 50 mm。拉断后，三根试样的标距分别变为 54.5 mm、63.2 mm 和 69.4 mm；断口最小直径分别为 9.55 mm、7.90 mm 和 5.05 mm。试确定三种材料的伸长率和断面收缩率，并根据计算结果判断三种材料是塑性材料还是脆性材料。

习题 2.8 图

2.9　矩形截面的铝合金拉伸试样如习题 2.9 图所示，已知 $l=70$ mm，$b=20$ mm，$\delta=2$ mm，在轴向拉力 $F=6$ kN 的作用下试样处于线弹性阶段，若测得此时试验段的轴向伸长 $\Delta l=0.15$ mm，横向缩短 $\Delta b=0.014$ mm，试确定该材料的弹性模量 E 和泊松比 μ。

习题 2.9 图

2.10　某拉伸试验机的结构示意图如习题 2.10 图所示。设试验机的 CD 杆与试样 AB 的材料同为低碳钢，其 $\sigma_p=200$ MPa，$\sigma_s=240$ MPa，$\sigma_b=400$ MPa。试验机的最大拉力为 100 kN。

（1）用这一试验机作拉断试验时，试样直径最大可达何值？

（2）若设计时取试验机的安全因数 $n=2$，试确定 CD 杆的横截面面积。

（3）若试样直径 $d=10$ mm，今欲测弹性模量 E，求所加载荷的最大限定值。

2.11　用一根粗短的灰铸铁圆管作承压件，已知圆管的外径 $D=130$ mm、内径 $d=$

100 mm，材料的压缩许用应力$[\sigma_c]=200$ MPa。若圆管承受的轴向压力 $F=1000$ kN，试校核其强度。

2.12　如习题 2.12 图所示，用钢索起吊一钢管，已知钢管重 $W=10$ kN，钢索的直径 $d=40$ mm，许用应力$[\sigma]=10$ MPa。试校核钢索的强度。

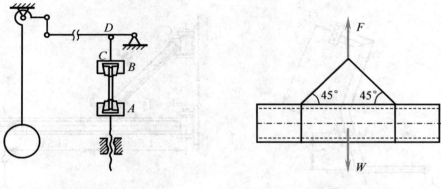

习题 2.10 图　　　　　　　　　习题 2.12 图

2.13　习题 2.13 图所示为一冷镦机的连杆，已知其工作时所受的锻压力 $F=3780$ kN，连杆的横截面为矩形，高度与宽度之比为 $h/b=1.4$，材料的许用应力$[\sigma]=90$ MPa。试根据强度条件确定连杆的横截面尺寸。

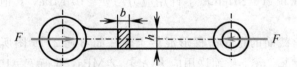

习题 2.13 图

2.14　如习题 2.14 图所示的桁架，杆 1 与杆 2 的横截面均为圆形，直径分别为 $d_1=30$ mm 与 $d_2=20$ mm；两杆材料相同，许用应力$[\sigma]=160$ MPa。该桁架在节点 A 处承受铅垂方向的载荷 $F=80$ kN 作用。试校核该桁架的强度。

2.15　如习题 2.15 图所示的简易吊车，木杆 AB 的横截面面积为 $A_1=10\ 000$ mm²，许用应力$[\sigma]_木=7$ MPa；钢杆 BC 的横截面面积 $A_2=500$ mm²，许用应力$[\sigma]_钢=160$ MPa。试求许可吊重$[F]$。

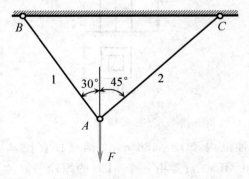
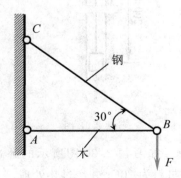

习题 2.14 图　　　　　　　　　习题 2.15 图

2.16　汽车离合器踏板如习题 2.16 图所示，已知 $F_1 = 400$ N，$L = 330$ mm，$l = 56$ mm，拉杆 AB 的直径 $d = 9$ mm，许用应力 $[\sigma] = 50$ MPa，试校核拉杆 AB 的强度。

2.17　悬臂吊车如习题 2.17 图所示，已知最大起吊重量 $F = 25$ kN，斜拉杆 BC 用两根等边角钢制成，其许用应力 $[\sigma] = 140$ MPa。试确定等边角钢的型号。

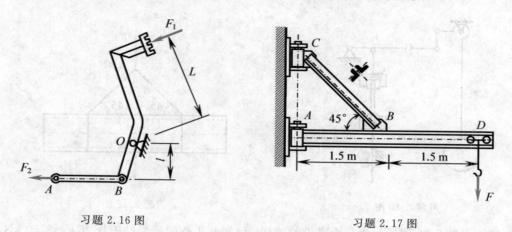

习题 2.16 图　　　　　　　　　　习题 2.17 图

2.18　像矿井升降机钢缆这类很长的拉杆，分析强度时应考虑其自重的影响。习题 2.18 图所示为某矿井提升系统的简图，已知吊重 $P = 45$ kN，钢缆单位长度的自重 $p = 23.8$ N/m，横截面面积 $A = 251$ mm^2，许用应力 $[\sigma] = 210$ MPa，其他尺寸如图所示。试校核钢缆的强度。

2.19　一正方形截面的粗短阶梯形混凝土立柱如习题 2.19 图所示，已知混凝土的质量密度 $\rho = 2.04 \times 10^3$ kg/m^3，压缩许用应力 $[\sigma_c] = 2$ MPa，载荷 $F = 100$ kN。试根据强度条件确定截面尺寸 a 与 b。

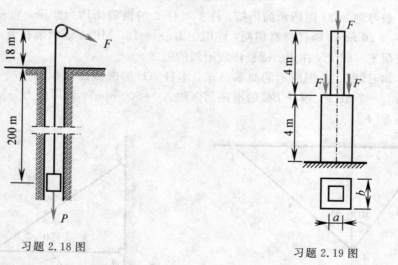

习题 2.18 图　　　　　　　　　　习题 2.19 图

2.20　如习题 2.20 图所示的卧式拉床的油缸内径 $D = 186$ mm，活塞杆直径 $d_1 = 65$ mm，材料为 20Cr 并经过热处理，$[\sigma]_{杆} = 130$ MPa。缸盖由 6 个 M20 的螺栓与缸体连接，M20 螺栓的内径 $d = 17.3$ mm，材料为 35 钢，经热处理后 $[\sigma]_{螺} = 115$ MPa。试按活塞

杆和螺栓的强度确定最大油压 p。

2.21　平面桁架如习题 2.21 图所示，已知 $F=20$ kN，各杆的横截面面积均为200 mm²，各杆材料均为 Q235 钢，许用应力$[\sigma]=160$ MPa，试校核其中杆 AD 和杆 CD 的强度。

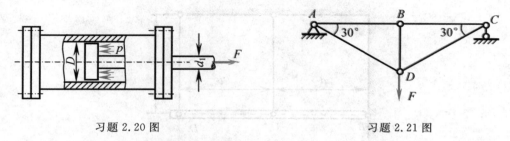

习题 2.20 图　　　　　　　　　　　习题 2.21 图

2.22　阶梯直杆如习题 2.22 图所示，已知 $A_1=800$ mm²，$A_2=500$ mm²，$E=200$ GPa，试求杆的总伸长 Δl。

2.23　如习题 2.23 图所示，抗拉（压）刚度为 EA 的等截面直杆两端固定，承受轴向载荷 $F=30$ kN 的作用，试作出其轴力图。

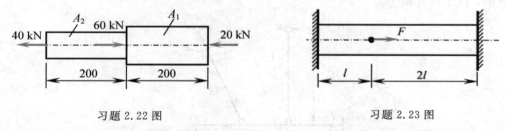

习题 2.22 图　　　　　　　　　　　习题 2.23 图

2.24　习题 2.24 图所示阶梯钢杆，在温度 $T_1=5℃$ 时固定于两刚性平面之间。已知粗、细两段杆的横截面面积分别为 1000 mm² 和 500 mm²，钢材的弹性模量 $E=200$ GPa，线膨胀系数 $\alpha=1.2\times10^{-5}/℃$。试求当温度升高至 $T_2=25℃$ 时，杆内的最大正应力。

2.25　木制短柱的四角用四个 40 mm×40 mm×4 mm 的等边角钢加固。已知角钢的许用应力$[\sigma]_{钢}=160$ MPa，$E_{钢}=200$ GPa；木材的许用应力$[\sigma]_{木}=12$ MPa，$E_{木}=10$ GPa。试求许可载荷$[F]$。

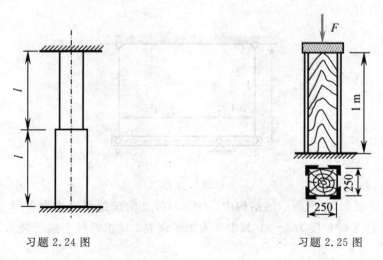

习题 2.24 图　　　　　　　　　　　习题 2.25 图

2.26　习题 2.26 图所示结构中,假设横梁 BD 为刚性杆,杆 1 与杆 2 完全相同,两杆长度均为 l,弹性模量为 E,横截面面积均为 $A=300\ \text{mm}^2$,许用应力 $[\sigma]=160\ \text{MPa}$。若载荷 $F=50\ \text{kN}$,试校核两杆强度。

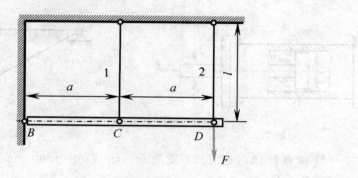

习题 2.26 图

2.27　习题 2.27 图所示结构中,杆 1 与杆 2 的横截面面积、材料均相同,若横梁 AB 是刚性的,试求两杆轴力。

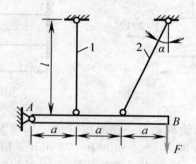

习题 2.27 图

2.28　如习题 2.28 图所示结构,横梁 AB 可视为刚性杆,杆 1 与杆 2 的长度、横截面面积、材料均相同。其抗拉(压)刚度为 EA,线膨胀系数为 α。试求当杆 1 温度升高 ΔT 时,杆 1 与杆 2 的轴力。

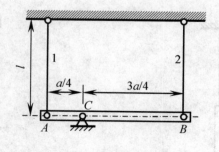

习题 2.28 图

2.29　在习题 2.29 图所示的结构中,杆 1 与杆 2 的抗拉刚度均为 E_1A_1,杆 3 的抗拉刚度为 E_3A_3。杆 3 的长度为 $l+\delta$,其中 δ 为加工误差。试求将杆 3 强行装入 AC 位置后各杆的轴力。

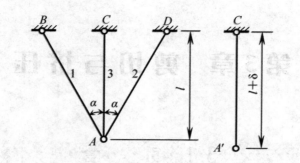

习题 2.29 图

2.30 如习题 2.30 图所示，刚性梁 AB 放在三根混凝土支柱上，承受载荷 $F=$ 720 kN，各支柱的横截面面积均为 $A=400\times10^2$ mm^2。未加载时，中间支柱与刚性梁之间的间隙 $\delta=1.5$ mm，混凝土的弹性模量 $E=14$ GPa。试求加载后各支柱横截面的应力。

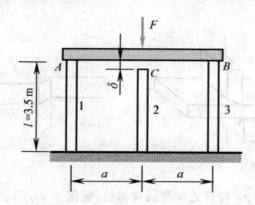

习题 2.30 图

第3章 剪切与挤压

3.1 引　言

剪切是杆件的基本变形形式之一，工程中承受剪切变形的构件有很多。如图 3.1 所示的剪床上的钢板，剪床的上、下两个刀刃以大小相等、方向相反、作用线相距很近的两个力 F 作用于钢板上，迫使钢板在 $m—m$ 截面左、右的两部分产生沿 $m—m$ 截面相对错动的变形，直到最后被剪断。

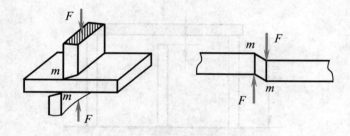

图 3.1

在工程结构或机械中，构件之间常通过铆钉（见图 3.2(a)）、螺栓（见图 3.2(b)）、键（见图 3.2(c)）等连接件相连接，这些连接件的主要变形形式是剪切与挤压。

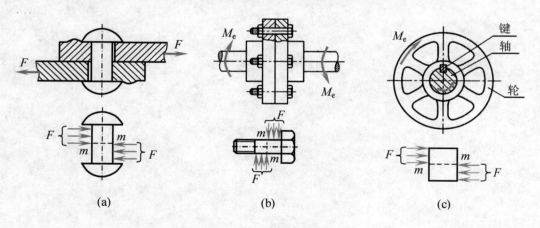

(a)　　　　　　　　　(b)　　　　　　　　　(c)

图 3.2

剪切的受力特点是：构件在两侧面受到大小相等、方向相反、作用线相距很近的外力（或外力合力）的作用，如图 3.1 和图 3.2 所示。

剪切的变形特点是：构件沿位于两侧外力之间的截面发生相对错动。发生相对错动的截面称为剪切面，如图 3.1 和图 3.2 中的 $m—m$ 截面。

　　构件在发生剪切变形的同时，常伴随有挤压变形。在外力作用下，连接件和被连接的构件之间在接触面上相互压紧，这种现象称为挤压。一般接触面较小而传递的压力较大，容易造成接触部位压溃或发生塑性变形，这种变形破坏形式称为挤压破坏，传递压力的接触面称为挤压面。

　　本章主要介绍剪切与挤压的强度计算。剪切与挤压变形只发生在构件的局部区域，其受力与变形比较复杂，难以精确计算。在工程中，为简化计算，根据构件的实际受力和破坏情况作了一些假设，再根据这些假设利用试验方法确定极限应力，从而建立强度条件。这种简化的计算方法称为实用计算法。实践表明，实用计算法是可靠的，可以满足工程需要。

3.2　剪切的实用计算

3.2.1　剪切面上的内力

　　图 3.3(a)所示铆钉连接中的铆钉，受力如图 3.3(b)所示。要确定铆钉剪切面上的内力，首先采用截面法，假想沿剪切面把铆钉截开，选取截面以下部分作为研究对象(见图 3.3(c))。

　　截面上的内力 F_s 与截面相切，称为剪力。由平衡方程容易求得

$$F_s = F$$

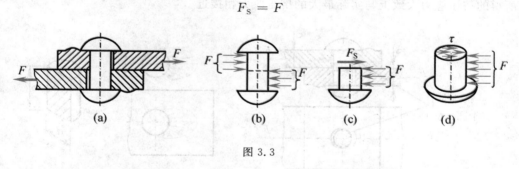

图 3.3

3.2.2　剪切面上的应力

　　剪力 F_s 是以切应力 τ 的形式分布在剪切面上的(见图 3.3(d))。在工程实用计算中，假设在剪切面上切应力 τ 均匀分布，则其计算公式为

$$\tau = \frac{F_s}{A_s} \tag{3.1}$$

式中：F_s 为剪切面上的剪力；A_s 为剪切面的面积。

3.2.3　剪切强度条件

　　剪切强度条件为

$$\tau = \frac{F_s}{A_s} \leqslant [\tau] \tag{3.2}$$

式中：$[\tau]$ 为材料的许用切应力，其值等于材料的剪切强度极限 τ_b 除以安全因数 n。而剪切

强度极限则通过剪切试验测出剪切破坏载荷并按式(3.1)确定。常用材料的许用切应力可从有关设计手册中查到。

3.3　挤压的实用计算

3.3.1　挤压应力的实用计算

传递压力的接触面称为挤压面。在挤压面上，应力分布一般比较复杂。在实用计算中，假设在挤压面上的挤压应力均匀分布。

挤压应力的计算公式为

$$\sigma_{bs} = \frac{F_{bs}}{A_{bs}} \tag{3.3}$$

式中：F_{bs} 为挤压面上传递的压力，称为挤压力；A_{bs} 为挤压面的计算面积，取实际挤压面在垂直于挤压力的平面上投影的面积。当挤压面为半圆柱面时（例如，图 3.4(a)所示的铆钉与圆孔间的接触面），挤压应力的分布情况如图 3.4(b)所示，最大挤压应力在半圆柱面的中点。在实用计算中，以铆钉或圆孔的直径平面面积作为挤压面的计算面积，如图 3.4(c)中阴影部分的面积，即

$$A_{bs} = d \cdot \delta$$

则所得的挤压应力大致上与实际最大的挤压应力相接近。

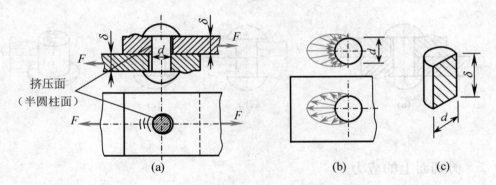

(a)　　　　　　　　　　　(b)　　　　(c)

图 3.4

若挤压面为平面，如 3.4 节图 3.5 中的键，挤压面计算面积 A_{bs} 就是接触面面积，即

$$A_{bs} = l \times \frac{h}{2}$$

3.3.2　挤压强度条件

挤压强度条件为

$$\sigma_{bs} = \frac{F_{bs}}{A_{bs}} \leqslant [\sigma_{bs}] \tag{3.4}$$

式中：$[\sigma_{bs}]$ 为材料的许用挤压应力，其值等于通过试验并按式(3.3)确定的材料的挤压强度极限除以安全因数。常用材料的许用挤压应力可从有关设计手册中查到。

3.4 连接件的强度计算

连接件的主要变形形式是剪切与挤压，根据式(3.2)和式(3.4)，即可进行连接件的强度计算，现通过例题加以说明。

【例 3.1】 图 3.5(a)所示的齿轮用平键与轴相连接(图中只画了轴与键，未画齿轮)。已知轴的直径 $d=70$ mm，键的尺寸为 $b \times h \times l = 20$ mm $\times 12$ mm $\times 100$ mm，传递的扭转力偶矩 $M_e = 2$ kN·m，键的许用切应力 $[\tau] = 60$ MPa，许用挤压应力 $[\sigma_{bs}] = 100$ MPa。试校核键的强度。

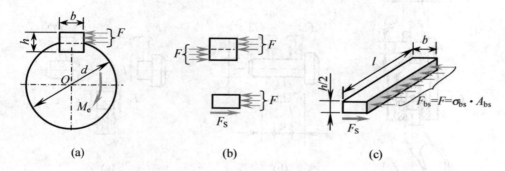

图 3.5

解题分析 本题需要同时考虑键的剪切强度和挤压强度。

【解】 (1)计算平键的受力。

选取平键和轴作为研究对象(见图 3.5(a))，轴与齿轮通过键传递动力，键的侧面所承受的力 F 对轴心 O 的力矩与 M_e 平衡，由平衡方程

$$\sum M_O = 0, \ F \times \frac{d}{2} - M_e = 0$$

解得

$$F = \frac{2M_e}{d} = \frac{2 \times 2 \ \text{kN·m}}{70 \times 10^{-3} \ \text{m}} = 57.1 \ \text{kN}$$

(2)校核平键的剪切强度。

由截面法将键沿剪切面截开，选取剪切面以上部分作为研究对象(见图 3.5(b))，由平衡条件得剪力

$$F_S = F = 57.1 \ \text{kN}$$

平键的剪切应力为

$$\tau = \frac{F_S}{A_S} = \frac{F_S}{bl} = \frac{57.1 \times 10^3 \ \text{N}}{20 \times 100 \ \text{mm}^2} = 28.6 \ \text{N/mm}^2 = 28.6 \ \text{MPa} < [\tau]$$

可见平键满足剪切强度要求。

(3)校核平键的挤压强度。

平键的挤压力为

$$F_{bs} = F = 57.1 \ \text{kN}$$

平键的挤压应力为

$$\sigma_{bs} = \frac{F_{bs}}{A_{bs}} = \frac{F_{bs}}{l \times \frac{h}{2}} = \frac{57.1 \times 10^3 \text{ N}}{100 \times 6 \text{ mm}^2} = 95.2 \text{ N/mm}^2 = 95.2 \text{ MPa} < [\sigma_{bs}]$$

因此，平键也满足挤压强度要求。

所以，键的强度满足要求。

【例 3.2】 图 3.6 所示的起重机吊钩，上端用销钉连接。已知最大起重量 $F = 120$ kN，连接处钢板厚度 $t_1 = 10$ mm，$t_2 = 15$ mm，销钉的许用切应力$[\tau] = 60$ MPa，许用挤压应力$[\sigma_{bs}] = 180$ MPa，试确定销钉的直径 d。

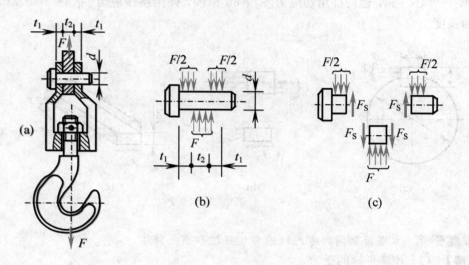

图 3.6

解题分析　本题确定销钉直径时，需要同时考虑销钉的剪切强度和挤压强度。

【解】 （1）根据剪切强度确定销钉直径。

由截面法可得销钉任一剪切面上的剪力（见图 3.6(c)）为

$$F_S = \frac{F}{2}$$

根据剪切强度条件

$$\tau = \frac{F_S}{A_S} = \frac{\frac{F}{2}}{\frac{\pi}{4}d^2} = \frac{2F}{\pi d^2} \leqslant [\tau]$$

得销钉直径

$$d \geqslant \sqrt{\frac{2F}{\pi[\tau]}} = \sqrt{\frac{2 \times 120 \times 10^3 \text{ N}}{\pi \times 60 \text{ N/mm}^2}} = 35.7 \text{ mm}$$

（2）按挤压强度条件计算销钉直径。

由于 $t_2 < 2t_1$，因此最大挤压应力位于销钉的中间段，根据挤压强度条件

$$\sigma_{bs\,max} = \left(\frac{F_{bs}}{A_{bs}}\right)_{max} = \frac{F}{d t_2} \leqslant [\sigma_{bs}]$$

得销钉直径

$$d \geqslant \frac{F}{t_2 [\sigma_{bs}]} = \frac{120 \times 10^3 \text{N}}{15 \text{ mm} \times 180 \text{ N/mm}^2} = 44.4 \text{ mm}$$

为了保证销钉安全工作，销钉必须同时满足剪切和挤压强度条件，综合上述计算结果，可选取销钉的直径 $d = 45$ mm。

讨论　本题中销钉承受双剪，剪力计算时应注意销钉有两个剪切面。另外，销钉有三个挤压面，在挤压强度计算时，应考虑挤压应力最大值所在的位置。

【例 3.3】　如图 3.7(a)所示的连接件，两块钢板用 4 个铆钉铆接而成。已知板宽 $b = 80$ mm，板厚 $t = 10$ mm，铆钉直径 $d = 16$ mm。板和铆钉材料相同，许用切应力 $[\tau] = 100$ MPa，许用挤压应力 $[\sigma_{bs}] = 280$ MPa，许用拉应力 $[\sigma] = 160$ MPa。试确定该连接件所允许承受的轴向拉力。

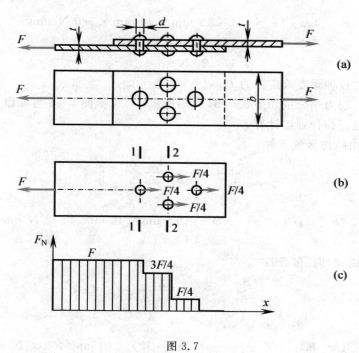

图 3.7

解题分析　本题需要考虑下面的强度问题：铆钉的剪切强度和挤压强度，钢板的挤压和拉伸强度。

【解】　(1) 根据铆钉的剪切强度确定拉力。

当各铆钉的材料与直径均相同，且外力作用线通过铆钉群剪切面的形心时，通常认为各铆钉剪切面上的剪力相等。于是，各铆钉剪切面上的剪力均为

$$F_S = \frac{F}{4}$$

由剪切强度条件

$$\tau = \frac{F_S}{A_S} = \frac{\frac{F}{4}}{\frac{\pi}{4} d^2} = \frac{F}{\pi d^2} \leqslant [\tau]$$

解得

$$F \leqslant \pi d^2 [\tau] = \pi \times (16 \text{ mm})^2 \times 100 \text{ N/mm}^2$$
$$= 80.4 \times 10^3 \text{ N} = 80.4 \text{ kN}$$

(2) 根据铆钉和板的挤压强度确定拉力 F。

各挤压面上的挤压力均为

$$F_{bs} = \frac{F}{4}$$

由挤压强度条件

$$\sigma_{bs} = \frac{F_{bs}}{A_{bs}} = \frac{\frac{F}{4}}{dt} = \frac{F}{4dt} \leqslant [\sigma_{bs}]$$

解得

$$F \leqslant 4dt \cdot [\sigma_{bs}] = 4 \times 16 \text{ mm} \times 10 \text{ mm} \times 280 \text{ N/mm}^2$$
$$= 179.2 \times 10^3 \text{ N}$$
$$= 179.2 \text{ kN}$$

(3) 根据板的拉伸强度确定拉力 F。

板的受力图、轴力图分别如图 3.7(b)、(c)所示，可见截面 1—1 与截面 2—2 为危险截面，应分别对其进行拉伸强度计算。

1—1 截面：由拉伸强度条件

$$\sigma_{1-1} = \frac{F_{N1-1}}{A_{1-1}} = \frac{F}{(b-d) \cdot t} \leqslant [\sigma]$$

解得

$$F \leqslant (b-d) \cdot t \cdot [\sigma] = (80-16) \text{ mm} \times 10 \text{ mm} \times 160 \text{ N/mm}^2$$
$$= 102.4 \text{ kN}$$

2—2 截面：由拉伸强度条件

$$\sigma_{2-2} = \frac{F_{N2-2}}{A_{2-2}} = \frac{3F}{4(b-2d) \cdot t} \leqslant [\sigma]$$

解得

$$F \leqslant \frac{4}{3}(b-2d) \cdot t \cdot [\sigma] = \frac{4}{3} \times (80-32) \times 10 \text{ mm}^2 \times 160 \text{ N/mm}^2$$
$$= 102.4 \text{ kN}$$

综上所述，该连接件所允许承受的轴向拉力为 $[F] = 80.4$ kN。

讨论　若其他条件不变，4 个铆钉按图 3.8(a)所示的方式排列，则钢板的受力及轴力图如图 3.8(b)、(c)所示。截面 3—3 为危险截面，其拉应力为

$$\sigma_{3-3} = \frac{F_{N3-3}}{A_{3-3}} = \frac{F}{(b-2d) \cdot t}$$

若图 3.7(a)与图 3.8(a)两种连接方式中的力 F 相同，均为 $F = 80$ kN，则计算得 $\sigma_{3-3} = 167$ MPa，而 $\sigma_{1-1} = \sigma_{2-2} = 125$ MPa。

图 3.7(a)与图 3.8(a)两种连接方式中，铆钉的剪切强度和挤压强度相同，但钢板的拉伸强度却相差较大。在工程中，从被连接件的拉伸强度考虑，铆钉一般按菱形排列。

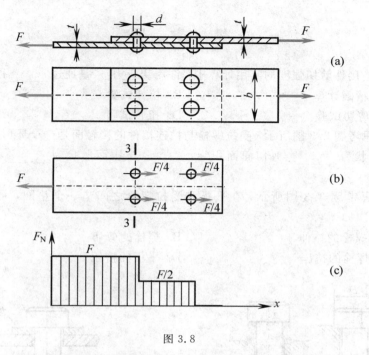

图 3.8

【例 3.4】 如图 3.9 所示，钢板的厚度 $t = 10$ mm，其剪切强度极限为 $\tau_b = 300$ MPa。若要用冲床将钢板冲出直径 $d = 25$ mm 的孔，需要多大的冲剪力？

解题分析 要完成冲孔的条件是钢板剪切面上的切应力达到钢板的剪切强度极限。

【解】（1）计算剪切面面积。

钢板的剪切面是被冲头冲出的饼状圆柱的侧面，如图 3.9(b)所示，其面积为

$$A_S = \pi d t = \pi \times 25 \text{ mm} \times 10 \text{ mm} = 785.4 \text{ mm}^2$$

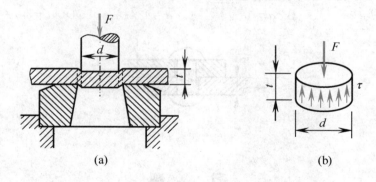

图 3.9

（2）计算冲剪力，即

$$F \geqslant A_S \cdot \tau_b = 785.4 \text{ mm}^2 \times 300 \text{ N/mm}^2$$
$$= 236 \times 10^3 \text{ N}$$
$$= 236 \text{ kN}$$

讨论 一般剪切面与外力 F 的作用线平行，本题中钢板的剪切面为圆柱侧面。

思 考 题

3.1 在连接件剪切强度的实用计算中,许用切应力$[\tau]$是通过_____得到的。

A. 精确计算　　　　　　　　　　B. 拉伸试验

C. 剪切试验　　　　　　　　　　D. 扭转试验

3.2 如思考题 3.2 图所示,受拉螺栓与被连接件的接触面是一个环形平面,则受拉螺栓的剪切面形状为_____,剪切面面积为_____;挤压面形状为_____,挤压面面积为_____。

3.3 如思考题 3.3 图所示,在平板和受拉螺栓之间垫一个垫圈,可以提高_____强度。

A. 螺栓的拉伸　　　　　　　　　B. 螺栓的剪切

C. 螺栓的挤压　　　　　　　　　D. 平板的挤压

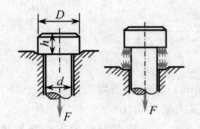

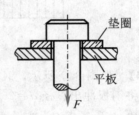

思考题 3.2 图　　　　　　　　　　　思考题 3.3 图

3.4 思考题 3.4 图中板和铆钉的材料相同,已知$[\sigma_{bs}]=2[\tau]$。为了充分提高材料利用率,铆钉的直径与板厚的关系应该是_____。

A. $d=2\delta$　　　B. $d=4\delta$　　　C. $d=4\delta/\pi$　　　D. $d=8\delta/\pi$

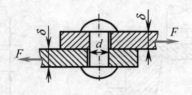

思考题 3.4 图

习 题

3.1 铆钉连接件如习题 3.1 图所示,已知铆钉直径$d=17$ mm,钢板厚度均为$\delta=10$ mm,许用切应力$[\tau]=140$ MPa,许用挤压应力$[\sigma_{bs}]=320$ MPa。若铆钉承受的载荷$F=24$ kN,试校核铆钉的强度。

3.2 木榫接头如习题 3.2 图所示,已知$a=120$ mm,$b=350$ mm,$c=45$ mm,$F=45$ kN。试求接头的切应力和挤压应力。

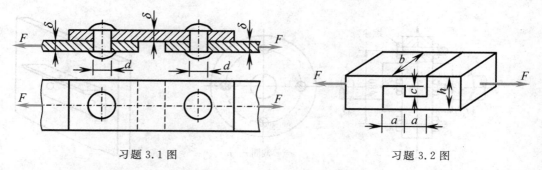

習題 3.1 图　　　　　　　　　　　習題 3.2 图

3.3　如习题 3.3 图所示，一螺栓将拉杆与厚为 8 mm 的两块盖板相连接。各零件的材料相同，许用应力均为 $[\sigma]=80$ MPa，$[\tau]=60$ MPa，$[\sigma_{bs}]=160$ MPa。若拉杆的厚度 $\delta=15$ mm，拉力 $F=120$ kN，试确定螺栓直径 d 和拉杆宽度 b。

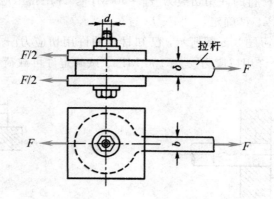

習題 3.3 图

3.4　如习题 3.4 图所示，已知轴的直径 $d=80$ mm；键的尺寸 $b=24$ mm，$h=14$ mm；键的许用切应力 $[\tau]=40$ MPa，许用挤压应力 $[\sigma_{bs}]=90$ MPa。若由轴通过键传递的力偶矩 $M=3$ kN·m，试确定键的长度 l。

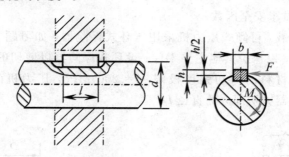

習題 3.4 图

3.5　如习题 3.5 图所示，凸缘联轴节传递的力偶矩为 $M_e=240$ N·m，凸缘之间用 4 个螺栓连接，螺栓内径 $d\approx10$ mm，对称地分布在 $D_0=80$ mm 的圆周上。如螺栓的剪切许用应力 $[\tau]=60$ MPa，试校核螺栓的剪切强度。

3.6　如习题 3.6 图所示，用两个铆钉将 140 mm×140 mm×12 mm 的等边角钢铆接在立柱上，构成支托。若 $F=35$ kN，铆钉的直径为 21 mm，试求铆钉的切应力和挤压应力。

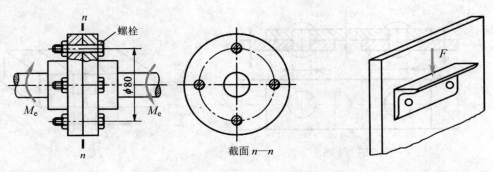

习题 3.5 图   习题 3.6 图

3.7 如习题 3.7 图所示，d 为拉杆的直径，D、h 分别为拉杆端部的直径、厚度。已知轴向拉力 $F=11$ kN；材料的许用切应力 $[\tau]=90$ MPa，许用挤压应力 $[\sigma_{bs}]=200$ MPa，许用拉应力 $[\sigma]=120$ MPa。试确定尺寸 d、D 与 h。

3.8 带肩杆件如习题 3.8 图所示，已知材料的许用切应力 $[\tau]=100$ MPa，许用挤压应力 $[\sigma_{bs}]=320$ MPa，许用拉应力 $[\sigma]=160$ MPa。试确定许可载荷。

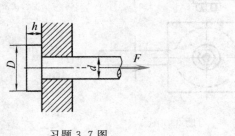

习题 3.7 图

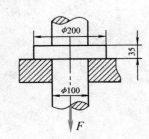

习题 3.8 图

3.9 测定材料剪切强度的剪切器的示意图如习题 3.9 图所示。设圆试样的直径 $d=15$ mm，当压力 $F=31.5$ kN 时，试样被剪断，试求材料的剪切强度极限。若取剪切许用应力为 $[\tau]=80$ MPa，试求安全因数。

3.10 为防止过载，可倾式压力机采用压环式保险器，如习题 3.10 图所示。当过载时，保险器先被剪断，以保护其他主要零件。设环式保险器以剪切的形式破坏，且剪切面的高度 $\delta=20$ mm，材料的剪切强度极限 $\tau_b=200$ MPa，压力机的最大许可压力 $F=630$ kN，试确定保险器剪切部分的直径 D。

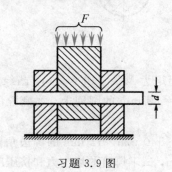

习题 3.9 图

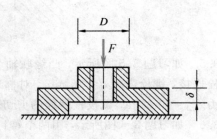

习题 3.10 图

3.11　如习题 3.11 图所示，用夹剪剪铁丝。已知铁丝的剪切极限应力 $\tau_b = 100$ MPa，若要剪断直径为 3 mm 的铁丝，需要多大的力 F? 若销钉 B 的直径为 8 mm，试求销钉内的切应力。

3.12　在厚度 $\delta = 5$ mm 的钢板上，冲出一个如习题 3.12 图所示的孔，钢板剪断时的剪切极限应力 $\tau_b = 320$ MPa，求完成冲孔所需的冲力 F。

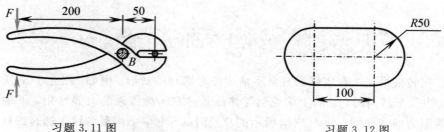

习题 3.11 图　　　　　　　　　　习题 3.12 图

3.13　如习题 3.13 图所示，拉杆用四个铆钉固定。已知拉力 $F = 80$ kN；拉杆的宽度 $b = 80$ mm，厚度 $\delta = 10$ mm；铆钉直径 $d = 16$ mm；拉杆与铆钉的材料相同，材料的许用切应力 $[\tau] = 100$ MPa，许用挤压应力 $[\sigma_{bs}] = 300$ MPa，许用拉应力 $[\sigma] = 160$ MPa。试校核铆钉与拉杆的强度。

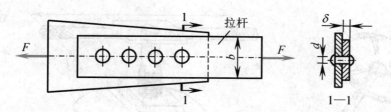

习题 3.13 图

3.14　铆钉接头如习题 3.14 图所示。已知铆钉直径 $d = 18$ mm；钢板宽度 $b = 200$ mm，厚度 $\delta = 6$ mm；钢板与铆钉的材料相同，许用切应力 $[\tau] = 100$ MPa，许用挤压应力 $[\sigma_{bs}] = 240$ MPa，许用拉应力 $[\sigma] = 160$ MPa。试确定该连接的许可载荷 $[F]$。

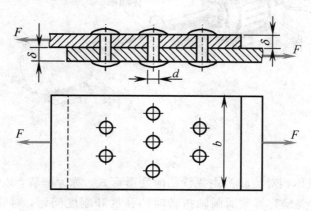

习题 3.14 图

第4章　扭　转

扭转变形是工程实际和日常生活中经常遇到的情形。例如：图 4.1(a)所示的汽车转向轴，当汽车转向时，轴的上端受到驾驶员通过方向盘传来的力偶作用，下端受到来自转向器的阻力偶的作用；图 4.1(b)所示的攻丝时的丝锥，上端受到钳工通过绞杠传来的力偶作用，下端受到工件的阻抗力偶作用。工程实际中，有很多承受扭转变形的构件，如机器中的传动轴(见图 4.1(c))、车床的光杆、搅拌机轴等。这些受扭杆件的受力特点是：杆件受到作用面与其轴线垂直的外力偶的作用；变形特点是：杆件各横截面绕其轴线发生相对转动。

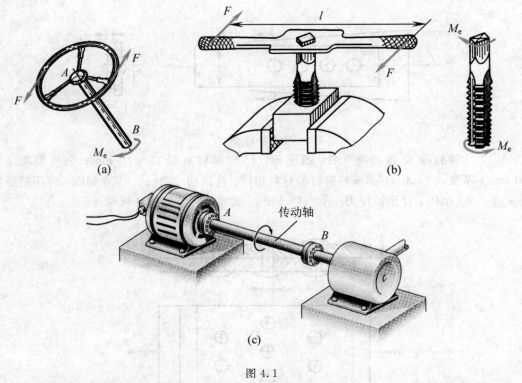

图 4.1

以横截面绕轴线作相对旋转为主要特征的变形形式，称为扭转，以扭转为主要变形的杆件称为轴。本章主要研究等截面圆轴扭转时的强度和刚度问题，对非圆截面杆的扭转，仅作简单介绍。

4.2 外力偶矩、扭矩和扭矩图

4.2.1 外力偶矩的计算

研究圆轴扭转的强度和刚度问题时，首先需要知道作用在轴上的外力偶矩的大小。但对于工程中广泛使用的传动轴，作用于轴上的外力偶矩往往不直接给出，经常是给出轴所传递的功率和轴的转速。这时，可以根据已知的转速和功率来计算外力偶矩。

设传动轴所传递的功率为 P，转速为 n。根据动力学知识，作用于轴上的力偶的功率 P 等于该力偶矩 M_e 与传动轴角速度 ω 的乘积，即

$$P = M_e \omega \tag{4.1}$$

若轴所传递功率 P 的单位为 kW，轴的转速为每分钟 n 转（r/min），则式（4.1）变为

$$P \times 1000 = M_e \times \frac{2\pi n}{60} \tag{4.2}$$

由式（4.2）得出计算外力偶矩 M_e 的公式为

$$\{M_e\}_{\text{N·m}} = 9549 \frac{\{P\}_{\text{kW}}}{\{n\}_{\text{r/min}}} \tag{4.3}$$

由式（4.3）可知，轴所承受的外力偶矩与所传递的功率成正比，与轴的转速成反比。这意味着，在传递同样功率时，低速轴所受的外力偶矩比高速轴的大，因此在传动系统中，低速轴要比高速轴粗一些。在转轴上，输入力偶矩为主动力矩，其方向与轴的转向相同；输出力偶矩为阻力矩，其方向与轴的转向相反。

4.2.2 扭矩

杆件上的外力偶矩确定后，横截面上的内力可由截面法求出。现以图 4.2(a)所示圆轴为例，欲求 BC 段内任一横截面上的内力，假想沿 BC 段内的任一横截面 n—n 将轴分成两部分，选取截面左侧部分作为研究对象（见图 4.2(b)）。由于整个轴是平衡的，所以左侧部分也处于平衡状态，这就要求截面 n—n 上的内力系合成为一个内力偶，这个内力偶的矩称为**扭矩**，以符号 T 表示。由平衡方程

$$\sum M_x = 0, \ 2M_e - 5M_e + T = 0$$

解得

$$T = -2M_e + 5M_e = 3M_e \tag{4.4}$$

如果选取截面右侧部分作为研究对象（见图 4.2(c)），仍然可以求得 $T = 3M_e$ 的结果，其转向则与用截面左侧部分求出的扭矩相反，这正体现了两段轴之间的相互作用关系。为使从两段轴所求得的同一截面上的扭矩不仅数值相等，而且正负号相同，对扭矩 T 的正负号作如下规定：按右手螺旋法则把 T 表示为矢量，当矢量方向与截面的外法线方向一致时，T 为正；反之为负。根据这一规则，图 4.2 中截面 n—n 上的扭矩，无论从图 4.2(b)还是从图 4.2(c)中求出的结果，其符号都为正。

从式（4.4）还可以看出，截面 n—n 上的扭矩 T，在数值上等于截面一侧的轴上所有外力偶矩的代数和。外力偶矩的符号可按右手螺旋法则把其表示为矢量，若矢量方向指向截

面，则该外力偶矩为负，反之为正。

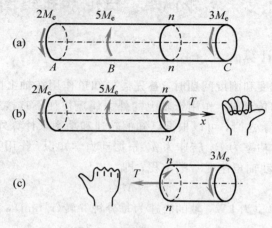

图 4.2

4.2.3 扭矩图

为了表示各横截面上扭矩沿轴线变化的情况，可画出**扭矩图**。扭矩图中横轴表示横截面的位置，纵轴表示相应截面上的扭矩值。

【例 4.1】 传动轴如图 4.3(a)所示，主动轮 A 的输入功率 $P_A = 36 \text{ kW}$，从动轮 B、C、D 的输出功率分别为 $P_B = P_C = 11 \text{ kW}$，$P_D = 14 \text{ kW}$，轴的转速为 $n = 300 \text{ r/min}$。试画出轴的扭矩图。

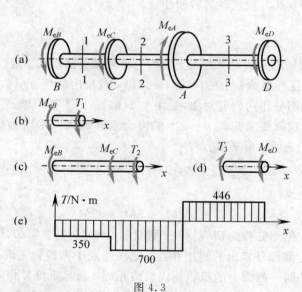

图 4.3

解题分析 本题需先根据功率和转速计算各轮上的外力偶矩。传动轴上作用多个外力偶矩，传动轴每一段内各截面上的扭矩相同，不同段内的扭矩不同。要作扭矩图，需要先分段计算扭矩值。

【解】 (1) 计算外力偶矩。

根据式(4.3)计算作用在各轮上的外力偶矩：

$$M_{eA} = 9549\,\frac{P_A}{n} = 9549 \times \frac{36}{300} = 1146\ \text{N} \cdot \text{m}$$

$$M_{eB} = M_{eC} = 9549\,\frac{P_B}{n} = 9549 \times \frac{11}{300} = 350\ \text{N} \cdot \text{m}$$

$$M_{eD} = 9549\,\frac{P_D}{n} = 9549 \times \frac{14}{300} = 446\ \text{N} \cdot \text{m}$$

(2) 分段计算扭矩。

用截面法计算各段轴内的扭矩，在假设扭矩方向时，常采用"设正法"，即按规定的正方向假设扭矩的转向。各段轴截面上的扭矩，也可用截面一侧的外力偶矩的代数和计算。

BC 段：取分离体如图 4.3(b)所示，由平衡方程

$$\sum M_x = 0,\ T_1 + M_{eB} = 0$$

解得

$$T_1 = -M_{eB} = -350\ \text{N} \cdot \text{m}$$

CA 段：取分离体如图 4.3(c)所示，由平衡方程

$$\sum M_x = 0,\ T_2 + M_{eB} + M_{eC} = 0$$

解得

$$T_2 = -M_{eB} - M_{eC} = -700\ \text{N} \cdot \text{m}$$

AD 段：取分离体如图 4.3(d)所示，由平衡方程

$$\sum M_x = 0,\ M_{eD} - T_3 = 0$$

解得

$$T_3 = M_{eD} = 446\ \text{N} \cdot \text{m}$$

(3) 作扭矩图。

根据上述计算结果作出该轴的扭矩图，如图 4.3(e)所示。由图可见，最大扭矩发生在 CA 段，且 $|T|_{\max} = 700\ \text{N} \cdot \text{m}$。

讨论　(1) 为了使扭矩图直观地反映轴各横截面上的扭矩值，扭矩图应与轴载荷图位置对齐。

(2) 对同一根轴，若把主动轮置于轴的一端，例如对本例题中的轴，将主动轮 A 放在右端，则轴的扭矩图将如图 4.4 所示。这时，轴的最大扭矩为 $|T|_{\max} = 1146\ \text{N} \cdot \text{m}$。由此可知，在传动轴上主动轮和从动轮的位置不同，轴的最大扭矩也就不同。两者相比，图4.3 所示的布局比较合理，在工程中尽量不要将主动轮置于轴的两端。

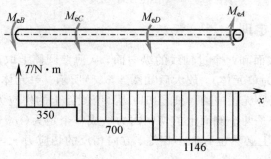

图 4.4

4.3 圆轴扭转时的应力与强度条件

首先研究一种较为简单的情况：薄壁圆筒扭转时横截面上的应力。

4.3.1 薄壁圆筒扭转时的切应力

薄壁圆筒是指壁厚 δ 与圆筒平均半径 r 的比值 $\delta/r \leqslant 1/10$ 的空心圆轴。如图 4.5(a)所示，受扭前在圆筒表面画上纵向线和圆周线，然后在圆筒两端施加一对大小相等、转向相反的矩为 M_e 的外力偶，使薄壁圆筒产生扭转变形。观察发现：变形后，各圆周线形状、大小、间距保持不变；各纵向线均倾斜一微小角度 γ，使得原先由纵向线和圆周线组成的矩形变成了平行四边形(见图 4.5(b))。这表明，薄壁圆筒扭转时，其横截面和包含轴线的纵截面上都没有正应力 σ，横截面上只有切应力 τ。因筒壁的厚度 δ 很小，可以认为沿筒壁厚度方向切应力不变。又因在同一圆周上各点状况完全相同，故横截面上各点的切应力 τ 均相同，如图 4.5(c)所示。横截面上分布内力系的合力偶矩为该横截面的扭矩 T，即

$$T = M_e = 2\pi r\delta \cdot \tau \cdot r$$

从而得出薄壁圆筒横截面上各点的扭转切应力为

$$\tau = \frac{T}{2\pi r^2 \delta} \tag{4.5}$$

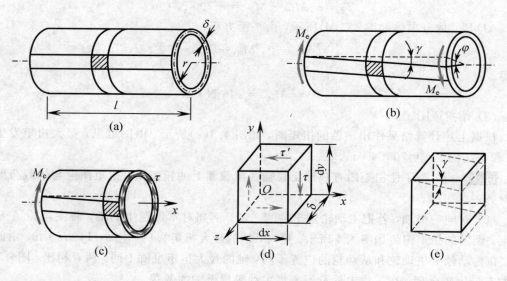

图 4.5

4.3.2 切应力互等定理

用相邻的两个横截面和两个过轴线的纵向面，从薄壁圆筒上取出一边长分别为 $\mathrm{d}x$、$\mathrm{d}y$ 和 δ 的微小立方体(称为单元体)，放大后如图 4.5(d)所示。单元体的左、右两侧面是圆筒横截面的一部分，所以并无正应力，只有切应力。两侧面上的切应力皆由式(4.5)计算，数值相等但方向相反，于是两个侧面上的切向内力组成一个矩为 $(\tau\delta\mathrm{d}y)\mathrm{d}x$ 的力偶。为保持平衡，单元体的上、下面上必然也有大小相等、方向相反的切应力 τ'，组成一个转向相反、矩

为 $(\tau'\delta\mathrm{d}x)\mathrm{d}y$ 的力偶。由平衡方程

$$\sum M_z = 0,\ (-\tau\delta\ \mathrm{d}y)\mathrm{d}x + (\tau'\delta\ \mathrm{d}x)\mathrm{d}y = 0$$

解得

$$\tau = \tau' \tag{4.6}$$

在单元体相互垂直的两个面上，切应力必然成对存在，且数值相等；两者都垂直于两个平面的交线，方向则共同指向或共同背离这一交线。这就是切应力互等定理，也称为切应力双生定理。

在上述单元体的上、下、左、右面上，只有切应力并无正应力，这种应力状态称为纯剪切。

4.3.3　切应变与剪切胡克定律

如图 4.5(e)所示，在切应力作用下，单元体相对两侧面发生微小的相对错动，使原来互相垂直的两个平面的夹角改变了一个微量 γ，这个直角的改变量 γ 称为切应变或角应变。如图 4.5(b)所示，若 φ 为圆筒两端面的相对扭转角，l 为圆筒的长度，则切应变 γ 为

$$\gamma = \frac{r\varphi}{l} \tag{4.7}$$

试验表明，当切应力 τ 不超过材料的剪切比例极限 τ_p 时，切应变 γ 与切应力 τ 成正比，即

$$\gamma = \frac{\tau}{G} \tag{4.8}$$

式(4.8)称为剪切胡克定律。式中，G 为比例常数，称为材料的切变模量，其量纲与 τ 相同。钢材的 G 值约为 80 GPa。

理论分析和试验结果都表明，对各向同性材料，材料的三个弹性常数——弹性模量 E、泊松比 μ 和切变模量 G 之间存在下列关系：

$$G = \frac{E}{2(1+\mu)} \tag{4.9}$$

4.3.4　圆轴扭转时的应力

为了得到圆轴扭转时横截面上的应力公式，必须综合研究几何、物理和静力学三个方面的关系。

1. 几何方面

为了观察圆轴的扭转变形，与薄壁圆筒受扭一样，在圆轴表面上画出圆周线和纵向线。在扭转力偶 M_e 作用下，观察到与薄壁圆筒受扭时相似的现象(见图 4.6)：各圆周线绕轴线相对地转过一个角度，但其大小、形状和相邻圆周线间的距离不变。在小变形的情况下，纵向线仍近似地是一条直线，只是倾斜了一个微小的角度。变形前表面上的矩形方格，变形后错动成平行四边形。

根据上述现象，对圆轴变形作如下假设：圆轴扭转变形时，横截面保持为平面，其形状、大小不变，半径保持为直线，相邻两横截面间的距离不变。此假设称为圆轴扭转平面假设。

为了进一步了解轴内各点处的变形，用相距 $\mathrm{d}x$ 的两个横截面以及夹角无限小的两个纵向截面，从轴内切取一楔形体（见图 4.6(b)）。根据平面假设，楔形体变形后如图 4.6(b)中虚线所示，轴表面的矩形 $ABCD$ 变为平行四边形 $ABC'D'$，距轴线 ρ 处的矩形 $abcd$ 变为平行四边形 $abc'd'$，即均在垂直于半径的平面内产生剪切变形。

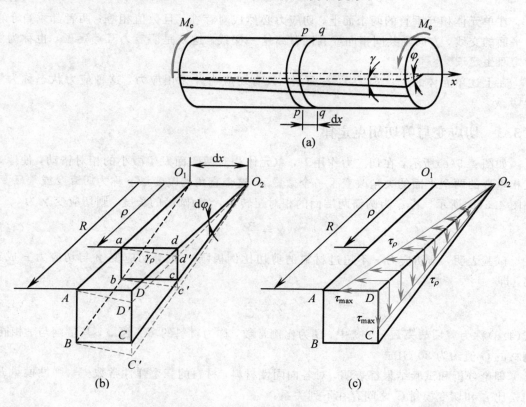

图 4.6

设上述楔形体左、右两横截面间的相对扭转角为 $\mathrm{d}\varphi$，矩形 $abcd$ 的切应变为 γ_ρ，由图4.6(b)有

$$\gamma_\rho \approx \tan\gamma_\rho = \frac{dd'}{ad} = \frac{\rho\,\mathrm{d}\varphi}{\mathrm{d}x} = \rho\,\frac{\mathrm{d}\varphi}{\mathrm{d}x}$$

2. 物理方面

由剪切胡克定律知，在剪切比例极限内，切应力与切应变成正比，所以，横截面 ρ 处的切应力为

$$\tau_\rho = G\gamma_\rho = G\rho\,\frac{\mathrm{d}\varphi}{\mathrm{d}x} \tag{4.10}$$

式中，ρ 为该点到截面圆心的距离。

对于给定的截面，$G\dfrac{\mathrm{d}\varphi}{\mathrm{d}x}$ 为常量，故有结论：扭转圆轴横截面上各点的切应力与该点到圆心的距离成正比，方向垂直于该点的半径（见图 4.6(c)）。实心轴与空心轴横截面上的扭转切应力分布情况分别如图 4.7(a)、(b)所示，在截面外边缘处，扭转切应力取得最大值。

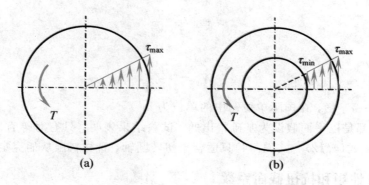

图 4.7

3. 静力学方面

如图 4.8 所示，在距圆心 ρ 处的微面积 $\mathrm{d}A$ 上，作用有微剪力 $\tau_\rho \mathrm{d}A$，它对圆心的力矩为 $\rho\tau_\rho \mathrm{d}A$。在整个横截面上，所有微力矩之和等于该截面的扭矩 T，即

$$T = \int_A \rho\tau_\rho \mathrm{d}A \tag{4.11}$$

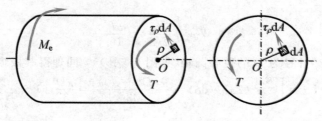

图 4.8

将式(4.10)代入式(4.11)，并注意到对给定的横截面，$G\dfrac{\mathrm{d}\varphi}{\mathrm{d}x}$ 为常量，于是有

$$T = \int_A \rho\tau_\rho \mathrm{d}A = G\frac{\mathrm{d}\varphi}{\mathrm{d}x}\int_A \rho^2 \mathrm{d}A$$

令 $I_\mathrm{p} = \displaystyle\int_A \rho^2 \mathrm{d}A$，则有

$$T = GI_\mathrm{p}\frac{\mathrm{d}\varphi}{\mathrm{d}x}$$

由此可得扭转圆轴的单位长度扭转角为

$$\frac{\mathrm{d}\varphi}{\mathrm{d}x} = \frac{T}{GI_\mathrm{p}} \tag{4.12}$$

式中，I_p 称为圆截面对圆心 O 的**极惯性矩**，在国际单位制中，其单位为 m^4。式(4.12)可用来计算扭转圆轴的变形，4.4 节中会详细讨论。

将式(4.12)代入式(4.10)，得到圆轴扭转时横截面上距圆心为 ρ 的任意点的切应力的计算公式

$$\tau_\rho = \frac{T}{I_\mathrm{p}}\rho \tag{4.13}$$

在式(4.13)中，当 ρ 取得最大值 $D/2$ 时，即得扭转切应力的最大值

$$\tau_{\max} = \frac{T}{W_p}$$ (4.14)

式中，

$$W_p = \frac{I_p}{D/2}$$

W_p 称为 抗扭截面系数，在国际单位制中的单位为 m^3。

以上诸式都是以平面假设为基础得出的，试验结果表明，只有对等直圆轴，平面假设才成立。因此，式(4.12)～式(4.14)只适合于扭转圆轴，且材料服从胡克定律。

4.3.5 极惯性矩和抗扭截面系数

极惯性矩 I_p 和抗扭截面系数 W_p 都是截面图形的几何性质，它们取决于截面的形状和大小。对于实心圆轴，如图 4.9(a)所示，取微面积 $dA = 2\pi\rho \cdot d\rho$，将其代入极惯性矩的定义式 $I_p = \int_A \rho^2 dA$，得其极惯性矩为

$$I_p = \int_0^{d/2} \rho^2 (2\pi\rho \cdot d\rho) = \frac{\pi d^4}{32}$$ (4.15)

抗扭截面系数为

$$W_p = \frac{I_p}{d/2} = \frac{\pi d^3}{16}$$ (4.16)

对于内径为 d、外径为 D 的空心圆轴(见图 4.9(b))，同理得其极惯性矩为

$$I_p = \int_{d/2}^{D/2} \rho^2 (2\pi\rho \cdot d\rho) = \frac{\pi(D^4 - d^4)}{32} = \frac{\pi D^4}{32}(1 - \alpha^4)$$ (4.17)

抗扭截面系数为

$$W_p = \frac{I_p}{D/2} = \frac{\pi D^3}{16}(1 - \alpha^4)$$ (4.18)

式中，$\alpha = d/D$，为空心圆轴内、外径的比值。

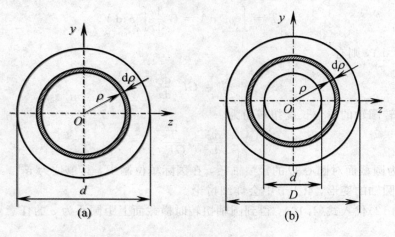

图 4.9

【**例 4.2**】 如图 4.10 所示的传动轴，轴的 AB 段为实心圆截面，BC 段为空心圆截面。已知 $D = 30$ mm，$d = 20$ mm；圆轴传递的功率 $P = 7.5$ kW，转速 $n = 360$ r/min。试分别求

AB 段和 BC 段内的最大与最小切应力。

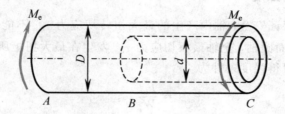

图 4.10

解题分析 AB 段和 BC 段内的最大切应力均在横截面外边缘处，AB 段内的最小切应力在横截面圆心处，BC 段内的最小切应力在横截面内边缘处。

【解】 (1) 计算外力偶矩。

由式(4.3)得轴传递的外力偶矩为

$$M_e = 9549 \frac{P}{n} = 9549 \times \frac{7.5}{360} = 198.9 \text{ N} \cdot \text{m}$$

(2) 计算扭矩。

由截面法得扭矩为

$$T = M_e = 198.9 \text{ N} \cdot \text{m}$$

(3) 计算极惯性矩。

AB 段截面的极惯性矩为

$$I_{pAB} = \frac{\pi D^4}{32} = \frac{\pi \times (30 \text{ mm})^4}{32} = 7.95 \times 10^4 \text{ mm}^4$$

BC 段截面的极惯性矩为

$$I_{pBC} = \frac{\pi}{32}(D^4 - d^4) = \frac{\pi}{32} \times [(30 \text{ mm})^4 - (20 \text{ mm})^4] = 6.38 \times 10^4 \text{ mm}^4$$

(4) 计算切应力。

AB 段的最大与最小切应力分别为

$$\tau_{max}^{AB} = \frac{T_{AB}}{I_{pAB}} \cdot \frac{D}{2} = \frac{198.9 \times 10^3 \text{ N} \cdot \text{mm}}{7.95 \times 10^4 \text{ mm}^4} \times \frac{30 \text{ mm}}{2} = 37.5 \text{ N/mm}^2 = 37.5 \text{ MPa}$$

$$\tau_{min}^{AB} = 0 \text{ MPa}$$

BC 段的最大与最小切应力分别为

$$\tau_{max}^{BC} = \frac{T_{BC}}{I_{pBC}} \cdot \frac{D}{2} = \frac{198.9 \times 10^3 \text{ N} \cdot \text{mm}}{6.38 \times 10^4 \text{ mm}^4} \times \frac{30 \text{ mm}}{2} = 46.8 \text{ N/mm}^2 = 46.8 \text{ MPa}$$

$$\tau_{min}^{BC} = \frac{T_{BC}}{I_{pBC}} \cdot \frac{d}{2} = \frac{198.9 \times 10^3 \text{ N} \cdot \text{mm}}{6.38 \times 10^4 \text{ mm}^4} \times \frac{20 \text{ mm}}{2} = 31.2 \text{ N/mm}^2 = 31.2 \text{ MPa}$$

讨论 本题中 AB 段和 BC 段内的最大切应力也可按式(4.14)计算。由于扭转圆轴横截面上各点的切应力与该点到圆心的距离成正比，因此 BC 段的最小切应力也可按下式计算：

$$\tau_{min}^{BC} = \frac{\dfrac{d}{2}}{\dfrac{D}{2}} \cdot \tau_{max}^{BC} = \frac{d}{D} \cdot \tau_{max}^{BC} = \frac{20 \text{ mm}}{30 \text{ mm}} \times 46.8 \text{ MPa} = 31.2 \text{ MPa}$$

4.3.6　扭转圆轴的强度

圆轴扭转时，为保证安全，轴内产生的最大扭转切应力 τ_{max} 不能大于材料的许用扭转切应力 $[\tau]$。对于等截面圆轴，全轴最大切应力 τ_{max} 发生在最大扭矩所在的横截面，即危险面的外边缘上，由此可得强度条件为

$$\tau_{max} = \frac{T_{max}}{W_p} \leqslant [\tau] \qquad (4.19)$$

对于变截面圆轴（如阶梯轴），由于 W_p 不是常量，τ_{max} 所在的危险面不一定发生于 T_{max} 最大的截面上，这时强度条件为

$$\tau_{max} = \left(\frac{T}{W_p}\right)_{max} \leqslant [\tau] \qquad (4.20)$$

上述强度条件中的许用切应力 $[\tau]$ 与许用正应力 $[\sigma]$ 的确定方法类似，根据试验结果并考虑安全因数加以确定。根据上述强度条件可对圆轴进行强度计算，即校核强度、选择截面或计算许可载荷。

【例 4.3】　如图 4.11 所示的汽车传动轴 AB，由无缝钢管制成。轴的外径 $D=90$ mm，壁厚 $\delta=2.5$ mm，工作时所承受的最大外力偶矩为 $M_e=1.5$ kN·m，材料为 45 钢，其许用扭转切应力 $[\tau]=60$ MPa。试校核此轴的扭转强度。

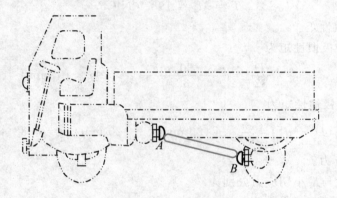

图 4.11

解题分析　传动轴 AB 为无缝钢管，可按空心圆轴校核强度。

【解】　（1）计算扭矩。

轴任意横截面上的扭矩均为

$$T = M_e = 1.5 \text{ kN·m}$$

（2）计算抗扭截面系数，即

$$\alpha = \frac{d}{D} = \frac{(90-2\times2.5) \text{ mm}}{90 \text{ mm}} = 0.944$$

$$W_p = \frac{\pi D^3}{16}(1-\alpha^4) = \frac{\pi \times (90 \text{ mm})^3}{16}(1-0.944^4) = 2.94\times10^4 \text{ mm}^3$$

（3）校核轴的强度。

轴的最大切应力为

$$\tau_{\max} = \frac{T}{W_p} = \frac{1.5 \times 10^6 \, \text{N} \cdot \text{mm}}{2.94 \times 10^4 \, \text{mm}^3} = 51 \, \text{N/mm}^2 = 51 \, \text{MPa} < [\tau]$$

故该轴强度满足要求。

讨论 传动轴 AB 为无缝钢管，其壁厚 δ 与圆筒平均半径 r 的比值 $\delta/r \leqslant 1/10$，可视为薄壁圆筒，由式(4.5)计算得轴内的平均切应力为

$$\tau = \frac{T}{2\pi r^2 \delta} = \frac{1.5 \times 10^6 \, \text{N} \cdot \text{mm}}{2\pi (45 - 1.25)^2 \, \text{mm}^2 \times 2.5 \, \text{mm}} = 49.9 \, \text{MPa}$$

可见，对薄壁圆轴，按式(4.5)计算的结果与按空心圆轴计算的最大切应力接近。

【例 4.4】 如果把例 4.3 中的传动轴改为实心轴，要求它与原来的空心轴强度相同，试确定其直径，并比较实心轴和空心轴的重量。

解题分析 由于扭矩 T 和材料的许用切应力 $[\tau]$ 不变，故要使实心轴和空心轴的强度相同，只需两者的抗扭截面系数 W_p 相等即可。

【解】 (1) 确定实心轴直径 d_1。

因实心轴和空心轴的抗扭截面系数 W_p 相等，所以有

$$\frac{\pi d_1^3}{16} = \frac{\pi D^3}{16}(1 - \alpha^4) = 2.94 \times 10^4 \, \text{mm}^3$$

由此解得

$$d_1 = 53.1 \, \text{mm}$$

(2) 比较实心轴与空心轴的重量。

在两轴长度相等、材料相同的情况下，两轴重量之比就等于横截面面积之比，即

$$\frac{A}{A_1} = \frac{\frac{\pi}{4}(D^2 - d^2)}{\frac{\pi}{4}d_1^2} = \frac{D^2 - d^2}{d_1^2} = \frac{(90^2 - 85^2) \, \text{mm}^2}{53.1^2 \, \text{mm}^2} = 0.31$$

讨论 计算结果显示，在载荷相同的情况下，空心轴的重量仅为实心轴的 31%，其减轻重量、节约材料的效果非常明显。这是因为扭转圆轴横截面上的切应力沿半径呈线性分布，轴心附近的切应力很小，材料没有充分发挥作用。改为空心轴后，相当于把轴心附近的材料向边缘转移，从而增大了截面的 I_p 和 W_p，提高了轴的扭转强度。因此，一些大型轴或对于减轻重量有较高要求的轴，通常做成空心的。但需注意，空心轴的壁厚也不能过薄，否则会发生局部皱折而降低其承载能力。

4.4 圆轴扭转时的变形与刚度条件

4.4.1 扭转角

扭转圆轴的变形可用横截面间绕轴线相对转动的角度即**扭转角** φ 来描述。由式(4.12)知，圆轴扭转时的单位长度扭转角为

$$\varphi' = \frac{\mathrm{d}\varphi}{\mathrm{d}x} = \frac{T}{GI_p}$$

由此得相距为 $\mathrm{d}x$ 的两横截面间的相对扭转角为

$$\mathrm{d}\varphi = \frac{T}{GI_{\mathrm{p}}}\mathrm{d}x$$

对其进行积分，即得相距为 l 的两横截面间的相对扭转角为

$$\varphi = \int_l \mathrm{d}\varphi = \int_l \frac{T}{GI_{\mathrm{p}}}\mathrm{d}x \tag{4.21}$$

对于扭矩 T 为常量的等截面圆轴，由式(4.21)积分得相距为 l 的两截面间的相对扭转角为

$$\varphi = \frac{Tl}{GI_{\mathrm{p}}} \tag{4.22}$$

式(4.22)表明，扭转角 φ 与扭矩 T、轴长 l 成正比，与 GI_{p} 成反比。GI_{p} 称为杆的抗扭刚度。在国际单位制中，扭转角 φ 的单位为弧度(rad)，其正负号规定与扭矩 T 相同。在计算扭转角时，如果扭矩或轴的直径或材料分段不同，则应根据式(4.22)分段计算各段的扭转角，然后再求其代数和，即

$$\varphi = \sum_{i=1}^{n}\varphi_i = \sum_{i=1}^{n}\left(\frac{Tl}{GI_{\mathrm{p}}}\right)_i \tag{4.23}$$

【例 4.5】　钻杆如图 4.12(a)所示，直径 $d=20$ mm，材料的切变模量 $G=80$ GPa，已知使其转动的外力偶矩 $M_{\mathrm{e}}=120$ N·m，设土壤对钻杆的阻力沿长度均匀分布，试计算钻杆两端的相对扭转角。

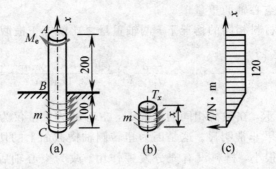

图 4.12

解题分析　　土壤对钻杆的阻力形成阻力矩作用在钻杆上，并沿钻杆长度方向均匀分布。根据钻杆的受力情况，要计算钻杆两端的相对扭转角，需分 AB、BC 两段考虑。

【解】　(1)求钻杆 BC 段，土壤对钻杆单位长度的阻力矩 m。

由钻杆的平衡方程

$$\sum M_x = 0, \quad -M_{\mathrm{e}} + ml_{BC} = 0$$

解得

$$m = \frac{M_{\mathrm{e}}}{l_{BC}} = \frac{120 \text{ N} \cdot \text{m}}{0.1 \text{ m}} = 1200 \text{ (N} \cdot \text{m)/m}$$

(2)分段求扭矩值，作扭矩图。

AB 段：　　　　　　　　$T_{AB} = -M_{\mathrm{e}} = -120$ N·m

BC 段：　　　　　　　　$T_x = -mx \quad (0 \leqslant x \leqslant 0.1 \text{ m})$

作出扭矩图，如图 4.12(c)所示。

　　(3) 计算相对扭转角，即

$$\varphi_{AB} = \frac{T_{AB} l_{AB}}{GI_{\mathrm{p}}} = -\frac{M_{\mathrm{e}} l_{AB}}{GI_{\mathrm{p}}}$$

$$\varphi_{BC} = \int_0^{l_{BC}} \frac{T_x \mathrm{d}x}{GI_{\mathrm{p}}} = \int_0^{l_{BC}} \frac{-mx \mathrm{d}x}{GI_{\mathrm{p}}} = -\frac{ml_{BC}^2}{2GI_{\mathrm{p}}} = -\frac{M_{\mathrm{e}} l_{BC}}{2GI_{\mathrm{p}}}$$

截面 A、C 间的相对扭转角为

$$\varphi_{AC} = \varphi_{AB} + \varphi_{BC} = -\frac{M_{\mathrm{e}}}{GI_{\mathrm{p}}}\left(l_{AB} + \frac{l_{BC}}{2} \right)$$

将已知数据代入，求得

$$\varphi_{AC} = -\frac{120 \ \mathrm{N \cdot m}}{(80 \times 10^9 \ \mathrm{Pa}) \times \frac{\pi}{32}(0.02 \ \mathrm{m})^4}\left(0.2 \ \mathrm{m} + \frac{0.1 \ \mathrm{m}}{2} \right)$$

$$= -0.0239 \ \mathrm{rad} = -1.37°$$

4.4.2　圆轴扭转的刚度条件

　　工程实际中，轴类零件除应满足强度要求外，一般还不应有过大的扭转变形。例如：车床丝杆的扭转角过大，会影响车刀的进给，降低加工精度；发动机中控制气阀开闭的凸轮轴若扭转角过大，会影响气阀开关时间；镗床的主轴或磨床的传动轴如果扭转角过大，将引起扭转振动，影响工件的精度和光洁度。所以要限制某些轴的扭转变形，即要满足扭转刚度条件。由于工程实际中轴的长度不同，因此通常规定轴的单位长度扭转角的最大值 $\varphi'_{\max}$ 不超过规定的许用值 $[\varphi']$，故扭转圆轴的刚度条件为

$$\varphi'_{\max} = \left(\frac{T}{GI_{\mathrm{p}}} \right)_{\max} \leqslant [\varphi'] \tag{4.24}$$

式中，$[\varphi']$ 为轴的单位长度许用扭转角。

　　工程中，$[\varphi']$ 的单位习惯采用 °/m(度每米)；而在国际单位制中，单位长度扭转角 φ' 的单位为 rad/m(弧度每米)。因此，在应用式(4.24)进行扭转圆轴的刚度计算时，必须统一单位，即

$$\varphi'_{\max} = \left(\frac{T}{GI_{\mathrm{p}}} \right)_{\max} \times \frac{180°}{\pi} \leqslant [\varphi'] \tag{4.25}$$

　　若为等截面圆轴，则

$$\varphi'_{\max} = \frac{T_{\max}}{GI_{\mathrm{p}}} \times \frac{180°}{\pi} \leqslant [\varphi'] \tag{4.26}$$

　　单位长度许用扭转角 $[\varphi']$ 的数值，在工程中根据轴的使用精密度、生产要求和工作条件等因素确定。对一般传动轴，$[\varphi']$ 为 $0.5 \sim 1°/\mathrm{m}$；对于精密机器的轴，$[\varphi']$ 为 $0.15 \sim 0.30°/\mathrm{m}$。各种轴类的许用单位长度扭转角 $[\varphi']$ 可从有关设计规范中查到。

　　【例 4.6】　如图 4.13(a)所示的传动轴，已知轴的转速 $n = 300 \ \mathrm{r/min}$；主动轮输入功率 $P_A = 30 \ \mathrm{kW}$，从动轮输出功率 $P_B = 12 \ \mathrm{kW}$，$P_C = 18 \ \mathrm{kW}$；材料的切变模量 $G = 80 \ \mathrm{GPa}$，许用扭转切应力 $[\tau] = 40 \ \mathrm{MPa}$；轴的许用单位长度扭转角 $[\varphi'] = 1°/\mathrm{m}$。若全轴选同一直径，试确定此轴的直径。

解题分析　　确定轴的直径时，既要考虑轴的强度条件，又要考虑轴的刚度条件。

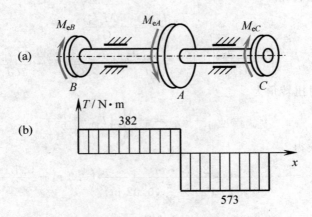

图 4.13

【解】　（1）计算外力偶矩，即

$$M_{eA} = 9549 \frac{P_A}{n} = 9549 \times \frac{30}{300} = 955 \text{ N} \cdot \text{m}$$

$$M_{eB} = 9549 \frac{P_B}{n} = 9549 \times \frac{12}{300} = 382 \text{ N} \cdot \text{m}$$

$$M_{eC} = 9549 \frac{P_C}{n} = 9549 \times \frac{18}{300} = 573 \text{ N} \cdot \text{m}$$

（2）分段计算扭矩值，作扭矩图。

BA 段：　　　　　　　　$T_{BA} = M_{eB} = 382 \text{ N} \cdot \text{m}$

AC 段：　　　　　　　　$T_{AC} = -M_{eC} = -573 \text{ N} \cdot \text{m}$

从而作出扭矩图，如图 4.13(b) 所示。由图可知，最大扭矩在 AC 段，大小为

$$T_{max} = 573 \text{ N} \cdot \text{m}$$

（3）按强度条件确定轴的直径。

根据圆轴扭转强度条件

$$\tau_{max} = \frac{T_{max}}{W_p} = \frac{16 T_{max}}{\pi d^3} \leqslant [\tau]$$

解得轴的直径为

$$d \geqslant \sqrt[3]{\frac{16 T_{max}}{\pi [\tau]}} = \sqrt[3]{\frac{16 \times 573 \times 10^3 \text{ N} \cdot \text{mm}}{\pi \times 40 \text{ N/mm}^2}} = 41.8 \text{ mm}$$

（4）按刚度条件确定轴的直径。

根据圆轴扭转的刚度条件

$$\varphi'_{max} = \frac{T_{max}}{GI_p} \times \frac{180°}{\pi} = \frac{32 T_{max}}{G \pi d^4} \times \frac{180°}{\pi} \leqslant [\varphi']$$

解得轴的直径为

$$d \geqslant \sqrt[4]{\frac{32 T_{max} \times 180°}{\pi^2 G [\varphi']}} = \sqrt[4]{\frac{32 \times 573 \times 10^3 \text{ N} \cdot \text{mm} \times 180°}{\pi^2 \times 80 \times 10^3 \text{ N/mm}^2 \times 10^{-3} °/\text{mm}}} = 45.2 \text{ mm}$$

（5）确定轴的直径。

为使轴同时满足强度和刚度条件，轴的直径应选取较大值，可取 $d=46$ mm。

讨论　由本题计算结果可知，刚度条件是决定轴直径的控制因素，在工程中，用刚度作为控制因素的轴是相当普遍的。

4.5　非圆截面杆扭转的概念

工程中受扭转的轴除常见的圆形截面外，还有其他形状的截面，如矩形、工字形截面等。下面简单介绍矩形截面杆的扭转。

4.5.1　自由扭转与约束扭转

试验表明，非圆截面杆扭转后，横截面不再保持为平面，而发生翘曲现象，如图 4.14 所示。对于非圆截面杆的扭转，平面假设已不再成立。因此，前面利用平面假设导出的扭转圆轴的应力、变形公式，对非圆截面杆均不再适用。

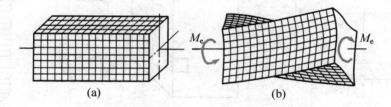

图 4.14

非圆截面杆的扭转可分为自由扭转和约束扭转。扭转时，若杆件两端不受约束，横截面的翘曲不受任何限制，称为自由扭转。此时，杆各横截面的翘曲程度相同，纵向纤维长度无变化，故横截面上没有正应力，只有切应力。图 4.15(a)所示为工字钢的自由扭转。若扭转杆件受到约束，称为约束扭转。此时横截面的翘曲程度不同，纵向纤维的长度发生改变，则横截面上不但有切应力，还有正应力。图 4.15(b)所示为工字钢的约束扭转。经验表明，对于实心截面杆件，约束扭转产生的正应力一般很小，可略去不计；但对薄壁截面杆件(如工字钢)，因约束扭转引起的正应力往往比较大，计算时不能忽略。

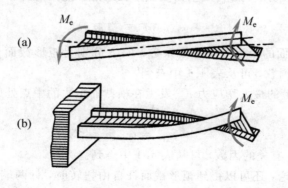

图 4.15

4.5.2　矩形截面杆的自由扭转

在非圆实体轴中，矩形截面轴最为常见。弹性力学理论分析表明：矩形截面杆自由扭转时，横截面上的切应力分布有以下特点：

（1）横截面边缘各点处的切应力平行于横截面周边，切应力形成与边界相切的"环流"（见图 4.16(a)）。若横截面边缘某点 A 处的切应力不平行于周边（见图 4.16(b)），即存在垂直于周边的切应力分量 τ_n 时，由切应力互等定理知，轴表面必存在与其数值相等的切应力 $\tau'_n = \tau_n$。而实际上杆表面为不受力的自由表面，$\tau'_n = 0$，所以必有 $\tau_n = 0$。因此，横截面周边上的切应力一定平行于周边。

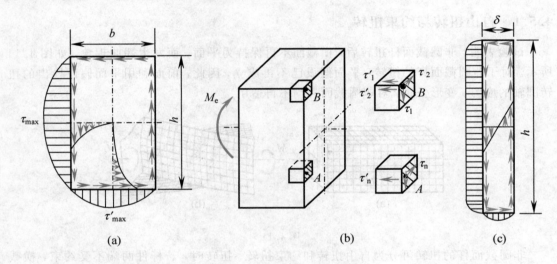

图 4.16

（2）横截面四个角点处的切应力等于零（见图 4.16(a)）。若横截面某角点 B 处的切应力不平行于周边（见图 4.16(b)），可将该切应力分解为 τ_1 和 τ_2，由切应力互等定理知，轴表面必存在有与其数值相等的切应力 $\tau'_1 = \tau_1$，$\tau'_2 = \tau_2$。而实际上杆表面为不受力的自由表面，$\tau'_1 = \tau'_2 = 0$，所以必有 $\tau_1 = \tau_2 = 0$。因此，横截面角点处的切应力必为零。

（3）横截面上最大切应力 $\tau_{\max}$ 发生在横截面长边的中点处（见图 4.16(a)），其计算式为

$$\tau_{\max} = \frac{T}{W_t} = \frac{T}{\alpha h b^2} \tag{4.27}$$

式中：$W_t = \alpha h b^2$ 为截面的相当抗扭截面系数；h、b 分别为矩形截面长边、短边的长度；α 为与比值 h/b 有关的因数，可从表 4.1 中查到。

（4）横截面短边上的最大切应力 $\tau'_{\max}$ 发生在横截面短边的中点处（见图 4.16(a)），其计算式为

$$\tau'_{\max} = \nu \tau_{\max} \tag{4.28}$$

式中：ν 为与比值 h/b 有关的因数，可从表 4.1 中查到。

运用弹性力学理论，还可以得到矩形截面杆自由扭转时，杆两端面之间的相对扭转角的计算式：

$$\varphi = \frac{Tl}{GI_t} = \frac{Tl}{G\beta h b^3} \tag{4.29}$$

式中：$I_t = \beta h b^3$ 为截面的相当极惯性矩；β 为与比值 h/b 有关的因数，其值见表 4.1。

表 4.1　矩形截面杆扭转时的因数 α、β 和 ν

h/b	1.0	1.2	1.5	2.0	2.5	3.0	4.0	6.0	8.0	10.0	∞
α	0.208	0.219	0.231	0.246	0.258	0.267	0.282	0.299	0.307	0.313	0.333
β	0.141	0.166	0.196	0.229	0.249	0.263	0.281	0.299	0.307	0.313	0.333
ν	1.000	0.930	0.858	0.796	0.767	0.753	0.745	0.743	0.743	0.743	0.743

从表 4.1 中可以看出，当 $h/b > 10$ 时，截面成为狭长矩形，此时 $\alpha = \beta \approx 1/3$。若以 δ 表示狭长矩形的短边长度，则式(4.27)和式(4.29)成为

$$\tau_{max} = \frac{T}{W_t} = \frac{3T}{h\delta^2} \tag{4.30}$$

$$\varphi = \frac{Tl}{GI_t} = \frac{3Tl}{Gh\delta^3} \tag{4.31}$$

在狭长矩形截面上，扭转切应力的变化规律如图 4.16(c)所示。此时，长边上切应力变化不大，趋于均匀，在靠近短边处迅速减小直至为零。

【**例 4.7**】　如图 4.17 所示的柴油机曲轴的曲柄，截面 m—m 可以认为是矩形。在工程实用计算中，其扭转切应力近似按矩形截面杆受扭计算。已知 $b = 22$ mm，$h = 102$ mm，该截面上的扭矩为 $T = 281$ N·m，试求该截面上的最大切应力。

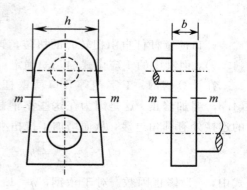

图 4.17

解题分析　由式(4.27)知，要计算截面上的最大切应力，需要先确定因数 α。

【**解**】　(1) 确定因数 α。

由截面 m—m 的尺寸求得

$$\frac{h}{b} = \frac{102 \text{ mm}}{22 \text{ mm}} = 4.64$$

查表 4.1，并利用直线插值法求得 $\alpha = 0.287$。

(2) 计算截面上的最大切应力。

由式(4.27)得

$$\tau_{max} = \frac{T}{\alpha h b^2} = \frac{281 \times 10^3 \text{ N·mm}}{0.287 \times 102 \text{ mm} \times (22 \text{ mm})^2} = 19.8 \text{ N/mm}^2 = 19.8 \text{ MPa}$$

4.5.3　开口薄壁杆件的自由扭转

开口薄壁杆件自由扭转时，横截面上的切应力分布规律与狭长矩形截面杆件的相似，切应力沿截面周边形成"环流"，如图 4.18 所示。

开口薄壁杆件的横截面可以看成是由若干个狭长矩形所组成的。分析表明，其中任一

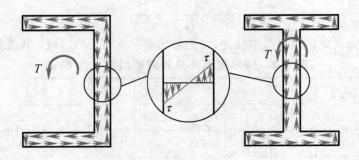

图 4.18

狭长矩形长边上各点的扭转切应力大致相同，其计算公式为

$$\tau = \frac{T\delta_i}{I_t} \tag{4.32}$$

其中，

$$I_t = \sum \frac{1}{3}h_i\delta_i^3 \tag{4.33}$$

h_i、δ_i 分别为任一狭长矩形的长边长度、短边长度。由式(4.32)可见，开口薄壁杆件扭转切应力的最大值发生在宽度最大的狭长矩形的长边上，其计算公式为

$$\tau_{max} = \frac{T\delta_{max}}{I_t} \tag{4.34}$$

开口薄壁杆件自由扭转时的扭转角计算，仍可以采用式(4.29)，但其中的 I_t 应由式(4.33)确定。

在计算槽钢、工字钢等开口薄壁杆件的 I_t 时，需对式(4.33)略加修正。这是因为在这些型钢截面上，各狭长矩形的连接处有圆角过渡，从而增加了抗扭刚度。修正公式为

$$I_t = \eta \sum \frac{1}{3}h_i\delta_i^3 \tag{4.35}$$

式中，η 为修正因数。对于角钢，$\eta=1.00$；对于槽钢，$\eta=1.12$；对于工字钢，$\eta=1.20$。

对于截面中线(壁厚平分线)为曲线的开口薄壁杆件(见图 4.19)，计算时可将截面拉直，作为狭长矩形截面来处理。

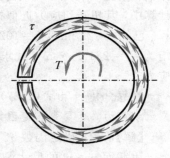

图 4.19

4.5.4　闭口薄壁杆件的自由扭转

闭口薄壁杆件自由扭转时，横截面上的切应力分布规律与薄壁圆筒的相似，切应力沿壁厚平均分布，顺着杆壁的周向形成"剪流"，如图 4.20(a)所示。

研究表明，闭口薄壁杆件横截面上任一点的扭转切应力 τ 与该处壁厚 δ 的乘积为常数，即

$$\tau\delta = 常数 \tag{4.36}$$

由静力学关系易得，此时扭转切应力 τ 的计算公式为

$$\tau = \frac{T}{2A_0\delta} \tag{4.37}$$

式中，A_0 为截面中线所围成的面积(见图 4.20(b))。

由式(4.37)可见，闭口薄壁杆件扭转切应力的最大值发生在杆壁最薄处，其计算公式为

$$\tau_{\max} = \frac{T}{2A_0\delta_{\min}} \tag{4.38}$$

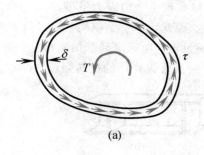
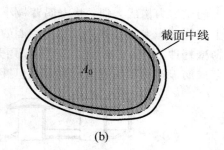

(a)　　　　　　　　　　　　(b)

图 4.20

【例 4.8】 图 4.21 为相同尺寸的开口和闭口薄壁钢管，承受相同的扭矩 T。设平均直径为 d，壁厚为 δ，钢管长为 l。若取 $d = 10\delta$，试比较两者的抗扭强度和抗扭刚度。

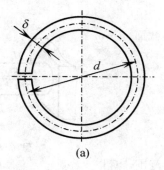
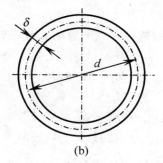

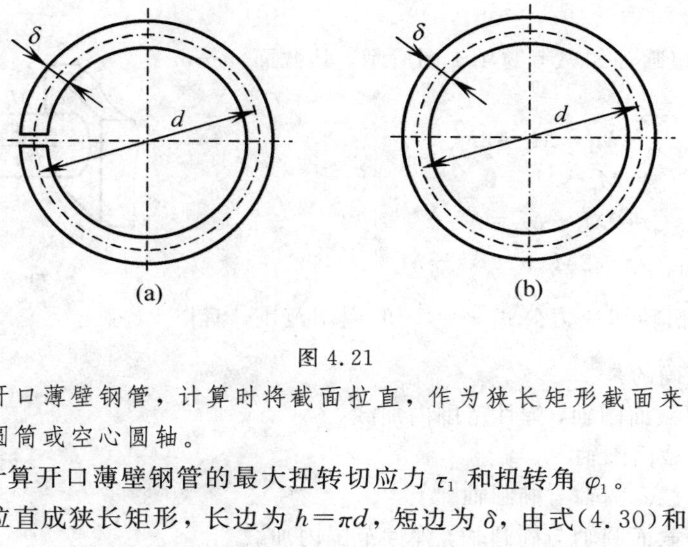

(a)　　　　　　　　　　　　(b)

图 4.21

解题分析 开口薄壁钢管，计算时将截面拉直，作为狭长矩形截面来处理。闭口薄壁钢管可视为薄壁圆筒或空心圆轴。

【解】 (1)计算开口薄壁钢管的最大扭转切应力 τ_1 和扭转角 φ_1。

将开口圆环拉直成狭长矩形，长边为 $h = \pi d$，短边为 δ，由式(4.30)和式(4.31)得

$$\tau_1 = \frac{3T}{h\delta^2} = \frac{3T}{\pi d\delta^2}, \qquad \varphi_1 = \frac{3Tl}{Gh\delta^3} = \frac{3Tl}{G\pi d\delta^3}$$

(2)计算闭口薄壁钢管的最大扭转切应力 τ_2 和扭转角 φ_2。

按薄壁圆筒的切应力公式(4.5)，得

$$\tau_2 = \frac{T}{2\pi r^2\delta} = \frac{2T}{\pi d^2\delta}$$

将闭口薄壁圆管视为空心圆轴，利用式(4.22)计算其扭转角。此时，$I_p \approx \pi d^3\delta/4$，扭转角为

$$\varphi_2 = \frac{Tl}{GI_p} = \frac{4Tl}{G\pi d^3\delta}$$

（3）比较两者的抗扭强度和抗扭刚度。

若取 $d=10\delta$，则 $\tau_1=15\tau_2$，$\varphi_1=75\varphi_2$。开口薄壁钢管的切应力是闭口薄壁钢管的 15 倍，开口薄壁钢管的扭转角是闭口薄壁钢管的 75 倍。

讨论 这两种截面的扭转强度与扭转刚度相差如此之大，是因为截面上的切应力分布不同。在开口截面上，中线两侧的切应力方向相反（见图 4.18），且中线两侧对称位置单位面积上的微剪力构成力偶，其力偶臂极小；而在闭口截面上，切应力沿壁厚均匀分布，且截面上单位面积上的微剪力对截面中心的力臂较大。因此，对于受扭构件，尽量不要采用开口薄壁杆件。当实在必要，不得不采用开口薄壁截面时，应采取局部加强措施。例如，采用格条或筋板等对截面翘曲加以限制（见图 4.22），会显著提高杆的扭转强度与刚度。

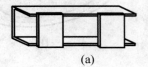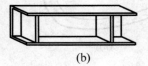

(a)   (b)

图 4.22

思 考 题

4.1 一受扭圆轴如思考题 4.1 图所示，其截面 m—m 上的扭矩等于_____。

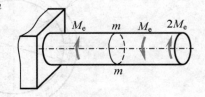

A. $T_{m-m}=M_e+M_e=2M_e$

B. $T_{m-m}=M_e-M_e=0$

C. $T_{m-m}=2M_e-M_e=M_e$

D. $T_{m-m}=-2M_e+M_e=-M_e$

思考题 4.1 图

4.2 关于扭转切应力公式 $\tau_\rho=\dfrac{T\rho}{I_p}$ 的应用范围，有以下几种回答，正确的是_____。

A. 等截面圆轴，弹性范围内加载

B. 等截面圆轴

C. 等截面圆轴与椭圆轴

D. 等截面圆轴与椭圆轴，弹性范围内加载

4.3 一空心圆轴，外径为 D、内径为 d，其极惯性矩 I_p 和抗扭截面系数 W_p 按下式计算是否正确_____。

$$I_p=\frac{\pi D^4}{32}-\frac{\pi d^4}{32},\quad W_p=\frac{\pi D^3}{16}-\frac{\pi d^3}{16}$$

4.4 如思考题 4.4 图所示，T 为圆杆横截面上的扭矩，试画出截面上与 T 对应的切应力分布图。

4.5 如思考题 4.5 图所示，空心圆轴 A 点的切应力为 36 MPa，已知 $r=30$ mm，$d=40$ mm，$D=80$ mm，则圆轴截面上的最大切应力为_____，最小切应力为_____。

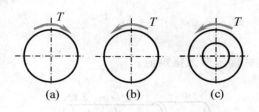

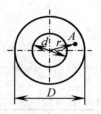

思考题 4.4 图　　　　　　　　　　　思考题 4.5 图

4.6　铸铁圆杆发生扭转破坏的断裂线如思考题 4.6 图所示，试画出圆杆所受外力偶的方向。

4.7　低碳钢扭转破坏是_____。

A. 沿横截面拉断　　　　　　　　　B. 沿 45° 螺旋面拉断

C. 沿横截面剪断　　　　　　　　　D. 沿 45° 螺旋面剪断

4.8　思考题 4.8 图所示等截面圆轴中，左段为钢，右段为铝。两端受扭转力矩后，左、右两段内的最大切应力 τ_{max} 与单位长度扭转角 φ' 的关系为_____。

A. τ_{max} 相同，φ' 不同　　　　　B. τ_{max} 不同，φ' 相同

C. τ_{max} 和 φ' 都不同　　　　　　D. τ_{max} 和 φ' 都相同

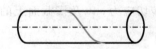

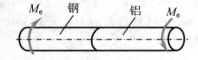

思考题 4.6 图　　　　　　　　　　　思考题 4.8 图

4.9　已知圆截面杆扭转时，横截面上最大切应力为 τ_1，两端面间的扭转角为 φ_1。如将圆杆直径增大一倍，其他条件不变，其横截面上最大切应力为 τ_2，两端面间的扭转角为 φ_2，则下列关系式正确的是_____。

A. $\tau_1 = 2\tau_2$，$\varphi_1 = 4\varphi_2$　　　　　B. $\tau_1 = 4\tau_2$，$\varphi_1 = 8\varphi_2$

C. $\tau_1 = 8\tau_2$，$\varphi_1 = 8\varphi_2$　　　　　D. $\tau_1 = 8\tau_2$，$\varphi_1 = 16\varphi_2$

4.10　如思考题 4.10 图所示薄壁受扭杆件，截面上_____点处的切应力最大。

A. 1　　　　　　B. 2　　　　　　C. 3　　　　　　D. 4

4.11　如思考题 4.11 图所示，木材圆杆，在受扭破坏时，将首先出现纵向裂纹，其原因是_____。

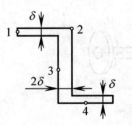

思考题 4.10 图　　　　　　　　　　　思考题 4.11 图

习　题

4.1　试作习题 4.1 图所示各轴的扭矩图，并确定最大扭矩值。

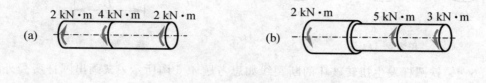

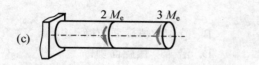

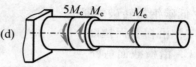

习题 4.1 图

4.2　已知直径 $d=50$ mm 的实心圆轴，某横截面上的扭矩 $T=2.15$ kN·m，试求该截面上距轴心 20 mm 处的切应力及最大切应力。

4.3　如习题 4.3 图所示，空心圆轴外径 $D=40$ mm，内径 $d=20$ mm，所受扭矩 $T=1$ kN·m，试计算横截面上 $\rho_A=15$ mm 的 A 点处的扭转切应力，以及横截面上的最大与最小切应力。

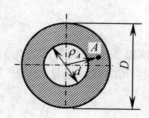

习题 4.3 图

4.4　如习题 4.4 图所示传动轴，转速 $n=300$ r/min，A 轮为主动轮，输入功率 $P_A=50$ kW，B、C、D 为从动轮，输出功率分别为 $P_B=10$ kW，$P_C=P_D=20$ kW。

（1）试作轴的扭矩图；

（2）如果将轮 A 和轮 C 的位置对调，试分析对轴的受力是否有利。

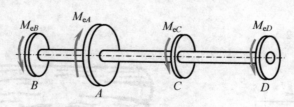

习题 4.4 图

4.5　机床变速箱第 Ⅱ 轴如习题 4.5 图所示，该轴传递的功率为 $P=5.5$ kW，转速 $n=$

200 r/min，材料为 45 钢，$[\tau]=40$ MPa，试按扭转强度条件初步设计轴的直径。

　　4.6　如习题 4.6 图所示的水轮机轴，发电量为 15 000 kW，外径 $D=560$ mm，内径 $d=300$ mm，正常转速 $n=250$ r/min，材料的许用切应力 $[\tau]=50$ MPa，试校核该轴的强度。

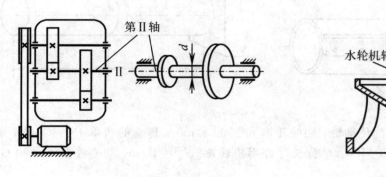

习题 4.5 图　　　　　　　　　　　　　习题 4.6 图

　　4.7　如习题 4.7 图所示的阶梯形圆轴，其中 AE 段为空心圆截面，外径 $D_2=140$ mm，内径 $d_2=80$ mm；BC 段为实心圆截面，直径 $d_1=100$ mm。受载如图所示，外力偶矩分别为 $M_{eA}=20$ kN·m，$M_{eB}=36$ kN·m，$M_{eC}=16$ kN·m，已知轴的许用切应力 $[\tau]=100$ MPa。试校核该轴的强度。

　　4.8　如习题 4.8 图所示，实心轴和空心轴通过牙嵌式离合器连接在一起。已知轴的转速 $n=120$ r/min，传递的功率 $P=8.5$ kW，材料的许用切应力 $[\tau]=45$ MPa。试确定实心轴的直径 d_1 和内外径比 $\alpha=0.5$ 的空心轴的外径 D_2。

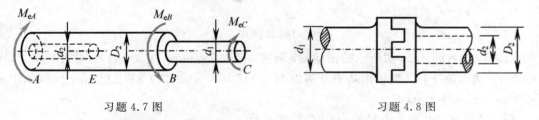

习题 4.7 图　　　　　　　　　　　　习题 4.8 图

　　4.9　一受扭等截面薄壁圆管，外径 $D=42$ mm，内径 $d=40$ mm，两端受外力偶矩 $M_e=500$ N·m，切变模量 $G=75$ GPa。试计算圆管横截面与纵截面上的扭转切应力，并计算管表面纵向线的倾斜角。

　　4.10　如习题 4.10 图所示的由厚度 $\delta=8$ mm 的钢板卷制成的圆筒，平均直径为 $D=200$ mm。接缝处用铆钉铆接。若铆钉直径 $d=20$ mm，许用切应力 $[\tau]=60$ MPa，许用挤压应力 $[\sigma_{bs}]=160$ MPa，筒的两端作用着矩为 $M_e=30$ kN·m 的扭转力偶，试确定铆钉的间距 s。

　　4.11　一圆截面等直杆试样，直径 $d=20$ mm，两端承受外力偶矩 $M_e=150$ N·m 作用。设试验测得标矩 $l_0=100$ mm 内轴两端的相对扭转角 $\varphi=0.012$ rad，试确定材料的切变模量 G。

　　4.12　如习题 4.12 图所示，已知圆轴的直径 $d=150$ mm，长度 $l=500$ mm；外力偶矩

$M_{eB}=10$ kN·m，$M_{eC}=8$ kN·m；材料的切变模量 $G=80$ GPa。试计算 C、A 两截面间的相对扭转角 φ_{AC}。

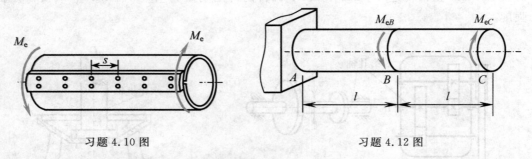

习题 4.10 图   习题 4.12 图

4.13 设有一圆截面传动轴，轴的转速 $n=300$ r/min，传递的功率 $P=80$ kW，轴材料的许用切应力 $[\tau]=80$ MPa，单位长度许用扭转角 $[\varphi']=1°/m$，切变模量 $G=80$ GPa，试设计轴的直径。

4.14 桥式起重机如习题 4.14 图所示，若传动轴传递的力偶矩 $M_e=1.08$ kN·m，材料的许用切应力 $[\tau]=40$ MPa，单位长度许用扭转角 $[\varphi']=0.5°/m$，切变模量 $G=80$ GPa，试设计轴的直径。

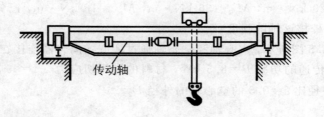

习题 4.14 图

4.15 如习题 4.15 图所示的传动轴，转速 $n=500$ r/min，主动轮 1 的输入功率 $P_1=368$ kW，从动轮 2 和 3 的输出功率分别为 $P_2=147$ kW，$P_3=221$ kW。已知 $[\tau]=70$ MPa，$[\varphi']=1°/m$，$G=80$ GPa。

(1) 试确定 AB 段的直径 d_1 和 BC 段的直径 d_2；

(2) 若 AB 和 BC 两段选用同一直径，试确定直径 d；

(3) 如果主动轮和从动轮的位置可以任意改变，应如何安排才比较合理？

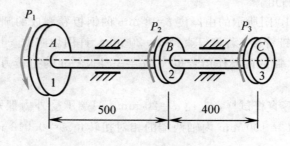

习题 4.15 图

4.16　如习题 4.16 图所示，阶梯形圆轴上装有三个带轮。已知轴的直径 $d_1 = 38$ mm，$d_2 = 75$ mm；主动轮 B 的输入功率 $P_B = 32$ kW，从动轮 A、C 的输出功率分别为 $P_A = 14$ kW，$P_C = 18$ kW；轴的额定转速 $n = 240$ r/min；材料的许用切应力 $[\tau] = 60$ MPa，切变模量 $G = 80$ GPa；轴的许用单位长度扭转角 $[\varphi'] = 2°/$m。试校核轴的强度和刚度。

4.17　如习题 4.17 图所示矩形截面钢杆，受到矩为 $M_e = 3$ kN·m 的扭转外力偶的作用，已知材料的切变模量 $G = 80$ GPa。试求：

（1）杆内的最大扭转切应力；

（2）横截面短边中点处的扭转切应力；

（3）杆的单位长度扭转角。

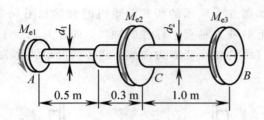

习题 4.16 图

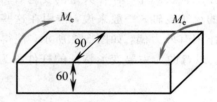

习题 4.17 图

第5章 弯曲内力

5.1 引 言

在工程实际中，存在大量的受弯杆件，例如图 5.1 所示的桥式起重机的大梁和图 5.2 所示的火车轮轴。一般来说，作用在这些杆件上的外力垂直于杆件的轴线，或在其轴线平面内作用有外力偶，如图 5.3 所示，使得原为直线的轴线变形为曲线。这种变形形式称为弯曲。以弯曲为主要变形特征的杆件称为梁。

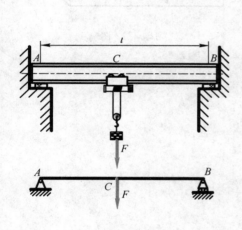

图 5.1

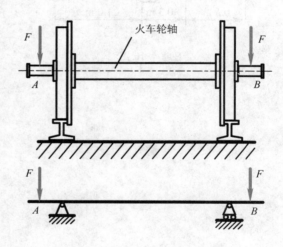

图 5.2

工程中常用的梁，绝大部分受弯杆件的横截面有一根竖向对称轴，因而整根杆件就有一个纵向对称面，当外力作用在该对称面内时，由变形的对称性可知，梁的轴线将在此对称面内弯成一条平面曲线，这种弯曲称为平面弯曲，又称为对称弯曲，如图 5.3 所示。若梁不具有纵向对称面，或虽有纵向对称面但外力不作用在该面内，则这种弯曲统称为非对称弯曲。在特定条

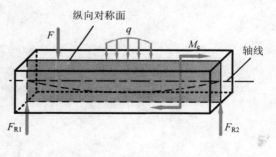

图 5.3

件下，非对称弯曲的梁也会发生平面弯曲。本章以及随后的两章主要研究梁的对称弯曲。

5.2 梁的计算简图

工程中梁的支座和载荷的形式很多，必须作一些简化才能得到计算简图。

5.2.1 支座约束的基本形式

作用在梁上的外力，包括外载荷和支座对梁的约束反力。常见的支座及相应约束力如下：

1. 活动铰链支座

如图 5.4(a)所示，活动铰链支座仅限制梁支承处垂直于支承平面的线位移，因此，仅存在垂直于支承平面的约束反力 F_R。

2. 固定铰链支座

如图 5.4(b)所示，固定铰链支座限制梁在支承处水平与竖直方向的线位移，因此相应约束反力可用两个分力表示，例如沿梁轴方向的 F_{Rx} 和垂直于梁轴方向的 F_{Ry}。

3. 固定端

如图 5.4(c)所示，固定端限制梁端截面的线位移和角位移，因此，相应的约束反力可用三个分量来表示：沿梁轴方向的 F_{Rx}、垂直于梁轴方向的 F_{Ry} 以及位于梁轴平面内的约束反力偶 M。

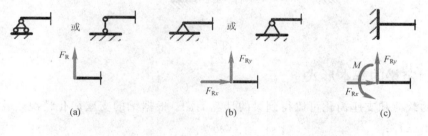

图 5.4

5.2.2 载荷的基本形式

作用在梁上的实际载荷通常可以简化为以下三种类型：

1. 集中力

当载荷作用于梁上的区域很小时，可简化为集中力。在机械设备中，像作用在传动轴上的传动力、车床主轴上的切削力、割刀上的切削力等，其分布的范围都远小于传动轴、车床主轴和割刀的长度，吊车梁上的吊重(见图 5.1)，火车车厢对轮轴的压力(见图 5.2)等也可以简化为集中力。

2. 分布载荷

连续作用在梁的一段或整个长度上的载荷应简化为分布载荷，分布载荷的强弱用载荷集度 q 表示，单位为 N/m(牛每米)。如图 5.5 所示的薄板轧机，在轧辊与板材的接触长度 l 内，可以认为轧辊与板材间相互作用的轧制力是均匀分布的，称为均布载荷，若总轧制力为 F，则沿轧辊轴线分布载荷集度为 $q=F/l$。

3. 集中力偶

工程中某些梁会受到大小相等、方向相反但不共线的一对外力构成的力偶作用在梁的纵向对称面内，而且该力偶作用在承力构件与梁连接处的很小区域，可以简化为集中力偶。集中外力偶通常用 M_e 表示，单位为 N · m(牛米)。

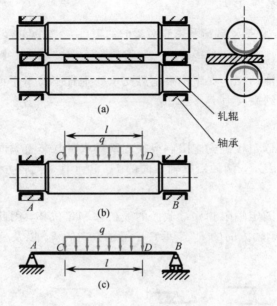

轧辊

轴承

图 5.5

5.2.3　静定梁的基本形式

对梁的载荷和支座简化可以得到梁的计算简图。根据梁的支座简化情况，最常见的静定梁有以下三种：

(1) 简支梁：如图 5.6(a)所示，梁一端为固定铰链支座，另一端为可动铰链支座。

(2) 悬臂梁：如图 5.6(b)所示，梁一端固定，另一端自由。

(3) 外伸梁：如图 5.6(c)所示，具有一个或两个外伸部分的简支梁。

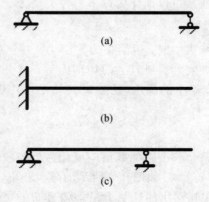

图 5.6

以上三种梁的支座约束反力均可通过静力学平衡方程完全确定，这样的梁称为静定梁。若梁的支座约束反力不能完全由静力平衡方程确定，则这样的梁称为超静定梁。

5.3 剪力与弯矩

考虑图 5.7(a)所示的简支梁，其上外力均为已知，现在研究任一横截面 $m-m$ 上的内力。该截面离梁左端的距离为 b。

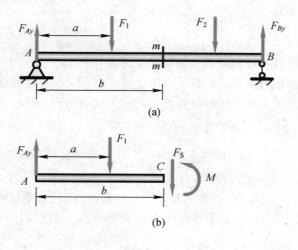

图 5.7

首先，利用截面法，在截面 $m-m$ 处将梁假想地切开，并任选一段，例如左段，作为研究对象，在截面上画上内力，由于取出段是平衡的，因此横截面上一般同时存在两种内力分量（见图 5.7(b)）：与截面相切的内力 F_S 称为横截面 $m-m$ 的剪力；矢量位于所切横截面的内力偶矩 M，称为横截面 $m-m$ 的弯矩。

根据左段梁的平衡条件，由平衡方程

$$\sum F_y = 0, \ F_{Ay} - F_1 - F_S = 0$$

解得

$$F_S = F_{Ay} - F_1$$

即剪力等于左段梁上所有外力的代数和；由平衡方程

$$\sum M_C = 0, \ M + F_1(b-a) - F_{Ay}b = 0$$

解得

$$M = F_{Ay}b - F_1(b-a)$$

即弯矩等于左段梁上的所有外力对形心 C 的力矩的代数和。

截面 $m-m$ 上的剪力与弯矩，也可利用切开后的右段梁的平衡条件求得。

关于剪力与弯矩的正负符号，规定如下：在所切横截面的内侧切取微段（见图 5.8(a)），凡企图使微段沿顺时针方向转动的剪力为正；使微段弯曲呈凹形的弯矩为正（见图 5.8(b)）。按此规定，图 5.8 中所示之剪力与弯矩均为正，反之为负。

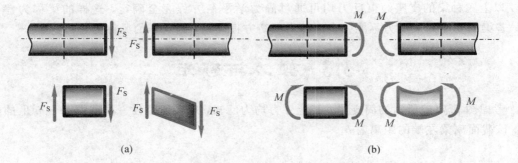

图 5.8

综上所述，可将计算梁横截面剪力与弯矩的方法概括如下：

（1）在需求内力的横截面处，假想地将梁切开，并选取切开后的任一段作为研究对象。

（2）作所选梁段的受力图，图中剪力 F_S 与弯矩 M 可假设为正。

（3）由平衡方程 $\sum F_y = 0$ 计算剪力 F_S。

（4）由平衡方程 $\sum M_C = 0$ 计算弯矩 M，式中 C 为所切横截面的形心。

【例 5.1】　图 5.9(a)所示外伸梁，承受集中力 F 与矩为 $M_e = Fl$ 的集中力偶作用，试计算横截面 E、横截面 A_+ 与 D_- 的剪力及弯矩。横截面 A_+ 代表距横截面 A 无限近并位于其右侧的横截面；横截面 D_- 代表距横截面 D 无限近并位于其左侧的横截面。

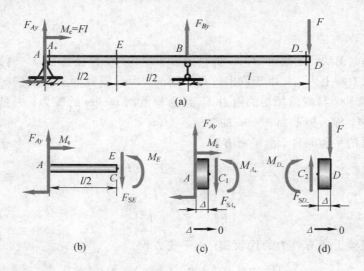

图 5.9

解题分析　本题为外伸梁结构，需先求支座约束反力，再求指定截面上的内力。

【解】　（1）计算支座约束反力。

设支座 A 与 B 处的铅垂支座约束反力分别为 F_{Ay} 与 F_{By}，则由平衡方程

$$\sum M_A = 0, \ -Fl + F_{By}l - F \cdot 2l = 0$$

$$\sum F_y = 0, \ F_{Ay} + F_{By} - F = 0$$

解得

$$F_{Ay} = -2F, \quad F_{By} = 3F$$

在横向力与力偶作用下的静定梁，固定铰支座处的水平支座约束反力必为零。因此，在作梁的受力图时，固定铰支座处的水平支座约束反力一般可省略不画。

（2）计算横截面 E 的剪力与弯矩。

在横截面 E 处假想地将梁切开，并选取左段作为研究对象（见图 5.9(b)）。由平衡方程 $\sum F_y = 0$ 与 $\sum M_C = 0$（C 为横截面 E 的形心）得横截面 E 的剪力与弯矩分别为

$$F_{SE} = F_{Ay} = -2F$$

$$M_E = M_e + F_{Ay} \cdot \frac{l}{2} = Fl - 2F \cdot \frac{l}{2} = 0$$

（3）计算横截面 A_+ 的剪力与弯矩。

在横截面 A_+ 处假想地将梁切开，并选取左段作为研究对象（见图 5.9(c)）。由平衡方程 $\sum F_y = 0$ 得横截面 A_+ 的剪力为

$$F_{SA_+} = F_{Ay} = -2F$$

由平衡方程 $\sum M_{C_1} = 0$（C_1 为横截面 A_+ 的形心）得该横截面的弯矩为

$$M_{A_+} = M_e + F_{Ay}\Delta = Fl - 2F \cdot 0 = Fl$$

（4）计算横截面 D_- 的剪力与弯矩。

在横截面 D_- 处假想地将梁切开，为计算简单，选择切开后的右段作为研究对象（见图 5.9(d)）。由平衡方程 $\sum F_y = 0$ 与 $\sum M_{C_2} = 0$ 解得

$$F_{SD_-} = F$$

$$M_{D_-} = F \cdot 0 = 0$$

讨论　从上述例题计算过程可以得到计算指定截面剪力和弯矩的简便方法：

（1）梁某截面上的剪力 F_S 等于截面左侧或右侧所有外力的代数和，外力的正负号遵循剪力的正负号约定，即截面左侧横向外力以向上为正，截面右侧外力以向下为正。

（2）梁某截面上的弯矩 M 等于截面左侧或右侧梁上的所有外力对该截面形心 C 取矩的代数和，这些力矩的正负号遵循弯矩的正负号约定，即截面左侧的顺时针力偶为正，截面左侧横向力对截面形心取矩顺时针为正，反之为负。

5.4　剪力、弯矩方程与剪力、弯矩图

一般情况下，在梁的不同横截面或不同梁段内，剪力与弯矩均不相同，即剪力与弯矩沿梁轴变化。

为了描述剪力与弯矩沿梁轴的变化情况，沿梁轴选取坐标 x 表示横截面的位置，并建立剪力、弯矩与坐标 x 间的解析关系式，即

$$F_S = F_S(x)$$

$$M = M(x)$$

上述关系式分别称为**剪力方程**和**弯矩方程**。

根据剪力和弯矩方程，在一段梁中剪力和弯矩按某一种函数规律变化，这一段梁的两

个端截面称为**控制面**。在建立剪力和弯矩方程时，下列截面均可为控制面：① 集中力作用点的两侧截面；② 集中力偶作用点的两侧截面；③ 均布载荷（集度相同）起点和终点处的截面。

　　表示剪力与弯矩沿梁轴变化情况的另一重要方法为图示法。作图时，以 x 为横坐标轴，以剪力 F_S 或弯矩 M 为纵坐标轴，分别绘制剪力与弯矩沿梁轴变化的图线，这些图线分别称为**剪力图**与**弯矩图**。

　　研究剪力与弯矩沿梁轴的变化情况，对于解决梁的强度与刚度问题都是必不可少的。因此，剪力方程与弯矩方程以及剪力图与弯矩图是分析弯曲问题的重要基础。下面结合例题说明剪力与弯矩方程的建立方法以及剪力图与弯矩图的绘制方法。

　　【例 5.2】 图 5.10(a)所示悬臂梁，在自由端承受集中载荷 F 作用，试建立梁的剪力方程与弯矩方程，并作出剪力图与弯矩图。

　　解题分析　　由于是悬臂梁结构，只有最右端有约束，所以取截面左侧进行分析，无需求解约束反力。

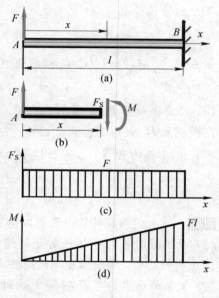

　　【解】 (1)建立剪力方程与弯矩方程。

　　选取横截面 A 的形心为坐标轴 x 的原点，并在截面 x 处切取左段作为研究对象（见图 5.10(b)）。由左段的平衡条件求得梁的剪力方程与弯矩方程分别为

$$F_S(x) = F \qquad (0 < x < l) \qquad (a)$$

$$M(x) = Fx \qquad (0 \leqslant x < l) \qquad (b)$$

　　(2)作剪力图与弯矩图。

　　式(a)表明，各横截面的剪力均为 F。因此，剪力图是一条位于 x 轴的上方并与之平行的直线（见图 5.10(c)）。

　　式(b)表明，M 为 x 的正比函数。因此，弯矩图是一条通过坐标原点的倾斜直线。由式(b)可知，当 $x = l$ 时，$M = Fl$。于是，过原点与点 (l, Fl) 连直线，便得到弯矩图（见图 5.10(d)）。可以看出，横截面 B 的弯矩最大，其值为

图 5.10

$$M_{\max} = Fl$$

　　讨论　　悬臂梁自由端受集中力作用时，其剪力为常数，弯矩为一次函数，且固定端截面承受的弯矩最大。

　　【例 5.3】 图 5.11(a)所示简支梁，承受载荷集度为 q 的均布载荷作用，试建立梁的剪力方程与弯矩方程，并作出剪力图与弯矩图。

　　解题分析　　本题中简支梁受均布载荷，结构对称，载荷对称。

　　【解】 (1)计算支座约束反力。

　　分布载荷的合力为 $F = ql$，并作用在梁的中点，所以，A 与 B 端的支座约束反力为

$$F_{Ay} = F_{By} = -\frac{ql}{2}$$

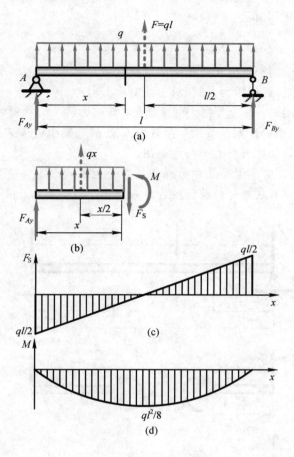

图 5.11

（2）建立剪力方程与弯矩方程。

以截面 A 的形心为坐标轴 x 的原点，并在截面 x 处切取左段作为研究对象（见图 5.11(b)）。可以看出，在左段梁上，分布载荷的合力为 qx，并作用在该梁段的中点，根据平衡条件，得

$$F_S(x) = F_{Ay} + qx = -\frac{ql}{2} + qx \qquad (0 < x < l) \tag{a}$$

$$M(x) = F_{Ay}x + qx \cdot \frac{x}{2} = -\frac{ql}{2}x + \frac{q}{2}x^2 \qquad (0 \leqslant x \leqslant l) \tag{b}$$

（3）作剪力图与弯矩图。

由式(a)可知，剪力 F_S 为 x 的线性函数，且 $F_S(0) = -ql/2$，$F_S(l) = ql/2$，所以，梁的剪力图如图 5.11(c)所示。

由式(b)可知，弯矩 M 为 x 的函数，其图像为二次抛物线。由式(b)求出如下 x 与 M 的一些对应值：

x	0	$l/4$	$l/2$	$3l/4$	l
M	0	$-3ql^2/32$	$-ql^2/8$	$-3ql^2/32$	0

根据上述数据作梁的弯矩图，如图 5.11(d)所示。

由剪力图与弯矩图可知：

$$F_{Smax} = \frac{ql}{2}, \ |M|_{max} = \frac{ql^2}{8}$$

讨论　（1）梁的结构和载荷相对于梁中点横截面对称，其剪力（反对称内力）图相对于梁对称面反对称，弯矩（对称内力）图相对于梁对称面对称。

（2）分布载荷作用时，剪力方程为一次函数，弯矩方程为二次抛物线函数。

【例 5.4】　图 5.12(a)所示简支梁，在截面 C 处承受集中载荷 F 的作用，试建立梁的剪力方程与弯矩方程，并作出剪力图与弯矩图。

解题分析　结构为简支梁受集中力作用，可分为两段计算，需要先求出支座约束反力，然后通过截面法分别求解每段截面的内力方程。

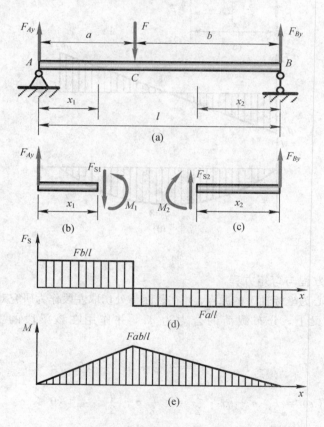

图 5.12

【解】　（1）计算支座约束反力。

由梁 AB 的平衡方程 $\sum M_B = 0$ 与 $\sum F_y = 0$，得 A 与 B 端的支座约束反力分别为

$$F_{Ay} = \frac{bF}{l}, \ F_{By} = \frac{aF}{l}$$

（2）建立剪力方程与弯矩方程。

由于在截面 C 处作用有集中载荷 F，故应以该截面为控制面，将梁划分为 AC 与 CB 两段，分段建立剪力方程与弯矩方程。

对于 AC 段，选 A 点为原点，并用坐标 x_1 表示横截面的位置，则由图 5.12(b)可知，该梁段的剪力方程与弯矩方程分别为

$$F_S(x_1) = F_{Ay} = \frac{bF}{l} \qquad (0 < x_1 < a) \tag{a}$$

$$M(x_1) = F_{Ay}x_1 = \frac{bF}{l}x_1 \qquad (0 \leqslant x_1 \leqslant a) \tag{b}$$

对于 CB 段，为计算简单，选 B 点为原点，并用坐标 x_2 表示横截面的位置，则由图 5.12(c)可知，该梁段的剪力方程与弯矩方程分别为

$$F_S(x_2) = -F_{By} = -\frac{aF}{l} \qquad (0 < x_2 < b) \tag{c}$$

$$M(x_2) = F_{By}x_2 = \frac{aF}{l}x_2 \qquad (0 \leqslant x_2 \leqslant b) \tag{d}$$

（3）作剪力图与弯矩图。

根据式(a)与式(c)作剪力图，如图 5.12(d)所示；根据式(b)与式(d)作弯矩图，如图 5.12(e)所示。可以看出，横截面 C 的弯矩最大，其值为

$$M_{max} = \frac{Fab}{l}$$

讨论　（1）梁的剪力图分成两段，每段剪力为常数，在集中力作用位置剪力发生突变，突变值等于集中载荷的大小。

（2）梁弯矩图也分成两段，均为一次函数，前一段为上斜直线，后一段为下斜直线，在集中力作用位置斜直线出现转折。

【例 5.5】　图 5.13(a)所示简支梁，在截面 C 处承受矩为 M_e 的集中力偶作用，试建立梁的剪力方程与弯矩方程，并作出剪力图与弯矩图。

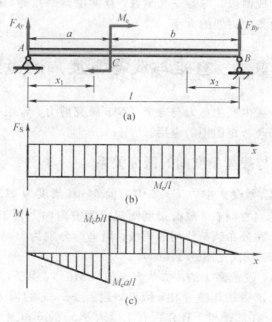

图 5.13

解题分析 本题为简支梁受集中力偶作用，可分为两段计算，需要先求出支座约束反力，然后通过截面法分别求解每段截面的内力方程。

【解】 （1）计算支座约束反力

由梁 AB 的平衡方程 $\sum M_B = 0$ 与 $\sum F_y = 0$，得铰支座 A 与 B 的约束反力分别为

$$F_{Ay} = -\frac{M_e}{l}$$

$$F_{By} = \frac{M_e}{l}$$

（2）建立 AC 段的剪力方程与弯矩方程，即

$$F_S(x_1) = F_{Ay} = -\frac{M_e}{l} \qquad (0 < x_1 \leqslant a) \tag{a}$$

$$M(x_1) = F_{Ay} x_1 = -\frac{M_e}{l} x_1 \qquad (0 \leqslant x_1 < a) \tag{b}$$

而 CB 段的剪力方程与弯矩方程分别为

$$F_S(x_2) = -F_{By} = -\frac{M_e}{l} \qquad (0 < x_2 \leqslant b) \tag{c}$$

$$M(x_2) = F_{By} x_2 = \frac{M_e}{l} x_2 \qquad (0 \leqslant x_2 < b) \tag{d}$$

（3）作剪力图与弯矩图。

根据式（a）与式（c）作剪力图，如图 5.13(b)所示；根据式（b）与式（d）作弯矩图，如图 5.13(c)所示。

讨论 （1）梁的剪力为一常数，集中力偶没有引起剪力变化。

（2）梁弯矩图也分成两段，均为一次函数，且两段斜率相等，在集中力偶作用位置弯矩发生突变，突变值为集中力偶的大小。

5.5 剪力、弯矩与载荷集度间的微分关系

在外载荷作用下，梁内产生剪力与弯矩。本节研究剪力、弯矩与载荷集度三者间的关系，及其在绘制剪力图与弯矩图中的应用。

5.5.1 剪力、弯矩与载荷集度间的微分关系

图 5.14(a)所示梁，承受集中力 F、集中力偶 M_e 和集度为 $q(x)$ 的分布载荷作用。这里，坐标轴 x 的正向为自左向右，载荷集度则规定为方向向上为正。为了研究剪力、弯矩与载荷集度间的关系，在分布载荷作用的梁段，用坐标分别为 x 与 $x + \mathrm{d}x$ 的两个横截面，从梁中切取一微段进行分析（见图 5.14(b)）。

如图 5.14(b)所示，设截面 x 的内力为 $F_S(x)$ 与 $M(x)$，由于在所切微段上仅作用连续变化的分布载荷，内力沿梁轴连续变化，因此，截面 $x + \mathrm{d}x$ 的内力为 $F_S(x) + \mathrm{d}F_S(x)$ 与 $M(x) + \mathrm{d}M(x)$。此外，在该微段上还作用有集度为 $q(x)$ 的分布载荷。

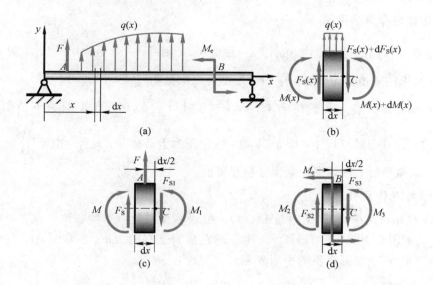

图 5.14

在上述各力作用下，微段处于平衡状态，根据平衡方程

$$\sum F_y = 0, \quad F_S(x) + q(x)dx - (F_S(x) + dF_S(x)) = 0$$

$$\sum M_C = 0, \quad M(x) + dM(x) - q(x)dx\frac{dx}{2} - F_S(x)dx - M(x) = 0$$

略去二阶微量 $q(x)dx \cdot dx/2$，得

$$\frac{dF_S(x)}{dx} = q(x) \tag{5.1}$$

$$\frac{dM(x)}{dx} = F_S(x) \tag{5.2}$$

将式(5.2)代入式(5.1)，得

$$\frac{d^2M(x)}{dx^2} = q(x) \tag{5.3}$$

上述关系式表明：剪力图某点处的切线斜率等于相应截面处的载荷集度；弯矩图某点处的切线斜率等于相应截面处的剪力；而弯矩图某点处的二阶导数等于相应截面处的载荷集度。以上所述剪力、弯矩与载荷集度间的微分关系式，实际上即代表梁微段的微分方程。

5.5.2 利用剪力、弯矩与载荷集度间的微分关系绘制剪力图、弯矩图

由式(5.1)～式(5.3)可以看出，梁的载荷与剪力图、弯矩图之间存在如下关系。

1. 无分布载荷作用的梁段

在无分布载荷作用的梁段，由于 $dF_S(x)/dx = q(x) = 0$，因此，$F_S(x) =$ 常数，所以 $dM/dx = F_S(x) =$ 常数，即相应的弯矩图为直线，其斜率随 F_S 值而定。

由此不难看出：对于仅有集中载荷作用的梁，其剪力图与弯矩图一定是由直线构成的（见图 5.10、图 5.12 和图 5.13）。

2. 均布载荷作用的梁段

在均布载荷作用的梁段，由于 $q(x)=$ 常数 $\neq 0$，则 $\dfrac{\mathrm{d}F_S}{\mathrm{d}x}=$ 常数 $\neq 0$，因此，剪力图为倾斜直线，其斜率随 q 值而定，而相应的弯矩图为二次抛物线。

由此不难看出：当分布载荷向上，即 $q>0$ 时，$\dfrac{\mathrm{d}^2 M}{\mathrm{d}x^2}>0$，弯矩图为下凸曲线（见图 5.11）；反之，当分布载荷向下，即 $q<0$ 时，弯矩图为上凸曲线。此外，由于 $\dfrac{\mathrm{d}M}{\mathrm{d}x}=F_S$，因此在 $F_S=0$ 的横截面处，弯矩图相应位置存在极值。

3. 集中力 F 作用处

梁上 A 点作用集中力 F（见图 5.14(a)），在 A 截面左侧和右侧各取一截面，从梁中取出长为 $\mathrm{d}x$ 的微段，如图 5.14(c) 所示，梁段的左截面上有剪力 F_S 和弯矩 M，右截面上有剪力 F_{S1} 和弯矩 M_1，根据微段的平衡方程

$$\sum F_y = 0, \quad F_S + F - F_{S1} = 0$$

$$\sum M_C = 0, \quad M_1 - M - F_S \mathrm{d}x - F\frac{\mathrm{d}x}{2} = 0$$

略去微量 $F_S \mathrm{d}x$ 和 $F\dfrac{\mathrm{d}x}{2}$，得

$$F_{S1} - F_S = F, \; M_1 = M$$

由以上两式可以看出：在集中力 F 作用处剪力发生突变，左截面剪力与右截面剪力之差等于外力 F。当 F 向上时，剪力 F_S 图从左到右向上突变；反之，当 F 向下时，剪力 F_S 图从左到右向下突变。该截面弯矩数值无变化，只是斜率发生突变，弯矩图出现转折点（见图 5.12）。

4. 集中力偶 M_e 作用处

梁 B 截面处作用集中力偶 M_e（见图 5.14(a)），通过 B 截面的左侧和右侧截面，取出长为 $\mathrm{d}x$ 的微段，如图 5.14(d) 所示，梁段的左截面上有剪力 F_{S2} 和弯矩 M_2，右截面上有剪力 F_{S3} 和弯矩 M_3，根据微段的平衡方程

$$\sum F_y = 0, \quad F_{S2} - F_{S3} = 0$$

$$\sum M_C = 0, \quad M_3 - M_2 + M_e = 0$$

解得

$$F_{S2} = F_{S3}, \; M_2 - M_3 = M_e$$

由以上两式可以看出：在集中力偶 M_e 作用处截面弯矩发生突变，左截面弯矩与右截面弯矩之差等于力偶 M_e。当 M_e 逆时针转向时，弯矩 M 图从左到右向下突变；反之，当 M_e 顺时针转向时，弯矩 M 图从左到右向上突变。该截面剪力数值无变化，剪力图没有变化。

梁的剪力图、弯矩图和载荷之间的关系见表 5.1。

表 5.1 梁的剪力图、弯矩图和载荷之间的关系

序号	载荷情况	剪力图	弯矩图
1	无分布载荷，$q=0$	F_S图为水平线	M图为斜直线
2	$q>0$ 均布载荷向上作用	上斜直线	开口向上抛物线
3	$q<0$ 均布载荷向下作用	下斜直线	开口向下抛物线
4	F A 集中力作用	A截面处由左向右沿受力方向发生突变F	A截面处有转折
5	M A 集中力偶作用	A截面处无变化	A截面处发生突变M，规律：逆时针M由左向右变小，顺时针M由左向右变大
6		$F_S=0$ 的截面处	M 有极值

下面举例说明上述关系的具体应用。

【例 5.6】 试利用剪力、弯矩与载荷集度间的微分关系检查图 5.11(a)所示梁的剪力图与弯矩图。

【解】 在该梁上，作用有方向向上的均布载荷，即 $q(x)=$ 常数 >0，所以，剪力图为上斜直线，弯矩图为凹曲线。

在 $x=l/2$ 处，剪力为零，而弯矩图上相应存在极值点，这种对应关系也是正确的。

【例 5.7】 图 5.15(a)所示简支梁，在横截面 B 与 C 处各作用一集中载荷 F，试利用剪力、弯矩与载荷集度间的微分关系绘制梁的剪力图与弯矩图。

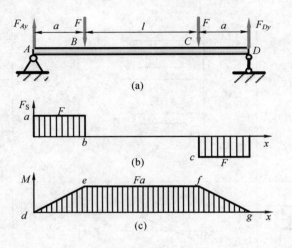

图 5.15

解题分析 从图 5.15(a)可以看出，若通过建立梁的弯矩方程和剪力方程再作出剪力图和弯矩图，则需要建立 6 个方程(3 个剪力方程，3 个弯矩方程)。由剪力和弯矩的微分关系可知，剪力图为三段水平线，弯矩图为三段斜直线，所以只要计算控制面的剪力和弯矩即可作出梁的剪力图和弯矩图。

【解】　(1) 计算支座约束反力。

由对称条件可知，铰支座 A 与 D 的支座约束反力为

$$F_{Ay}=F_{Dy}=F$$

(2) 作剪力图。

将梁划分为 AB、BC 与 CD 三段，由于梁上无分布载荷作用，因此各段梁的剪力图均为水平直线。

利用截面法，求得控制面的剪力分别为

$$F_{SA_+}=F,\ F_{SB_+}=0,\ F_{SC_+}=-F$$

上述截面的剪力值，在 $x\text{-}F_S$ 平面内依次对应 a、b 与 c 点(见图 5.15(b))。于是，在 AB、BC 与 CD 段内，分别过 a、b 与 c 作水平直线，即得梁的剪力图。

(3) 作弯矩图。

由于梁上无分布载荷作用，因此 AB、BC 与 CD 段的弯矩图均为直线。利用截面法，求得控制面的弯矩分别为

$$M_{A_+}=0,\ M_{B_-}=M_{B_+}=Fa$$
$$M_{C_-}=M_{C_+}=Fa,\ M_{D_-}=0$$

上述截面的弯矩值，在 $x\text{-}M$ 平面内依次对应 d、e、f 与 g 点(见图 5.15(c))。于是，分别连直线 de、ef 与 fg，即得梁的弯矩图。

讨论 由图 5.15(b)、(c)可以看出，在 BC 段内，剪力为零，弯矩为常数。梁或梁段各

横截面的弯矩为常数、剪力为零的受力状态，称为纯弯曲。

【例 5.8】 图 5.16(a)所示简支梁，右半段承受集度为 q 的均布载荷作用，试作出梁的剪力图与弯矩图。

解题分析 由图 5.16(a)可以看出，简支梁载荷形式为半段受均布载荷作用，剪力图应为一段水平线和一段斜直线，弯矩图为一半斜直线和一段开口向下的抛物线。通过计算控制面的剪力值即可作出剪力图；通过计算控制面和剪力为零的截面弯矩值即可作出弯矩图。

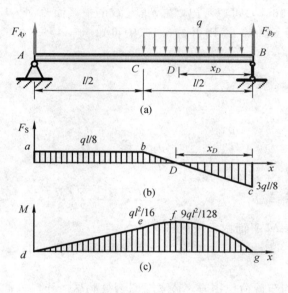

图 5.16

【解】 （1）计算支座约束反力。

由梁 AB 的平衡方程 $\sum M_B = 0$ 与 $\sum F_y = 0$ 求得 A 与 B 的支座约束反力分别为

$$F_{Ay} = \frac{ql}{8}, \quad F_{By} = \frac{3ql}{8}$$

（2）计算剪力和弯矩。

将梁划分为 AC 与 CB 两段，利用截面法求得控制面的剪力与弯矩如下：

梁段	AC		CB	
截面	A_+	C_-	C_+	B_-
剪力	$ql/8$	$ql/8$	$ql/8$	$-3ql/8$
弯矩	0	$ql^2/16$	$ql^2/16$	0

根据上述数据，在 $x\text{-}F_S$ 平面内确定 a、b 与 c 三点(见图 5.16(b))，在 $x\text{-}M$ 平面内确定 d、e 与 g 三点(见图 5.16(c))。

（3）判断剪力图与弯矩图的形状。

根据剪力、弯矩与载荷集度间的微分关系，可知剪力图与弯矩图的形状具有下述特征。

梁段	AC	CB
载荷集度	$q(x)=0$	$q(x)=$常数<0
剪力图	水平直线	下斜直线
弯矩图	斜线	上凸曲线

（4）作剪力图与弯矩图。

根据以上分析，分别连直线 ab 与 bc 即得梁的剪力图。

由剪力图（见图 5.16(b)）可以看出，在梁段 CB 的横截面 D 处，$F_S=0$，可见 M 曲线在该截面处存在极值。设 $BD=x_D$，则由图 5.16(b)可知

$$\frac{x_D}{\dfrac{l}{2}-x_D}=\frac{\dfrac{3ql}{8}}{\dfrac{ql}{8}}$$

由此得

$$x_D=\frac{3l}{8}$$

并得截面 D 的弯矩为

$$M_D=F_{By}x_D-\frac{q}{2}x_D^2=\frac{3ql}{8}\cdot\frac{3l}{8}-\frac{q}{2}\left(\frac{3l}{8}\right)^2=\frac{9ql^2}{128}$$

由坐标$(x_D，M_D)$在 x-M 平面内得极值点 f。

于是，连直线 de，过 e、f 与 g 绘制以 f 点为极值点的上凸曲线，即得梁的弯矩图（见图 5.16(c)）。

讨论　当梁承受均布载荷作用时，其弯矩图为抛物线，开口方向与载荷方向一致，极值出现在剪力为零的截面，可以通过剪力图应用相似三角形的规律进行计算。

5.5.3　剪力、弯矩与载荷集度间的积分关系

利用剪力、弯矩的微分关系式(5.1)和式(5.2)，当内力方程在某段内连续时，经过积分得

$$F_S(x_2)=F_S(x_1)+\int_{x_1}^{x_2}q(x)\mathrm{d}x \tag{5.4}$$

$$M(x_2)=M(x_1)+\int_{x_1}^{x_2}F_S(x)\mathrm{d}x \tag{5.5}$$

式(5.4)和式(5.5)称为载荷集度 $q(x)$、剪力 $F_S(x)$ 和弯矩 $M(x)$ 之间的积分关系。利用积分关系，当已知 x_1 截面的剪力 $F_S(x_1)$ 和弯矩 $M(x_1)$ 时，分别对载荷集度 $q(x)$ 和剪力 $F_S(x)$ 进行积分，即可求出 x_2 截面的剪力 $F_S(x_2)$ 和弯矩 $M(x_2)$。在图形上，这种积分分别等于 x_1 和 x_2 截面间分布载荷和剪力图的面积。结合剪力、弯矩的微分关系和积分关系，可以直接根据受力图作出梁的剪力图和弯矩图。

【例 5.9】　外伸梁所受载荷如图 5.17(a)所示，试作出梁的剪力图和弯矩图。

解题分析　图 5.17(a)所示结构载荷复杂，综合剪力、弯矩的积分和微分关系，将约束反力看成集中载荷，遵循剪力、弯矩的突变规律，只需求出梁的约束反力即可由左向右作出剪力图和弯矩图。

【解】 （1）由梁 AB 的静力学平衡方程求得两端支座约束反力为

$$F_{Ay}=7 \text{ kN}, F_{By}=5 \text{ kN}$$

（2）作剪力图。

根据梁的受力图按由左向右的顺序作剪力图。截面 A 受集中的支座约束反力 F_{Ay} 作用，剪力图由零向上突变 7 kN。在截面 A 和截面 C 之间作用有方向向下的均布载荷 q，则 AC 段剪力图为下斜直线，斜率为 $-q$，且 $F_S(C_-)-F_S(A)$ 为 AC 间分布力的面积 $-1\times4=-4$ kN，所以 $F_S(C_-)=3$ kN。C 截面受方向向下的集中力 F_1 作用，则 C 截面剪力向下突变 2 kN，变为 $F_S(C_+)=1$ kN。同 AC 之间一样，在截面 C 和截面 D 之间仍作用有方向向下的均布载荷 q，则 CD 段剪力图也是斜率为 $-q$ 的下斜直线，且 $F_S(D)-F_S(C_+)$ 为 CD 间分布力的面积 $-1\times4=-4$ kN，所以 $F_S(D)=-3$ kN。截面 D 和截面 B 之间无分布力作用，所以 $F_S(B_-)=F_S(D)=-3$ kN。截面 B 受集中的支座约束反力 F_{By} 作用，剪力图向上突变 5 kN，变为 $F_S(B_+)=2$ kN。截面 B 和截面 E 之间无分布力作用，所以 $F_S(E)=F_S(B_+)=2$ kN。截面 B 受方向向下的集中力 F_2 作用，则截面 B 的剪力向下突变 2 kN，变为 0，回到零点。其中剪力为零的位置为 G 点，$AG=5$ m。所作梁的剪力图如图 5.17(b) 所示。

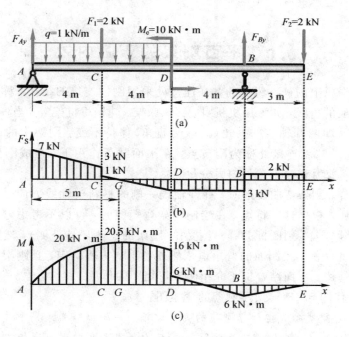

图 5.17

（3）作弯矩图。

根据受力图和剪力图按由左向右的顺序作弯矩图。

由零点开始 $M(A)=0$。在截面 A 和截面 C 之间作用有方向向下的均布载荷 q，则 AC 段弯矩图为开口向下的二次抛物线，且剪力图在 AC 段没有出现剪力为零的截面，说明抛物线的极大值不在 AC 段内。根据积分关系，$M(C)-M(A)$ 为 AC 间剪力图的面积 $(3+7)\times4/2=20$ kN·m，所以 $M(C)=20$ kN·m。同 AC 之间一样，在截面 C 和截面 D 之间仍作用有方

向向下的均布载荷 q，则 CD 段仍为开口向下的二次抛物线。根据剪力图，在 CD 间截面 G 的剪力为零，说明 CD 段抛物线在 G 点出现极大值。根据积分关系，$M(G)-M(C)$ 为 CG 间剪力图的面积 $1 \times 1/2 = 0.5$ kN·m，所以 $M(G) = 20.5$ kN·m；$M(D_-) - M(G)$ 为 GD 间剪力图的面积 $-3 \times 3/2 = -4.5$ kN·m，所以 $M(D_-) = 16$ kN·m。在截面 D 作用有逆时针的集中力偶 M_e，则引起弯矩图向下突变 10 kN·m，变为 $M(D_+) = 6$ kN·m。在截面 D 和截面 B 之间无分布力作用，弯矩图是斜率为 -3 kN 的下斜直线，且 $M(B) - M(D_+)$ 为 DB 间剪力图的面积 $-3 \times 4 = -12$ kN·m，所以 $M(B) = -6$ kN·m。同 DB 截面一样，在截面 B 和截面 E 之间无分布力作用，弯矩图是斜率为 2 kN 的上斜直线，且 $M(E) - M(B)$ 为 BE 间剪力图的面积 $2 \times 3 = 6$ kN·m，所以 $M(E) = 0$，回到零点。所作梁的弯矩图如图 5.17(c) 所示。

讨论　（1）综合应用剪力、弯矩的微分和积分关系，将约束反力看作载荷，可以直接根据受力图作出剪力图，根据受力图和剪力图作出弯矩图。

（2）在计算剪力图面积时避免中间出现剪力突变。

（3）在应用该方法作剪力图和弯矩图时，应由零开始，再回到零值结束，应用此规则可自我检查解题的正确性。

5.6　平面刚架的弯曲内力

由两根或两根以上的杆件组成的并在连接处采用刚性连接的结构，称为**刚架**。其轴线是由几段直线组成的折线，如液压机机身、钻床床架、轧钢机机架等。当杆件变形时，两杆连接处保持刚性，即两杆轴线的夹角（一般为直角）保持不变。刚架中的横杆一般称为横梁；竖杆称为立柱；二者连接处称为**刚节点**。在平面载荷作用下，组成刚架的杆件横截面上可能存在轴力、剪力和弯矩三种内力分量。

同水平梁一样，刚架弯曲变形时，杆件轴线一侧的材料沿轴线方向受拉，另一侧的材料沿轴线方向受压。根据这一特点，在绘制刚架弯矩图时，可以不考虑弯矩的正负号，只需根据弯矩的实际方向，判断杆的哪一侧受拉（刚架的内侧还是外侧），然后将控制面上的弯矩值标在受压的一侧。控制面的弯矩值依然通过平衡方程确定，且刚架的弯矩与载荷集度的微分关系仍适用。下面结合例子介绍刚架弯矩图的作法。

【例 5.10】　作图 5.18(a) 所示刚架的弯矩图。

解题分析　与梁类似，在计算刚架的内力之前，一般也应先求出其支座约束反力，但对于此刚架，由于 A 端是自由端，故无须求支座反力即可直接列出弯矩方程。

【解】　AC 段：将坐标原点取在 A 端，计算距 A 端为 x_1 的任一截面处的弯矩，用其左侧的外力来计算，则 AC 段的弯矩方程为

$$M(x_1) = Fx_1 \qquad (0 \leqslant x_1 \leqslant a)$$

CB 段：将坐标原点取在 C 点，并计算距 C 点为 x_2 的任一截面处的弯矩，用其上侧的外力来计算，则 CB 段的弯矩方程为

$$M(x_2) = Fa - Fx_2 \qquad (0 \leqslant x_2 < 1.5a)$$

作出刚架的弯矩图，如图 5.18(b) 所示。

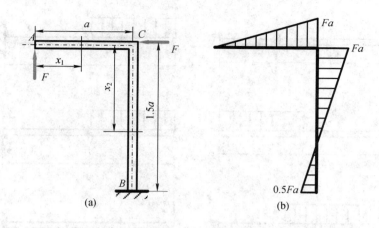

图 5.18

讨论 在绘制刚架的弯矩图时，约定把弯矩图画在杆件弯曲变形凹入的一侧，亦即画在受压的一侧。例如，根据竖杆的变形，在截面 C 处下方杆件的右侧凹入，即右侧受压，故将该位置截面的弯矩画在右侧。

思 考 题

5.1 平面弯曲的特点是什么？

5.2 梁的支座有哪几种基本形式？梁上的载荷有哪几种基本形式？静定梁有哪几种基本形式？

5.3 什么是剪力？什么是弯矩？剪力和弯矩的正负号如何规定？该符号规则与坐标的选取是否有关？

5.4 利用截面法计算梁的剪力和弯矩的步骤有哪些？

5.5 在建立梁的剪力方程和弯矩方程时，在梁的哪些位置需要分段？

5.6 剪力、弯矩和载荷集度之间的微分关系的力学意义和数学意义是什么？

5.7 在集中力和集中力偶作用的位置，剪力、弯矩和载荷集度之间的微分关系是否成立？为什么？

5.8 如何确定梁的最大弯矩？最大弯矩是否一定发生在剪力为零的截面上？

5.9 在集中力或集中力偶作用的位置，梁的剪力和弯矩如何变化？

5.10 梁的剪力、弯矩和载荷集度之间的积分关系是什么？如何利用积分关系作梁的内力图？

习 题

5.1 试求习题 5.1 图所示各梁指定截面(标有短线处)的剪力和弯矩，设 F、q、M_e、a、l 已知。

5.2 试列出习题 5.2 图所示梁的剪力方程和弯矩方程，并作出剪力图和弯矩图，确定 $|F_S|_{max}$ 及 $|M|_{max}$，设载荷 $F = qa$，$M_e = qa^2$，q 及长度 a 已知。

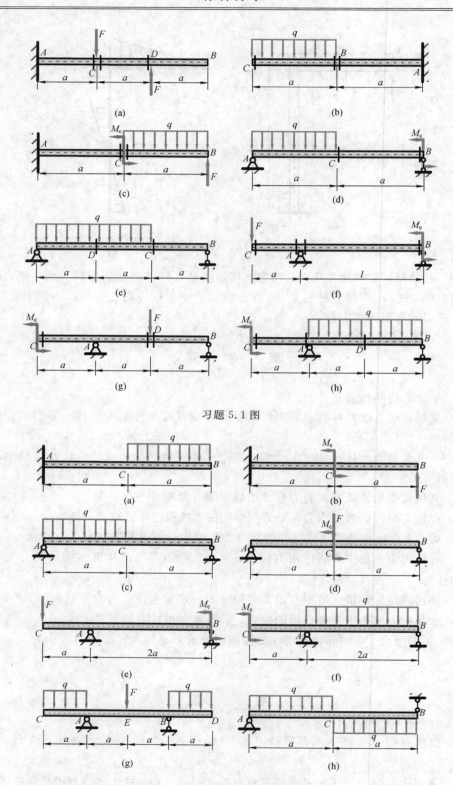

习题 5.1 图

习题 5.2 图

5.3 试应用剪力、弯矩和载荷集度之间的微分关系作出习题 5.3 图所示梁的剪力图和弯矩图，并确定 $|F_S|_{max}$ 及 $|M|_{max}$，设载荷 $F=qa$，$M_e=qa^2$，q 及长度 a 已知。

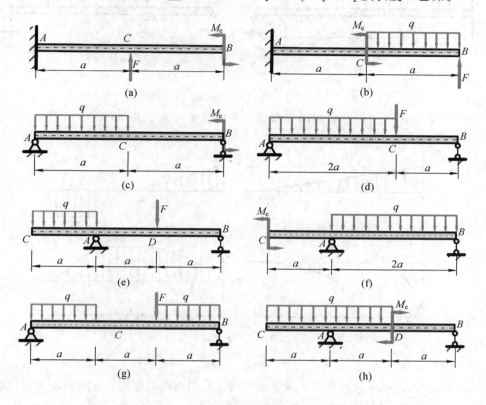

习题 5.3 图

5.4 试作出习题 5.4 图所示各刚架的弯矩图。

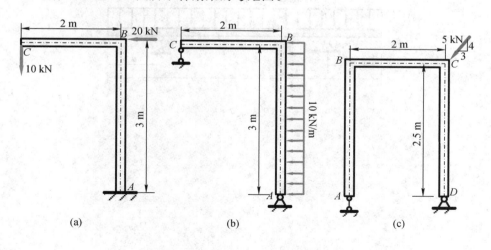

习题 5.4 图

5.5 试作出习题 5.5 图所示各静定组合梁的剪力图和弯矩图，并确定 $|F_S|_{max}$ 及 $|M|_{max}$。

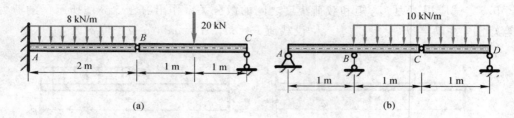

习题 5.5 图

5.6　已知梁的剪力图和弯矩图如习题 5.6 图所示，试作出梁的受力简图。

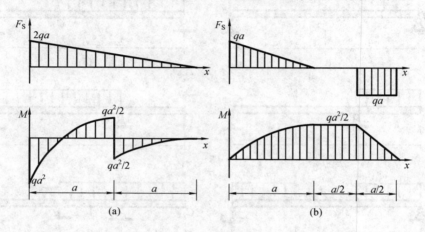

习题 5.6 图

5.7　习题 5.7 图所示外伸梁，承受集度为 q 的均布载荷作用。试问当 a 为何值时，梁内的最大弯矩值（即 $|M|_{max}$）最小。

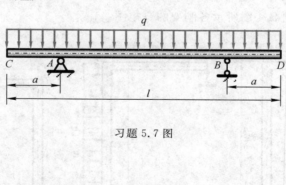

习题 5.7 图

第6章 弯曲应力

6.1 引　言

　　杆件的弯曲问题，与拉压、扭转问题一样，只知道其内力还不能解决强度问题，必须进一步研究杆件在弯曲时横截面上的应力及其分布规律。

　　杆件弯曲时的内力有剪力和弯矩。分析表明，剪力 F_S 是横截面上切向分布内力的合力；弯矩 M 是横截面上法向分布内力的合力矩，如图 6.1 所示。因此，在杆件横截面上，有剪力 F_S 存在时，就必然有切应力 τ 存在；有弯矩 M 存在时，就必然有正应力 σ 存在。本章主要研究直杆在平面弯曲时，横截面上正应力和切应力的计算方法，从而进行强度计算。

　　在一般情况下，杆件横截面上的剪力和弯矩是同时存在的，因而切应力和正应力也是同时存在的，这种弯曲称为横力弯曲，亦称剪力弯曲。如果杆件的横截面上只有弯矩而无剪力，则这种弯曲称为纯弯曲。例如，火车轮轴的计算简图、剪力图和弯矩图分别如图 6.2(a)、(b)、(c) 所示。由图可知，在轴的 CD 段上，剪力为零，剪矩为常数，发生纯弯曲；而 AC、DB 两段上的剪力和弯矩同时存在，发生横力弯曲。

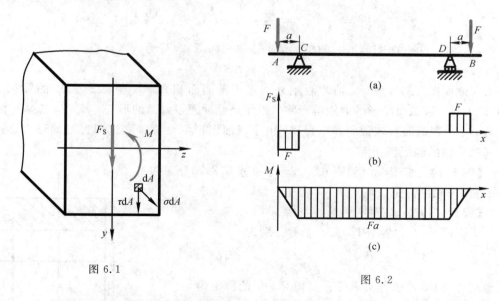

图 6.1

图 6.2

6.2 截面图形的几何性质

　　任何受力构件的承载能力不仅与材料性能和加载方式有关，而且与构件截面的几何形状和尺寸有关。例如，计算杆的轴向拉伸与压缩应力、变形时用到了横截面面积 A，计算圆轴的扭转应力和变形时用到了横截面的极惯性矩 I_p，以及本章在计算弯曲应力时用到了横截面的惯性矩 I_z、静矩 S_z 等。下面依次讨论材料力学中常用的一些截面图形的几何性质。

6.2.1 静矩与形心

设有一任意截面图形如图 6.3 所示，其面积为 A。选取直角坐标系 yOz，在坐标为(y,z)处取一微面积 dA，定义微面积 dA 乘以其到 y 轴的距离 z，沿整个截面的积分，为图形对 y 轴的**静矩** S_y，其表达式为

$$S_y = \int_A z\,\mathrm{d}A \tag{6.1a}$$

同理，图形对 z 轴的静矩为

$$S_z = \int_A y\,\mathrm{d}A \tag{6.1b}$$

截面静矩与坐标轴的选取有关，随坐标轴 y、z 的不同而不同。所以，静矩的数值可能为正，也可能为负或零。静矩的量纲为长度的三次方，常用单位为 m^3 或 mm^3。

确定截面图形的形心位置（如图 6.3 中 C 点）时，借助理论力学中等厚均质薄板重心的概念，当薄板中间面的形状与所研究的截面图形形状相同，且薄板厚度取得非常小时，薄板的重心就是该截面图形的**形心**，即

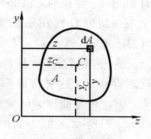

图 6.3

$$y_C = \frac{\int_A y\,\mathrm{d}A}{A} = \frac{S_z}{A}, \; z_C = \frac{\int_A z\,\mathrm{d}A}{A} = \frac{S_y}{A} \tag{6.2}$$

式中，y_C、z_C 为截面图形形心的坐标值。若把式(6.2)改写为

$$S_z = A \cdot y_C, \; S_y = A \cdot z_C \tag{6.3}$$

则表明截面图形对 y 轴、z 轴的静矩分别等于截面面积和形心坐标 z_C、y_C 的乘积。由式(6.3)可见：若截面图形的静矩等于零，则此坐标轴通过截面的形心；反之，若坐标轴通过截面形心，则截面对该轴的静矩为零。由于截面图形的对称轴必定通过截面形心，故图形对其对称轴的静矩恒为零。

【例 6.1】 矩形截面如图 6.4 所示，试求阴影部分面积对 z 轴、y 轴的静矩。

【解】 （1）计算静矩 S_z。

阴影部分图形的面积与形心坐标分别为

$$A = b \times \frac{h}{4}, \; y_{C_1} = \frac{h}{4} + \frac{h}{8} = \frac{3h}{8}$$

根据式(6.3)即可求得阴影部分面积对 z 轴的静矩为

$$S_z = Ay_{C_1} = b \times \frac{h}{4} \times \frac{3h}{8} = \frac{3bh^2}{32}$$

（2）计算静矩 S_y。

因为 y 轴通过阴影部分图形的形心 C_1，故阴影部分面

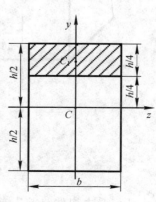

图 6.4

积对 y 轴的静矩为

$$S_y = 0$$

工程实际中，有些构件的截面形状比较复杂，将这些复杂的截面形状视为由若干简单图形（如矩形、圆形等）组合而成。对于这样的组合截面图形，计算静矩 S_y、S_z 与形心坐标 (y_C, z_C) 时，可用以下公式：

$$S_y = \sum_{i=1}^{n} A_i z_i, \quad S_z = \sum_{i=1}^{n} A_i y_i \tag{6.4}$$

$$y_C = \frac{\sum_{i=1}^{n} A_i y_i}{\sum_{i=1}^{n} A_i}, \quad z_C = \frac{\sum_{i=1}^{n} A_i z_i}{\sum_{i=1}^{n} A_i} \tag{6.5}$$

式中：A_i、y_i、z_i 分别代表第 i 个简单图形的面积及其形心坐标值；n 为组成组合图形的简单图形个数。

式(6.4)和式(6.5)表明：组合图形对某一轴的静矩等于组成它的简单图形对同一轴的静矩的代数和。组合图形的形心坐标值等于组合图形对相应坐标轴的静矩除以组合图形的面积。

【例 6.2】 已知 T 形截面尺寸如图 6.5 所示，试确定此截面对 y 轴和 z 轴的静矩以及形心坐标值。

解题分析 T 形截面是组合图形，它可以看成两个矩形的组合，在计算形心坐标之前必须先确定参考坐标系，然后通过分割叠加计算出 T 形截面的形心坐标。

【解】 （1）选参考轴为 z 轴，y 轴为对称轴。

（2）将 T 形截面分成 I 和 II 两个矩形，则

$$A_1 = 20 \times 100 \text{ mm}^2, \quad y_1 = (10 + 140) \text{ mm}$$

$$A_2 = 20 \times 140 \text{ mm}^2, \quad y_2 = 70 \text{ mm}$$

将其代入式(6.5)中，得

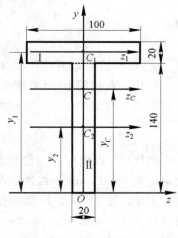

图 6.5

$$y_C = \frac{\sum_{i=1}^{n} A_i y_i}{\sum_{i=1}^{n} A_i} = \frac{A_1 y_1 + A_2 y_2}{A_1 + A_2}$$

$$= \frac{20 \times 100 \times 150 + 20 \times 140 \times 70}{20 \times 100 + 20 \times 140} = 103.3 \text{ mm}$$

$$z_C = 0$$

$$S_z = \sum_{i=1}^{n} A_i y_i = A_1 y_1 + A_2 y_2 = 20 \times 100 \times 150 + 20 \times 140 \times 70$$

$$= 4.96 \times 10^5 \text{ mm}^3$$

由于 y 轴为对称轴，所以

$$S_y = 0$$

讨论 图形的形心位置是固定不变的，但是其坐标值却随不同参考坐标系而不同。一般对于轴对称图形，取对称轴为参考坐标系，可以简化计算过程。

6.2.2　惯性矩、惯性积和惯性半径

设任一截面图形（见图 6.6）的面积为 A。选取直角坐标系 yOz，在坐标为 (y, z) 处取一微面积 dA，定义微面积 dA 乘以其到坐标原点 O 的距离的平方 ρ^2，沿整个截面的积分，为截面图形的**极惯性矩** I_p，其表达式为

$$I_p = \int_A \rho^2 dA \qquad (6.6)$$

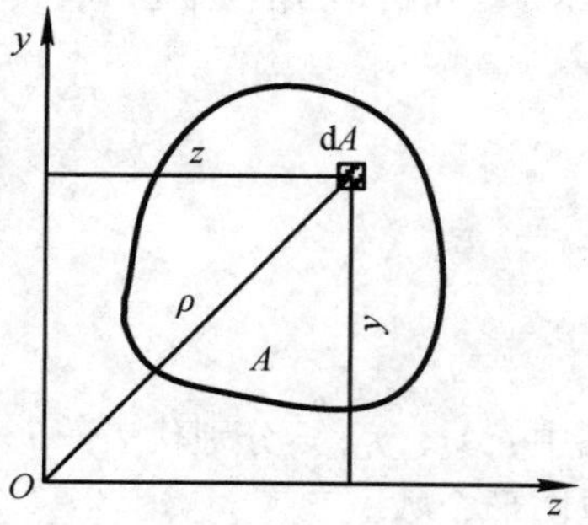

定义微面积 dA 乘以其到坐标轴 y 的距离的平方 z^2，沿整个截面的积分，为截面图形对 y 轴的**惯性矩** I_y，其表达式为

$$I_y = \int_A z^2 dA \qquad (6.7a)$$

同理，对 z 轴的惯性矩为

$$I_z = \int_A y^2 dA \qquad (6.7b)$$

由图 6.6 可以看出，$\rho^2 = x^2 + y^2$，所以有

$$I_p = \int_A \rho^2 dA = \int_A (y^2 + z^2) dA = \int_A y^2 dA + \int_A z^2 dA$$

即

$$I_p = I_y + I_z \qquad (6.8)$$

式（6.8）说明截面对任一对正交轴的惯性矩之和恒等于它对该两轴交点的极惯性矩。

在任一截面图形中（见图 6.6），取一微面积 dA，定义微面积 dA 与它的坐标 z、y 值的乘积沿整个截面的积分，为截面图形对 y 轴、z 轴的**惯性积**，其表达式为

$$I_{yz} = \int_A yz\,dA \qquad (6.9)$$

惯性矩、极惯性矩与惯性积的量纲均为长度的四次方，常用单位为 m^4 或 mm^4。惯性矩与极惯性矩的积分式中含坐标值的平方项，故 I_p、I_y、I_z 恒为正。而惯性积 I_{yz} 中含有坐标乘积 yz，所以其值可能为正，可能为负，也可能为零，它取决于截面图形在坐标系中的位置。若选取的坐标中，有一轴是截面的对称轴，则截面图形对此对轴的惯性积必等于零。如图 6.7 所示 y 轴为此图形的对称轴，在 y 轴对称的位置各取一微面积 dA，则它们的 y 坐标相同，z 坐标数值相等、符号相反，所以这两个微面积对 y 轴、z 轴的惯性积 $zy\,dA$ 与 $(-z)y\,dA$ 在积分中相互抵消，故

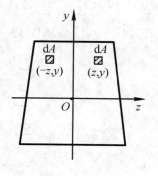

图 6.6

图 6.7

$$I_{yz} = \int_A yz\,dA = 0$$

当截面图形对某一对正交坐标轴的惯性积等于零时，称此对坐标轴为截面图形的**主惯性轴**。截面图形对主惯性轴的惯性矩称为**主惯性矩**，而通过图形形心的主惯性轴称为**形心主惯性轴**。截面对形心主惯性轴的惯性矩称为**形心主惯性矩**。例如，图 6.7 中若 y 轴、z 轴通过截面形心，则它们就是形心主惯性轴。对这两个轴的惯性矩即为形心主惯性矩。

工程应用中(如第 10 章压杆稳定)将惯性矩表示成截面面积与某一长度平方的乘积,即

$$I_y = A \cdot i_y^2, \quad I_z = A \cdot i_z^2$$

或

$$i_y = \sqrt{\frac{I_y}{A}}, \quad i_z = \sqrt{\frac{I_z}{A}} \tag{6.10}$$

式中:i_y、i_z 分别称为截面图形对 y 轴、z 轴的**惯性半径**,其量纲为长度的一次方,常用单位为 m 或 mm。

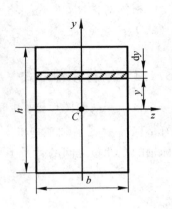

图 6.8

【例 6.3】 试计算图 6.8 所示矩形对其对称轴 y 轴和 z 轴的惯性矩。

【解】 (1)计算对 z 轴的惯性矩。

取平行于 z 轴的狭长条作为微面积 dA,则

$$dA = b\,dy$$

$$I_z = \int_A y^2 dA = \int_{-\frac{h}{2}}^{\frac{h}{2}} by^2 dy = \frac{bh^3}{12}$$

(2)计算对 y 轴的惯性矩。

根据式(6.7a),求得

$$I_y = \int_A z^2 dA = \frac{hb^3}{12}$$

【例 6.4】 计算图 6.9 所示圆截面对形心轴的惯性矩。

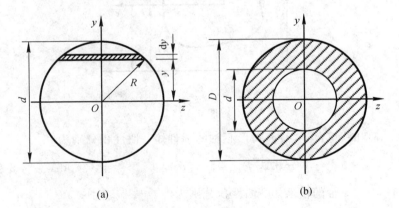

(a)   (b)

图 6.9

解题分析 根据惯性矩的定义,对于圆形截面可以通过取图 6.9(a)所示微面积进行积分计算。

【解】 (1)计算对 y 轴、z 轴的惯性矩。

取图 6.9(a)所示的阴影面积,$dA = 2\sqrt{R^2 - y^2}\,dy$,则

$$I_z = \int_A y^2 dA = 2\int_{-\frac{d}{2}}^{\frac{d}{2}} y^2 \sqrt{R^2 - y^2}\,dy = \frac{\pi d^4}{64}$$

y 轴和 z 轴都重合于圆的直径,由于圆形为中心对称图形,故

$$I_y = I_z$$

本题也可以根据第 4 章中圆形截面极惯性矩的计算结果,由式(6.8)得圆形对圆心的极惯性矩是对其形心轴惯性矩的两倍。

(2) 对于图 6.9(b)所示的圆环形,有

$$I_p = \int_{\frac{d}{2}}^{\frac{D}{2}} \rho^2 \times 2\pi\rho d\rho = \frac{\pi}{32}(D^4 - d^4) = \frac{\pi D^4}{32}(1 - \alpha^4)$$

式中,$\alpha = d/D$,表示内外径之比。

根据对称性,由式(6.8)求得对 y 轴、z 轴的惯性矩为

$$I_y = I_z = \frac{I_p}{2} = \frac{\pi}{64}(D^4 - d^4) = \frac{\pi D^4}{64}(1 - \alpha^4)$$

6.2.3　平行移轴公式

设任一截面图形(见图 6.10)对其形心轴 y_C、z_C 的惯性矩分别为 I_{y_C}、I_{z_C},已知有另一对坐标轴 y、z 分别平行于 y_C、z_C 轴,两平行轴间距分别为 a、b,现讨论截面对这两平行坐标轴的惯性矩之间的关系。

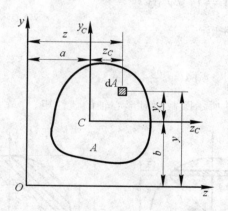

图 6.10

根据式(6.7)和式(6.9),截面对形心轴的惯性矩、惯性积分别为

$$I_{y_C} = \int_A z_C^2 dA, \quad I_{z_C} = \int_A y_C^2 dA, \quad I_{y_C z_C} = \int_A y_C z_C dA$$

同样,截面对 y 轴、z 轴的惯性矩、惯性积分别为

$$I_y = \int_A z^2 dA, \quad I_z = \int_A y^2 dA, \quad I_{yz} = \int_A yz dA$$

由图 6.10 可知,$z = z_C + a$,将其代入上式,得

$$I_y = \int_A z^2 dA = \int_A (z_C + a)^2 dA = \int_A z_C^2 dA + 2a\int_A z_C dA + a^2\int_A dA$$

因为

$$I_{y_C} = \int_A z_C^2 dA, \quad S_{y_C} = \int_A z_C dA = 0, \quad A = \int_A dA$$

所以

$$I_y = I_{y_C} + a^2 A \tag{6.11a}$$

同理，有

$$I_z = I_{z_C} + b^2 A \qquad (6.11b)$$

$$I_{yz} = I_{y_C z_C} + abA \qquad (6.11c)$$

式(6.11)称为惯性矩、惯性积的**平行移轴公式**。即截面图形对某轴的惯性矩，等于它对该轴平行的形心轴的惯性矩，加上两轴间距的平方乘以截面面积；截面图形对任一正交轴系的惯性积，等于它对该轴系平行的形心轴系的惯性积，加上两坐标系轴间距的乘积再乘以截面面积。式(6.11a)和式(6.11b)恒为正；式(6.11c)中 a、b 均为代数值，故 I_{yz} 可正、可负或为零。

【例 6.5】　图 6.5 所示 T 形截面，试求图形对水平形心轴的惯性矩 I_{z_C}。

解题分析　由于整体的形心轴 z_C 不是每一块矩形的形心轴，故需要应用平行轴定理，先对自身形心轴取惯性矩，然后计算对整体形心轴的惯性矩，最后通过叠加得到整个 T 形截面对 z_C 轴的惯性矩。

【解】　根据例 6.2 计算的形心轴位置，分别计算出矩形 Ⅰ 和矩形 Ⅱ 对 z_C 轴的惯性矩：

$$I_{z_C}^{\mathrm{I}} = \frac{1}{12} \times 100 \times 20^3 + 100 \times 20 \times (10 + 140 - 103.3)^2 = 4.428 \times 10^6 \ \mathrm{mm}^4$$

$$I_{z_C}^{\mathrm{II}} = \frac{1}{12} \times 20 \times 140^3 + 20 \times 140 \times (103.3 - 70)^2 = 7.678 \times 10^6 \ \mathrm{mm}^4$$

从而整个图形对 z_C 轴的惯性矩为

$$I_{z_C} = I_{z_C}^{\mathrm{I}} + I_{z_C}^{\mathrm{II}} = 1.2106 \times 10^7 \ \mathrm{mm}^4$$

6.2.4　转轴公式

设任一截面图形(见图 6.11)对坐标轴 y 轴、z 轴的惯性矩、惯性积分别为 I_y、I_z、I_{yz}，截面面积为 A。将坐标轴 y、z 绕其原点 O 旋转 α 角(α 以逆时针为正)，得到新的坐标轴 y_1、z_1。此时，图形对 y_1 轴、z_1 轴的惯性矩、惯性积分别为 I_{y_1}、I_{z_1}、$I_{y_1 z_1}$，它们之间的关系为

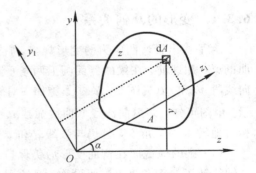

$$I_{z_1} = \frac{I_y + I_z}{2} + \frac{I_z - I_y}{2} \cos 2\alpha - I_{zy} \sin 2\alpha$$

$$(6.12a)$$

图 6.11

$$I_{y_1} = \frac{I_y + I_z}{2} - \frac{I_z - I_y}{2} \cos 2\alpha + I_{zy} \sin 2\alpha \qquad (6.12b)$$

$$I_{z_1 y_1} = \frac{I_z - I_y}{2} \sin 2\alpha + I_{zy} \cos 2\alpha \qquad (6.12c)$$

令式(6.12c)等于零，得到对应转角

$$\tan 2\alpha_0 = -\frac{2 I_{zy}}{I_z - I_y} \qquad (6.13)$$

由于反正切函数的定义域为 $(-\infty, +\infty)$，因此在以 O 点为坐标原点的所有直角坐标轴中，一定存在着一对特殊的坐标轴 z_0、y_0，截面图形对该直角坐标轴 z_0、y_0 的惯性积 $I_{z_0 y_0}$

等于零。这一对直角坐标轴 z_0、y_0 称为**主惯性轴**，简称**主轴**；截面图形对主轴的惯性矩称为**主惯性矩**；如果坐标原点位于截面图形的形心，则对应的主惯性轴与主惯性矩分别称为**形心主惯性轴**与**形心主惯性矩**（简称**形心主轴**与**形心主矩**）。

如前所述，只要直角坐标轴中有一个是图形的对称轴，则图形对该直角坐标轴的惯性积必为零，故有结论：其中有一个轴为图形对称轴的直角坐标轴就是主惯性轴。在图形没有对称轴的情况下，主惯性轴 z_0、y_0 的位置可由式(6.13)确定。在确定了主惯性轴的方位角 α_0 后，将其代入式(6.12a)和式(6.12b)，即可求得主惯性矩。

主惯性矩亦可通过下式计算：

$$I_{z_0} = \frac{I_z + I_y}{2} + \frac{1}{2}\sqrt{(I_z - I_y)^2 + 4I_{zy}^2} \tag{6.14a}$$

$$I_{y_0} = \frac{I_z + I_y}{2} - \frac{1}{2}\sqrt{(I_z - I_y)^2 + 4I_{zy}^2} \tag{6.14b}$$

还可以证明，在对以 O 点为坐标原点的所有坐标轴的惯性矩中，对主轴 z_0、y_0 的惯性矩一个是最大值，另一个则是最小值。

6.3　梁在平面弯曲时横截面上的正应力

研究弯曲正应力时，首先建立纯弯曲时正应力计算公式，然后将其结果推广应用于横力弯曲。其推导方法与第 4 章中分析圆轴扭转时的切应力相似，需从变形的几何关系、物理关系和静力学关系三个方面来考虑。

6.3.1　变形的几何关系

为了找出梁弯曲应力的变形规律，首先通过试验，观察其变形现象。设有一承受纯弯曲的梁，加载前，在梁的侧面画上两条垂直于轴线的横线 mm 和 nn，以及平行于轴线的纵向线段 ab 和 cd（见图 6.12(a)）。施加一对外力偶 M_e 后，杆件发生弯曲变形，如图 6.12(b)所示。由图可知，两纵向线段弯曲成弧线 $\overset{\frown}{ab}$ 和 $\overset{\frown}{cd}$，两横向线段 mm 和 nn 仍然保持直线，只是相对地转了一个角度，且仍与弧线 $\overset{\frown}{ab}$ 和 $\overset{\frown}{cd}$ 保持垂直。根据上述变形现象，作如下假设：

（1）梁的横截面在弯曲变形后仍保持平面，且与变形后的轴线垂直，只是绕截面的某一轴线转了一个角度。该假设称为梁在纯弯曲时的**平面假设**。根据这一假设导出的应力和变形计算公式已被试验结果所证实。进一步的理论分析证明，梁在平面纯弯曲时，其横截面确实保持平面。

（2）梁内各纵向"纤维"受到单向拉伸或压缩，彼此之间互不挤压，这称为纵向纤维无挤压假设。

根据平面假设，梁弯曲时两相邻截面作相对转动，使靠凸边的"纤维"伸长，靠凹边的"纤维"缩短（见图 6.12(b)）。由于梁的变形是连续的，"纤维"层从伸长到缩短，中间必定存在既不伸长又不缩短的一层"纤维"，称之为**中性层**。中性层与梁横截面的交线称为该横截面的**中性轴**。如图 6.12(c)所示，梁弯曲时横截面即绕该中性轴转动。对于平面弯曲问题，梁上的载荷都作用在纵向对称面内，梁的轴线弯曲成对称面内的曲线，变形对称于梁的纵向对称面，因此中性轴垂直于梁的纵向对称面。

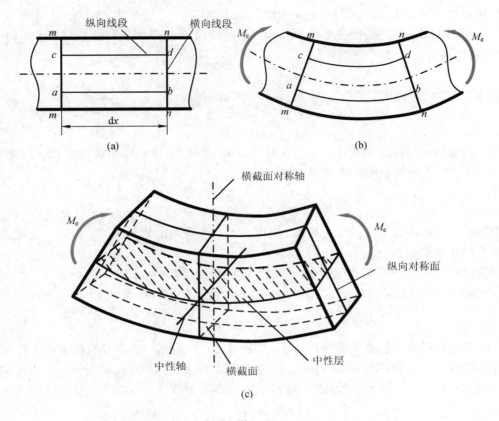

图 6.12

现在通过变形的几何关系来寻找纵向"纤维"的线应变沿截面高度的变化规律。从梁中取出 dx 微段,当梁变形后,dx 微段的两端面相对地转过一个角度 $d\theta$,如图 6.13(a)所示。

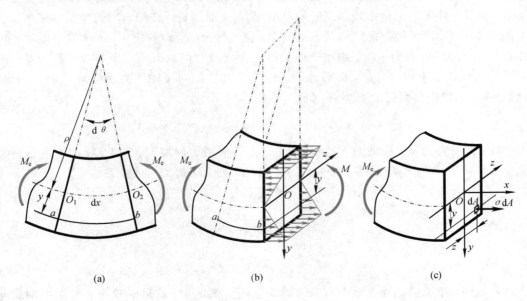

图 6.13

设横截面的对称轴为 y，中性轴为 z（位置尚未确定），如图 6.13（b）所示。由图 6.13 （a）可见，若中性层 O_1O_2 的曲率半径为 ρ，则 O_1O_2 的弧长为 $dx=\rho d\theta$。距中性层 y 处的"纤维"$\overset{\frown}{ab}$变形后的长度为

$$\overset{\frown}{ab} = (\rho + y)d\theta$$

而它的原长与 O_1O_2 相同，应为 $\rho d\theta$，故该纵向"纤维"的线应变为

$$\varepsilon = \frac{(\rho + y)d\theta - \rho d\theta}{\rho d\theta} = \frac{y}{\rho} \tag{6.15}$$

式（6.15）表明纵向"纤维"的线应变 ε 沿 y 轴的变化规律。由于中性层曲率半径 ρ 为常数，故线应变 ε 与它到中性层的距离 y 成正比。

6.3.2　物理关系

根据纵向"纤维"线应变的变化规律，利用应力与应变间的物理关系，即可找出横截面上正应力的分布规律。

根据纵向"纤维"之间无挤压假设，每根"纤维"只承受拉伸或压缩。当应力小于比例极限时，正应力与线应变应满足胡克定律，即 $\sigma = E\varepsilon$。将式（6.15）代入，得

$$\sigma = E \cdot \frac{y}{\rho} \tag{6.16}$$

式（6.16）即为横截面上正应力的分布规律，如图 6.13（b）所示，表示右端横截面上作用有弯矩 M 的分布应力。由式（6.16）可以看出：横截面上任意一点的正应力与该点到中性轴的距离 y 成正比；正应力与 z 坐标无关，即在距中性轴为 y 的同一横线上，各点处的正应力均相等。

6.3.3　静力关系

6.3.2 节只是找到了正应力 σ 的变化规律，由于中性层的曲率半径和中性轴的位置尚未确定，因此，还不能直接由式（6.16）得出正应力 σ，必须进一步引入静力学关系来解决。

图 6.13（c）给出了纯弯曲梁的某一横截面，在坐标为 (y,z) 的任一点处，取微面积 dA，作用在 dA 上的微内力为 σdA，则整个横截面上各点的微内力组成一个空间平行力系。该力系可以简化成 3 个内力分量，即平行于 x 轴的轴力 F_N、对 y 轴的力偶矩 M_y 和对 z 轴的力偶矩 M_z。如果横截面的面积为 A，则 F_N、M_y、M_z 分别为

$$F_N = \int_A \sigma dA, \quad M_y = \int_A z\sigma dA, \quad M_z = \int_A y\sigma dA$$

然而，对于纯弯曲的梁，横截面上的轴力 F_N 和对 y 轴的力偶矩 M_y 皆为零，只有对 z 轴的力偶矩 M_z 存在。因而，横截面上的内应力应满足下列 3 个静力合成关系：

$$F_N = \int_A \sigma dA = 0 \tag{6.17}$$

$$M_y = \int_A z\sigma dA = 0 \tag{6.18}$$

$$M_z = \int_A y\sigma dA = M \tag{6.19}$$

式（6.19）表明，整个横截面上微内力 σdA 对 z 轴的力偶矩 M_z 就是横截面上的弯矩 M。或者说，弯矩 M 就是横截面上分布微内力的合力矩。

将式(6.16)代入式(6.17)，得

$$\int_A \sigma dA = \frac{E}{\rho} \int_A y dA = 0 \qquad (6.20)$$

式中：积分 $\int_A y dA$ 为截面对 z 轴的静矩 S_z；$\frac{E}{\rho}$ 为不等于零的常数。因此，要使式(6.20)成立，静矩 S_z 必须为零。根据静矩的性质，只有当 z 轴过形心时，静矩才可能为零。由此可见，横截面上的中性轴 z 必须通过截面形心。这样，中性轴的位置就被确定了。

将式(6.16)代入式(6.18)，得

$$\int_A z \sigma dA = \frac{E}{\rho} \int_A yz dA = 0 \qquad (6.21)$$

式中：积分 $\int_A yz dA$ 为横截面对 y 轴、z 轴的惯性积 I_{yz}。由 6.2 节可知，由于 y 为横截面的对称轴，I_{yz} 必为零，故式(6.21)是自然满足的。

将式(6.16)代入式(6.19)，得

$$\int_A y \sigma dA = \frac{E}{\rho} \int_A y^2 dA = M_z = M \qquad (6.22)$$

式中：积分 $\int_A y^2 dA$ 为横截面对 z 轴(即中性轴)的惯性矩 I_z。由式(6.22)得

$$\frac{1}{\rho} = \frac{M}{EI_z} \qquad (6.23)$$

式(6.23)为计算梁弯曲变形的基本公式。式中：$1/\rho$ 为梁弯曲后轴线的曲率，它与弯矩 M 成正比，与 EI_z 成反比。EI_z 越大，曲率 $1/\rho$ 越小，梁越不易变形。故将 EI_z 称为梁的抗弯刚度。

将式(6.23)代入式(6.16)，得

$$\sigma = \frac{My}{I_z} \qquad (6.24)$$

式中：σ 为横截面上任意一点处的正应力；y 为该点到中性轴的距离；M 为横截面上的弯矩；I_z 为横截面对 z 轴的惯性矩。式(6.24)即为梁纯弯曲时横截面上正应力的计算公式，其中 M、y 为代数值。例如，在弯矩为正值的情况下，y 为正值的点，即中性轴以下的各点，σ 为正值，即受到拉应力；反之，中性轴以上的各点受到压缩。但在实际计算中，一般采用 M、y 的绝对值计算正应力 σ 的数值，而应力 σ 的符号可由弯曲变形直接判断：以梁的中性层为界，凸边产生拉应力，凹边产生压应力。

必须注意：在式(6.23)和式(6.24)的推导过程中，先后应用了以下假设：① 平面假设；② 纵向"纤维"间无挤压假设；③ 材料服从胡克定律；④ 材料在拉伸与压缩时的弹性模量相等。如果不满足上述几点，就不能应用式(6.23)和式(6.24)。

由式(6.24)可见，截面上的最大正应力发生在距中性轴最远的点上。若以 y_{max} 表示最远点到中性轴的距离，则横截面上的最大正应力为 $\sigma_{max} = \dfrac{My_{max}}{I_z}$。令

$$W_z = \frac{I_z}{y_{max}}$$

则

$$\sigma_{\max} = \frac{M}{W_z} \tag{6.25}$$

式中：W_z 称为抗弯截面模量，也称抗弯截面系数，它只与截面的几何形状有关，其量纲为长度的三次方，常用单位为 m³ 或 mm³。对于宽度为 b、高度为 h 的矩形截面，其抗弯截面模量 W_z 为

$$W_z = \frac{I_z}{y_{\max}} = \frac{\dfrac{bh^3}{12}}{\dfrac{h}{2}} = \frac{bh^2}{6}$$

对于直径为 d 的圆截面，其抗弯截面模量 W_z 为

$$W_z = \frac{I_z}{y_{\max}} = \frac{\dfrac{\pi d^4}{64}}{\dfrac{d}{2}} = \frac{\pi d^3}{32}$$

对于图 6.9(b)所示的圆环截面，其抗弯截面模量 W_z 为

$$W_z = \frac{I_z}{y_{\max}} = \frac{\pi D^3}{32}(1 - \alpha^4)$$

如果梁的横截面不对称于 z 轴(中性轴)，如图 6.14 所示的 T 形截面梁，弯曲时的最大拉应力 $\sigma_{\max}^+$ 和最大压应力 $\sigma_{\max}^-$ 的大小分别为

$$\sigma_{\max}^+ = \frac{My_1}{I_z}, \quad \sigma_{\max}^- = \frac{My_2}{I_z}$$

式中：y_1、y_2 分别表示横截面上、下两侧最远点到中性轴的距离。若 $y_1 < y_2$，则最大拉应力小于最大压应力。

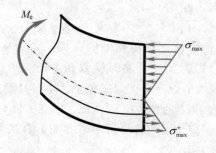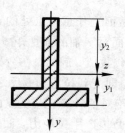

图 6.14

上述公式是根据纯弯曲的情况推导的，但工程实际中多数情况是横力弯曲。此时，梁的横截面上不仅存在弯矩引起的正应力，而且存在剪力引起的切应力。由于切应力的作用，梁的横截面将不再保持为平面。因此，上述结果在某些情况下会产生误差。但进一步的分析表明，对于跨度 l 与横截面高度 h 之比大于 5 的梁，受横力弯曲时，若按式(6.24)计算正应力，其结果的误差是微小的。在工程中常用的梁，其 l/h 一般远大于 5，因此用式(6.24)计算横力弯曲的正应力，能够满足工程问题的精度要求。

【例 6.6】 在 10 号槽钢制成的悬臂梁上，作用有集中力 $F = 1.2$ kN，集中力偶 $M_e = 2.2$ kN·m，如图 6.15(a)所示，试求：

(1) 1—1 截面上 A、B 两点的正应力；

(2) 2—2 截面上 C 点的正应力。

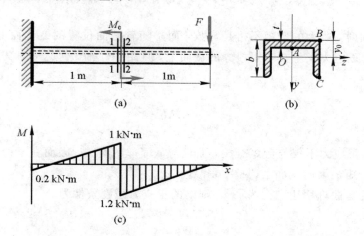

图 6.15

解题分析　首先计算梁上 1—1 截面和 2—2 截面的弯矩，然后应用梁弯曲正应力计算公式计算相应截面各点的正应力值。

【解】　(1) 绘制弯矩图。

为了确定梁上 1—1 截面和 2—2 截面的弯矩，首先作出悬臂梁的弯矩图，如图 6.15(c)所示。由图可知，1—1 截面上有最大正弯矩 $M_1 = 1\ \text{kN} \cdot \text{m}$，2—2 截面上有最大负弯矩 $M_2 = 1.2\ \text{kN} \cdot \text{m}$。

(2) 确定中性轴位置和惯性矩 I_z。

槽钢具有一个纵向对称面，外力作用在该对称面内。中性轴 z 一定通过形心 O，并垂直于对称轴 y（见图 6.15(b)）。查型钢表得，10 号槽钢的 t、b、y_0 和 I_z 分别为 $t = 5.3\ \text{mm}$，$b = 48\ \text{mm}$，$y_0 = 15.2\ \text{mm}$，$I_z = 25.6 \times 10^4\ \text{mm}^4$。

(3) 计算正应力。

首先计算 1—1 截面上 A、B 两点的正应力。由于
$$y_A = y_0 - t = 9.9\ \text{mm}, \quad y_B = y_0 = 15.2\ \text{mm}$$
则 1—1 截面上 A、B 两点的正应力分别为

$$\sigma_A = \frac{M_1 y_A}{I_z} = \frac{(1 \times 10^3\ \text{N} \cdot \text{m}) \times (9.9 \times 10^{-3}\ \text{m})}{25.6 \times 10^4 \times 10^{-12}\ \text{m}^4} = 38.7 \times 10^6\ \text{Pa} = 38.7\ \text{MPa}$$

$$\sigma_B = \frac{M_1 y_B}{I_z} = \frac{(1 \times 10^3\ \text{N} \cdot \text{m}) \times (15.2 \times 10^{-3}\ \text{m})}{25.6 \times 10^4 \times 10^{-12}\ \text{m}^4} = 59.4 \times 10^6\ \text{Pa} = 59.4\ \text{MPa}$$

由于 1—1 截面上的弯矩为正值，A、B 两点均在中性轴的上侧，所以，σ_A、σ_B 均为压应力。

然后计算 2—2 截面上 C 点的应力。由于 $y_C = b - y_0 = 32.8\ \text{mm}$，则 2—2 截面上 C 点的正应力为

$$\sigma_C = \frac{M_2 y_C}{I_z} = \frac{(1.2 \times 10^3\ \text{N} \cdot \text{m}) \times (32.8 \times 10^{-3}\ \text{m})}{25.6 \times 10^4 \times 10^{-12}\ \text{m}^4} = 153.8 \times 10^6\ \text{Pa} = 153.8\ \text{MPa}$$

因为 2—2 截面上的弯矩为负值，C 点又在中性轴的下侧，故 σ_C 也为压应力。

讨论　从计算结果可以看出，在同一截面上，离中心轴越远的点，其正应力越大。

6.4　梁的正应力强度条件

在横力弯曲时，梁上的弯矩不再是常数，而是随着截面位置的变化而变化。在一般情况下，梁的最大正应力发生在弯矩最大的截面上，且距中性轴最远之处，其值为

$$\sigma_{max} = \frac{M_{max} y_{max}}{I_z} \tag{6.26}$$

$$\sigma_{max} = \frac{M_{max}}{W_z} \tag{6.27}$$

式(6.26)表明，正应力不仅与弯矩有关，而且与截面形状有关，因而在某些情况下，σ_{max}并不一定发生在弯矩最大的截面上(见例6.7)。

如果材料的弯曲许用正应力为$[\sigma]$，则梁的正应力强度条件为

$$\sigma_{max} = \frac{M_{max}}{W_z} \leqslant [\sigma] \tag{6.28}$$

对于拉、压许用应力相同的材料(如钢材)，只要求绝对值最大的正应力小于许用应力即可；对于拉、压许用应力不等的材料(如铸铁)，必须要求最大拉应力小于弯曲许用拉应力，最大压应力小于弯曲许用压应力，即

$$\left.\begin{aligned} \sigma_{tmax} \leqslant [\sigma_t] \\ \sigma_{cmax} \leqslant [\sigma_c] \end{aligned}\right\} \tag{6.29}$$

材料的弯曲许用应力一般可近似地选用简单拉伸(压缩)的许用应力。实际上，两者是有区别的。弯曲许用应力略高于简单拉压许用应力，因为弯曲正应力在横截面上是线性分布的，当最大应力达到屈服极限时，靠近中性轴处的应力还远小于极限值，仍有一定的承载能力。各种材料的弯曲许用应力，可从有关手册中查得。

【例6.7】　图6.16(a)所示圆轴，在A、B两处的轴承可简化为铰支座，轴的外伸部分是空心圆轴，材料的许用应力为$[\sigma]=120$ MPa，试校核圆轴的强度。

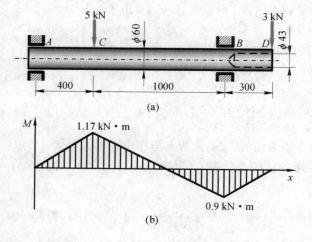

图 6.16

解题分析　圆轴受轴承的约束，可以简化为外伸梁结构。由于 AB 部分的截面不同于 BD 部分，所以需要分别计算这两部分的危险截面。

【解】　（1）作弯矩图，判断危险截面。

利用平衡方程求得 A、B 支座处的反力分别为

$$F_{Ay} = 2.93 \text{ kN}, \quad F_{By} = 5.07 \text{ kN}$$

方向向上。轴的弯矩图如图 6.16(b)所示。由图可知，在实心圆轴 AB 段上，截面 C 的弯矩最大，在外伸段的空心圆轴上，截面 B 的弯矩最大。这两个截面上都有可能出现最大正应力，必须分别加以计算。

（2）计算抗弯截面模量。

实心圆轴的抗弯截面模量 W_z 为

$$W_z = \frac{\pi D^3}{32} = \frac{\pi \times (60 \text{ mm})^3}{32} = 21.2 \times 10^3 \text{ mm}^3$$

空心圆轴的抗弯截面模量 W_z' 为

$$W_z' = \frac{\pi D^3}{32}\left[1 - \left(\frac{d}{D}\right)^4\right] = \frac{\pi \times (60 \text{ mm})^3}{32}\left[1 - \left(\frac{43}{60}\right)^4\right] = 15.6 \times 10^3 \text{ mm}^3$$

（3）校核强度。

在截面 C 上，最大正应力为

$$(\sigma_{\max})_C = \frac{M_C}{W_z} = \frac{1.17 \times 10^3 \text{ N} \cdot \text{m}}{21.2 \times 10^3 \times 10^{-9} \text{ m}^3} = 55.2 \text{ MPa}$$

在截面 B 上，最大正应力为

$$(\sigma_{\max})_B = \frac{M_B}{W_z'} = \frac{900 \text{ N} \cdot \text{m}}{15.6 \times 10^3 \times 10^{-9} \text{ m}^3} = 57.7 \text{ MPa}$$

因此，最大正应力发生在截面 B 处，其值为 57.7 MPa。由截面 B 最大弯曲应力作梁弯曲强度校核：

$$\sigma_{\max} = 57.7 \text{ MPa} < [\sigma] = 120 \text{ MPa}$$

所以轴的强度满足要求。

讨论　对于变截面杆，最大弯曲正应力不一定发生在弯矩最大的截面上。

【例 6.8】　图 6.17(a)所示压板，材料为 45 钢，$\sigma_s = 380$ MPa，取安全因数 $n = 1.5$，试确定许可工作压紧力 F。

解题分析　图示压板结构可以简化为外伸梁，其中截面 A 受到的弯矩最大，且截面 A 的抗弯截面系数最小，为危险截面。

【解】　（1）将压板简化为图 6.17(b)所示的外伸梁，设工件压紧力为 F，根据梁的受力作出梁的弯矩图，如图 6.17(c)所示。

由弯矩图和截面形状知：危险截面是截面 A，截面弯矩为

$$M_A = 0.02F$$

（2）计算抗弯截面模量，即

$$W_z = \frac{bH^2}{6}\left(1 - \frac{h^3}{H^3}\right) = 1.568 \times 10^{-6} \text{ m}^3$$

（3）计算强度。

根据压板材料计算许用应力，即

$$[\sigma] = \frac{\sigma_s}{n} = 253 \text{ MPa}$$

由强度条件得

$$\sigma_{\max} = \frac{M_A}{W_z} = \frac{(0.02 \text{ m}) \times F}{1.568 \times 10^{-6} \text{ m}^3} \leqslant [\sigma]$$

计算得

$$F \leqslant 19.835 \text{ kN}$$

则压板的许可压紧力为

$$[F] = 19.835 \text{ kN}$$

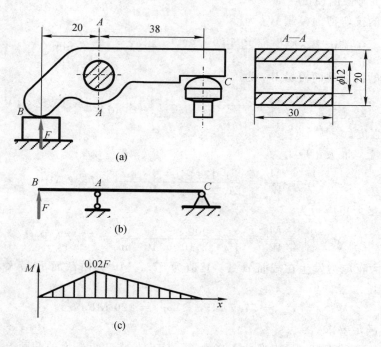

图 6.17

【例 6.9】　T 形截面铸铁梁及其截面尺寸如图 6.18(a)所示。铸铁的许用拉应力$[\sigma_t] = 30$ MPa，许用压应力$[\sigma_c] = 60$ MPa。已知中性轴位置 $y_1 = 52$ mm，截面对 z 轴的惯性矩 $I_z = 7.64 \times 10^6$ mm^4。试校核梁的强度。

解题分析　T 形截面为上下非对称截面，又由于铸铁材料的许用拉应力和许用压应力不相等，所以需要同时确定最大正弯矩和最大负弯矩的位置为危险截面。

【解】　（1）计算支反力并绘制弯矩图。

由梁的静力平衡方程求得支反力为

$$F_{Ay} = 2.5 \text{ kN}, \quad F_{By} = 10.5 \text{ kN}$$

方向向上。梁的弯矩图如图 6.18(b)所示。

（2）校核强度。

由于梁的横截面不对称于中性轴，铸铁的许用拉、压应力又不同，而且最大正弯矩与最大负弯矩的数值相差不大，因此，危险截面可能在截面 B，也可能在截面 D，必须分别加

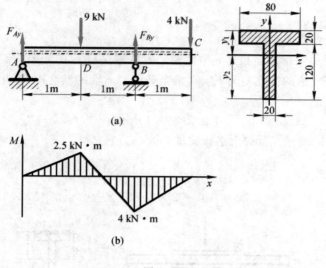

图 6.18

以校核。

在截面 B 上，最大拉应力发生在上边缘各点处。由式(6.26)得

$$(\sigma_{\max})_B^{\text{t}} = \frac{M_B y_1}{I_z} = \frac{(4 \times 10^3 \text{ N} \cdot \text{m}) \times (52 \times 10^{-3} \text{ m})}{7.64 \times 10^{-6} \text{ m}^4} = 27.2 \text{ MPa}$$

最大压应力发生在截面的下边缘各点处，其值为

$$(\sigma_{\max})_B^{\text{c}} = \frac{M_B y_2}{I_z} = \frac{(4 \times 10^3 \text{ N} \cdot \text{m}) \times [(120 + 20 - 52) \times 10^{-3} \text{ m}]}{7.64 \times 10^{-6} \text{ m}^4} = 46.1 \text{ MPa}$$

在截面 D 上，弯矩的绝对值虽然不是最大，但它是正弯矩，最大拉应力发生在截面的下边缘各点上，这些点到中性轴的距离较大，因此有可能出现最大拉应力，必须加以校核。由式(6.26)得

$$(\sigma_{\max})_D^{\text{t}} = \frac{M_D y_2}{I_z} = \frac{(2.5 \times 10^3 \text{ N} \cdot \text{m}) \times [(120 + 20 - 52) \times 10^{-3} \text{ m}]}{7.64 \times 10^{-6} \text{ m}^4} = 28.8 \text{ MPa}$$

上述结果表明，最大拉应力发生在截面 D 下端，最大压应力发生在截面 B 下端。由于梁上的最大应力

$$(\sigma_{\max})^{\text{t}} = (\sigma_{\max})_D^{\text{t}} = 28.8 \text{ MPa} < [\sigma_{\text{t}}]$$

$$(\sigma_{\max})^{\text{c}} = (\sigma_{\max})_B^{\text{c}} = 46.1 \text{ MPa} < [\sigma_{\text{c}}]$$

故该梁满足强度要求。

讨论　对于上下不对称截面，不能直接应用公式 $\sigma_{\max} = M/W_z$；对于抗拉和抗压性能不同的材料，需要分别针对拉应力和压应力进行强度校核。

【例 6.10】　桥式吊车大梁由 40b 号工字钢制成，其跨度 $l = 8$ m。为了吊起 $F = 90$ kN 的重物(含电葫芦自重)，在梁的中段增加两块横截面为 140×10 mm^2 的盖板，并与工字钢焊为一体，如图 6.19(a)、(b)所示。已知梁的许用应力 $[\sigma] = 140$ MPa。

(1) 试校核梁的强度；

(2) 试求盖板的长度。

解题分析　图示结构简化为变截面简支梁，同时电葫芦可以移动，所以需要校核截面加强后的强度，同时还要校核载荷移动到 D 点或 E 点时截面未加强处的强度，从而确定加强盖板的长度。

【解】　（1）计算截面惯性矩。

工字钢的两翼边缘增加盖板后，中性轴 z 的位置保持不变。设工字钢对 z 轴的惯性矩为 I'_z，每块盖板对 z 轴的惯性矩为 I''_z，则整个截面对 z 轴的惯性矩 I_z 为 $I_z = I'_z + 2I''_z$。查型钢表得

$$I'_z = 2.28 \times 10^8 \text{ mm}^4$$

根据图 6.19（b）所示尺寸，由平行移轴公式（6.11），得

$$I''_z = I_{z1} + a^2 A = \frac{140 \times 10^3}{12} + \left(\frac{400}{2} + \frac{10}{2}\right)^2 \times 140 \times 10 = 5.885 \times 10^7 \text{ mm}^4$$

$$I_z = I'_z + 2I''_z = 2.28 \times 10^8 + 2 \times 5.885 \times 10^7 = 3.457 \times 10^8 \text{ mm}^4$$

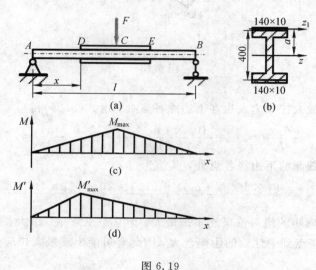

图 6.19

（2）校核强度。

当载荷 F 移动至梁中点 C 时，其弯矩图如图 6.19（c）所示，梁上的最大弯矩达最大值，其大小为

$$M_{\max} = \frac{Fl}{4} = \frac{90 \times 8}{4} = 180 \text{ kN} \cdot \text{m}$$

截面上下边缘到中性轴的距离为

$$y_{\max} = \frac{400}{2} + 10 = 210 \text{ mm}$$

由式（6.26）得

$$\sigma_{\max} = \frac{M_{\max} y_{\max}}{I_z} = \frac{180 \times 10^3 \times 21 \times 10^{-2}}{3.457 \times 10^8 \times 10^{-12}} = 109.3 \text{ MPa}$$

计算结果表明，最大应力小于许用应力，危险截面的强度是足够的。

（3）计算盖板的长度。

盖板并不要求布满全梁，但需要有一定的长度，才能保证各截面均有足够的强度。

查型钢表得，40b 号工字钢的抗弯截面模量 $W_z = 1.14 \times 10^6 \text{ mm}^3$。在无盖板处，工字

钢能承受的许用弯矩 $[M]$ 为

$$[M] = [\sigma] \cdot W_z = 140 \times 10^6 \times 1.14 \times 10^6 \times 10^{-9} = 159.6 \text{ kN} \cdot \text{m}$$

设梁左端 A 至盖板端点 D 的距离为 x(见图 6.19(a)),当吊车移动至截面 D 时,其弯矩图如图 6.19(d) 所示。此时,该截面的弯矩达最大值,即

$$M'_{\max} = \frac{Fx(l-x)}{l}$$

令 $M'_{\max} = [M]$,即 $x(l-x) = \dfrac{[M] \times l}{F}$。代入数据,解得

$$x_1 = 2.65 \text{ m}, \quad x_2 = 5.35 \text{ m}$$

所得结果表明:当吊车行至 D、E 两点时,均能满足 $M'_{\max} = [M]$ 的条件,当 $x < 2.65$ m 或 $x > 5.35$ m 时,$M'_{\max} < [M]$,故梁是安全的。这样,盖板的长度 l' 为

$$l' = l - 2x_1 = 8 - 2 \times 2.65 = 2.7 \text{ m}$$

讨论 对于移动载荷作用下的简支梁,中部受到的弯矩较大,可以通过增加盖板改变截面形状,提高抗弯截面系数,从而提高整体强度。

6.5 弯曲切应力

横力弯曲时,梁的横截面上同时存在弯矩和剪力,因而截面上既有正应力又有切应力。通常情况下,弯曲正应力是控制梁强度的主要因素。但在某种情况下,例如,跨度较短而截面较高的梁,或者在支座附近承受较大集中力作用的梁,其截面上的切应力可能达到相当大的数值。此时,必须对弯曲切应力进行校核。下面先以矩形截面梁为例,说明推导弯曲切应力公式的基本方法,然后再介绍几种常见截面梁的切应力计算方法。

6.5.1 矩形截面梁的弯曲切应力

研究横截面上切应力的方法:首先对切应力的方向,以及沿截面宽度的分布规律作出假设;然后根据静力平衡条件推导切应力的计算公式;最后找出切应力沿截面高度的变化规律及其最大值。

1. 关于横截面上弯曲切应力的假设

设矩形截面梁的横截面上存在剪力 F_S(见图 6.20),对于剪力 F_S 引起的切应力作出下列两点假设:

(1)横截面上任意一点的切应力方向均与剪力 F_S 的方向平行。

(2)切应力沿矩形截面的宽度是均匀分布的,即切应力大小与坐标 y 有关,同一 y 的各点切应力相等。

图 6.20 中 dd_1 横线上的切应力分布符合上述两点假设。下面以 dd_1 横线上的切应力为例,来分析上述假设的合理性。从切应力的方向来看,由于梁的外表面无切向载荷作用,根据切应力互等定理,可以判断横截面周边处的切应力方向必须与周边相切,即图

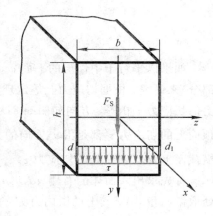

图 6.20

6.20 中周边上 d、d_1 两点的切应力方向必须与周边平行。又由对称性，可以判断 dd_1 横线中点的切应力方向必须与 F_S 的方向一致，因而可以设想，dd_1 横线上各点的切应力均平行于剪力 F_S。对于截面高度 h 大于宽度 b 的梁来说，由上述假设所得结果，与精确解相比，是足够准确的。因此，上述假设是合理的。

2. 弯曲切应力公式的推导

在图 6.21(a) 所示的矩形截面梁上，以 m—m 和 n—n 截面截取 $\mathrm{d}x$ 微段。微段两侧的弯矩分别为 M 和 $M+\mathrm{d}M$，剪力为 F_S，如图 6.21(b) 所示。在微段的两截面上，由弯矩 M 和 $M+\mathrm{d}M$ 所引起的弯曲正应力分别为 σ' 和 σ''，在距中性轴为 y 的横线 dd_1 上，各点切应力均相等，且平行于 F_S，以 τ 表示，如图 6.21(c) 所示。

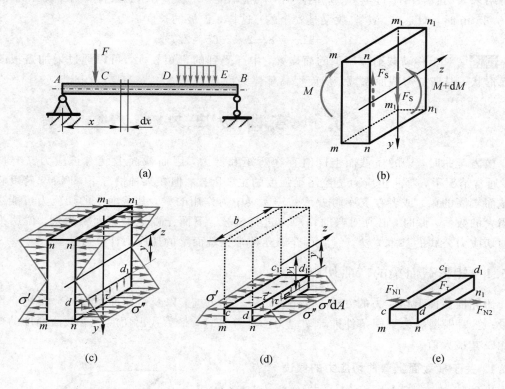

图 6.21

如果以平行于中性层的平面 cc_1d_1d，从 $\mathrm{d}x$ 微段上截取一六面体(见图 6.21(d) 中实线部分)来研究，根据切应力互等定理，cc_1d_1d 截面上应有切应力 τ' 存在，其数值与 dd_1 横线上的切应力 τ 相等，方向如图 6.21(d) 所示，这样作用在六面体上的弯曲正应力 σ'、σ'' 以及顶面上的切应力 τ' 都是沿 x 方向的力，利用 $\sum F_x = 0$ 的平衡条件即可求得 τ'，从而确定横截面上 dd_1 横线处的切应力 τ。

首先求出六面体的右侧 dd_1n_1n 上弯曲正应力的合力。在图 6.21(d) 中，距中性轴 y_1 处取微面积 $\mathrm{d}A$，其上的微内力为 $\sigma''\mathrm{d}A$，由它组成的内力系的合力 F_{N2}(见图 6.21(e))为

$$F_{N2} = \int_{A_1} \sigma''\mathrm{d}A \tag{6.30}$$

式中，A_1 为六面体侧面 dd_1n_1n 的面积。将式(6.24)代入式(6.30)，得

$$F_{N2} = \int_{A_1} \sigma'' dA = \int_{A_1} \frac{(M+dM) \cdot y_1}{I_z} dA$$

$$= \frac{M+dM}{I_z} \int_{A_1} y_1 dA = \frac{M+dM}{I_z} S_z^* \tag{6.31}$$

式中，

$$S_z^* = \int_{A_1} y_1 dA \tag{6.32}$$

为六面体侧面面积 A_1 对中性轴 z 的静矩。也就是说：S_z^* 为距中性轴为 y 的 dd_1 横线以下的面积对中性轴 z 的静矩。

同理，六面体左侧面上内力系的合力 F_{N1} 为

$$F_{N1} = \frac{M}{I_z} S_z^* \tag{6.33}$$

另外，六面体顶面 cc_1d_1d 上切向力系的合力 F_τ 为

$$F_\tau = \tau' b dx \tag{6.34}$$

上述三合力 F_{N1}、F_{N2} 和 F_τ 应满足平衡条件，即

$$F_{N2} - F_{N1} - F_\tau = 0 \tag{6.35}$$

将式(6.31)、式(6.33)、式(6.34)代入式(6.35)，得

$$\frac{M+dM}{I_z} S_z^* - \frac{M}{I_z} S_z^* - \tau' b dx = 0$$

简化得

$$\tau' = \frac{dM}{dx} \cdot \frac{S_z^*}{I_z b}$$

将式(5.2)代入上式，得 $\tau' = \dfrac{F_S S_z^*}{I_z b}$。由切应力互等定理知，六面体侧面的切应力 τ 应等于六面体顶面上的切应力 τ'，即

$$\tau = \frac{F_S S_z^*}{I_z b} \tag{6.36}$$

式(6.36)即为矩形截面梁横截面上弯曲切应力 τ 的计算公式。式中：F_S 为横截面上的剪力；I_z 为横截面对中性轴 z 的惯性矩；b 为所求切应力处横截面的宽度；S_z^* 为横截面上距中性轴为 y 的横线至下边缘的面积（即图 6.22(a)中的阴影面积）对中性轴 z 的静矩。

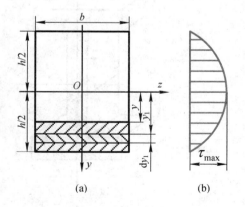

图 6.22

3. 切应力沿截面高度的变化规律

对于矩形截面，式(6.32)中的 dA 可取为 $b dy_1$，如图 6.22(a)所示，则

$$S_z^* = \int_{A_1} y_1 dA = \int_y^{\frac{h}{2}} y_1 b dy_1 = \frac{b}{2}\left(\frac{h^2}{4} - y^2\right)$$

将其代入式(6.36)，即得矩形截面梁弯曲切应力计算公式：

$$\tau = \frac{F_S}{2I_z}\left(\frac{h^2}{4} - y^2\right) \tag{6.37}$$

由式(6.37)可知，矩形截面梁的弯曲切应力沿截面高度是按抛物线规律变化的，如图 6.22(b)所示。当 $y = \pm h/2$ 时，即横截面的上、下边缘各点处，切应力 $\tau = 0$。当 $y = 0$ 时，即中性轴上各点处，切应力达到最大值，代入 I_z，得

$$\tau_{\max} = \frac{3}{2}\frac{F_S}{bh} = \frac{3}{2}\frac{F_S}{A} \tag{6.38}$$

式中，$A = bh$，为横截面面积。

综上所述，矩形截面梁横截面上的弯曲切应力沿截面高度按抛物线规律变化。最大切应力发生在 $y = 0$ 的中性轴上，其数值为平均切应力 F_S/A 的 1.5 倍，方向同剪力 F_S。

6.5.2　工字形截面梁的弯曲切应力

工字形截面梁由垂直的腹板和上、下翼缘组成。首先研究腹板部分的切应力。在横力弯曲的梁中取出 dx 微段截开，如图 6.23(a)所示。为了求出腹板上的切应力，以距中性轴 y 处的 aa 截面将 dx 微段截开，如图 6.23(b)所示。采用与矩形截面梁相同的方法，根据 aa 截面以下截取部分的平衡条件，求得腹板上的切应力 τ 为

$$\tau = \frac{F_S S_z^*}{I_z d} \tag{6.39}$$

式中：F_S 为横截面的剪力；S_z^* 为 aa 横线下侧的阴影部分的面积(见图 6.23(a))对中性轴 z 的静矩；I_z 为整个工字形截面对 z 轴的惯性矩；d 为腹板厚度。切应力 τ 的方向与剪力 F_S 的方向相同。

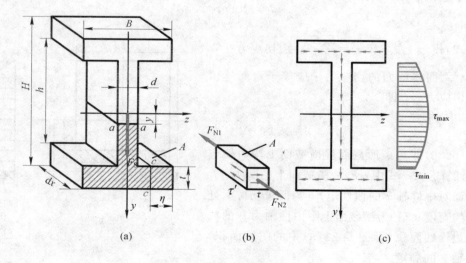

图 6.23

图 6.23(a)中阴影部分的面积对 z 轴的静矩为

$$S_z^* = B\left(\frac{H}{2} - \frac{h}{2}\right)\left[\frac{h}{2} + \frac{1}{2}\left(\frac{H}{2} - \frac{h}{2}\right)\right] + d\left(\frac{h}{2} - y\right)\left[y + \frac{1}{2}\left(\frac{h}{2} - y\right)\right]$$

$$= \frac{B}{8}(H^2 - h^2) + \frac{d}{2}\left(\frac{h^2}{4} - y^2\right) \tag{6.40}$$

将其代入式(6.39)，求得腹板上的弯曲切应力为

$$\tau = \frac{F_S}{I_z d}\left[\frac{B}{8}(H^2 - h^2) + \frac{d}{2}\left(\frac{h^2}{4} - y^2\right)\right] \tag{6.41}$$

　　式(6.41)表明，腹板上的弯曲切应力沿高度是抛物线分布的(见图 6.23(c))。在式(6.41)中，令 $y=0$，求得最大切应力为

$$\tau_{max} = \frac{F_S B}{8 I_z d}\left[H^2 - h^2\left(1 - \frac{d}{B}\right)\right] \tag{6.42}$$

　　令 $y=\pm\dfrac{h}{2}$，求得腹板上的最小切应力为

$$\tau_{max} = \frac{F_S B}{8 I_z d}(H^2 - h^2) \tag{6.43}$$

　　由式(6.42)和式(6.43)可见，由于 d/B 远小于 1，所以，$\tau_{max} \approx \tau_{min}$，即工字形截面梁腹板上的切应力可以认为是均匀分布的。计算结果表明，腹板承担了 95%～97% 的剪力。可见，工字形截面上的剪力 F_S 基本上由腹板来承担，而且腹板上的切应力接近于均匀分布。因此，可近似地求得腹板上的切应力为

$$\tau = \frac{F_S}{hd} \tag{6.44}$$

　　下面分析翼缘上的切应力。自下翼缘右端 η 处，以 cc 截面截取分离体 A，如图 6.23(b)所示。根据分离体的平衡条件，同样可以求得下翼的切应力为

$$\tau = \frac{F_S S_z^*}{I_z t} \tag{6.45}$$

式中：F_S 为截面上的剪力；t 为翼缘的厚度，即 $t = \frac{1}{2}(H - h)$；S_z^* 为图 6.23(b)所示分离体的端面积$(t \cdot \eta)$对 z 轴的静矩，其值为

$$S_z^* = t\eta\left(\frac{H}{2} - \frac{t}{2}\right)$$

将其代入式(6.45)，求得下翼缘右段的切应力为

$$\tau = \frac{F_S}{I_z}\eta\left(\frac{H}{2} - \frac{t}{2}\right) \tag{6.46}$$

　　式(6.46)表明，翼缘上的切应力与 η 成正比，方向向左。按照同样的方法，可以求得下翼缘左段和上翼缘上的弯曲切应力，它们的分布规律与下翼缘的右段对称，方向如图 6.23(c)所示。但当剪力 F_S 向上时，横截面上的切应力从下翼缘的最外侧"流"向对称轴，接着向上通过腹板，最后"流"向上翼缘的外侧。或者说，整个截面上的弯曲切应力顺着一个转向流动的，称为"切应力流"。于是，在确定横截面上的切应力方向时，首先根据剪力方向确定腹板上切应力的方向，然后根据"切应力流"确定翼缘上的切应力方向。

　　在翼缘上，除了有平行于周边的切应力之外，还应有平行于剪力 F_S 的切应力。但数值很小，而且分布比较复杂，一般不考虑。

　　根据上面的分析，可以这样认为：工字形截面梁的腹板与翼缘是有分工的，腹板承担了截面上的大部分剪力，翼缘则承担了截面上的大部分弯矩。

6.5.3　圆形截面梁的弯曲切应力

　　圆形截面梁横截面上弯曲切应力的分布规律与矩形截面梁有所不同，横截面上各点的

切应力不能均与 F_S 同向，例如，在任一平行于中性轴线的弦线 ab 的两端点上，切应力的方向必须与周边相切（见图 6.24），并汇交于 D 点。由于对称，弦线 ab 中点 c 的切应力也通过 D 点。由此可作如下假设：

（1）ab 弦上各点的切应力都汇于 D 点。

（2）ab 弦上各点切应力的垂直分量 τ_y 为常量。

这样，τ_y 的分布规律与矩形截面切应力的两点假设完全相同，可以用式（6.39）计算，即

$$\tau_y = \frac{F_S S_z^*}{I_z b} \tag{6.47}$$

式中：$b = 2\sqrt{R^2 - y^2}$，为 ab 弦的长度；S_z^* 为 ab 弦以上的面积对中性轴 z 的静矩，其表达式为

$$S_z^* = \frac{2}{3}\left(\sqrt{R^2 - y^2}\right)^3 \tag{6.48}$$

将 b 和 S_z^* 的表达式代入式（6.47），得

$$\tau_y = \frac{F_S(R^2 - y^2)}{3I_z} \tag{6.49}$$

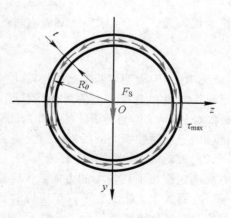

图 6.24

在 $y = 0$ 的中性轴上，τ_y 达到最大值。将 $y = 0$ 及圆截面的惯性矩 $I_z = \dfrac{\pi R^4}{4}$ 代入式（6.49），求得圆形截面上切应力的最大值为

$$\tau_{\max} = \frac{4F_S}{3\pi R^2} = \frac{4F_S}{3A} \tag{6.50}$$

综上所述，圆形截面梁上的最大切应力发生在中性轴的各点处，其数值为截面上平均切应力的 4/3 倍。

6.5.4 薄壁圆环形截面

因为薄壁圆环的壁厚远小于平均半径 R_0，故可以认为切应力 τ 沿壁厚均匀分布，方向与圆周相切，如图 6.25 所示。最大切应力仍发生在中性轴上，其值为

$$\tau_{\max} = \frac{F_S S_{z\max}^*}{I_z b} \tag{6.51}$$

式中，$S_{z\max}^*$ 为中性轴一侧的半圆环截面对中性轴的静矩，可由两个半圆面积的静矩之差求得，即

$$S_{z\max}^* = \frac{2}{3}\left(R_0 + \frac{t}{2}\right)^3 - \frac{2}{3}\left(R_0 - \frac{t}{2}\right)^3$$
$$\approx 2R_0^2 t$$

式中，I_z 为圆环形截面对中性轴的惯性矩，其值为

$$I_z = \frac{\pi}{4}\left(R_0 + \frac{t}{2}\right)^4 - \frac{\pi}{4}\left(R_0 - \frac{t}{2}\right)^4 \approx \pi R_0^3 t$$

图 6.25

在中性轴上，环形截面的宽度 $b = 2t$。将 $S_{z\max}^*$、I_z 和 b 代入式（6.51），得

$$\tau_{\max} = 2 \cdot \frac{F_S}{2\pi R_0 t} = 2\frac{F_S}{A} \tag{6.52}$$

式中，$A = 2\pi R_0 t$ 为圆环面积。可见，薄壁圆环中性轴上的最大切应力为平均切应力的两倍。

6.6 梁的切应力强度校核

6.5 节的结果表明，对于等截面杆，无论其截面形状如何，弯曲切应力的最大值总是发生在横截面的中性轴上，其一般表达式为

$$\tau_{\max} = \frac{F_{S\max} S_{z\max}^*}{I_z b_0} \tag{6.53}$$

式中：$S_{z\max}^*$ 为中性轴一侧的截面面积对中性轴的静矩；b_0 为横截面在中性轴上的宽度。由于中性轴上各点的弯曲正应力为零，因此，这些点属于纯剪切应力状态，于是，弯曲切应力强度条件为：梁内最大切应力 $\tau_{\max}$ 不超过材料的许用切应力 $[\tau]$，即

$$\tau_{\max} = \frac{F_{S\max} S_{z\max}^*}{I_z b_0} \leqslant [\tau] \tag{6.54}$$

实际上，在一般情况下，梁的强度是由弯曲正应力控制的。也就是说，弯曲切应力的强度条件一般是能够满足的。例如，承受均布载荷 q 作用的矩形截面简支梁，其截面的高为 h，宽为 b，由图 5.11 可知，梁的最大弯矩和最大剪力分别为

$$|M|_{\max} = \frac{ql^2}{8}, \quad F_{S\max} = \frac{ql}{2}$$

则梁的最大正应力与最大切应力分别为

$$\sigma_{\max} = \frac{|M|_{\max}}{W_z} = \frac{\dfrac{ql^2}{8}}{\dfrac{bh^2}{6}} = \frac{3ql^2}{4bh^2}, \quad \tau_{\max} = \frac{3F_S}{2A} = \frac{3ql}{4bh}$$

最大切应力与最大正应力之比为

$$\frac{\tau_{\max}}{\sigma_{\max}} = \frac{\dfrac{3ql}{4bh}}{\dfrac{3ql^2}{4bh^2}} = \frac{h}{l}$$

由此可见，梁上的 $\tau_{\max}$ 和 $\sigma_{\max}$ 之比与截面高度 h 和跨度 l 之比是同一量级。一般情况下，梁的高度远小于跨度，则弯曲切应力远小于弯曲正应力，所以说，弯曲正应力是控制梁强度的主要因素，一般不必进行切应力校核。但是，对于下列几种情况的梁，必须进行切应力的强度校核。

（1）梁的跨度较短，或者有较大载荷作用在支座附近时，梁的最大弯矩可能不大，而剪力却较大。

（2）由钢板和型钢所组成的组合截面梁，如果腹板厚度 b_0 和截面高度 h 相比很小，则最大切应力可能很大。

（3）由几部分经铆接或胶合而成的组合梁（见例 6.12），一般需对铆钉或胶合面进行切

应力强度校核。

【例 6.11】　图 6.26(a)所示的工字钢截面简支梁，$l=2$ m，$a=0.2$ m，梁的载荷 $q=10$ kN/m，$F=200$ kN，许用正应力 $[\sigma]=160$ MPa，许用切应力 $[\tau]=100$ MPa，试选择工字钢型号。

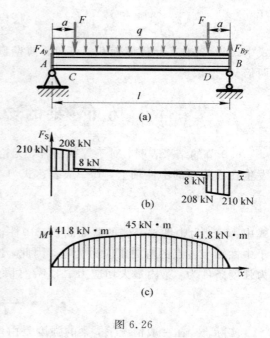

图 6.26

解题分析　本题需要选择工字钢截面型号，既要满足正应力强度要求，同时还要满足切应力强度要求。一般可以先根据正应力强度条件，选择工字钢截面型号，然后再校核该截面的切应力，如果切应力能满足强度条件，则选用该型号的截面，如果切应力不能满足强度条件，则可适当增大截面，再进行切应力强度校核。

【解】　(1)确定最大内力，计算支座反力后作出剪力图和弯矩图，如图 6.26(b)、(c)所示。由图可知，$F_{\mathrm{Smax}}=210$ kN，$M_{\max}=45$ kN·m。

(2)根据正应力强度条件选择工字钢。

由式(6.25)得

$$W_z=\frac{M_{\max}}{[\sigma]}=\frac{45\times10^3}{160\times10^6}=281\times10^{-6}\ \mathrm{m^3}=281\ \mathrm{cm^3}$$

查型钢表，22a 号工字钢，其 $W_z=309\ \mathrm{cm^3}$。

(3)校核切应力强度。

查型钢表得 22a 号工字钢的 $I_z/S_{z\max}^*=18.9$ cm，腹板厚度 $d=7.5$ mm。由式(6.53)求得梁的最大切应力为

$$\tau_{\max}=\frac{F_{\mathrm{Smax}}S_{z\max}^*}{I_zd}=\frac{210\times10^3}{18.9\times10^{-2}\times7.5\times10^{-3}}=148\ \mathrm{MPa}$$

由于 $\tau_{\max}>[\tau]$，不能满足切应力强度条件，因此必须重新选择工字钢。

若选用 25b 号工字钢，查得 $I_z/S_{z\max}^*=21.3$ cm，$d=10$ mm，则最大切应力为

$$\tau_{\max}=\frac{F_{\mathrm{Smax}}S_{z\max}^*}{I_zd}=\frac{210\times10^3}{21.3\times10^{-2}\times10\times10^{-3}}=98.6\ \mathrm{MPa}$$

由于 $\tau_{\max}<[\tau]$，故满足强度条件。

因此，要同时满足正应力强度条件和切应力强度条件，应选用 25b 号工字钢。

讨论　由本例可知，在梁两端虽然弯矩较小，但剪力较大，所以在进行正应力强度校核时，还需要进行切应力强度校核。

【例 6.12】　由两根 20a 号工字钢铆接而成的悬臂梁，承受集中力作用，如图 6.27(a)所示，已知载荷 $F=40$ kN，铆钉直径 $d=20$ mm，铆钉的许用切应力 $[\tau]=90$ MPa。若不计两工字钢接触面上的摩擦力，试求铆钉间的最大间距。

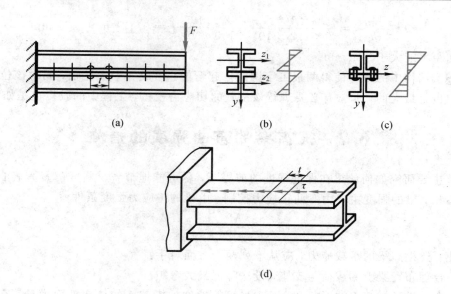

图 6.27

解题分析 分析铆钉的作用。若两工字钢间无铆钉连接，则梁受力后绕各自的中性轴弯曲，弯曲变形及其横截面上正应力的分布规律如图 6.27(b)所示，两工字钢的接触面上无切应力作用，可以自由错动。如果将两工字钢铆接起来，弯曲变形时，横截面绕一个中性轴 z 转动，其截面上的正应力分布如图 6.27(c)所示，这时，中性层上应有最大切应力（见图 6.27(d)），由它组成的切向内力系的合力只能由铆钉来承担，所以铆钉必须满足剪切强度条件。先计算连接截面处的切应力，再计算单个间距铆钉受到的剪力，最后通过铆钉的剪切强度条件确定铆钉间距。

【解】 (1) 计算铆接面上的切应力。弯曲切应力可按式(6.39)来计算，即

$$\tau = \frac{F_S S_z^*}{I_z b} \tag{a}$$

式中：S_z^* 为一个工字钢的横截面面积对中性轴 z 的静矩；I_z 为整个截面对 z 轴的惯性矩；b 为中性轴处的宽度，即工字钢翼缘的宽度。

查型钢表得 20a 号工字钢的面积 $A = 3.55 \times 10^3 \ \text{mm}^2$，形心惯性矩 $I_z' = 2.37 \times 10^7 \ \text{mm}^4$，高度 $h = 200 \ \text{mm}$，翼缘宽度 $b = 100 \ \text{mm}$，则

$$S_z^* = A \cdot \frac{h}{2} = 3.55 \times 10^3 \times 100 = 3.55 \times 10^5 \ \text{mm}^3$$

$$I_z = 2\left[I_z' + \left(\frac{h}{2}\right)^2 \cdot A\right] = 2 \times \left[2.37 \times 10^7 + \left(\frac{200}{2}\right)^2 \times 3.55 \times 10^3\right] = 1.184 \times 10^8 \ \text{mm}^4$$

将 S_z^*、I_z、b 以及剪力 $F_S = 40 \ \text{kN}$ 代入式(a)，得铆接面上的切应力 τ 为

$$\tau = \frac{F_S S_z^*}{I_z b} = \frac{40 \times 10^3 \times 355 \times 10^{-6}}{11\,840 \times 10^{-8} \times 100 \times 10^{-3}} = 1.2 \ \text{MPa}$$

(2) 计算铆钉间距。设铆钉间距为 t，则在此范围内的切向内力系的合力 $F_\tau = \tau b t$，它应由两个铆钉来承担。由铆钉的剪切强度条件 $\dfrac{F_\tau}{2 \times \dfrac{\pi d^2}{4}} \leqslant [\tau]$ 求得

$$t \leqslant \frac{[\tau]\pi d^2}{2\tau b} = \frac{90 \times 10^6 \times \pi \times 2^2 \times 10^{-4}}{2 \times 1.2 \times 10^6 \times 100 \times 10^{-3}} = 0.471 \text{ m} = 471 \text{ mm}$$

故铆接间距不能大于 471 mm。

讨论 结构中的铆钉使得两根工字钢梁一起弯曲，形成一个中性轴，同时该位置的弯曲切应力也是最大的，非常有必要进行该位置的切应力校核，工程中的胶接也是如此。

6.7 提高梁的弯曲强度的措施

本节主要研究如何使梁在保证强度的前提下，尽可能地节省材料或尽量减轻自重。前面曾经指出，梁的强度主要由弯曲正应力控制，由梁的正应力强度条件

$$\sigma_{\max} = \frac{M_{\max}}{W_z} \leqslant [\sigma] \tag{6.55}$$

可以看出，要提高梁的承载能力，应从下列两个方面着手：

(1) 合理布置梁上的载荷与支座，设法降低最大弯矩。

(2) 合理设计横截面的形状和大小，尽可能地增加横截面的抗弯截面模量，充分发挥材料的性能。

下面做具体讨论。

1. 改善梁的受力情况

提高梁强度的一个重要措施是合理地安排梁的约束和加载方式，从而达到提高梁的承载能力的目的。例如，图 6.28(a)所示的简支梁，受均布载荷作用，梁的最大弯矩为 $M_{\max} = ql^2/8$。然而，如果将梁两端的铰支座各向内移动 $0.2l$（见图 6.28(b)），则最大弯矩变为 $M'_{\max} = ql^2/40$，仅为前者的 $1/5$。

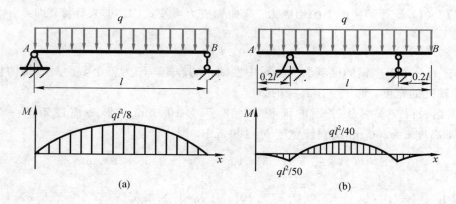

图 6.28

又如，图 6.29(a)所示的简支梁 AB，在跨度中点受集中力 F 作用，梁的最大弯矩为 $M_{\max} = Fl/4$。然而，如果将集中力 F 分解为几个大小相等、方向相同的力作用在梁上，梁内弯矩将显著减小。例如，在梁的中部安置一长为 $l/2$ 的辅助梁 CD（见图 6.29(b)），则梁的最大弯矩变为 $M'_{\max} = Fl/8$，仅为前者的 $1/2$。

上述实例说明，在条件允许的情况下，合理安排约束和加载方式，将显著减小梁内的最大弯矩。

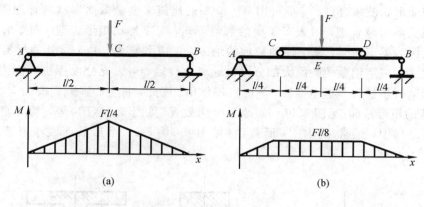

图 6.29

2. 选择合理的截面形状

提高弯曲强度的途径之一是设法增加横截面的抗弯截面模量 W，它不仅与截面尺寸有关，而且与截面形状有关。例如，对于圆形、矩形和工字形 3 种不同的截面形状，如果它们的面积相等，材料相同（设许用应力均为 160 MPa），则它们的抗弯截面模量 W、许用弯矩 $[M]$ 以及比值 W/A 是有较大差异的。为了便于比较，现将上述参数列于表 6.1 中。

表 6.1　几种截面的几何性质和许用弯矩

截面形状	截面面积 /cm²	截面尺寸 /cm	W_z /cm³	$[M]$ /kN·m	W_z/A /cm
圆形	35.5	$d=6.72$	29.8	4.77	0.84
矩形	35.5	$b=4.21$ $h=8.43$	49.9	7.98	1.41
工字形	35.5	20a 号工字钢	237	37.92	6.68

由表可见，截面形状对梁的承载能力影响很大。在横截面面积相同的情况下，许用弯

矩越大,截面形状就越合理。一般可用 W_z 和 A 的比值来衡量截面形状的合理程度,其比值越大,截面形状越合理。由表 6.1 中的数值可知,工字形比矩形合理,而矩形又比圆形合理。这是因为梁弯曲时,离中性轴越远的地方,正应力越大,处于该处的材料就越能发挥其承载能力。工字钢截面的绝大部分材料远离中性轴,可以充分发挥抗弯能力;而圆形截面则相反,较多材料靠近中性轴,不能发挥作用。因此,将实心圆截面改为空心圆截面,将横向放置的矩形截面(见图 6.30(a))改为竖向放置(见图 6.30(b))等,均可使截面更合理。在工程结构中,经常采用工字形截面(见图 6.30(c))、槽形截面或箱形截面的受弯杆件。

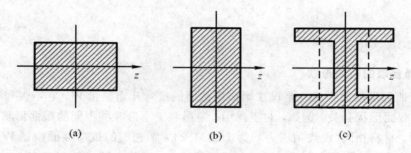

图 6.30

　　其实,截面的合理形状还与材料的性能有关。上面讨论的圆形、矩形和工字形等对称截面,对于抗拉强度和抗压强度相同的材料是合理的。因为中性轴是截面的对称轴,横截面上最大拉应力和最大压应力可以同时达到许用应力。但对于抗拉强度和抗压强度不同的材料,如铸铁等,宜采用中性轴两侧不对称的截面形状。如图 6.31(a)、(b)、(c)所示的 3 种截面形状,中性轴两侧的 y_1 与 y_2 不等,它们的正应力分布规律如图 6.31(d)所示。

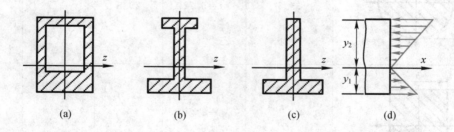

图 6.31

　　为使横截面上的最大拉应力与最大压应力同时达到拉伸和压缩许用应力 $[\sigma_t]$ 和 $[\sigma_c]$,y_1 与 y_2 应满足以下关系:

$$\frac{\sigma_{cmax}}{\sigma_{bmax}} = \frac{\dfrac{M_{max}y_2}{I_z}}{\dfrac{M_{max}y_1}{I_z}} = \frac{y_2}{y_1} = \frac{[\sigma_c]}{[\sigma_t]}$$

这样的截面形状可以充分发挥材料的作用,因而比较合理。对于铸铁这样抗压强度大于抗拉强度的脆性材料,宜通过截面设计使其中性轴靠近受拉侧。

3. 采用变截面梁或等强度梁

在一般情况下，梁的弯矩沿轴线是变化的。因此，在按最大弯矩所设计的等截面梁中，除最大弯矩所在的截面外，其余截面的材料强度均未能得到充分发挥。鉴于上述情况，为了减轻构件的自重和节约材料，在工程实际中，经常根据弯矩的变化情况，将梁设计成变截面的。在弯矩较大处，采用较大的截面；在弯矩较小处，采用小的截面。这种截面沿轴线变化的梁，称为**变截面梁**。例如，图 6.32 中的阶梯轴，鱼腹梁和摇臂钻床的摇臂等，都是工程中常见的变截面梁。

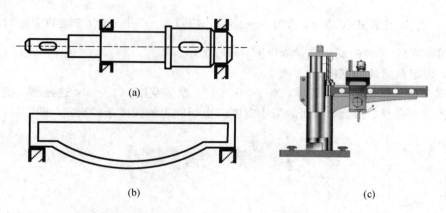

图 6.32

从弯曲强度考虑，理想的变截面梁应该使所有截面上的最大弯曲正应力均相同，且等于许用应力，即这种梁称为等强度梁。

【例 6.13】 如图 6.33(a)所示的简支梁，跨度中点作用集中力 F，梁的截面为矩形，其高度 h 保持不变。试按等强度梁确定截面宽度 $b(x)$ 的变化规律。已知材料的许用正应力和许用切应力分别为 $[\sigma]$ 和 $[\tau]$。

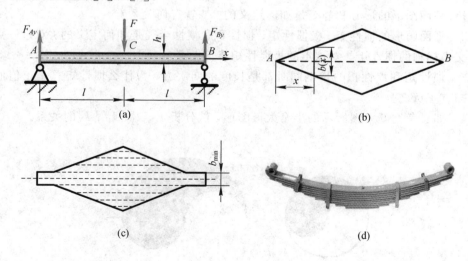

图 6.33

解题分析 根据等强度梁的定义，当梁的弯矩随截面变化时，截面的尺寸也要随之变化。本题先通过正应力设计截面宽度变化规律，再根据切应力条件确定截面最小宽度。

【解】 （1）确定梁的宽度 $b(x)$。

简支梁的弯矩方程为

$$M(x) = \frac{F}{2}x \tag{a}$$

矩形截面梁的抗弯截面模量为

$$W(x) = \frac{b(x)h^2}{6} \tag{b}$$

将式(a)、式(b)代入式(6.55)，求得 $b(x) = \dfrac{3Fx}{[\sigma]h^2}\left(0 \leqslant x \leqslant \dfrac{l}{2}\right)$。由于梁的弯矩对称于跨度中点，因而宽度 $b(x)$ 的变化规律如图 6.33(b)所示。

（2）确定截面最小宽度。

根据弯曲正应力的强度条件，当 $x=0$，l 时，梁的宽度 $b(x)=0$，这显然不能满足弯曲切应力的强度条件。因此，截面的最小宽度应由切应力的强度条件确定，即

$$\tau_{\max} = \frac{3F_{\text{Smax}}}{2A} = \frac{3\dfrac{F}{2}}{2hb_{\min}} \leqslant [\tau]$$

解得 $b_{\min} \geqslant \dfrac{3F}{4h[\tau]}$。

讨论 在进行等强度梁设计时，在弯矩较小的截面需要考虑切应力的强度条件。如果将宽度 $b(x)$ 等分为若干窄条（见图 6.33(c)）使其微弯后，重叠起来（见图 6.33(d)），就成为汽车或其他车辆的叠板弹簧。

思 考 题

6.1　平面图形的形心和静矩是如何定义的？二者有何关系？

6.2　平面图形的惯性矩、极惯性矩、惯性积和惯性半径是如何定义的？对过一点的任一对正交坐标轴的惯性矩与对该点的极惯性矩有何关系？

6.3　惯性矩和惯性积的量纲同时都是长度的四次方，为什么惯性矩总是正值而惯性积的值却有正负之分？

6.4　如思考题 6.4 图所示的半个太极图形，试分析 I_z、I_y、$I_{z'}$、$I_{y'}$ 的关系。

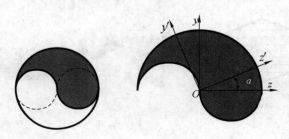

思考题 6.4 图

6.5 如何考虑几何、物理与静力学的三个方面以建立应力公式？弯曲平面假设与单向受力假设在建立弯矩正应力公式时起何作用？

6.6 最大弯曲正应力是否一定发生在弯矩值最大的横截面上？

6.7 矩形截面梁弯曲时，横截面上的弯曲切应力是如何分布的？其计算公式如何建立？如何计算最大弯曲切应力？

6.8 在工字形截面的腹板上，弯曲切应力是如何分布的？如何计算最大与最小弯曲切应力？如何计算圆形截面梁的最大弯曲切应力？

6.9 在建立弯曲正应力与弯曲切应力公式时，所用的分析方法有何不同？

6.10 弯曲正应力与弯曲切应力的强度条件是如何建立的？依据是什么？

6.11 梁截面合理设计的原则是什么？何谓变截面与等强度梁？等强度梁设计的原则是什么？

6.12 T 形截面铸铁梁承受正弯矩作用，如何放置其强度最高？

习　题

6.1 T 字形截面如习题 6.1 图所示，已知图中 $b_1 = 0.3$ m、$b_2 = 0.6$ m、$h_1 = 0.5$ m、$h_2 = 0.14$ m。

(1) 求阴影部分的面积对水平形心轴 z_C 的静矩；

(2) z_C 轴以上部分面积对 z_C 轴的静矩与阴影部分面积对 z_C 轴的静矩有何关系？

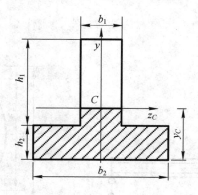

习题 6.1 图

6.2 试计算习题 6.2 图所示各图形的形心位置，并计算对形心轴 z_C 的惯性矩。

6.3 习题 6.3 图所示简支梁，由 No.28 工字钢制成，在集度为 q 的均布载荷作用下测得横截面 C 底边的纵向正应变 $\varepsilon = 3.0 \times 10^{-4}$，已知钢的弹性模量 $E = 200$ GPa，$a = 1$ m，试计算梁内的最大弯曲正应力。

6.4 习题 6.4 图所示直径为 d 的圆木，现需从中切取一矩形截面梁。

(1) 如欲使所切矩形梁的弯曲强度最高，h 与 b 应分别为何值？

(2) 如欲使所切矩形梁的弯曲刚度最高，h 与 b 应分别为何值？

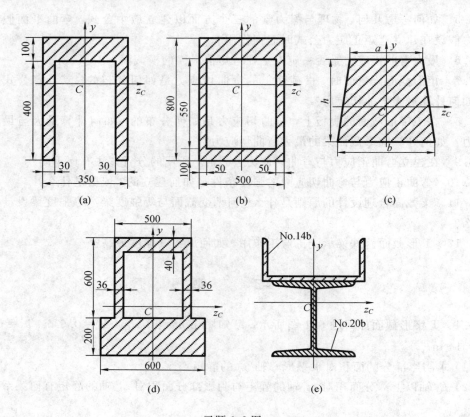

习题 6.2 图

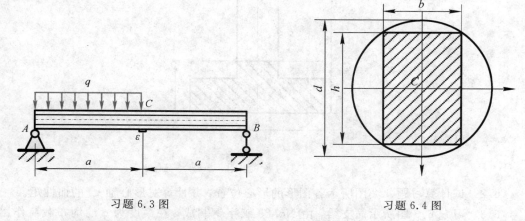

习题 6.3 图　　　　　　　　　　习题 6.4 图

6.5　已知轴的直径分别为 $d_1 = 160$ mm，$d_2 = 130$ mm，长度 $l = 1.58$ m，集中力 $F = 62.5$ kN，$a = 0.267$ m，$b = 0.16$ m，许用应力 $[\sigma] = 60$ MPa，弹性模量 $E = 200$ GPa，试校核习题 6.5 图所示的机车轮轴的强度。

6.6　桥式起重机大梁 AB 的跨度 $l = 16$ m，原设计最大起重量为 100 kN，如习题 6.6 图所示。在大梁上距 B 端为 x 的 C 点悬挂一根钢索，绕过装在重物上的滑轮，将另一端再挂在吊车的吊钩上，使吊车驶到 C 的对称位置 D，这样就可吊运 150 kN 的重物。试问 x 的最大值等于多少？设只考虑大梁的正应力强度。

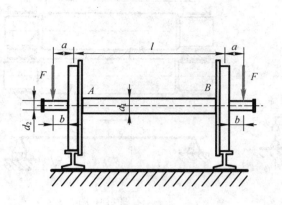

习题 6.5 图

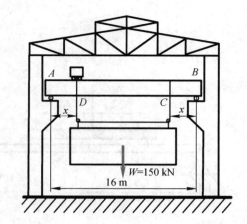

习题 6.6 图

6.7　炸弹悬挂在炸弹架上，如习题 6.7 图所示。若 $F = 40$ kN，试在正应力不超过 200 MPa 的条件下，为横梁 AB 选择槽钢型号（横梁由两根槽钢构成）。

6.8　空气泵操纵杆如习题 6.8 图所示，右端受力为 8.5 kN，矩形截面 Ⅰ—Ⅰ 的高宽比 $h/b = 3$，材料的许用应力 $[\sigma] = 50$ MPa，试确定截面 Ⅰ—Ⅰ 的高度 h 和宽度 b。

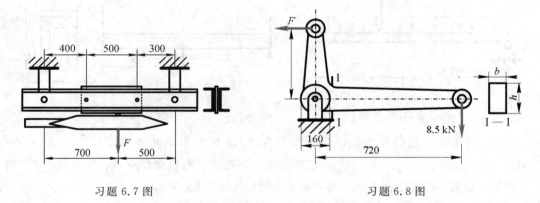

习题 6.7 图　　　　　　　　　　　　　　习题 6.8 图

6.9　习题 6.9 图所示的结构中，AB 梁和 CD 梁的矩形截面宽度均为 b。如果已知 AB 梁高为 h_1，CD 梁高为 h_2，欲使 AB 梁和 CD 梁的最大弯曲正应力相等，则二梁的跨度 l_1 和 l_2 之间应满足什么关系？若材料的许用应力为 $[\sigma]$，此时许用载荷 F 为多大？

6.10　习题 6.10 图所示轧辊轴直径 $d = 280$ mm，跨长 $L = 1000$ mm，$b = 100$ mm，轧辊材料的弯曲许用应力 $[\sigma] = 100$ MPa，试求轧辊能承受的最大轧制力。

6.11　习题 6.11 图所示结构承受均布载荷，AC 为 10 号工字钢梁，B 处用直径 $d = 20$ mm 的钢杆 BD 悬吊，梁和杆的许用应力 $[\sigma] = 160$ MPa。若不考虑切应力，试计算结构的许可载荷 $[q]$。

6.12　在习题 6.12 图所示槽形截面悬臂梁，$F = 10$ kN，$M_e = 70$ kN·m，许用拉应力 $[\sigma_t] = 35$ MPa，许用压应力 $[\sigma_c] = 120$ MPa，试校核梁的强度。

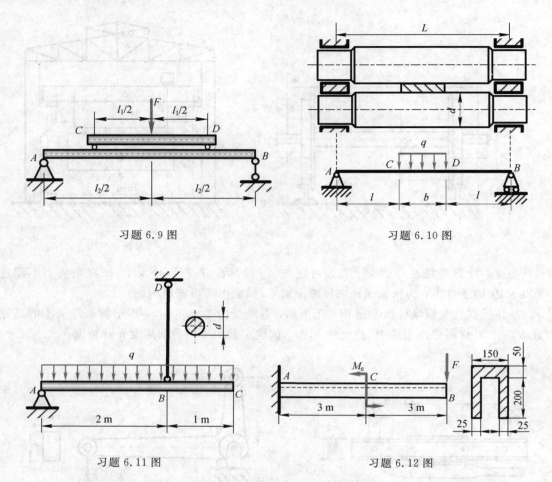

习题 6.9 图

习题 6.10 图

习题 6.11 图

习题 6.12 图

6.13　铸铁梁的载荷及横截面尺寸如习题 6.13 图所示，材料的许用拉应力$[\sigma_t]=$40 MPa，许用压应力$[\sigma_c]=160$ MPa，试按正应力强度条件校核梁的强度。若载荷不变，而将 T 形截面倒置，即翼缘在下成⊥形，是否合理？为什么？

6.14　习题 6.14 图所示截面铸铁梁，已知许用压应力为许用拉应力的四倍，即$[\sigma_c]=4[\sigma_t]$，试从强度方面考虑，宽度 b 为何值最佳。

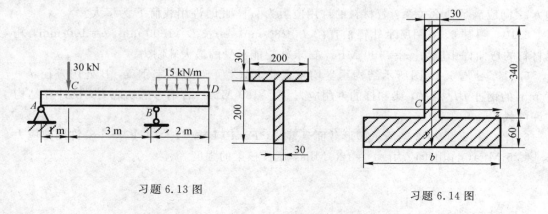

习题 6.13 图

习题 6.14 图

6.15 习题 6.15 图所示托架由铸铁制成，集中力 $F=150$ kN。若许用拉应力$[\sigma_t]=35$ MPa，许用压应力$[\sigma_c]=140$ MPa，许用切应力$[\tau]=30$ MPa，试校核截面 $A—A$ 的强度。

6.16 起重机下的梁由两根工字钢组成，如习题 6.16 图所示，起重机自重 $W=50$ kN，起重量 $P=10$ kN，许用应力$[\sigma]=160$ MPa，$[\tau]=100$ MPa。若暂不考虑梁的自重，试按正应力强度条件选定工字钢型号，然后再按切应力强度条件进行校核。

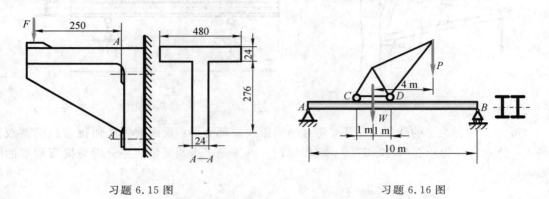

习题 6.15 图　　　　　　　　　　习题 6.16 图

6.17 由四块尺寸相同的木板胶接而成的简支梁如习题 6.17 图所示，试校核其强度。已知载荷 $F=4$ kN，梁跨度 $l=400$ mm，截面宽度 $b=50$ mm，高度 $h=80$ mm，木板的许用应力$[\sigma]=7$ MPa，胶缝的许用切应力$[\tau]=5$ MPa。

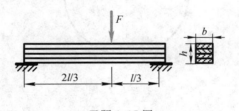

习题 6.17 图

6.18 习题 6.18 图所示箱形梁，由四块木板通过螺钉连接而成，每块木板的横截面面积均为 150 mm$\times25$ mm。若每一螺钉的许可剪力为 1.1 kN，四排螺钉均等距排列，试确定螺钉的间距 S。

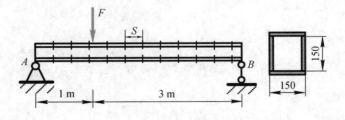

习题 6.18 图

6.19 习题 6.19 所示悬臂梁，自由端作用集中力 F，梁的厚度为 δ，宽度 b 是随 x 而变化的函数。已知材料的许用应力$[\sigma]$，按等强度梁的要求，求截面宽度 $b(x)$。

6.20 习题 6.20 图所示 No.18 工字梁上作用着可移动的载荷 F，已知$[\sigma]=160$ MPa，

为提高梁的承载能力，试确定 a 和 b 的合理值及相应的许可载荷。

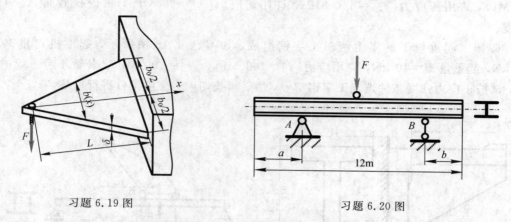

习题 6.19 图　　　　　　　　　　　　习题 6.20 图

6.21　半径为 r 的圆形梁截面，切掉画阴影线的部分后，反而有可能使抗弯截面系数增大，请问这是为什么？试确定当 α 取何值时，可使 W_z 达到极值，并分析对抗弯刚度的影响。

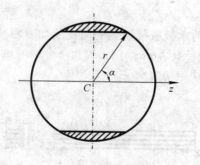

习题 6.21 图

第 7 章　弯曲变形

7.1　引　言

工程实际中，不仅要求受弯曲构件有足够的强度，在某些情形还要求其有足够的刚度。如轧钢机在轧制钢板时，若轧辊的弯曲变形过大，会造成轧出的钢板厚薄不匀，影响产品质量（见图 7.1(a)）；又如装有齿轮的轴，若弯曲变形偏大，会造成齿轮啮合不良，轴与轴承配合不好，从而使传动不平稳，并将加速轮齿和轴承的磨损（见图 7.1(b)）。因此，精密机床等的主轴、床身、工作台都要满足一定的刚度要求，以保证加工精度。

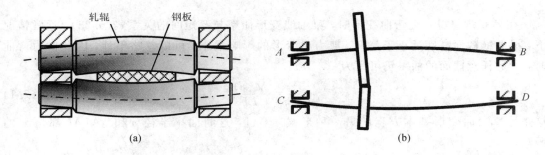

(a)　　　　　　　　　　　　　　　　　　(b)

图 7.1

弯曲变形常常不利于构件正常工作，因此要减少它或限制它。但在有些情形下，可利用弯曲变形满足工作的要求。如车辆上使用的叠板弹簧（见图 6.33(d)），要求有较大的变形，才能起到更好的缓冲减振作用。

在平面弯曲情况下，以变形前的轴线为 x 轴，垂直轴线的轴为 y 轴，取 x 轴向右为正，y 轴向上为正，如图 7.2 所示。

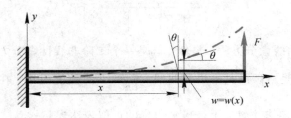

图 7.2

变形后，轴线将成为 xy 平面内的一条曲线，称之为**挠曲线**。挠曲线上任意点的纵坐标用 w 来表示，它代表该点横截面形心沿 y 方向的位移，称之为**挠度**。这样挠曲线方程可以

写成

$$w = w(x)$$

在工程问题中，梁的挠度一般远小于跨度，挠曲线是一条很平坦的曲线，所以任一横截面形心在 x 方向的位移均可略去不计。

变形过程中，横截面绕中性轴相对原来位置所转过的角度 θ，称为该横截面的**转角**。挠度和转角是度量弯曲变形的两个基本量。在图 7.2 所示坐标系中，规定向上的挠度为正，反之为负；截面逆时针的转角为正，反之为负。

根据平面假设，梁的横截面在变形前垂直于 x 轴，变形后仍垂直于挠曲线。所以，截面转角 θ 就是挠曲线的法线与 y 轴的夹角，它应与挠曲线在该点处的切线与 x 轴的夹角相等。又因挠曲线是一个非常平坦的曲线，θ 是一个非常小的角度，故有

$$\theta \approx \tan\theta = \frac{\mathrm{d}w}{\mathrm{d}x}$$

称其为挠度与转角之间的微分关系。

7.2　挠曲线的近似微分方程

在第 6 章曾得到纯弯曲变形时，梁轴线变形曲率与弯矩间的关系式(6.23)。通常情况下，梁的横截面高度远小于跨度，剪力对变形的影响很小，可以忽略不计，因此横力弯曲时，梁的任意截面的曲率仍可写为

$$\frac{1}{\rho(x)} = \frac{M(x)}{EI} \tag{7.1}$$

这是计算弯曲变形基本方程的另一种形式。不过，这时曲率半径 ρ 和弯矩 M 都是 x 的函数。

在高等数学中曾经讨论过平面曲线 $w = w(x)$ 上任一点的曲率为

$$\frac{1}{\rho(x)} = \pm \frac{\dfrac{\mathrm{d}^2 w}{\mathrm{d}x^2}}{\sqrt{\left[1 + \left(\dfrac{\mathrm{d}w}{\mathrm{d}x}\right)^2\right]^3}} \tag{7.2}$$

将式(7.2)所述关系用于梁的变形分析，比较式(7.1)和式(7.2)，得

$$\pm \frac{\dfrac{\mathrm{d}^2 w}{\mathrm{d}x^2}}{\sqrt{\left[1 + \left(\dfrac{\mathrm{d}w}{\mathrm{d}x}\right)^2\right]^3}} = \frac{M(x)}{EI} \tag{7.3}$$

式(7.3)称为梁的挠曲线微分方程。显然，这是一个二阶非线性微分方程。

由于挠曲线通常是一条极其平坦的曲线，$\dfrac{\mathrm{d}w}{\mathrm{d}x} = \theta$ 的数值很小，在式(7.2)右边的分母中 $\left(\dfrac{\mathrm{d}w}{\mathrm{d}x}\right)^2$ 与 1 相比可略去不计，于是得到曲率的近似表达式

$$\frac{1}{\rho(x)} \approx \pm \frac{\mathrm{d}^2 w}{\mathrm{d}x^2} \tag{7.4}$$

挠曲线微分方程近似为

$$\pm \frac{\mathrm{d}^2 w}{\mathrm{d}x^2} = \frac{M(x)}{EI} \qquad (7.5)$$

按照 5.3 节关于弯矩正负号的规定，当挠曲线呈凹形时，M 为正（见图 7.3(a)）。另一方面，在选定的坐标系中，凹形的曲线，其二阶导数 $\frac{\mathrm{d}^2 w}{\mathrm{d}x^2}$ 也为正。同理，挠曲线呈凸形时，M 为负，$\frac{\mathrm{d}^2 w}{\mathrm{d}x^2}$ 也为负（见图 7.3(b)）。故式(7.5)写为

$$\frac{\mathrm{d}^2 w}{\mathrm{d}x^2} = \frac{M(x)}{EI} \qquad (7.6)$$

式(7.6)称为梁的挠曲线近似微分方程。

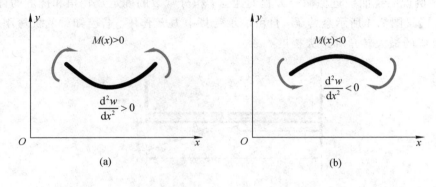

图 7.3

7.3 用积分法求梁的变形

将弯矩方程 $M(x)$ 代入式(7.6)，积分一次，得转角方程为

$$EI \frac{\mathrm{d}w}{\mathrm{d}x} = EI\theta = \int M(x)\mathrm{d}x + C \qquad (7.7)$$

再积分一次，得挠度方程为

$$EIw = \int \left[\int M(x)\mathrm{d}x \right]\mathrm{d}x + Cx + D \qquad (7.8)$$

这种连续积分求梁的变形方程的方法称为（二次）积分法。式中，C、D 均为积分常数，可由梁的某些点上的已知转角和挠度来确定。这些条件一般称为位移边界条件。另外，挠曲线应是一条连续光滑的曲线，在挠曲线的任一点上，应有唯一确定的转角和挠度（中间铰处除外），这就是光滑连续条件。注意：在中间铰支座处，既存在约束条件，又存在光滑连续条件；在中间铰处，仅存在连续条件，不存在光滑条件。

这种积分遍及全梁，必须正确分段列出挠曲线微分方程。分段的原则是：弯矩方程 $M(x)$ 分段处、抗弯刚度突变处、有中间铰的梁在中间铰处等。若积分分为 n 段进行，则会出现 $2n$ 个积分常数。

常见的位移边界条件和光滑连续条件见表 7.1。

表 7.1　　常见的位移边界条件和光滑连续条件

横截面位置	边界条件			光滑连续条件	
	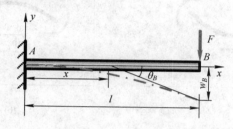				
位移条件	$w_A = 0$	$\theta_A = 0$ $w_A = 0$	$w_A = \Delta$ （Δ 为弹簧变形量）	$\theta_{A-} = \theta_{A+}$ $w_{A-} = w_{A+}$	$w_{A-} = w_{A+}$

下面举例说明挠曲线近似微分方程的建立、积分常数的确定及转角和挠度的计算。

【例 7.1】　图 7.4 所示悬臂梁，自由端承受集中力 F 作用。若已知梁的抗弯刚度 EI 为常量，试求梁的最大转角和最大挠度。

图 7.4

解题分析　图示为一悬臂梁结构，可直接建立弯矩方程，并积分，然后根据边界条件确定积分常数。

【解】　（1）写出梁的弯矩方程。

对图 7.4 所示坐标系，梁的弯矩方程为

$$M(x) = -F(l-x) = F(x-l)$$

（2）列挠曲线近似微分方程并积分。

由式（7.6）得

$$EI \frac{\mathrm{d}^2 w}{\mathrm{d}x^2} = M(x) = F(x-l)$$

积分一次，得

$$EI \frac{\mathrm{d}w}{\mathrm{d}x} = EI\theta = \frac{1}{2}F(x-l)^2 + C \tag{a}$$

再积分一次，得

$$EIw = \frac{1}{6}F(x-l)^3 + Cx + D \tag{b}$$

（3）由位移边界条件确定积分常数。

固定端 A 处的位移边界条件为

$$当\ x = 0\ 时，\theta_A = 0，w_A = 0$$

将其分别代入式（a）和式（b），得

$$C = -\frac{1}{2}Fl^2, \; D = \frac{1}{6}Fl^3$$

（4）确定转角方程和挠曲线方程。

将两个积分常数分别代入式（a）和式（b），得

$$EI\theta = \frac{1}{2}F(x-l)^2 - \frac{1}{2}Fl^2 \tag{c}$$

$$EIw = \frac{1}{6}F(x-l)^3 - \frac{1}{2}Fl^2 x + \frac{1}{6}Fl^3 \tag{d}$$

（5）求最大转角和最大挠度。

由式（c）和式（d）可确定任一截面的转角和挠度。由图7.4可见，自由端 B 截面处的转角和挠度的绝对值最大。以 $x=l$ 代入式（c）和式（d），得

$$\theta_B = -\frac{Fl^2}{2EI}, \; |\theta|_{max} = \frac{Fl^2}{2EI}$$

$$w_B = -\frac{Fl^3}{3EI}, \; |w|_{max} = \frac{Fl^3}{3EI}$$

讨论 在所选坐标系中，θ_B 为负值，说明横截面 B 绕中性轴顺时针方向转动。挠度 w_B 为负值，说明 B 点位移向下。

由于在整个梁段内，弯矩是负值，且 A 截面处转角和挠度为零，所以不难画出梁挠曲线的大致形状，如图7.4中点画线所示。

【例7.2】 如图7.5所示简支梁，受均布载荷 q 的作用。若梁的抗弯刚度 EI 已知，试求梁的转角方程和挠曲线方程，并求最大转角和最大挠度。

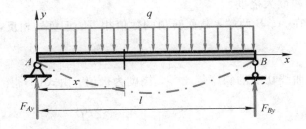

图 7.5

解题分析 图示结构受均布载荷作用，可直接建立弯矩方程，并积分，然后通过边界条件确定积分常数，从而得到变形方程。

【解】 （1）求支座反力并写出弯矩方程。

由平衡条件可求得两端支座反力分别为

$$F_{Ay} = \frac{1}{2}ql, \; F_{By} = \frac{1}{2}ql$$

弯矩方程为

$$M(x) = \frac{1}{2}qlx - \frac{1}{2}qx^2$$

（2）列挠曲线近似微分方程并积分。

由式(7.6)得

$$EI\frac{\mathrm{d}^2 w}{\mathrm{d}x^2} = \frac{1}{2}qlx - \frac{1}{2}qx^2$$

积分一次，得

$$EI\theta = \frac{1}{4}qlx^2 - \frac{1}{6}qx^3 + C \tag{a}$$

再积分一次，得

$$EIw = \frac{1}{12}qlx^3 - \frac{1}{24}qx^4 + Cx + D \tag{b}$$

（3）由位移边界条件确定积分常数。

铰支座 A、B 处的位移边界条件为

$$当 x=0 时，w_A=0$$
$$当 x=l 时，w_B=0$$

将其代入式(b)，得

$$C = -\frac{1}{24}ql^3, \ D = 0$$

（4）确定转角方程和挠曲线方程。

将两个积分常数分别代入式(a)和式(b)，得

$$EI\theta = \frac{1}{4}qlx^2 - \frac{1}{6}qx^3 - \frac{1}{24}ql^3 \tag{c}$$

$$EIw = \frac{1}{12}qlx^3 - \frac{1}{24}qx^4 - \frac{1}{24}ql^3 x \tag{d}$$

（5）求最大转角和最大挠度。

由图 7.5 可见，在 A、B 两端，截面转角的数值相等、正负号相反，且绝对值最大，故

$$\theta_{max} = -\theta_A = \theta_B = \frac{ql^3}{24EI}$$

在跨度中点，挠曲线切线的斜率等于零，挠度为极值。由式(d)得

$$w_{max} = w\big|_{x=\frac{l}{2}} = -\frac{5ql^4}{384EI}$$

【例 7.3】 如图 7.6 所示简支梁，受集中力 F 作用。若梁的抗弯刚度 EI 已知，试求此梁的转角方程和挠曲线方程，并确定最大转角和最大挠度。

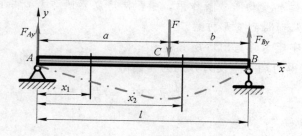

图 7.6

解题分析 图示结构梁的弯矩方程可分为两段建立，并积分获得变形方程，再根据边界条件和光滑连续条件确定积分常数。

【解】 (1) 求支座反力和弯矩方程。

由平衡条件求得支座反力分别为

$$F_{Ay} = \frac{Fb}{l}, \ F_{By} = \frac{Fa}{l}$$

AC 段的弯矩方程为

$$M(x_1) = F_{Ay}x_1 = \frac{Fb}{l}x_1 \qquad (0 \leqslant x_1 \leqslant a)$$

CB 段的弯矩方程为

$$M(x_2) = F_{Ay}x_2 - F(x_2 - a) = \frac{Fb}{l}x_2 - F(x_2 - a) \qquad (a \leqslant x_2 \leqslant l)$$

(2) 列挠曲线近似微分方程并积分。

由于 AC 段和 CB 段的弯矩方程不同,所以梁的挠曲线近似微分方程也必须分别列出。

AC 段$(0 \leqslant x_1 \leqslant a)$:

$$EI \frac{d^2 w_1}{dx_1^2} = \frac{Fb}{l}x_1$$

$$EIw_1' = \frac{Fb}{2l}x_1^2 + C_1 \qquad\qquad (a)$$

$$EIw_1 = \frac{Fb}{6l}x_1^3 + C_1 x_1 + D_1 \qquad\qquad (b)$$

CB 段$(a \leqslant x_2 \leqslant l)$:

$$EI \frac{d^2 w_2}{dx_2^2} = \frac{Fb}{l}x_2 - F(x_2 - a)$$

$$EIw_2' = \frac{Fb}{2l}x_2^2 - \frac{1}{2}F(x_2 - a)^2 + C_2 \qquad\qquad (c)$$

$$EIw_2 = \frac{Fb}{6l}x_2^3 - \frac{1}{6}F(x_2 - a)^3 + C_2 x_2 + D_2 \qquad\qquad (d)$$

(3) 确定积分常数。

积分结果包含 4 个积分常数,除位移边界条件外,还需截面 C 的光滑连续条件。

截面 C 的光滑连续条件为

$$当 \ x_1 = x_2 = a \ 时, w_1' = w_2' \qquad\qquad (e)$$
$$当 \ x_1 = x_2 = a \ 时, w_1 = w_2 \qquad\qquad (f)$$

将其代入式(a)~式(d),得

$$C_1 = C_2, \ D_1 = D_2$$

梁上的边界条件为

$$当 \ x_1 = 0 \ 时, w_1(0) = 0 \qquad\qquad (g)$$
$$当 \ x_2 = l \ 时, w_2(l) = 0 \qquad\qquad (h)$$

将其代入式(b)和式(d),得

$$C_1 = C_2 = -\frac{1}{6}Fbl + \frac{1}{6}\frac{F}{l}b^3 = -\frac{1}{6}\frac{Fb}{l}(l^2 - b^2)$$

$$D_1 = D_2 = 0$$

（4）确定转角方程和挠度方程。

将所求得的积分常数代入式（a）～式（d），得梁的转角方程与挠度方程如下：

AC 段$(0 \leqslant x_1 \leqslant a)$：

$$EI\theta_1 = \frac{Fb}{2l}x_1^2 - \frac{Fb}{6l}(l^2 - b^2) \tag{i}$$

$$EIw_1 = \frac{Fb}{6l}x_1^3 - \frac{Fb}{6l}(l^2 - b^2)x_1 \tag{j}$$

CB 段$(a \leqslant x_2 \leqslant l)$：

$$EI\theta_2 = \frac{Fb}{2l}x_2^2 - \frac{1}{2}F(x_2 - a)^2 - \frac{Fb}{6l}(l^2 - b^2) \tag{k}$$

$$EIw_2 = \frac{Fb}{6l}x_2^3 - \frac{1}{6}F(x_2 - a)^3 - \frac{Fb}{6l}(l^2 - b^2)x_2 \tag{l}$$

（5）求最大转角和最大挠度。

由图 7.6 可见，梁 A 端或 B 端截面的转角可能最大。由式（i）和式（k）求得两端转角分别为

$$\theta_A = \theta_1(0) = -\frac{Fb}{6EIl}(l^2 - b^2) = -\frac{Fab}{6EIl}(l + b) \tag{m}$$

$$\theta_B = \theta_2(l) = \frac{Fbl^2}{2EIl} - \frac{Fb^2}{2EI} - \frac{Fb}{6EIl}(l^2 - b^2) = \frac{Fab}{6EIl}(l + a) \tag{n}$$

比较两式的绝对值可知，当 $a > b$ 时，θ_B 为最大转角。

由图 7.6 可知，最大挠度产生在 w 的极值处。为了确定最大挠度产生在哪一段，先求截面 C 处转角，即

$$\theta_C = \theta_1(a) = \frac{Fba^2}{2EIl} - \frac{Fb}{6EIl}(l^2 - b^2) = \frac{Fab}{3EIl}(a - b) \tag{o}$$

当 $a > b$ 时，$\theta_C > 0$。可见从截面 A 到 C，转角由负变正，改变了符号。因挠曲线是光滑连续曲线，$\theta = 0$ 的截面必在 AC 段内，即最大挠度产生在 AC 段内。由式（i）得

$$\theta_1 = \frac{Fb}{2EIl}x_1^2 - \frac{Fb}{6EIl}(l^2 - b^2) = 0 \tag{p}$$

解得

$$x_1 = x_0 = \sqrt{\frac{l^2 - b^2}{3}} \tag{q}$$

x_0 是最大挠度所在截面的横坐标。将 x_0 代入式（j），得最大挠度为

$$w_1(x_0) = \frac{1}{EI}\left[\frac{1}{6}\frac{Fb}{l}x_0^3 - \frac{1}{6}\frac{Fb}{l}(l^2 - b^2)x_0\right] = -\frac{Fb\sqrt{(l^2 - b^2)^3}}{9\sqrt{3}EIl}$$

讨论　由式（q）可见，当载荷 F 无限接近右支座时，

$$x_0 \approx \frac{l}{\sqrt{3}} = 0.577l$$

说明即使在这种极端情形下，梁最大挠度的位置仍与梁的中点非常接近。此时，梁的中点处的挠度和梁的最大挠度分别为

$$w_1\left(\frac{l}{2}\right) = \frac{Fbl^2}{48EI} - \frac{Fbl^2}{12EI} = -\frac{Fbl^2}{16EI} = -0.0625\,\frac{Fbl^2}{EI}$$

$$w_1(x_0) = -\frac{Fbl^2}{9\sqrt{3}EI} = -0.0642\,\frac{Fbl^2}{EI}$$

比较可知，两者的误差仅为

$$\frac{0.0642 - 0.0625}{0.0642} \times 100\% = 2.65\%$$

因此，工程中常用中点挠度代替最大挠度，这样不会带来很大的误差。

如载荷 F 作用于梁的中点，即 $a = b = \dfrac{l}{2}$，则

$$|\theta|_{max} = \theta_B = |\theta_A| = \frac{Fl^2}{16EI}$$

$$|w|_{max} = w\left(\frac{l}{2}\right) = \frac{Fl^3}{48EI}$$

7.4   用叠加法求梁的变形

在小变形和梁内应力不超过材料比例极限的前提下，得到了挠曲线的近似微分方程式。

由式(7.7)、式(7.8)和 7.3 节各例题可见，转角和挠度与载荷成线性齐次关系。可以证明，在上述条件下，独立作用原理成立。因此，当梁上同时作用若干个载荷时，可以用叠加原理求梁的变形。

设梁上同时承受 F、q 两种载荷作用，各自单独作用时在截面上产生的弯矩分别为 M_F 和 M_q。由叠加原理知，两种载荷共同作用的弯矩为

$$M = M_F + M_q$$

由式(7.6)可得 F、q 单独作用时，对应的挠度 w_F、w_q 有如下关系：

$$EIw_F'' = M_F,\ EIw_q'' = M_q$$

由此得两种载荷共同作用的挠度 w 关系：

$$EIw'' = M = M_F + M_q = EI(w_F'' + w_q'')$$

可见，F 和 q 共同作用下的挠度 w，就是两个载荷单独作用下的挠度 w_F、w_q 之代数和。这一结论可以推广到载荷更多的情况，即

$$\theta = \sum_{i=1}^{n} \theta_i \tag{7.9}$$

$$w = \sum_{i=1}^{n} w_i \tag{7.10}$$

梁在若干个载荷共同作用下的转角或挠度，等于各个载荷单独作用时的转角或挠度的代数和，这就是计算弯曲变形的叠加原理。当梁上的载荷比较复杂，且梁在单个载荷作用下的挠度和转角为已知或易求得的情形下时，用叠加法求梁的变形是比较方便的。

表 7.2 列出了简支梁在几种常用载荷作用下的变形结果。

表 7.2　梁在简单载荷作用下的变形

序号	梁的简图	挠曲线方程	端截面转角	最大挠度
1		$w = -\dfrac{M_e x^2}{2EI}$	$\theta_B = -\dfrac{M_e l}{EI}$	$w_B = -\dfrac{M_e l^2}{2EI}$
2		$w = -\dfrac{Fx^2}{6EI}(3l - x)$	$\theta_B = -\dfrac{Fl^2}{2EI}$	$w_B = -\dfrac{Fl^3}{3EI}$
3		$w = -\dfrac{Fx^2}{6EI}(3a - x)\quad(0 \leqslant x \leqslant a)$ $w = -\dfrac{Fa^2}{6EI}(3x - a)\quad(a \leqslant x \leqslant l)$	$\theta_B = -\dfrac{Fa^2}{2EI}$	$w_B = -\dfrac{Fa^2}{6EI}(3l - a)$
4		$w = -\dfrac{qx^2}{24EI}(x^2 - 4lx + 6l^2)$	$\theta_B = -\dfrac{ql^3}{6EI}$	$w_B = -\dfrac{ql^4}{8EI}$

续表一

序号	梁 的 简 图	挠曲线方程	端截面转角	最大挠度
5		$w = -\dfrac{M_e x}{6EIl}(l-x)(2l-x)$	$\theta_A = -\dfrac{M_e l}{3EI}$ $\theta_B = \dfrac{M_e l}{6EI}$	当 $x = \left(1-\dfrac{1}{\sqrt{3}}\right)l$ 时，$w_{\max} = -\dfrac{M_e l^2}{9\sqrt{3}EI}$；当 $x = \dfrac{l}{2}$ 时，$w_{\frac{l}{2}} = -\dfrac{M_e l^2}{16EI}$
6		$w = -\dfrac{M_e x}{6EIl}(l^2 - x^2)$	$\theta_A = -\dfrac{M_e l}{6EI}$ $\theta_B = \dfrac{M_e l}{3EI}$	当 $x = \dfrac{l}{\sqrt{3}}$ 时，$w_{\max} = -\dfrac{M_e l^2}{9\sqrt{3}EI}$；当 $x = \dfrac{l}{2}$ 时，$w_{\frac{l}{2}} = -\dfrac{M_e l^2}{16EI}$
7		$w = \dfrac{M_e x}{6EIl}(l^2 - 3b^2 - x^2)$ $(0 \le x \le a)$ $w = \dfrac{M_e}{6EIl}\left[-x^3 + 3l(x-a)^2 + (l^2 - 3b^2)x\right]$ $(a \le x \le l)$	$\theta_A = \dfrac{M_e}{6EIl}(l^2 - 3b^2)$ $\theta_B = \dfrac{M_e}{6EIl}(l^2 - 3a^2)$	

续表一

序号	梁的简图	挠曲线方程	端截面转角	最大挠度
8		$w = -\dfrac{Fx}{48EI}\left(3l^2 - 4x^2\right)$ $(0 \leqslant x \leqslant l/2)$	$\theta_A = -\theta_B$ $= -\dfrac{Fl^2}{16EI}$	$w_{\max} = -\dfrac{Fl^3}{48EI}$
9		$w = -\dfrac{Fbx}{6EIl}\left(l^2 - x^2 - b^2\right)$ $(0 \leqslant x \leqslant a)$ $w = -\dfrac{Fb}{6EIl}\left[\dfrac{l}{b}(x-a)^3 + \left(l^2 - b^2\right)x - x^3\right]$ $(a \leqslant x \leqslant l)$	$\theta_A = -\dfrac{Fab(l+b)}{6EIl}$ $\theta_B = \dfrac{Fab(l+a)}{6EIl}$	设 $a>b$，在 $x = \sqrt{\dfrac{l^2 - b^2}{3}}$ 处，$w_{\max} = -\dfrac{Fb\left(l^2 - b^2\right)^{\frac{3}{2}}}{9\sqrt{3}EIl}$ 在 $x = \dfrac{l}{2}$ 处，$w_{\frac{l}{2}} = -\dfrac{Fb\left(3l^2 - 4b^2\right)}{48EI}$
10		$w = -\dfrac{qx}{24EI}\left(l^3 - 2lx^2 + x^3\right)$	$\theta_A = -\theta_B = -\dfrac{ql^3}{24EI}$	$w_{\max} = -\dfrac{5ql^4}{384EI}$

【例 7.4】 图 7.7(a)所示简支梁同时承受均布载荷 q 和集中力 F 的作用。已知梁的抗弯刚度 EI 为常数，试用叠加原理计算跨度中点处的挠度。

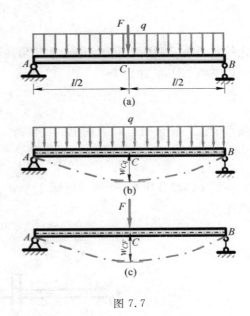

图 7.7

解题分析 表 7.2 中有简支梁在几种常用载荷作用下的变形结果，本题可以分解为简支梁受均布载荷和集中载荷的叠加形式，解题步骤为：载荷分解，变形叠加。

【解】 （1）载荷分解。

梁的变形是由均布载荷 q 和集中力 F 共同引起的。在均布载荷 q 单独作用下（见图 7.7(b)），梁跨度中点的挠度由表 7.2 序号 10 一栏查得

$$w_{Cq} = -\frac{5ql^4}{384EI}\ (\downarrow)$$

在集中力 F 单独作用下（见图 7.7(c)），梁跨度中点的挠度由表 7.2 序号 8 一栏查得

$$w_{CF} = -\frac{Fl^3}{48EI}\ (\downarrow)$$

（2）变形叠加。

叠加两种载荷单独作用时的变形，求得在均布载荷 q 和集中力 F 共同作用下梁跨度中点的挠度为

$$w_C = w_{Cq} + w_{CF} = -\frac{5ql^4}{384EI} - \frac{Fl^3}{48EI}\ (\downarrow)$$

讨论 本题可以直接从表 7.2 中查出结果，代入相应的载荷量和几何量，通过叠加即可计算出结果，该方法为叠加法中的载荷叠加。

【例 7.5】 车床主轴的计算简图可简化为外伸梁，如图 7.8(a)、(b)所示。F_1 为切削力，F_2 为齿轮传动力。若近似地把外伸梁作为等截面梁，试求端点 C 的挠度。

解题分析 图示结构为外伸梁，不能从表 7.2 中直接查出变形结果，为此可将 C 点的变形看成分别由 AB 部分变形和 BC 部分变形引起的。因此，可先将 BC 部分看成刚体、AB 部分看成变形体，计算 C 点的变形量；再把 AB 部分看成刚体、BC 部分看成变形体，计算 C 点的变形量；最后将两部分在 C 点的变形量叠加。

【解】 （1）分段求变形分量。

设想沿截面 B 将外伸梁分成两部分。AB 部分为简支梁（见图 7.8(c)），梁上除集中力 F_2 外，在截面 B 上还有剪力 F_S 和弯矩 M，且 $F_S = F_1$，$M = F_1 a$。剪力 F_S 直接传递给支座 B，不引起变形。在弯矩 M 作用下，由表 7.2 序号 6 一栏查得截面 B 的转角为

$$(\theta_B)_M = \frac{Ml}{3EI} = \frac{F_1 al}{3EI}$$

在 F_2 作用下，由表 7.2 序号 8 一栏查得截面 B 的转角为

$$(\theta_B)_{F_2} = -\frac{F_2 l^2}{16EI}$$

右边的负号表示截面 B 因 F_2 引起的转角是顺时针的。叠加 $(\theta_B)_M$ 和 $(\theta_B)_{F_2}$，得 M 和 F_2 共同作用下截面 B 的转角为

$$\theta_B = \frac{F_1 al}{3EI} - \frac{F_2 l^2}{16EI}$$

单独由于这一转角引起 C 点向上的挠度为

$$w_{C1} = a\theta_B = \frac{F_1 a^2 l}{3EI} - \frac{F_2 al^2}{16EI}$$

再把 BC 部分作为悬臂梁（见图 7.8(d)），在 F_1 作用下，由表 7.2 序号 2 一栏查得 C 点的挠度为

$$w_{C2} = \frac{F_1 a^3}{3EI}$$

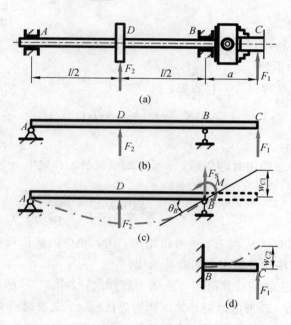

图 7.8

（2）变形叠加。

把外伸梁的 BC 部分看作是整体转动了一个 θ_B 的悬臂梁，于是 C 点的挠度应为 w_{C1} 和 w_{C2} 的叠加，故有

$$w_C = w_{C1} + w_{C2} = \frac{F_1 a^2}{3EI}(a+l) - \frac{F_2 al^2}{16EI}$$

讨论　变形叠加又称逐段分析求和法，其要点是：首先分析计算各梁段的变形在需求位移处引起的位移，然后计算其总和（代数和或矢量和），即得需求的位移。在分析各梁段的变形在需求位移处引起的位移时，除所研究的梁段发生变形外，其余各梁段均视为刚体。在实际求解时，载荷叠加和变形叠加一般联合应用。

【例 7.6】 如图 7.9(a)所示的变截面梁,试求跨度中点 C 的挠度。

解题分析 由变形的对称性看出,跨度中点截面 C 的转角为零,挠曲线在 C 点的切线是水平的。可以把变截面梁的 CB 部分看成是悬臂梁(见图 7.9(b)),自由端 B 的挠度的大小也就等于原来 AB 梁的跨度中点 C 的挠度的大小。

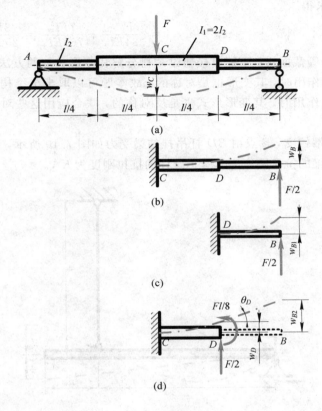

图 7.9

【解】 (1) 分段求变形分量。

把 BC 段看成是在截面 C 固定的悬臂梁,将 CD 段刚化(见图 7.9(c)),并利用表 7.2 序号 2 一栏的公式,求得 B 端的挠度为

$$w_{B1} = \frac{\frac{F}{2}\left(\frac{l}{4}\right)^3}{3EI_2} = \frac{Fl^3}{384EI_2}$$

再把 CD 段看成是在截面 D 作用有集中力 $\frac{F}{2}$ 和集中力偶 $\frac{Fl}{8}$ 的悬臂梁,将 DB 段刚化(见图 7.9(d)),利用表 7.2 序号 1 一栏和序号 2 一栏的公式求得截面 D 的转角和挠度分别为

$$\theta_D = \frac{\frac{Fl}{8}\left(\frac{l}{4}\right)}{EI_1} + \frac{\frac{F}{2}\left(\frac{l}{4}\right)^2}{2EI_1} = \frac{3Fl^2}{64EI_1} = \frac{3Fl^2}{128EI_2}$$

$$w_D = \frac{\frac{Fl}{8}\left(\frac{l}{4}\right)^2}{2EI_1} + \frac{\frac{F}{2}\left(\frac{l}{4}\right)^3}{3EI_1} = \frac{5Fl^3}{768EI_1} = \frac{5Fl^3}{1536EI_2}$$

（2）变形叠加。

B 端由 θ_D 和 w_D 引起的挠度为

$$w_{B2} = w_D + \theta_D \frac{l}{4} = \frac{5Fl^3}{1536EI_2} + \frac{3Fl^2}{128EI_2} \frac{l}{4} = \frac{7Fl^3}{768EI_2}$$

叠加 w_{B1} 和 w_{B2}，求得

$$|w_C| = |w_B| = |w_{B1} + w_{B2}| = \frac{Fl^3}{384EI_2} + \frac{7Fl^3}{768EI_2} = \frac{3Fl^3}{256EI_2}$$

讨论 对于非等截面梁，不能直接通过载荷分解和变形叠加的方法计算梁的变形。对称结构受对称载荷作用时，其变形也是对称的，故本题可以取半个结构进行分析。当对称结构受反对称载荷作用时，其变形形式也是反对称的，联合应用这些对称关系可以大大简化变形计算过程。

【例 7.7】 A 端铰支，B 点由 BD 杆吊挂的梁受力如图 7.10 所示，试用叠加法求 C 点的挠度。已知 AC 梁的抗弯刚度为 EI，BD 杆的抗拉刚度为 EA。

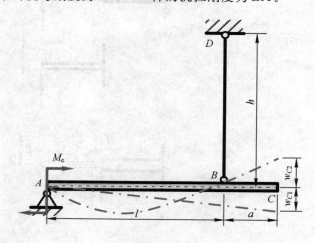

图 7.10

解题分析 由于 AC 梁受力后，BD 杆也将受力伸长，因此 C 点的挠度可以看成是 B 点铰支时梁 AB 段的变形引起的 C 点的挠度，以及将 AC 梁看成刚体由于 BD 杆伸长使 B 点下移所引起的 C 点挠度之和。

【解】（1）分段求变形分量。

由全梁的平衡条件得 BD 杆所受拉力 $F_N = \dfrac{M_e}{l}$，BD 杆的伸长量为

$$\Delta l = \frac{F_N h}{EA} = \frac{M_e h}{EAl}$$

由 BD 杆的伸长所引起的 C 点挠度为

$$w_{C1} = -\Delta l \frac{l+a}{l} = -\frac{M_e h(l+a)}{EAl^2} \quad (\downarrow)$$

将 B 点看成铰支时，A 点集中力偶作用引起截面 B 的转角可从表 7.2 序号 5 一栏查得

$$\theta_{B2} = \frac{M_e l}{6EI} \quad (逆时针)$$

由 θ_{B2} 所引起的 C 点挠度为

$$w_{C2} = a\theta_{B2} = \frac{M_e la}{6EI}\ (\uparrow)$$

（2）变形叠加。

将分别考虑的变形进行叠加，即得该梁截面 C 的挠度为

$$w_C = w_{C1} + w_{C2} = -\frac{M_e h(l+a)}{EAl^2} + \frac{M_e la}{6EI} = \frac{M_e}{E}\left[\frac{la}{6I} - \frac{h(l+a)}{Al^2}\right]$$

讨论　注意掌握叠加法中"分"与"叠"的技巧。"分"要将受载荷变形等效，分后变形已知或易查表。"叠"要将矢量标量化，求其代数和。叠要加全面，特别是刚体位移部分不可漏掉。叠加要注意正负号，以免笼统相加，造成结果错误。

7.5　简单超静定梁

前面讨论的一些梁的约束反力通过静力学平衡方程即可确定，这样的梁称为**静定梁**。但在实际工程中，某些梁的约束反力只用静力学平衡方程并不能全部确定，这样的梁称为**超静定梁**。例如在图 7.11(a) 中，车削工件的左端由卡盘夹紧。对细长的工件，为了减少变形，提高加工精度，在工件的右端又安装有尾顶针。把卡盘夹紧的一端简化成固定端，尾顶针简化为铰支座。在切削力 F 作用下，其计算简图如图 7.11(b) 所示，这样便有 F_{RAx}、F_{RAy}、M_A、F_{RBy} 4 个约束反力，而可以利用的独立静力学平衡方程只有 3 个，即

$$\sum F_x = 0, \qquad F_{RAx} = 0$$
$$\sum F_y = 0, \qquad F - F_{RAy} - F_{RBy} = 0$$
$$\sum M_A = 0, \qquad Fa - F_{RBy}l - M_A = 0$$

由 3 个平衡方程不能解出全部 4 个未知力，所以这是一个超静定梁。

超静定梁求解的方法很多，这里介绍简单的超静定梁的求解。仍以图 7.11(b) 所示超静定梁为例，为了寻求变形协调方程，设想解除支座 B 的约束，并用 F_{RBy} 代替。这样就把原来的超静定梁在形式上转变为静定的悬臂梁，称之为**静定基**。在这一静定梁上，除原来的载荷 F 外，还有代替支座 B 的未知反力 F_{RBy}（见图 7.11(c)），称之为超静定结构的**相当系统**。

若以 $(w_B)_F$ 和 $(w_B)_{F_{RBy}}$ 分别表示 F 和 F_{RBy} 各自单独作用时 B 端的挠度（见图 7.11(d)、(e)），则在 F 和 F_{RBy} 的共同作用下，B 端的挠度应为其代数和。但 B 端实际上为活动铰链支座，不应有垂直位移，即

$$w_B = (w_B)_F + (w_B)_{F_{RBy}} = 0 \tag{7.11}$$

这就是变形协调方程。利用表 7.2，可以求出

$$(w_B)_F = \frac{Fa^2}{6EI}(3l-a), \quad (w_B)_{F_{RBy}} = -\frac{F_{RBy}l^3}{3EI}$$

将其代入式(7.11)后即可解出

$$F_{RBy} = \frac{F}{2}\left(3\frac{a^2}{l^2} - \frac{a^3}{l^3}\right)$$

解出 F_{RBy} 后，原来的超静定梁就相当于在 F 和 F_{RBy} 共同作用下的悬臂梁。进一步的计算就与静定梁无异。例如，可以求出 C 和 A 两截面的弯矩分别是

$$M_C = -F_{RBy}(l-a) = -\frac{F}{2}\left(3\frac{a^2}{l^2} - \frac{a^3}{l^3}\right)(l-a)$$

$$M_A = Fa - F_{RBy}l = \frac{Fl}{2}\left(2\frac{a}{l} - 3\frac{a^2}{l^2} + \frac{a^3}{l^3}\right)$$

于是可作梁的弯矩图（见图 7.11(f)），并可继续进行强度计算和变形计算。

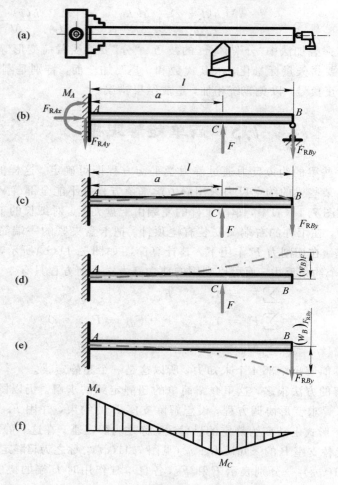

图 7.11

对现在讨论的超静定梁，不难证实，其内力和变形都远小于只在 A 端固定的悬臂梁（相当于左端夹紧，右端无尾顶针的情况）。这表明，由于增加了支座 B，超静定梁的强度和刚度都得到了提高。但超静定梁也容易引起装配应力。以三轴承的传动轴为例，由于加工误差，三个轴承孔的中心线难以保证重叠在一条直线上（见图 7.12）。当传动轴装进这样的三个轴承孔中时，必将造成轴的弯曲变形，引起应力，这就是装配应力，与拉伸压缩超静定结构类似。

图 7.12

上述用变形叠加法求解超静定梁的方法，称为变形比较法。

【例 7.8】 对图 7.11 所示的超静定梁，试用解除固定端对截面转动约束的方法求解。

解题分析 在求解超静定问题时，多余约束的解除和基本静定基的选择方法不是唯一的。本题中的超静定梁，可以解除 B 处约束，将梁转化为悬臂梁（见图 7.11(c)）进行求解，也可以解除固定端截面 A 的转动约束，把固定端变为铰支座（见图 7.13），将简支梁作为原来的超静定梁的静定基进行求解。

【解】 （1）解除多余约束，将梁转化为基本静定梁。

解除固定端对截面 A 的转动约束，以反作用力偶 M_A 代表固定端对截面 A 的转动约束，将超静定梁转化为简支梁（见图 7.13）。

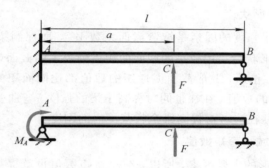

图 7.13

（2）列变形协调方程。

叠加 M_A 和 F 各自单独作用时截面 A 的转角 $(\theta_A)_{M_A}$ 和 $(\theta_A)_F$，得到两者共同作用时截面 A 的转角 θ_A。因实际上 A 为固定端，截面 A 的转角应等于零，故变形协调方程为

$$\theta_A = (\theta_A)_{M_A} + (\theta_A)_F = 0$$

（3）求 M_A。

利用表 7.2，查得

$$(\theta_A)_{M_A} = -\frac{M_A l}{3EI}, \quad (\theta_A)_F = \frac{Fa(l-a)(2l-a)}{6EIl}$$

将其代入变形协调方程，整理得

$$M_A = \frac{Fl}{2}\left(2\,\frac{a}{l} - 3\,\frac{a^2}{l^2} + \frac{a^3}{l^3}\right)$$

讨论 计算结果表明，两种解除约束的方式，其计算结果相同。由本题可以看出，对于同一超静定结构，其对应的静定基不止一种形式，在确定静定基后，需添加去除约束的约束反力和外载荷，才能得到与超静定结构对应的相当系统。

7.6 梁的刚度条件及提高梁刚度的措施

7.6.1 刚度条件

在工程实际中，为了使梁有足够的刚度，应根据不同的需要，限制梁的最大转角和最

大挠度。如许可挠度用 $[w]$ 表示，许可转角用 $[\theta]$ 表示，则刚度条件为

$$|w|_{\max} \leqslant [w] \tag{7.12}$$

$$|\theta|_{\max} \leqslant [\theta] \tag{7.13}$$

$[\theta]$ 及 $[w]$ 的数值由具体工作条件确定。例如，一般用途的轴 $[w]=(0.0003 \sim 0.0005)l$；起重机大梁 $[w]=(0.001 \sim 0.002)l$；滑动轴承处 $[\theta]=0.001$ rad。

7.6.2　提高梁刚度的措施

从挠曲线的近似微分方程可以看出，弯曲变形与弯矩大小、跨度长短、支撑条件、梁的抗弯刚度等有关，因此，提高梁的刚度应从这些因素加以考虑。

1. 选择合理的截面形状

前面已提及，控制梁强度的因素是抗弯截面系数 W_z，而控制梁刚度的因素是截面惯性矩 I_z。选取合理截面形状就是用较小的截面面积得到较大的截面惯性矩，即 I_z/A 越大，截面越合理。如工字形、槽形、T 形截面惯性矩的数值都比同面积的矩形截面大。一般来说，提高截面惯性矩 I_z 的数值，往往也同时提高了梁的强度。弯曲变形与梁的全部长度内各部分的刚度都有关，往往应考虑提高梁全长范围内的刚度。

2. 改善结构形式，减小弯矩数值

弯矩是引起弯曲变形的主要因素，所以，减小弯矩数值也就提高了弯曲刚度。具体可从以下几个方面加以考虑：

（1）减小梁的长度是减小弯曲变形较为有效的方法，因为挠度一般与梁长度的三次方或四次方成正比。在可能的条件下，应尽可能减小梁的长度。

（2）改变施加载荷的方式也可减小梁的变形。例如，将集中力改变为分布力，将力的作用位置尽可能靠近支座，都可能减小梁的变形。

（3）在有些情形下，可使梁有一个反向的初始挠度，这样在加载后可减小梁的挠度。

（4）采用超静定结构。例如，在车床上加工细长轴时，加顶针支撑工件，相当于增加梁的支座，可以减小工件自身变形。有时除加顶针外，还可采用中心架或跟刀架减小工件变形，提高加工精度。增加约束后，静定梁变为超静定梁，可使刚度增大。

（5）弯曲变形还与材料的弹性模量 E 有关，E 值越大，变形越小。但各种钢材的弹性模量 E 值大致相同，为提高弯曲刚度而采用高强度钢，不会得到预期的效果。

【例 7.9】　试为图 7.14(a)所示简支梁选择工字钢的型号。已知集中力 $F=35$ kN；梁的跨度 $l=4$ m，$a=3$ m，$b=1$ m；材料的许用应力 $[\sigma]=160$ MPa，$[w]=\dfrac{l}{700}$，弹性模量 $E=200$ GPa。

解题分析　本题需要同时进行强度设计和刚度设计。

【解】　（1）计算支座反力，绘制弯矩图。

由平衡条件求得两端支反力为

$$F_{Ay} = \frac{Fb}{l}, \quad F_{By} = \frac{Fa}{l}$$

绘出弯矩图，如图 7.14(b)所示。

（2）按强度要求设计。

由图 7.14(b)可见，梁的最大弯矩为

$$M_{\max} = \frac{Fab}{l} = \frac{(35 \times 10^3 \, \text{N}) \times 3 \, \text{m} \times 1 \, \text{m}}{4 \, \text{m}} = 2.63 \times 10^4 \, \text{N} \cdot \text{m}$$

根据梁的弯曲正应力强度条件式(6.28)知

$$W_z \geqslant \frac{M_{\max}}{[\sigma]} = \frac{2.63 \times 10^4 \, \text{N} \cdot \text{m}}{160 \times 10^6 \, \text{N/m}^2} = 1.644 \times 10^{-4} \, \text{m}^3 = 164.4 \, \text{cm}^3$$

查型钢表得 No.18 工字钢的 $W_z = 185 \, \text{cm}^3$，从强度方面考虑，应选 No.18 工字钢。

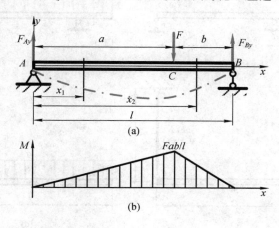

图 7.14

(3) 按刚度要求设计。

查表 7.2 序号 9 一栏得梁的最大挠度，代入梁的刚度条件

$$|w|_{\max} = \frac{Fb \sqrt{(l^2 - b^2)^3}}{9\sqrt{3} \, EI_z l} \leqslant [w] = \frac{l}{700}$$

所以

$$I_z \geqslant \frac{700 Fb \sqrt{(l^2 - b^2)^3}}{9\sqrt{3} \, El^2} = \frac{700 \times 35 \times 10^3 \times \sqrt{(4^2 - 1^2)^3}}{9\sqrt{3} \times 200 \times 10^9 \times 4^2}$$

$$= 2.85 \times 10^{-5} \, \text{m}^4 = 2850 \, \text{cm}^4$$

查型钢表得 No.22a 工字钢的 $I_z = 3400 \, \text{cm}^4$，从刚度考虑应选 No.22a 工字钢。由于 No.22a 工字钢的 W_z 大于 No.18 工字钢的 W_z，故最终选 No.22a 工字钢，可同时满足梁的强度和刚度条件。

思　考　题

7.1　什么是梁的挠曲线？什么是梁的挠度和转角？它们之间有何关联？

7.2　挠度与转角的正负号是如何规定的？该规定与坐标系的选择是否相关？

7.3　试写出铰支座和固定支座处的位移边界条件表达式。

7.4　叠加法的应用条件是什么？如何进行梁的刚度计算？

7.5　什么是超静定梁？与静定梁相比，超静定梁有哪些优点？

7.6　什么是变形协调条件？如何建立超静定梁在多余约束处的变形协调条件？如何

得到补充方程?

习　　题

7.1　写出习题 7.1 图所示梁的位移边界条件。

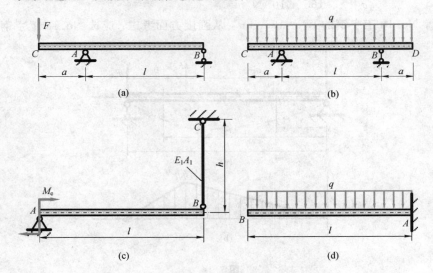

习题 7.1 图

7.2　试画出习题 7.2 图所示梁挠曲线的大致形状。

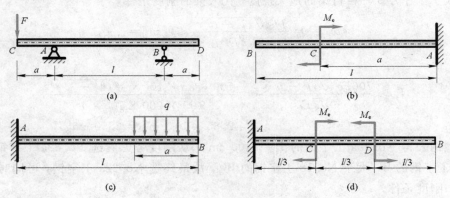

习题 7.2 图

7.3　用积分法求习题 7.3 图所示悬臂梁的转角方程和挠曲线方程,并计算梁的最大挠度 $|w|_{\max}$ 和最大转角 $|\theta|_{\max}$。设梁的抗弯刚度 EI 为常数。

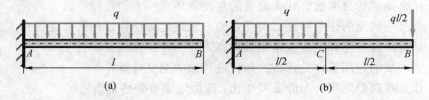

习题 7.3 图

7.4 用积分法求习题 7.4 图所示简支梁的转角方程和挠曲线方程，并求两端截面的转角 θ_A 和 θ_B 以及跨中截面的挠度 w_C。设梁的抗弯刚度 EI 为常数。

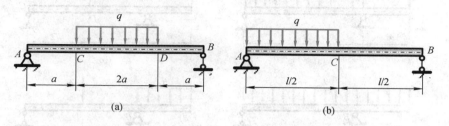

习题 7.4 图

7.5 用积分法求习题 7.5 图所示外伸梁的转角方程和挠曲线方程，并求 A、B 两截面的转角 θ_A 和 θ_B 以及 A、D 两截面的挠度 w_A 和 w_D。设梁的抗弯刚度 EI 为常数。

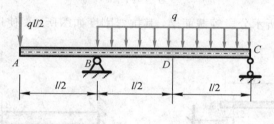

习题 7.5 图

7.6 试用叠加法求题 7.6 图所示各梁截面 A 的挠度和截面 B 的转角。设梁的抗弯刚度 EI 为常数。

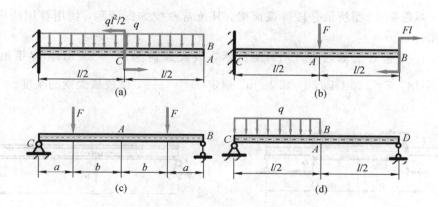

习题 7.6 图

7.7 试用叠加法求习题 7.7 图所示各外伸梁外伸端的挠度和转角。设梁的抗弯刚度 EI 为常数。

7.8 习题 7.8 图所示电磁开关由钢片 AB 与电磁铁组成。为使端点 B 与接触点接触，试求电磁铁所需产生吸力的最小值 F 以及间距 a 的大小。已知铜片横截面惯性矩 $I_z = 0.18 \text{ mm}^4$，弹性模量 $E = 101 \text{ GPa}$。

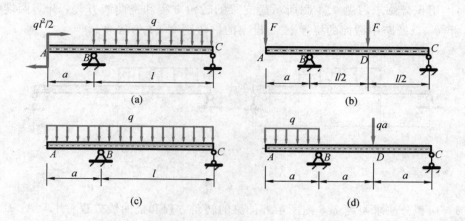

习题 7.7 图

7.9　习题 7.9 图所示分段等截面梁，其抗弯刚度如图所示，使用叠加法求自由端的挠度和转角。

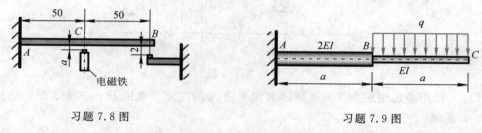

习题 7.8 图　　　　　　　　　习题 7.9 图

7.10　习题 7.10 图所示分段等截面梁，其抗弯刚度如图所示，使用叠加法求中点 E 处的挠度和转角。

7.11　桥式起重机如习题 7.11 图所示，最大载荷为 $W = 23$ kN，起重机大梁为 No.32a 工字钢，$E = 210$ GPa，$l = 8.76$ m。规定 $[w] = \dfrac{l}{500}$，试校核大梁的刚度。

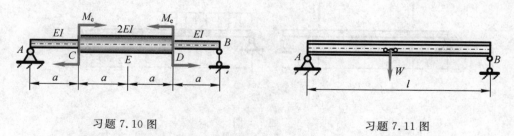

习题 7.10 图　　　　　　　　　习题 7.11 图

7.12　习题 7.12 图所示的两梁相互垂直，并在简支梁中点接触。设两梁材料相同，AB 梁的惯性矩为 I_1，CD 梁的惯性矩为 I_2，试求 AB 梁中点的挠度 w_C。

7.13　车床床头箱的一根传动轴简化为三支座等截面梁，如习题 7.13 图所示。试用变形比较法求解并作出轴的弯矩图。

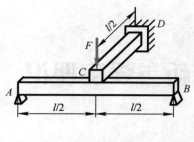

习题 7.12 图

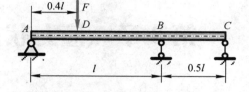

习题 7.13 图

7.14　习题 7.14 图所示悬臂梁的抗弯刚度 $EI = 30 \times 10^3$ N·m^2。弹簧的刚度系数为 185×10^3 N/m。若梁与弹簧间的空隙为 1.25 mm，当集中力 $F = 450$ N 作用于梁的自由端时，试问弹簧将分担多大的力？

7.15　习题 7.15 图所示两根宽 20 mm、厚 5 mm 的木条，其中点处被一直径为 50 mm 的光滑刚性圆柱分开，已知木材的弹性模量 $E_w = 11$ GPa，求使木条两端恰好接触时，作用在两端的力 F。

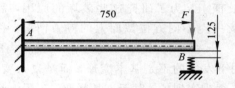

习题 7.14 图

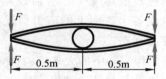

习题 7.15 图

第8章　应力状态分析与强度理论

8.1　引　言

前面几章讨论的拉压、扭转和弯曲变形的强度条件，是在试验基础上，用危险点横截面上的正应力或切应力建立的。但是，破坏是否一定发生在横截面上，横截面上的应力是否就是引起破坏的直接原因呢？试验表明：有些情况下，破坏确实发生在横截面上，如铸铁试样的拉伸破坏，低碳钢试样的扭转破坏等。而有些情况下，破坏并没有发生在横截面上，如低碳钢的拉伸试验中屈服发生在与轴线约成 45° 的斜截面上，铸铁圆柱试样的扭转破坏发生在与轴线约成 45° 的螺旋面上。为了研究这些破坏的原因，需要研究危险点各个截面上的应力情况。构件内任意一点不同方位截面上的应力情况，称为该点的应力状态。

对于工程实际中的大多数构件，在外力作用下发生的不是基本变形，而是复杂变形。这类构件如果通过试验结果直接建立强度条件是很难实现的。对于这类问题，工程上经常是研究危险点的应力状态，依据部分试验结果，经过推理，提出一些假说，推测材料失效的原因，从而建立强度条件。关于材料破坏原因的假说，称为强度理论。应力状态分析和强度理论为研究复杂变形杆件的强度问题提供了理论基础。

8.2　应力状态的概念

一般情况下，受力构件内不同位置的点具有不同的应力。同一点，不同方位截面上的应力也不相同。受力构件内的点在不同方位截面上的应力的集合，称为点的应力状态。研究点的应力状态，可使人们了解点的应力随截面方位变化的情况，为解决构件在复杂受力情况下的强度问题奠定基础。

为了研究某点的应力状态，可以围绕该点截取一个微小的正六面体，称之为单元体。为了表示受力构件上一点处的应力状态，单元体各边长均为无限小，因而可以认为：

(1) 单元体各面上应力是均匀分布的；

(2) 在单元体两个相对的平行面上，应力大小相等，方向相反。

例如，图 8.1(a) 所示的简支梁，沿截面 m—m，以纵横截面从杆内截取 5 个单元体，这 5 个单元体的应力状态如图 8.1(b) 所示，由于各单元体前后两个面均无应力，故可用图 8.1(c) 所示的平面图表示。在截面 m—m 上，点 A 仅有最大压应力；点 B 不仅有压应力，还有切应力；点 C 仅有最大切应力；点 D 不仅有拉应力还有切应力；点 E 只有最大拉应力。

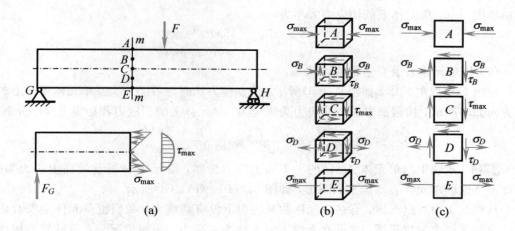

图 8.1

【例 8.1】　直径为 d 的悬臂梁受力如图 8.2(a)所示，试用单元体表示梁上 A、B、C 三点处的应力状态。

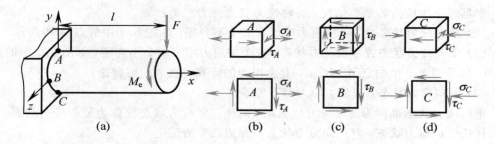

图 8.2

解题分析　在对构件进行强度计算时，需要分析危险点的应力状态。本题中的悬臂梁横截面上的内力有弯矩、扭矩和剪力。根据内力图，容易判断出梁的固定端截面为危险截面。根据各内力对应的应力分布图，不难判断出固定端截面上的 A、B、C 三点为危险点。

【解】　（1）求固定端截面上的内力。

固定端截面为梁的危险截面，截面上的内力有扭矩、剪力和弯矩，其值分别为

$$T = M_e,\ F_S = F,\ M = -Fl$$

（2）用单元体表示 A 点的应力状态。

包围 A 点取单元体，如图 8.2(b)所示。单元体左右两侧面代表杆件横截面，作用有弯曲正应力和扭转切应力，应力方向如图所示；单元体上下面上无应力；根据切应力互等定理，单元体前后面上有切应力，方向如图所示。单元体上的正应力和切应力大小分别为

$$\sigma_A = \frac{|M|}{W} = \frac{32Fl}{\pi d^3},\ \tau_A = \frac{T}{W_p} = \frac{16M_e}{\pi d^3}$$

（3）用单元体表示 B 点的应力状态。

包围 B 点取单元体，如图 8.2(c)所示。单元体左右两侧面代表杆件横截面，由于 B 点位于中性轴上，所以横截面上的弯曲正应力为零，作用有扭转切应力和弯曲切应力，应力方向如图所示；单元体前后面上无应力；根据切应力互等定理，单元体上下面有切应力，

方向如图所示。单元体上的切应力大小为

$$\tau_B = \frac{T}{W_p} + \frac{4F_S}{3A} = \frac{16M_e}{\pi d^3} + \frac{16F}{3\pi d^2}$$

（4）用单元体表示 C 点的应力状态。

包围 C 点取单元体，如图 8.2(d)所示。该点应力状态与 A 点相似，单元体各面上的应力方向如图所示，横截面上的弯曲应力为压应力。单元体上的正应力和切应力大小分别为

$$\sigma_C = \frac{|M|}{W} = \frac{32Fl}{\pi d^3}, \ \tau_C = \frac{T}{W_p} = \frac{16M_e}{\pi d^3}$$

讨论　本题中的单元体 A、C 的上下面上应力为零，单元体 B 的前后面上应力为零，因此可将这些单元体表示成平面图形，如图 8.2(b)、(c)、(d)所示。

从例 8.1 中可以看出，有些单元体的某些面上没有切应力，我们把单元体中没有切应力作用的平面称为**主平面**，主平面上的正应力称为**主应力**。一般情况下，通过受力构件的任意点可找到三对互相垂直的主平面，因而每一点都有三个主应力，依次用 σ_1、σ_2 和 σ_3 表示，且按代数值的大小排列成

$$\sigma_1 \geqslant \sigma_2 \geqslant \sigma_3$$

根据三个主应力的取值情况，可将应力状态分为三类：

（1）单向应力状态：三个主应力中仅有一个不为零，如图 8.1 中的点 A 和点 E。

（2）二向应力状态或平面应力状态：三个主应力中有两个不为零，如图 8.1 中的点 B、C、D，以及图 8.2 中的点 A、B、C，其主应力的计算将在 8.4 节讨论。

（3）三向应力状态：三个主应力都不为零。

单向应力状态也称为简单应力状态，二向和三向应力状态统称为复杂应力状态。本章重点讨论二向应力状态，对三向应力状态只介绍必要的结论。

8.3　复杂应力状态的工程实例

8.3.1　二向应力状态的工程实例

作为二向应力状态的实例，我们研究锅炉或其他圆筒形容器中，圆筒壁上某单元体的应力状态（见图 8.3(a)）。当圆筒的壁厚 δ 远小于其内径 D 时（$\delta < D/20$），这类圆筒称为薄壁圆筒。若封闭的薄壁圆筒承受内压 p 的作用，不难看出，作用于筒底两端的压力将在横截面上引起轴向拉应力 σ_x；作用于筒壁侧面的压力将在纵截面上引起周向拉应力 σ_t。由于壁薄，故可认为 σ_x、σ_t 沿壁厚均匀分布。

用横截面 n—n 截开圆筒，其右半部分的受力如图 8.3(b)所示，由沿 x 轴方向的平衡方程

$$\sum F_x = 0, \ p\frac{\pi D^2}{4} - \sigma_x(\pi D\delta) = 0$$

得横截面上的轴向拉应力为

$$\sigma_x = \frac{pD}{4\delta} \tag{8.1}$$

用相距为 l 的两个横截面和一个通过圆筒轴线的纵截面截取圆筒的上部分作为研究对

象(见图 8.3(c)),由沿 y 轴方向的平衡方程

$$\sum F_y = 0, \quad plD - 2\sigma_t(l\delta) = 0$$

得纵截面上的周向拉应力为

$$\sigma_t = \frac{pD}{2\delta} \tag{8.2}$$

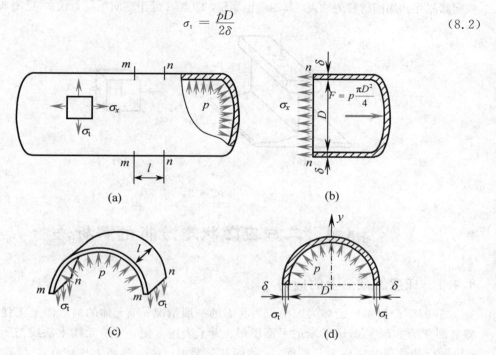

图 8.3

由式(8.1)和式(8.2)可见,周向拉应力 σ_t 是轴向拉应力 σ_x 的两倍。

由于横截面与纵截面上都没有切应力,故纵横截面均为主平面,σ_x 和 σ_t 均为主应力。此外,在单元体的第三个方向上有作用于内壁的压强 p 或作用于外壁的大气压强,它们都远小于 σ_x 和 σ_t,故可忽略不计。因此,薄壁圆筒内各点均处于二向应力状态,其单元体如图 8.3(a)所示。

对于图 8.4 所示的薄壁圆球形容器,若壁厚为 δ,内径为 D,压力为 p,壁内各点也均处于二向应力状态,其单元体如图 8.4(c)所示。纵横截面上的拉应力均为

$$\sigma = \frac{pD}{4\delta} \tag{8.3}$$

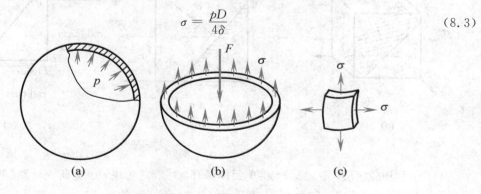

图 8.4

8.3.2　三向应力状态的工程实例

导轨与滚轮的接触处(见图 8.5(a)),导轨表层的微体 A 除在垂直方向直接受压外,由于其横向膨胀受到周围材料的约束,其四侧也受压,即点 A 处于三向压应力状态(见图 8.5(b))。

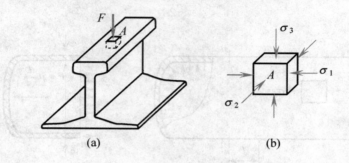

(a)　　　　(b)

图 8.5

8.4　二向应力状态分析的解析法

8.4.1　任意斜截面上的应力

图 8.6(a)所示单元体为二向应力状态的一般情况,单元体的前后面上无任何应力,可将其简化为如图 8.6(b)所示的平面图形。为了表述方便,将单元体上法线与 x 轴、y 轴和 z 轴平行的截面分别称为 x 截面、y 截面和 z 截面。在 x 截面上作用有应力 σ_x 与 τ_{xy},在 y 截面上作用有应力 σ_y 与 τ_{yx}。若上述应力均为已知,现在研究平行于 z 轴的任一斜截面 ef 上的应力。如图 8.6(b)所示,设斜截面的外法线 n 与 x 轴的夹角用 α 表示,该截面上的应力用 σ_α 与 τ_α 表示,夹角 α 的正负号规定为:从 x 轴正向逆时针旋转到斜截面外法线方向所转过的角度为正,反之为负。应力的正负号规定为:正应力以拉为正、压为负;切应力以企图使单元体顺时针旋转为正,反之为负。

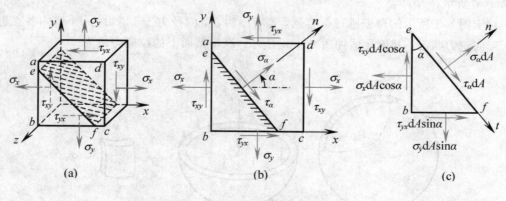

(a)　　　　　　　(b)　　　　　　　(c)

图 8.6

首先,利用截面法,沿截面 ef 将单元体截开,并取三角块 ebf 为研究对象(见图 8.6(c))。设截面 ef 的面积为 dA,则截面 eb 和截面 bf 的面积分别为 $dA\cos\alpha$ 和 $dA\sin\alpha$。三角块

ebf 受力如图 8.6(c)所示，其沿斜截面的法向和切向的平衡方程分别为

$$\sum F_n = 0, \quad \sigma_a \mathrm{d}A + (\tau_{xy} \mathrm{d}A \cos\alpha)\sin\alpha - (\sigma_x \mathrm{d}A \cos\alpha)\cos\alpha +$$
$$(\tau_{yx} \mathrm{d}A \sin\alpha)\cos\alpha - (\sigma_y \mathrm{d}A \sin\alpha)\sin\alpha = 0$$

$$\sum F_t = 0, \quad \tau_a \mathrm{d}A - (\tau_{xy} \mathrm{d}A \cos\alpha)\cos\alpha - (\sigma_x \mathrm{d}A \cos\alpha)\sin\alpha +$$
$$(\tau_{yx} \mathrm{d}A \sin\alpha)\sin\alpha + (\sigma_y \mathrm{d}A \sin\alpha)\cos\alpha = 0$$

根据切应力互等定理，τ_{xy} 与 τ_{yx} 在数值上相等，由上述平衡方程得 α 斜截面上的应力计算公式为

$$\sigma_a = \frac{\sigma_x + \sigma_y}{2} + \frac{\sigma_x - \sigma_y}{2}\cos2\alpha - \tau_{xy}\sin2\alpha \tag{8.4}$$

$$\tau_a = \frac{\sigma_x - \sigma_y}{2}\sin2\alpha + \tau_{xy}\cos2\alpha \tag{8.5}$$

由式(8.4)可以得到

$$\sigma_a + \sigma_{a+\frac{\pi}{2}} = \sigma_x + \sigma_y \tag{8.6}$$

可见，相互垂直的两个斜截面的正应力之和为一常量，称为应力不变量。

8.4.2　主平面与主应力

式(8.4)和式(8.5)两式表明，斜截面上的正应力 σ_a 与切应力 τ_a 随截面方位角 α 的改变而变化，根据主平面和主应力的定义，如果某截面上的切应力为零，则该截面为主平面，该截面上的正应力就是主应力。

令 $\tau_a = 0$，由式(8.5)得到

$$\tan2\alpha_0 = \frac{-2\tau_{xy}}{\sigma_x - \sigma_y} \tag{8.7}$$

另外，根据求函数极值的方法，令 $\dfrac{\mathrm{d}\sigma_a}{\mathrm{d}\alpha}=0$，由式(8.4)也可以得到式(8.7)。

由于正切函数的周期为 π，故由式(8.7)可以得到两个绝对值小于 90°的 α_0，以确定两个互相垂直的主平面。同时，这两个平面也是 σ_a 的极值所在的平面，一个为 $\sigma_{\max}$ 所在的平面，另一个则为 $\sigma_{\min}$ 所在的平面。从式(8.7)求出 $\sin2\alpha_0$ 和 $\cos2\alpha_0$，将其代入式(8.4)，求得两个主应力为

$$\left.\begin{array}{r}\sigma_{\max}\\\sigma_{\min}\end{array}\right\} = \frac{\sigma_x + \sigma_y}{2} \pm \sqrt{\left(\frac{\sigma_x - \sigma_y}{2}\right)^2 + \tau_{xy}^2} \tag{8.8}$$

由式(8.8)得到 $\sigma_{\max}$ 和 $\sigma_{\min}$ 后，与 z 截面的主应力(即前后面上的主应力，在二向应力状态下，其值为零)按代数值大小排序成 $\sigma_1 \geqslant \sigma_2 \geqslant \sigma_3$，即可得到三个主应力。

这里还有一个问题，有两个绝对值小于 90°的 α_0，哪一个对应 $\sigma_{\max}$？显然，只要将 α_0 的两个值分别代入式(8.4)即可确定。也可根据下面方法确定：若 $\sigma_x \geqslant \sigma_v$，则绝对值较小的 α_0 对应 $\sigma_{\max}$ 所在的主平面；若 $\sigma_x < \sigma_y$，则绝对值较大的 α_0 对应 $\sigma_{\max}$ 所在的主平面。

【例 8.2】　单元体的应力状态如图 8.7 所示，图中应力单位为 MPa。试求：

(1) 指定斜截面上的应力；

(2) 该点处主应力的大小，并确定主平面的方位。

解题分析　本题应首先从图 8.7(a)中读出 σ_x、σ_y、τ_{xy} 与 α，由式(8.4)和式(8.5)计算

出指定斜截面上的应力；由式(8.8)计算出两个主应力，并与 z 截面的主应力（即前后面的主应力，其值为零）按代数值大小排序成 $\sigma_1 \geqslant \sigma_2 \geqslant \sigma_3$，确定三个主应力；由式(8.7)计算出主平面的方位。

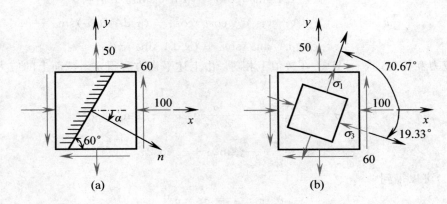

图 8.7

【解】　(1) 从图 8.7(a)中读出 σ_x、σ_y、τ_{xy} 与 α。

由图知：$\sigma_x = -100$ MPa，$\sigma_y = 50$ MPa，$\tau_{xy} = -60$ MPa，$\alpha = -30°$。

(2) 计算指定斜截面上的应力 σ_α 与 τ_α。

将上述数据代入式(8.4)和式(8.5)，得

$$\sigma_\alpha = \frac{-100+50}{2} + \frac{-100-50}{2}\cos(-60°) - (-60)\sin(-60°) = -114.5 \text{ MPa}$$

$$\tau_\alpha = \frac{-100-50}{2}\sin(-60°) + (-60)\cos(-60°) = 35.0 \text{ MPa}$$

(3) 计算三个主应力。

由式(8.8)得

$$\left.\begin{array}{c}\sigma_{\max} \\ \sigma_{\min}\end{array}\right\} = \frac{-100+50}{2} \pm \sqrt{\left[\frac{-100-(-50)}{2}\right]^2 + (-60)^2} = -25 \pm 96 = \begin{cases} 71 \text{ MPa} \\ -121 \text{ MPa} \end{cases}$$

将 $\sigma_{\max}$、$\sigma_{\min}$ 与前后面上为 0 的主应力排序成 $\sigma_1 \geqslant \sigma_2 \geqslant \sigma_3$，得单元体的主应力为

$$\sigma_1 = 71 \text{ MPa}, \quad \sigma_2 = 0 \text{ MPa}, \quad \sigma_3 = -121 \text{ MPa}$$

(4) 确定主平面的方位。

由式(8.7)得

$$\tan 2\alpha_0 = \frac{-2\tau_{xy}}{\sigma_x - \sigma_y} = -\frac{2 \times (-60 \text{ MPa})}{(-100 \text{ MPa}) - (50 \text{ MPa})} = -0.8$$

所以

$$2\alpha_0 = -38.66° \quad \text{或} \quad 2\alpha_0 = 141.34°$$

即

$$\alpha_0 = -19.33° \quad \text{或} \quad \alpha_0 = 70.67°$$

因本题中 $\sigma_x < \sigma_y$，所以绝对值较大的 $\alpha_0 = 70.67°$ 对应 $\sigma_{\max}$（即 σ_1）所在的平面，绝对值较小的 $\alpha_0 = -19.33°$ 对应 $\sigma_{\min}$（即 σ_3）所在的平面，其方位如图 8.7(b)所示。

讨论　由本题可见，任一点至少有三对主平面，且三对主平面相互垂直。

8.5　二向应力状态分析的图解法

8.5.1　应力圆的概念

将式(8.4)、式(8.5)改写成

$$\sigma_\alpha - \frac{\sigma_x + \sigma_y}{2} = \frac{\sigma_x - \sigma_y}{2}\cos 2\alpha - \tau_{xy}\sin 2\alpha$$

$$\tau_\alpha = \frac{\sigma_x - \sigma_y}{2}\sin 2\alpha + \tau_{xy}\cos 2\alpha$$

将以上两式的等号两边分别平方，然后相加并整理后得到

$$\left(\sigma_\alpha - \frac{\sigma_x + \sigma_y}{2}\right)^2 + \tau_\alpha^2 = \left(\frac{\sigma_x - \sigma_y}{2}\right)^2 + \tau_{xy}^2 \qquad (8.9)$$

该式在 σ-τ 坐标系表示的是一个圆，如图 8.8 所示，其圆

心坐标为 $\left(\dfrac{\sigma_x + \sigma_y}{2},\ 0\right)$，半径为 $R = \sqrt{\left(\dfrac{\sigma_x - \sigma_y}{2}\right)^2 + \tau_{xy}^2}$，该圆

称为**应力圆**或**莫尔圆**。

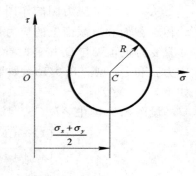

图 8.8

8.5.2　应力圆的作法

现以图 8.9(a)所示的二向应力状态单元体为例，说明应力圆的作法。设图中应力分量 σ_x、σ_y 和 τ_{xy} 均为已知。

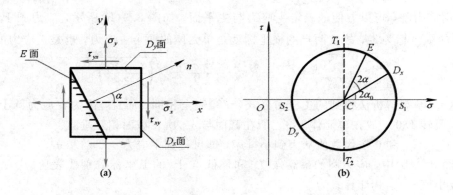

图 8.9

（1）建立 σ-τ 坐标系（见图 8.9(b)）。

（2）根据 x 截面上的正应力和切应力在 σ-τ 坐标系中定出点 $D_x(\sigma_x,\ \tau_{xy})$；根据 y 截面上的正应力和切应力在 σ-τ 坐标系中定出点 $D_y(\sigma_y,\ -\tau_{xy})$（不失一般性，这里作图时假设 $\sigma_x > \sigma_y > 0$，$\tau_{xy} > 0$）；连接点 D_x 和 D_y，交 σ 轴于点 C。

（3）以点 C 为圆心，$\overline{CD_x}$ 为半径作圆，即得应力圆。

容易证明，所作应力圆的圆心坐标和半径分别为

$$C\left(\frac{\sigma_x + \sigma_y}{2},\ 0\right),\ R = \overline{CD_x} = \sqrt{\left(\frac{\sigma_x - \sigma_y}{2}\right)^2 + \tau_{xy}^2}$$

所以，该圆就是应力圆。

8.5.3　根据应力圆确定斜截面上的应力

从 8.5.2 节应力圆的作图过程可见，应力圆上的点 D_x 和 D_y 的坐标值分别代表了单元体 x 截面和 y 截面上的应力值。对于任意 α 斜截面，其上的应力也可利用应力圆确定：如果 α 为正，从点 D_x 按逆时针沿圆周旋转 2α 角，所得到的点 E 的坐标就是该截面上的应力 σ_α 和 τ_α，见图 8.9(b)；如果 α 为负，则从点 D_x 按顺时针沿圆周旋转 2α 角即可。证明如下：

设图 8.9(b)中 $\angle D_x C S_1 = 2\alpha_0$，则

$$\begin{aligned}
\sigma_E &= \overline{OC} + \overline{CE}\cos(2\alpha_0 + 2\alpha) = \overline{OC} + \overline{CD_x}\cos(2\alpha_0 + 2\alpha) \\
&= \overline{OC} + \overline{CD_x}\cos 2\alpha_0 \cos 2\alpha - \overline{CD_x}\sin 2\alpha_0 \sin 2\alpha \\
&= \frac{\sigma_x + \sigma_y}{2} + \frac{\sigma_x - \sigma_y}{2}\cos 2\alpha - \tau_{xy}\sin 2\alpha = \sigma_\alpha
\end{aligned}$$

同理可证

$$\tau_E = \tau_\alpha$$

应力圆上的点与单元体上的面的对应关系可总结为：点面对应，基准一致，转向相同，转角两倍。

8.5.4　根据应力圆确定主应力与极值应力

利用应力圆，可以方便地确定主应力与主平面。如图 8.9(b)所示，应力圆上的 S_1 和 S_2 两点的纵坐标为零，故这两点的横坐标就是单元体的两个主应力，也是正应力的极值：

$$\left.\begin{array}{r}\sigma_{\max} \\ \sigma_{\min}\end{array}\right\} = \left.\begin{array}{r}\overline{OS_1} \\ \overline{OS_2}\end{array}\right\} = \overline{OC} \pm R = \frac{\sigma_x + \sigma_y}{2} \pm \sqrt{\left(\frac{\sigma_x - \sigma_y}{2}\right)^2 + \tau_{xy}^2} \tag{8.10}$$

式(8.10)与解析法得到的主应力公式(8.8)完全相同。而且，因为在应力圆上由点 S_1 到点 S_2 要转 $180°$，故在单元体上 $\sigma_{\max}$ 所在截面与 $\sigma_{\min}$ 所在截面相互垂直。

将 $\sigma_{\max}$、$\sigma_{\min}$ 和 0 按代数值从大到小排序，即可得到主应力 σ_1、σ_2 和 σ_3。

在图 8.9(b)中，应力圆的最高点 T_1 和最低点 T_2 的纵坐标分别代表切应力的极大值 $\tau_{\max}$ 和极小值 $\tau_{\min}$。其计算式为

$$\left.\begin{array}{r}\tau_{\max} \\ \tau_{\min}\end{array}\right\} = \pm R = \pm\sqrt{\left(\frac{\sigma_x - \sigma_y}{2}\right)^2 + \tau_{xy}^2} \tag{8.11}$$

由应力圆还可以直观得到下列两个结论：

(1) 主平面与切应力极值所在平面相交成 $45°$角。

(2) 切应力极大值和极小值所在平面上的正应力相等，都等于 $\frac{\sigma_x + \sigma_y}{2}$。

【例 8.3】　试用图解法求解例 8.2 中的单元体指定斜截面上的应力、主应力和主平面的方位。图中应力单位为 MPa。

解题分析　本题可先根据图 8.10(a)所示单元体中的已知量画出应力圆，然后在应力

圆上找出斜截面和主平面对应的点，再进一步确定斜截面上的应力、主应力和主平面的方位。

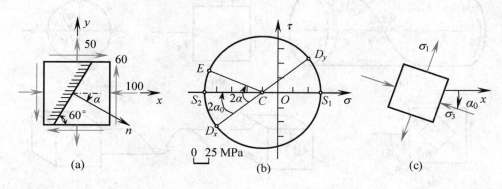

图 8.10

【解】　（1）作应力圆。

如图 8.10（b）所示，按选定的比例尺，以 $\sigma_x = -100$ MPa 为横坐标、$\tau_{xy} = -60$ MPa 为纵坐标确定点 D_x；以 $\sigma_y = 50$ MPa 为横坐标、$\tau_{yx} = 60$ MPa 为纵坐标确定点 D_y；连接点 D_x 与点 D_y，交 σ 轴于点 C；以点 C 为圆心、$\overline{CD_x}$ 为半径作应力圆。

（2）确定指定斜截面上的应力。

图 8.10（a）所示单元体中指定斜截面的方位角 $\alpha = -30°$，故在图 8.10（b）中，从点 D_x 按顺时针沿圆周旋转 60° 至点 E。按所选比例尺，量得点 E 的横坐标约为 -115 MPa，纵坐标约为 35 MPa，即斜截面上的应力为

$$\sigma_\alpha = -115 \text{ MPa}, \quad \tau_\alpha = 35 \text{ MPa}$$

（3）确定主应力及主平面。

由图 8.10（b）所示应力圆，按选定的比例尺，量得主平面对应的点 S_1 和 S_2 的横坐标分别约为 70 MPa 和 -120 MPa。将它们和 0 按代数值从大到小排序，得三个主应力为

$$\sigma_1 = 70 \text{ MPa}, \quad \sigma_2 = 0 \text{ MPa}, \quad \sigma_3 = -120 \text{ MPa}$$

由图 8.10（b）所示应力圆中可以量得，自 CD_x 开始，顺时针旋转约 40° 到达 CS_2，即 $2\alpha_0 \approx -40°$。因此在单元体上，从 x 轴正方向开始，约顺时针旋转 20° 到达 σ_3 主平面所在位置，即 $\alpha_0 \approx -20°$。σ_1 与 σ_3 主平面相互垂直，该单元体主平面的方位如图 8.10（c）所示。

讨论　本题采用图解法分析的结果与例 8.2 中采用解析法计算的结果一致。解析法计算的结果精确，图解法比较直观。在分析该类问题时，可以将这两种方法联合使用，采用解析法计算出精确的结果，然后采用图解法检验计算结果的正确性。

【例 8.4】　采用图解法分析图 8.11（a）所示扭转圆轴危险点的应力状态，设圆轴直径为 d。

解题分析　圆轴扭转时，在各横截面的边缘处切应力最大，因此危险点在圆轴表面。

【解】　（1）取危险点的单元体。

在圆轴表层，按图 8.11（a）所示方式取出单元体，单元体各面上的应力如图 8.11（b）所示，这是纯剪切应力状态。各面上切应力的值为

$$\tau = \frac{T}{W_p} = \frac{M_e}{W_p} = \frac{16 M_e}{\pi d^3}$$

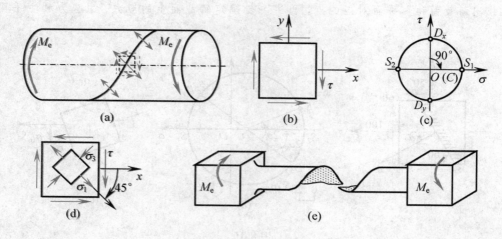

图 8.11

（2）作应力圆。

如图 8.11(c)所示，按选定的比例尺，以 $\sigma_x = 0$ 为横坐标、$\tau_{xy} = \tau$ 为纵坐标确定点 D_x；以 $\sigma_y = 0$ 为横坐标、$\tau_{yx} = -\tau$ 为纵坐标确定点 D_y；连接点 D_x 与点 D_y，交 σ 轴于点 C（图中，点 C 与点 O 重合）；以点 C 为圆心、$\overline{CD_x}$ 为半径作应力圆。

（3）确定主应力和主平面。

由图 8.11(c)所示应力圆，得主平面对应的点 S_1 和 S_2 的横坐标分别为 τ 和 $-\tau$。将它们和 0 按代数值从大到小排序，得三个主应力为

$$\sigma_1 = \tau, \ \sigma_2 = 0, \ \sigma_3 = -\tau$$

由图 8.11(c)所示应力圆知，自 CD_x 开始，顺时针旋转 90° 到达 CS_1，因此在单元体上，从 x 轴开始，顺时针旋转 45° 到达 σ_1 主平面所在位置。σ_1 与 σ_3 主平面相互垂直，该单元体主平面的方位如图 8.11(d)所示。

讨论　已有的研究表明（见 8.6 节），σ_1 为单元体的最大拉应力。由此可知，圆轴试样扭转时，其表面各点的最大拉应力 σ_1 所在的主平面连成倾角为 45° 的螺旋面（见图 8.11(a)）。由于铸铁抗拉强度较低，因此试样沿这一螺旋面发生拉伸断裂破坏，如图 8.11(e)所示。在扭转粉笔时，也可看到类似的断裂面。

【例 8.5】　构件中某点 A 为二向应力状态，两斜截面上的应力如图 8.12(a)所示。试采用图解法求点 A 的主应力和切应力的极大值。

解题分析　本题应理解为已知点 A 处单元体两个斜截面上的应力，或者说已知应力圆上的两个点，由于应力圆的圆心在 σ 轴上，因此在应力圆上，这两点连线的垂直平分线与 σ 轴的交点即为圆心。

【解】　（1）作应力圆。

如图 8.12(b)所示，按选定的比例尺建立 σ-τ 坐标系。在坐标系中确定点 $D_1(200, 100)$，$D_2(-100, 50)$，连接点 D_1 与点 D_2，作线段 D_1D_2 的垂直平分线，交 σ 轴于点 C；以点 C 为圆心、$\overline{CD_1}$ 为半径作应力圆。

（2）确定主应力。

在应力圆上量取，并按比例换算得 $\sigma_1 = 235$ MPa，$\sigma_2 = 0$ MPa，$\sigma_3 = -110$ MPa。

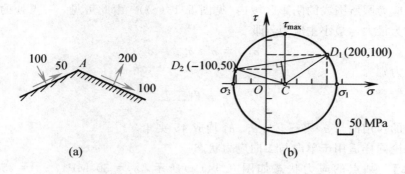

图 8.12

（3）确定切应力的极大值。

在应力圆上量取，并按比例换算得 $\tau_{\max}=172.5$ MPa。

8.6　三向应力状态

8.6.1　三向应力圆

受力构件中的一点处的 3 个主应力都不为零时，该点处于三向应力状态。图 8.13（a）所示的单元体，设主应力 σ_1、σ_2 和 σ_3 已知。首先分析与 σ_3 平行的斜截面 $abcd$ 上的应力。沿截面 $abcd$ 将单元体截开，截取如图 8.13（b）所示的分离体，分离体前后两个三角形面上，应力 σ_3 的合力自相平衡，不影响斜截面上的应力。因此，斜截面上的应力只取决于 σ_1 和 σ_2，可像二向应力状态那样，用 σ_1 和 σ_2 所决定的应力圆来确定任意斜截面 $abcd$ 上的应力。

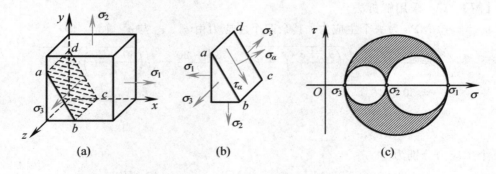

图 8.13

同理，平行于 σ_1 的任意斜截面上的应力，与 σ_1 无关，可由 σ_2 和 σ_3 所决定的应力圆确定；平行于 σ_2 的任意斜截面上的应力，与 σ_2 无关，可由 σ_1 和 σ_3 所决定的应力圆确定。这样，就得到三个两两相切的应力圆，称为三向应力圆。进一步的研究证明，与三个主应力均为斜交的任意截面所对应的点，均在三个应力圆所围的阴影区域内（见图 8.13（c））。

8.6.2　最大应力

综上所述，在 σ-τ 平面内，代表单元体任一截面应力的点，或位于应力圆上，或位于由上述三个应力圆所围成的阴影区域内(见图 8.13(c))。由此可见,一点处的最大与最小正应力分别为最大与最小主应力,即

$$\sigma_{max} = \sigma_1, \quad \sigma_{min} = \sigma_3 \tag{8.12}$$

而最大切应力则为

$$\tau_{max} = \frac{\sigma_1 - \sigma_3}{2} \tag{8.13}$$

最大切应力的作用面与 σ_2 平行,与 σ_1、σ_3 均成 45°夹角。

上述结论同样适用于单向与二向应力状态。

【例 8.6】 某点的应力状态如图 8.14(a)所示, $\sigma_x = 80$ MPa, $\tau_{xy} = 35$ MPa, $\sigma_y = 20$ MPa, $\sigma_z = -40$ MPa。试分别用解析法和图解法求主应力、最大正应力与最大切应力。

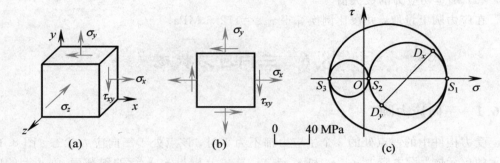

图 8.14

解题分析 对于图示应力状态,已知 σ_z 为主应力,其余两个主应力则可由 σ_x、τ_{xy} 与 σ_y 确定(见图 8.14(b))。

【解】 (1) 采用解析法。

$\sigma_z = -40$ MPa 为一个主应力,其余两个主应力由 σ_x、τ_{xy} 与 σ_y 确定,即

$$\left.\begin{array}{c}\sigma' \\ \sigma''\end{array}\right\} = \frac{\sigma_x + \sigma_y}{2} \pm \sqrt{\left(\frac{\sigma_x - \sigma_y}{2}\right)^2 + \tau_{xy}^2} = \frac{80 + 20}{2} \pm \sqrt{\left(\frac{80 - 20}{2}\right)^2 + 35^2}$$

$$= 50 \pm 46$$

$$= \begin{cases} 96 \text{ MPa} \\ 4 \text{ MPa} \end{cases}$$

故三个主应力分别为

$$\sigma_1 = 96 \text{ MPa}, \quad \sigma_2 = 4 \text{ MPa}, \quad \sigma_3 = -40 \text{ MPa}$$

最大正应力与最大切应力分别为

$$\sigma_{max} = \sigma_1 = 96 \text{ MPa}, \quad \tau_{max} = \frac{\sigma_1 - \sigma_3}{2} = 68 \text{ MPa}$$

(2) 采用图解法。

如图 8.14(c)所示,按选定的比例尺建立 σ-τ 坐标系。连接坐标点 D_x(80,35), D_y(20,-35),以 $D_x D_y$ 为直径作应力圆,交 σ 轴于点 S_1、S_2。再在坐标系中确定点 S_3(-40,0),分别以 $S_1 S_3$ 和 $S_2 S_3$ 为直径画圆,即得三向应力圆。

σ_1、σ_2、σ_3 分别为点 S_1、S_2、S_3 的横坐标,从图 8.14(c)中量取,并按比例换算得

$$\sigma_1 = 96 \text{ MPa}, \ \sigma_2 = 4 \text{ MPa}, \ \sigma_3 = -40 \text{ MPa}$$

最大正应力（三向应力圆最右点的横坐标），与最大切应力（三向应力圆最高点的纵坐标）也可从图中量得

$$\sigma_{\max} = 96 \text{ MPa}, \ \tau_{\max} = 68 \text{ MPa}$$

讨论　本题中的 σ_1、σ_2 分别为由 σ_x、τ_{xy} 与 σ_y 确定的应力圆正应力的极大与极小值。一点的最值应力，则是由三向应力圆确定的最大与最小应力值，应注意两者的区别。

8.7　广义胡克定律

在第 2 章中介绍了轴向拉压情况下，也就是单向应力状态的胡克定律，其表达式为

$$\sigma = E\varepsilon \quad \text{或} \quad \varepsilon = \frac{\sigma}{E}$$

上式只考虑了单一的应力-应变关系。但是，由于泊松效应的影响，在考虑三向应力与三向应变的关系时，就不能忽略分量间的耦合作用。

如图 8.15(a) 所示，由于 σ_x 的作用，将会在 x 方向上产生应变 $\varepsilon_x^{(1)} = \dfrac{\sigma_x}{E}$；由于泊松效应，$\sigma_y$ 和 σ_z 的作用也将分别在 x 方向上产生应变 $\varepsilon_x^{(2)} = -\mu\dfrac{\sigma_y}{E}$ 和 $\varepsilon_x^{(3)} = -\mu\dfrac{\sigma_z}{E}$。

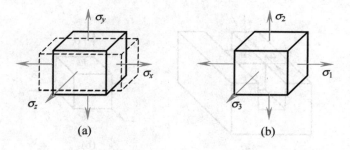

图 8.15

对于各向同性材料，当变形很小且在线弹性范围内时，线应变只与正应力有关，而与切应力无关；切应变只与切应力有关，而与正应力无关。叠加以上结果，得 x 方向的线应变为

$$\varepsilon_x = \varepsilon_x^{(1)} + \varepsilon_x^{(2)} + \varepsilon_x^{(3)} = \frac{1}{E}\big[\sigma_x - \mu(\sigma_y + \sigma_z)\big]$$

同理，可得 y 方向和 z 方向的线应变，最终得到

$$\left.\begin{aligned}
\varepsilon_x &= \frac{1}{E}\big[\sigma_x - \mu(\sigma_y + \sigma_z)\big] \\
\varepsilon_y &= \frac{1}{E}\big[\sigma_y - \mu(\sigma_x + \sigma_z)\big] \\
\varepsilon_z &= \frac{1}{E}\big[\sigma_z - \mu(\sigma_x + \sigma_y)\big]
\end{aligned}\right\} \tag{8.14}$$

至于切应力与切应变之间，同一平面内的切应力与切应变依然服从纯剪切条件下的剪切胡克定律，即有

$$\left.\begin{array}{l}\gamma_{xy} = \dfrac{\tau_{xy}}{G}\\[2mm]\gamma_{yz} = \dfrac{\tau_{yz}}{G}\\[2mm]\gamma_{zx} = \dfrac{\tau_{zx}}{G}\end{array}\right\} \tag{8.15}$$

式(8.14)和式(8.15)统称为**广义胡克定律**。

如果是主单元体，如图 8.15(b)所示，则广义胡克定律表示为

$$\left.\begin{array}{l}\varepsilon_1 = \dfrac{1}{E}\big[\sigma_1 - \mu(\sigma_2 + \sigma_3)\big]\\[2mm]\varepsilon_2 = \dfrac{1}{E}\big[\sigma_2 - \mu(\sigma_1 + \sigma_3)\big]\\[2mm]\varepsilon_3 = \dfrac{1}{E}\big[\sigma_3 - \mu(\sigma_1 + \sigma_2)\big]\end{array}\right\} \tag{8.16}$$

广义胡克定律建立了复杂应力状态下应力与应变间的关系，在工程中有着广泛的应用。

【例 8.7】 图 8.16 所示槽形刚体，其内放置一边长为 $a = 10$ mm 的正方形钢块，钢块顶面承受合力 $F = 8$ kN 的均布压力作用。已知材料的弹性模量 $E = 200$ GPa，泊松比 $\mu = 0.3$，试求钢块的三个主应力。

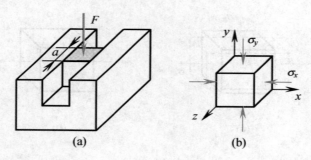

图 8.16

解题分析　在压力 F 作用下，钢块顶面受压，引起 y 方向的尺寸减小，同时在 z 方向和 x 方向产生膨胀或有膨胀趋势。因 x 方向变形受阻，所以 x 方向产生压应力。而 z 方向，因没有受力，应力为 0，即 $\sigma_z = 0$。

【解】　(1) 计算钢块 y 方向的压应力，即

$$\sigma_y = \frac{F_N}{A} = \frac{-F}{a^2} = -\frac{8 \times 10^3 \, \text{N}}{(10 \, \text{mm})^2} = -80 \, \text{N/mm}^2 = -80 \, \text{MPa}$$

(2) 计算钢块 x 方向的压应力。

由题意知，钢块 x 方向的线应变为 0，即 $\varepsilon_x = 0$，由广义胡克定律得

$$\varepsilon_x = \frac{1}{E}\big[\sigma_x - \mu(\sigma_y + \sigma_z)\big] = 0$$

整理得

$$\sigma_x = \mu(\sigma_y + \sigma_z) = 0.3 \times (-80 \, \text{MPa} + 0) = -24 \, \text{MPa}$$

（3）求钢块的三个主应力。

在图 8.16(b)中的单元体，x、y、z 面均为主平面，所以三个主应力分别为

$$\sigma_1 = 0,\ \sigma_2 = -24\ \text{MPa},\ \sigma_3 = -80\ \text{MPa}$$

【例 8.8】　如图 8.17(a)所示钢拉杆的横截面面积 $A=300\ \text{mm}^2$，材料的弹性模量 $E=200\ \text{GPa}$，泊松比 $\mu=0.3$。现测得点 C 处与水平方向成 $30°$ 方向的正应变 $\varepsilon_{30°}=400\times10^{-6}$，试求轴向拉力 F。

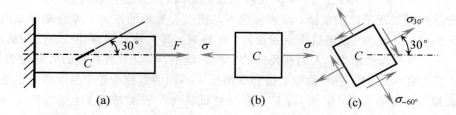

图 8.17

解题分析　本题中钢拉杆受轴向拉力作用，只要知道杆横截面上的应力 σ，即可求出拉力 F。为计算应力 σ，取点 C 的两个单元体，分别如图 8.17(b)和(c)所示。由斜截面应力公式和广义胡克定律建立 σ 与 $\varepsilon_{30°}$ 之间的关系。

【解】　（1）建立斜截面上的正应力与 σ 间的关系。

取点 C 的两个单元体，分别如图 8.17(b)和(c)所示，由斜截面应力公式(8.4)得

$$\sigma_{30°} = \frac{\sigma_x + \sigma_y}{2} + \frac{\sigma_x - \sigma_y}{2}\cos60° - \tau_{xy}\sin60° = \frac{\sigma}{2} + \frac{\sigma}{2}\times\frac{1}{2} = \frac{3\sigma}{4}$$

$$\sigma_{-60°} = \frac{\sigma_x + \sigma_y}{2} + \frac{\sigma_x - \sigma_y}{2}\cos(-120°) - \tau_{xy}\sin(-120)° = \frac{\sigma}{2} + \frac{\sigma}{2}\times\left(-\frac{1}{2}\right) = \frac{\sigma}{4}$$

（2）由广义胡克定律求 σ。

由广义胡克定律得

$$\varepsilon_{30°} = \frac{1}{E}\left[\sigma_{30°} - \mu(\sigma_{-60°} + \sigma_z)\right] = \frac{1}{E}\left[\frac{3\sigma}{4} - \mu\left(\frac{\sigma}{4} + 0\right)\right] = \frac{3-\mu}{4E}\sigma$$

所以

$$\sigma = \frac{4E}{3-\mu}\varepsilon_{30°} = \frac{4\times(200\times10^3\ \text{MPa})}{3-0.3}\times400\times10^{-6} = 118.5\ \text{MPa}$$

（3）求轴向拉力 F，即

$$F = \sigma A = 118.5\ \text{N/mm}^2 \times 300\ \text{mm}^2 = 35.6\ \text{kN}$$

讨论　广义胡克定律公式(8.14)中的 x、y、z 仅表示三个互相垂直的方向。因此，本题将式(8.14)中的 σ_x、σ_y 替换为 $\sigma_{30°}$、$\sigma_{-60°}$ 进行计算。

8.8　强度理论

8.8.1　强度理论概念

简单应力状态下的强度条件是在试验基础上建立的。如受拉杆件，其强度条件为

$$\sigma_{\max} = \left(\frac{F_N}{A}\right)_{\max} \leqslant [\sigma] = \frac{\sigma_u}{n}$$

式中，极限应力 σ_u（屈服极限 σ_s 或强度极限 σ_b）由试验测定。但在工程实际中，很多构件的危险点处于复杂应力状态。此时，由于应力组合方式有各种可能性，如果像轴向拉伸一样，完全靠试验来确定极限应力，然后建立强度条件，则必须对各种应力状态一一进行试验。由于技术上的困难和工作的繁重，这往往难以实现。解决这类问题，经常是依据部分试验结果，经过推理，提出一些假说，推测材料失效的原因，从而建立强度条件。

尽管材料失效现象比较复杂，但因强度不足而引起失效的方式主要有塑性屈服和脆性断裂两种类型。例如，低碳钢试样承受拉伸、扭转时，其失效是塑性屈服；铸铁试样拉伸、扭转时，其失效是脆性断裂。人们在长期的生产活动中，综合分析材料的失效现象和资料，对强度失效的原因提出了各种假说，进而发展出了不同的强度理论。强度理论的正确性必须经受试验与实践的检验，事实上，正是在反复试验与实践的基础上，强度理论才逐步得到发展并日趋完善。

8.8.2 节和 8.8.3 节将介绍当前常用的四个强度理论。

8.8.2　适用于脆性断裂的强度理论

1. 最大拉应力理论（第一强度理论）

最大拉应力理论认为，引起材料脆性断裂的主要因素是最大拉应力，即认为无论是什么应力状态，只要最大拉应力 σ_1 达到单向拉伸断裂时的强度极限 σ_b，材料即发生断裂。按此理论，材料的断裂条件为

$$\sigma_1 = \sigma_b \tag{8.17}$$

相应的强度条件为

$$\sigma_1 \leqslant [\sigma] \tag{8.18}$$

式中，$[\sigma] = \dfrac{\sigma_b}{n}$ 为材料的许用拉应力，n 为安全因数。

最大拉应力理论与石材、铸铁、玻璃、陶瓷等脆性材料的工程实际以及实验数据吻合得很好，所以该理论广泛用于脆性材料的强度计算和设计。但该理论没有考虑其他两个主应力 σ_2、σ_3 对材料强度的影响，且不能用于单向压缩等没有拉应力的情况。

2. 最大伸长线应变理论（第二强度理论）

最大伸长线应变理论认为，引起材料脆性断裂的主要因素是最大伸长线应变 ε_1，即认为无论材料处于何种应力状态，只要最大伸长线应变 ε_1 达到材料单向拉伸断裂时的最大伸长线应变值，材料即发生断裂。按此理论，材料的断裂条件为

$$\varepsilon_1 = \frac{\sigma_b}{E} \tag{8.19}$$

由广义胡克定律

$$\varepsilon_1 = \frac{1}{E}[\sigma_1 - \mu(\sigma_2 + \sigma_3)] \tag{8.20}$$

将式（8.20）代入式（8.19），得材料的断裂条件为

$$\sigma_1 - \mu(\sigma_2 + \sigma_3) = \sigma_b \tag{8.21}$$

相应的强度条件为

$$\sigma_1 - \mu(\sigma_2 + \sigma_3) \leqslant [\sigma] \tag{8.22}$$

最大伸长线应变理论是由 19 世纪法国科学家圣维南提出的。这一理论能够很好地解释石块、混凝土等脆性材料轴向压缩时沿纵截面开裂的破坏现象。虽然该理论考虑了三个主应力，但在二向拉伸或三向拉伸情况下，并不符合实际结果。

第一、第二强度理论都是适用于以脆性断裂为主要破坏形式的强度理论。两者的区别是：第一强度理论适用于以拉为主的应力状态；第二强度理论适用于以压为主的应力状态。

8.8.3　适用于塑性屈服的强度理论

1. 最大切应力理论（第三强度理论）

最大切应力理论认为，引起材料屈服的主要因素是最大切应力，即认为无论材料处于何种应力状态，只要最大切应力 $\tau_{\max}$ 达到材料单向拉伸屈服时的最大切应力，材料即发生塑性屈服。对单向拉伸，当与轴线成 45° 的斜截面上的 $\tau_{\max} = \sigma_s / 2$ 时（这时，横截面上的正应力为 σ_s），出现屈服。所以，按此理论，材料的屈服条件为

$$\tau_{\max} = \frac{\sigma_s}{2} \tag{8.23}$$

因为在复杂应力状态下，一点的最大切应力为

$$\tau_{\max} = \frac{\sigma_1 - \sigma_3}{2} \tag{8.24}$$

由式(8.23)和式(8.24)，得材料的屈服条件为

$$\frac{\sigma_1 - \sigma_3}{2} = \frac{\sigma_s}{2} \tag{8.25}$$

相应的强度条件为

$$\sigma_1 - \sigma_3 \leqslant [\sigma] \tag{8.26}$$

式中，$[\sigma] = \dfrac{\sigma_s}{n}$ 为材料的许用应力，n 为安全因数。

最大切应力理论较为满意地解释了塑性材料的屈服现象。例如，低碳钢拉伸屈服时，沿与轴线成 45° 的方向出现滑移带，是材料内部沿这一方向滑移的痕迹。沿这一方向的斜截面上切应力也恰为最大值。该理论的缺点是没有考虑主应力 σ_2 的作用，计算结果一般偏于安全。

2. 畸变能密度理论（第四强度理论）

畸变能密度理论从能量观点解释了材料塑性屈服的原因。弹性体因受力变形而储存的能量称为**应变能**。单位体积内储存的应变能称为**应变能密度**。应变能由体积改变应变能与形状改变应变能（简称畸变能）两部分组成。

畸变能密度理论认为，引起材料塑性屈服的主要因素是畸变能密度，即认为无论材料处于何种应力状态，只要最大畸变能密度达到材料单向拉伸塑性屈服时的极限畸变能密度，就发生塑性屈服。根据这一理论，最终建立的强度条件为（证明过程略）

$$\sqrt{\frac{1}{2}\left[(\sigma_1 - \sigma_2)^2 + (\sigma_2 - \sigma_3)^2 + (\sigma_3 - \sigma_1)^2\right]} \leqslant [\sigma] \tag{8.27}$$

试验结果表明，对于塑性材料，第四强度理论比第三强度理论更符合试验结果。但由于第三强度理论的数学表达式较简单，因此，第三与第四强度理论在工程中均得到广泛应用。

8.8.4　强度理论的选用

为了表述和应用，上述四个强度理论的强度条件可以写成统一的形式：

$$\sigma_r \leqslant [\sigma] \tag{8.28}$$

式中，σ_r 称为相当应力。按照顺序，相当应力分别为

$$\left. \begin{array}{l} \sigma_{r1} = \sigma_1 \\ \sigma_{r2} = \sigma_1 - \mu(\sigma_2 + \sigma_3) \\ \sigma_{r3} = \sigma_1 - \sigma_3 \\ \sigma_{r4} = \sqrt{\dfrac{1}{2}\left[(\sigma_1 - \sigma_2)^2 + (\sigma_2 - \sigma_3)^2 + (\sigma_3 - \sigma_1)^2\right]} \end{array} \right\} \tag{8.29}$$

在工程实际问题中，具体应该选择哪个强度理论，首先应当正确判断失效的形式，辅之以考虑材料的性质、受力的情况等因素。脆性材料多发生脆性断裂，因而常选用第一、第二强度理论，但并不是说脆性材料在任何应力状态下都要使用第一或第二强度理论，例如铸铁在三向受压情况下，特别是三向压应力相近时，呈现屈服失效，这时就要采用第三或第四强度理论。同样地，虽然塑性材料多以屈服为主要失效形式，但是当塑性材料在三向受拉情况下，却呈现出脆性断裂，此时，第三、第四强度理论就不适用了，而应采用第一强度理论。由上面的分析可知，即使是同一种材料，在不同的应力状态下，也不能单一地采用同一种强度理论。

【例 8.9】　构件上的危险点的应力状态如图 8.18 所示。设材料为塑性材料，试写出第三强度理论和第四强度理论的相当应力 σ_{r3} 和 σ_{r4}。

解题分析　本题应先确定主应力，然后代入公式（8.29）求解。

【解】　（1）求主应力。

单元体前后面上的主应力为 0，其余两个主应力分别为

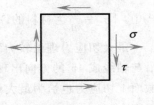

图 8.18

$$\left. \begin{array}{l} \sigma' \\ \sigma'' \end{array} \right\} = \frac{\sigma}{2} \pm \sqrt{\left(\frac{\sigma}{2}\right)^2 + \tau^2}$$

将三个主应力按代数值排列，得

$$\sigma_1 = \frac{\sigma}{2} + \sqrt{\left(\frac{\sigma}{2}\right)^2 + \tau^2}, \ \sigma_2 = 0, \ \sigma_3 = \frac{\sigma}{2} - \sqrt{\left(\frac{\sigma}{2}\right)^2 + \tau^2}$$

（2）计算相当应力。

根据式（8.29），得

$$\sigma_{r3} = \sigma_1 - \sigma_3 = \sqrt{\sigma^2 + 4\tau^2} \tag{a}$$

$$\sigma_{r4} = \sqrt{\frac{1}{2}\left[(\sigma_1 - \sigma_2)^2 + (\sigma_2 - \sigma_3)^2 + (\sigma_3 - \sigma_1)^2\right]} = \sqrt{\sigma^2 + 3\tau^2} \tag{b}$$

讨论　本题中的应力状态，在工程构件的强度计算中经常碰到。今后在遇到类似的应

力状态时，可直接采用式(a)和式(b)计算其第三、第四相当应力。

【例 8.10】　如图 8.19(a)所示的低碳钢材料制成的圆管，其外径 $D=160$ mm，内径 $d=120$ mm，承受外力偶 $M_e=20$ kN·m 和轴向拉力 F 的作用。已知材料的许用应力 $[\sigma]=150$ MPa，用第三强度理论确定许用拉力 $[F]$。

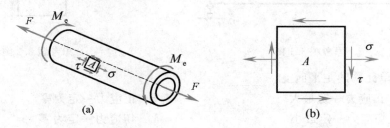

图 8.19

解题分析　容易看出，圆管的危险点位于外表面，取外表面的单元体 A，它的应力状态(见图 8.19(b))与图 8.18 相同，可直接利用例 8.9 中的式(a)计算其第三相当应力，并根据强度条件确定许可拉力 $[F]$。

【解】　(1)分析危险点的应力状态。

在圆管外表面取出单元体 A(见图 8.19(b))，若取拉力 F 的单位为 N，则单元体 A 上的正应力 σ 和切应力 τ 分别为

$$\sigma = \frac{F_N}{A} = \frac{F}{A} = \frac{F}{\frac{\pi}{4}(D^2-d^2)} = \frac{F}{\frac{\pi}{4}(160^2-120^2)\ \text{mm}^2} = \frac{F}{8796}\ \text{MPa}$$

$$\tau = \frac{T}{W_p} = \frac{M_e}{\frac{1}{16}\pi D^3\left[1-\left(\frac{d}{D}\right)^4\right]} = \frac{20\times10^6\ \text{N·mm}}{\frac{1}{16}\pi\times160^3\left[1-\left(\frac{120}{160}\right)^4\right]\ \text{mm}^3} = 36.38\ \text{MPa}$$

(2)计算第三相当应力，并按照强度条件计算许可拉力，即

$$\sigma_{r3} = \sqrt{\sigma^2+4\tau^2} = \sqrt{\left(\frac{F}{8796}\right)^2+4\times36.38^2}\ \text{MPa} \leqslant [\sigma] = 150\ \text{MPa}$$

解得

$$F \leqslant 1.154\times10^6\,\text{N} = 1154\ \text{kN}$$

所以，许可拉力 $[F]=1154$ kN。

思　考　题

8.1　如思考题 8.1 图所示简支梁的 A、B、C、D 四个单元体中，_____处于单向应力状态；_____处于纯剪切应力状态；_____处于二向应力状态；_____处于零应力状态。

8.2　如思考题 8.2 图所示的应力状态，当切应力改变方向时，_____。

A. 主应力和主方向都发生变化　　　　B. 主应力不变，主方向发生变化

C. 主应力发生变化，主方向不变　　　　D. 主应力和主方向都不变

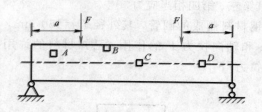

思考题 8.1 图

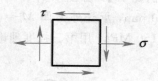

思考题 8.2 图

8.3　在单元体的主平面上，_____。

A. 正应力一定最大　　　　　　B. 正应力一定为零

C. 切应力一定最小　　　　　　D. 切应力一定为零

8.4　二向应力状态如思考题 8.4 图所示，其最大主应力 $\sigma_1 =$ _____。

A. σ　　　　B. 2σ　　　　C. 3σ　　　　D. 4σ

8.5　平面应力状态的单元体如思考题 8.5 图所示，已知该单元体的一个主应力为 5 MPa，则图中切应力 τ 为_____MPa，单元体的另一个主应力为_____MPa。

A. 80.6　　　　　　　　　　　B. −13

C. 13　　　　　　　　　　　　D. 8.06

8.6　如思考题 8.6 图所示单元体，材料的弹性模量 $E = 200$ GPa，泊松比 $\mu = 0.3$，在 45°方向贴有应变片，则应变片的理论读数 $\varepsilon =$ _____。

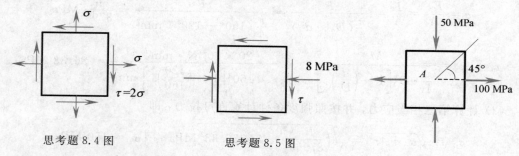

思考题 8.4 图　　　　　　　思考题 8.5 图　　　　　　思考题 8.6 图

8.7　如思考题 8.7 图所示应力圆对应的单元体的应力状态是_____应力状态。

A. 单向拉　　　　　　　　　　B. 单向压

C. 纯剪切　　　　　　　　　　D. 平面

8.8　某点应力状态所对应的应力圆如思考题 8.8 图所示，点 C 为圆心，应力圆上点 A 所对应的正应力 σ 和切应力 τ 分别为_____。

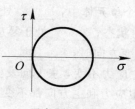

思考题 8.7 图

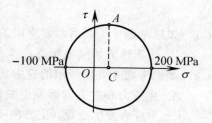

思考题 8.8 图

A. $\sigma=0$，$\tau=200$ MPa　　　　　　　B. $\sigma=0$，$\tau=150$ MPa

C. $\sigma=50$ MPa，$\tau=200$ MPa　　　D. $\sigma=50$ MPa，$\tau=150$ MPa

8.9　单元体(a)和(b)如思考题 8.9 图所示，图中应力单位为 MPa，则(a)为＿＿＿＿，(b)为＿＿＿＿。

A. 纯剪切应力状态　　　　　　　B. 单向应力状态

C. 二向应力状态　　　　　　　　D. 三向应力状态

8.10　塑性材料制成的构件其危险点的应力状态如思考题 8.10 图所示，若材料的许用应力为$[\sigma]$，则按第三强度理论进行强度校核时，应采用的公式是＿＿＿＿。

A. $\sigma\leqslant[\sigma]$　　　　　　　　　　　　B. $\sigma+\tau\leqslant[\sigma]$

C. $\dfrac{\sigma}{2}+\sqrt{\left(\dfrac{\sigma}{2}\right)^2+\tau^2}\leqslant[\sigma]$　　　　　D. $\sqrt{\sigma^2+4\tau^2}\leqslant[\sigma]$。

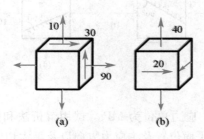

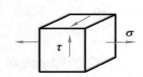

思考题 8.9 图　　　　　　　　　　　　　　思考题 8.10 图

8.11　塑性材料构件中的四个点的应力状态如思考题 8.11 图所示，其中最容易屈服的是＿＿＿＿。

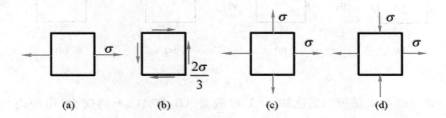

思考题 8.11 图

8.12　低碳钢圆轴扭转断裂发生在＿＿＿＿截面上，而铸铁圆轴扭转断裂发生在＿＿＿＿截面上。

8.13　脆性材料是否一定要选择脆性断裂的强度理论？塑性材料是否一定要选择塑性屈服的强度理论？为什么？

习　　题

8.1　如习题 8.1 图所示各结构，在点 A 处截取一个单元体，求出单元体上的应力并标注在单元体上。

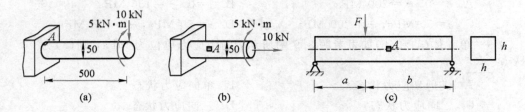

习题 8.1 图

8.2　已知应力状态如习题 8.2 图所示，图中应力单位为 MPa，用解析法计算图中指定截面的正应力与切应力。

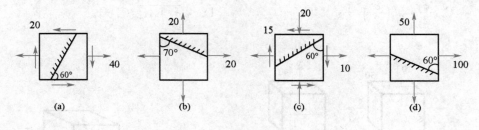

习题 8.2 图

8.3　已知应力状态如习题 8.3 图所示，图中应力单位为 MPa，试用解析法和图解法求主应力大小和主平面位置，并在单元体上绘出主平面位置及主应力方向以及最大切应力。

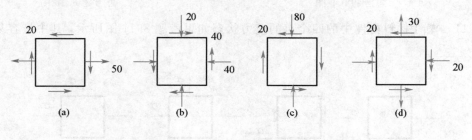

习题 8.3 图

8.4　如习题 8.4 图所示，已知点 A 在截面 AB 与 AC 上的应力（图中应力单位为 MPa），试利用应力圆求该点的主应力，并确定截面 AB 与 AC 间的夹角 θ。

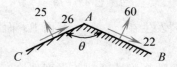

习题 8.4 图

8.5　图示悬臂梁承受载荷 $F=20$ kN，试绘出图示的三个单元体的应力状态图形，并确定主应力的大小。

8.6　如习题 8.6 图所示薄壁圆筒，若 $F=20$ kN，$M_e=600$ N · m，$d=50$ mm，$\delta=2$ mm，试求：

（1）筒壁上的点 A 在指定斜截面上的应力；

（2）点 A 主应力的大小及方向。

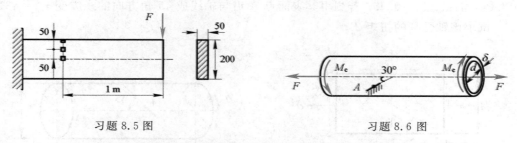

习题 8.5 图　　　　　　　　　　　习题 8.6 图

8.7　求习题 8.7 图所示单元体的主应力及最大切应力（应力单位为 MPa）。

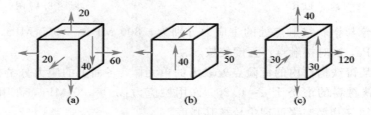

习题 8.7 图

8.8　如习题 8.8 图所示简支梁为 36a 工字钢，$F=140$ kN，$l=4$ m。点 A 所在截面在集中力 F 的左侧，且无限接近 F 作用的截面。试求：

（1）点 A 在指定斜截面上的应力；

（2）点 A 的主应力及主平面位置（用单元体表示）。

8.9　对习题 8.3 中的各应力状态，写出四个常用强度理论的相当应力（设 $\mu=0.25$）。

8.10　如习题 8.10 图所示，在一体积较大的钢块上开一个贯穿的槽，其宽度和深度都是 10 mm。在槽内紧密无间隙地嵌入一铝质立方块，它的尺寸是 10 mm×10 mm×10 mm。当铝块受到压力 $F=6$ kN 的作用时，假设钢块不变形，铝的弹性常数 $E=70$ GPa，$\mu=0.33$。试求铝块的三个主应力及相应的变形。

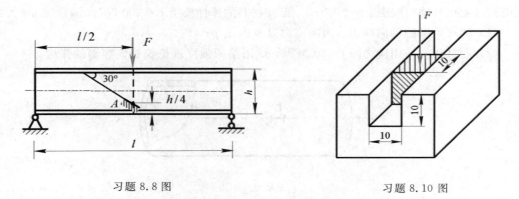

习题 8.8 图　　　　　　　　　　　习题 8.10 图

8.11　从钢构件内某一点的周围取出一部分如习题 8.11 图所示，根据理论计算得 $\sigma=30$ MPa，$\tau=15$ MPa，材料的 $E=200$ GPa，$\mu=0.30$，试求对角线 AC 的长度改变量 Δl。

8.12　习题 8.12 图所示为一钢制圆轴，已知直径 $d = 60$ mm，材料的弹性模量 $E = 210$ GPa，泊松比 $\mu = 0.28$。若测得其表面点 A 沿与轴线成 45°角方向的线应变 $\varepsilon_{45°} = 431 \times 10^{-6}$，试求该轴受到的扭矩 T。

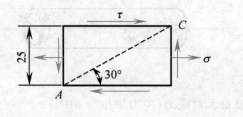

习题 8.11 图　　　　　　　　　　　习题 8.12 图

8.13　车轮与钢轨接触点处的主应力分别为 -800 MPa、-900 MPa、-1080 MPa，若 $[\sigma] = 300$ MPa，试对接触点作强度校核。

8.14　从某铸铁构件内的危险点处取出的单元体，各面上的应力分量如习题 8.14 图所示。已知铸铁材料的泊松比 $\mu = 0.25$，许用拉应力 $[\sigma_t] = 30$ MPa，许用压应力 $[\sigma_c] = 90$ MPa，试按第一和第二强度理论校核其强度。

8.15　钢制机械零件中危险点处的应力状态如习题 8.15 图所示，应力单位为 MPa。已知材料的 $\sigma_s = 250$ MPa，试分别确定采用第三、第四强度理论时该零件的安全因数。

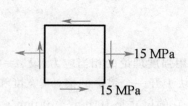

习题 8.14 图

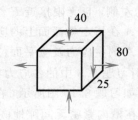

习题 8.15 图

8.16　习题 8.16 图所示的锅炉为内径 $D = 500$ mm，壁厚 $\delta = 10$ mm 的薄壁容器。现用电测法测得其轴向应变 $\varepsilon_x = 1 \times 10^{-4}$。已知材料的弹性模量 $E = 200$ GPa，泊松比 $\mu = 0.25$。

（1）试求筒壁的轴向应力、周向应力以及内压 p；

（2）若材料的许用应力 $[\sigma] = 80$ MPa，试用第四强度理论校核该容器的强度。

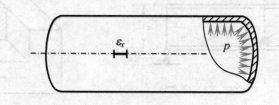

习题 8.16 图

第9章 组合变形

9.1 引 言

前面几章主要讨论了杆件的拉伸(压缩)、剪切、扭转、弯曲等基本变形。工程实际中的构件往往承受的载荷比较复杂,同时产生几种基本变形。构件在外力作用下同时产生两种或两种以上基本变形的情况称为组合变形。例如:图 9.1(a)所示的厂房牛腿立柱,在偏心外力作用下,将产生偏心压缩(压缩和弯曲的组合)变形;图 9.1(b)所示的皮带轮传动轴,承受的是弯曲与扭转的组合变形。

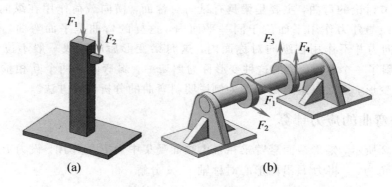

图 9.1

当工程构件在线弹性、小变形条件下时,组合变形中各个基本变形引起的应力和变形可认为是相互独立、互不影响的。这时先将外力进行简化或分解,把构件上的外力转化为几组等效的载荷,其中每一组载荷对应一种基本变形,分别计算每一种基本变形各自引起的内力、应力、变形和位移,然后将所得结果叠加,即可得到构件在组合变形下的内力、应力、变形和位移,这就是处理组合变形问题常用的叠加原理。

根据叠加原理,组合变形的强度计算方法遵循"先分后合",即先将外力进行分解,得到几种基本变形,分别计算出相应的应力,然后利用"叠加原理"将应力叠加,最后进行"强度计算"。具体步骤如下:

(1) 外力分析:将作用于构件上的外力向力所在作用截面的形心平移或沿主轴分解,从而把外力分成几组,使每组外力作用只产生一种基本变形。

(2) 内力分析:计算构件在每一种基本变形时的内力,作出内力图,从而确定出危险截面的位置。

(3) 应力分析:根据危险截面上内力的大小和方向确定出应力分布规律,画出应力分布图,从而确定出危险截面上危险点的位置,并画出危险点的应力状态。

（4）强度计算：根据危险点的应力状态和构件的材料，分析其破坏形式，选择相应的强度理论建立强度条件，进行强度计算。

工程中常见的组合变形有以下几种：

（1）拉伸与扭转的组合变形（其危险点应力状态及强度计算见例 8.10，本章不再赘述）。

（2）两个平面弯曲的组合变形（斜弯曲）。

（3）拉伸（压缩）与弯曲的组合变形。

（4）弯曲与扭转的组合变形。

（5）拉伸、扭转与弯曲的组合变形。

本章讨论工程中常见的斜弯曲、拉伸（压缩）与弯曲的组合变形、弯曲与扭转的组合变形的应力分析与强度计算。解决其他形式的组合变形强度问题的方法和步骤与之类似。

9.2 斜 弯 曲

前面章节讨论的弯曲，主要是梁具有纵向对称面，横向载荷作用在纵向对称面内，弯曲后梁的轴线与外力作用平面位于同一平面内，这样的弯曲是平面弯曲。但在工程实际中，有时横向力并不作用在纵向对称面内，这时梁变形后的轴线一般不位于载荷作用面内，而是倾斜了一个角度，梁的这种变形称为斜弯曲。斜弯曲是两个互相垂直方向的平面弯曲的组合变形。下面以矩形截面梁为例说明斜弯曲的分析计算方法。

9.2.1 斜弯曲的应力计算

如图 9.2 所示，矩形截面悬臂梁在自由端面受集中力 F 的作用。设力 F 的作用线与对称轴 y 的夹角为 φ，将力 F 沿两形心对称轴 y、z 分解，得

$$F_y = F\cos\varphi, \quad F_z = F\sin\varphi$$

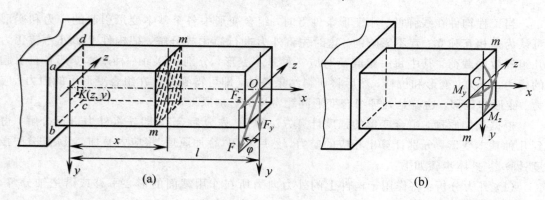

图 9.2

梁在 F_y 和 F_z 单独作用下分别在 xy 平面和 xz 平面内产生平面弯曲，在距固定端为 x 的横截面上，F_y 和 F_z 引起的弯矩分别为

$$M_z = -F_y(l-x) = -F(l-x)\cos\varphi$$
$$M_y = -F_z(l-x) = -F(l-x)\sin\varphi$$

M_z 正负号的规定与第 5 章所述的相同，即截面处弯曲变形凸向下时，M_z 为正，反之为负；M_y 正负号的规定与之相似，即在俯视图中，截面处弯曲变形凸向下时(靠近读者一侧为下)，M_y 为正，反之为负。

梁的危险截面位于固定端处，M_y 与 M_z 均取得最大值。由叠加法得固定端截面上任一点 $K(z, y)$ 处(见图 9.2(a))的正应力为

$$\sigma = \sigma' + \sigma'' = \frac{-|M_z|y}{I_z} + \frac{|M_y|z}{I_y} = Fl\left(-\frac{y}{I_z}\cos\varphi + \frac{z}{I_y}\sin\varphi\right) \tag{9.1}$$

式中，I_y、I_z 分别为横截面对 y、z 轴的惯性矩。

横截面的应力分布如图 9.3 所示，可见 d、b 两个对角点处分别具有最大的拉应力和压应力，是危险点。注意到 y、z 轴同为截面对称轴，点 d 处的最大拉应力和点 b 处的最大压应力大小相等，为

$$\sigma = \frac{|M_z|}{W_z} + \frac{|M_y|}{W_y} \tag{9.2}$$

式中，W_y、W_z 分别为横截面对 y、z 轴的抗弯截面系数。

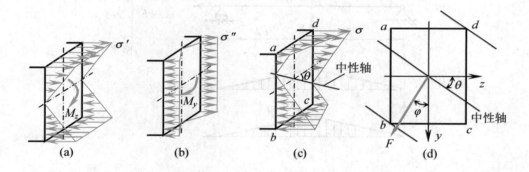

图 9.3

因为危险点处没有切应力，为单向应力状态，故其强度条件为

$$\sigma_{\max} = \frac{|M_z|}{W_z} + \frac{|M_y|}{W_y} \leqslant [\sigma] \tag{9.3}$$

应用式(9.3)进行斜弯曲梁的截面设计时，对于拉、压强度不同的脆性材料梁，应分别对最大拉应力和最大压应力进行强度计算。

9.2.2　斜弯曲梁的中性轴

由式(9.1)可知，斜弯曲梁横截面上点的应力是点的坐标 (z, y) 的函数。设中性轴上任一点的坐标为 (z_0, y_0)，将其代入式(9.1)并令该式为零，即得其中性轴方程

$$-\frac{y_0}{I_z}\cos\varphi + \frac{z_0}{I_y}\sin\varphi = 0 \tag{9.4}$$

可见，中性轴是通过截面形心的一条直线。设它与 z 轴的夹角为 θ(见图 9.3(d))，则

$$\tan\theta = \frac{y_0}{z_0} = \frac{I_z}{I_y}\tan\varphi \tag{9.5}$$

一般情况下，由于截面的 $I_y \neq I_z$，故 $\theta \neq \varphi$，因而中性轴不与载荷作用面垂直，变形后的梁轴线一般也不在外力作用平面内，故称梁的这种变形为斜弯曲。对于圆形、正方形、

正三角形或正多边形等 $I_y = I_z$ 的截面，$\theta = \varphi$，中性轴总是与外力作用面相垂直，因此，变形后的梁轴线总位于外力作用平面内，发生平面弯曲。

可以证明，斜弯曲时截面上的最大正应力依然发生在距离中性轴最远的点处。对于矩形、工字形等具有棱角的截面，显然角点距离中性轴最远，故可直接根据式（9.2）计算最大正应力；对于其他形状的截面，则需先确定中性轴，找到距离中性轴最远的点，然后将其坐标代入式（9.1），才能计算出截面上的最大正应力。

【例 9.1】 图 9.4(a)所示桥式起重机大梁由 No.32a 工字钢制成，梁长 $l = 4$ m，材料为 Q235 钢，许用应力 $[\sigma] = 160$ MPa。吊车行进时载荷 F 的方向偏离铅垂线一个角度 φ。已知 $\varphi = 15°$，$F = 30$ kN，试校核大梁的强度。

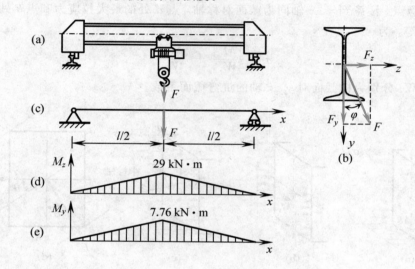

图 9.4

解题分析　当吊车行进到跨中时梁的弯矩最大，应校核吊车在跨中时梁的强度。可将梁的变形分解为在铅垂平面（xy 面）和水平平面（xz 面）内的平面弯曲。梁的横截面具有棱角，可根据式（9.2）计算截面上的最大正应力。

【解】　（1）外力分析。

将力 F 沿 y、z 轴分解（见图 9.4(b)），有

$$F_y = F\cos\varphi = 30 \text{ kN} \times \cos15° = 29 \text{ kN}$$
$$F_z = F\sin\varphi = 30 \text{ kN} \times \sin15° = 7.76 \text{ kN}$$

（2）作弯矩图。

在铅垂平面（xy 面）内，由 F_y 引起的最大弯矩为

$$M_z = \frac{F_y l}{4} = 29 \text{ kN} \cdot \text{m}$$

在水平平面（xz 面）内，由 F_z 引起的最大弯矩为

$$M_y = \frac{F_z l}{4} = 7.76 \text{ kN} \cdot \text{m}$$

（3）强度校核。

查型钢表得 No.32a 工字钢的抗弯截面系数 $W_y = 70.8$ cm³、$W_z = 692$ cm³，由式（9.2）

得最大弯曲正应力为

$$\sigma_{max} = \frac{|M_y|}{W_y} + \frac{|M_z|}{W_z} = \frac{7.76 \times 10^3 \text{ N} \cdot \text{m}}{70.8 \times 10^{-6} \text{ m}^3} + \frac{29 \times 10^3 \text{ N} \cdot \text{m}}{692 \times 10^{-6} \text{ m}^3} = 151.5 \text{ MPa} < [\sigma]$$

故梁的强度足够。

讨论 若载荷不偏离铅垂线，即 $\varphi = 0°$ 时，最大正应力为

$$\sigma_{max} = \frac{|M_z|}{W_z} = \frac{Fl/4}{W_z} = \frac{30 \times 10^3 \text{ N} \times 4 \text{ m}}{4 \times 692 \times 10^{-6} \text{ m}^3} = 43.4 \text{ MPa}$$

由于 W_y 比 W_z 小很多，载荷 F 虽只偏离了 15°，但最大正应力却增加了 2.5 倍。因此，当截面的 W_y 和 W_z 相差较大时，应尽量避免斜弯曲。在斜弯曲的情况下，应采用 W_y 和 W_z 都比较大的截面，如箱型截面。

9.3 拉伸(压缩)与弯曲的组合变形

如图 9.5(a)所示的矩形截面杆，A 端固定，B 端自由，在自由端的截面形心处受集中力 F 作用，F 的作用线位于杆的纵向对称面 xy 内，与杆轴 x 的夹角为 φ。为分析杆的变形，将力 F 分解为轴向分力 F_x 和横向分力 F_y，其中

$$F_x = F \cos\varphi, \quad F_y = F \sin\varphi$$

显然，F_x 使杆发生轴向拉伸(如图 9.5(b)所示)，F_y 使杆发生平面弯曲(如图 9.5(c)所示)。因此，杆在力 F 作用下将发生拉伸与弯曲的组合变形。

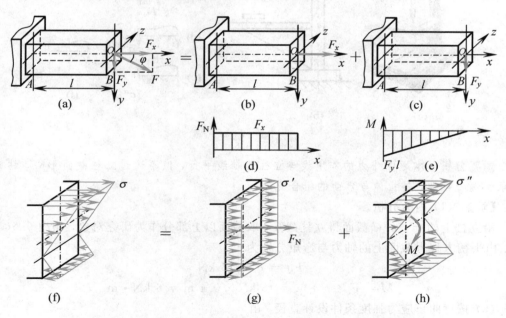

图 9.5

作出杆的轴力图、弯矩图，如图 9.5(d)、(e)所示，可知固定端 A 为危险截面。轴力 F_N 在截面 A 上形成均匀分布的拉伸正应力 σ'，$\sigma' = F_N/A$，如图 9.5(g)所示；弯矩 M 引起沿 y 方向线性分布的弯曲正应力 σ''，$\sigma'' = M_y/I_z$，如图 9.5(h)所示。利用叠加原理，可得到轴力和弯矩共同作用下截面 A 上的正应力分布，$\sigma = \sigma' + \sigma''$，如图 9.5(f)所示。

危险截面 A 的最大拉应力为 $\sigma_{max}^{t} = \dfrac{F_N}{A} + \dfrac{M}{W_z}$，若 $\dfrac{F_N}{A} < \dfrac{M}{W_z}$，则在危险截面 A 的下边缘形成最大的压应力，其绝对值为 $|\sigma_{max}^{c}| = \left| \dfrac{F_N}{A} - \dfrac{M}{W_z} \right|$。对于拉压强度相等的材料，可建立强度条件为

$$\sigma_{max}^{t} = \frac{F_N}{A} + \frac{M}{W_z} \leqslant [\sigma] \tag{9.6}$$

若材料的抗拉强度和抗压强度不等，而危险截面上又同时存在最大拉应力和最大压应力，则需分别建立强度条件，其强度条件为

$$\left. \begin{aligned} \sigma_{max}^{t} &= \frac{F_N}{A} + \frac{M}{W_z} \leqslant [\sigma_t] \\ \sigma_{max}^{c} &= \left| \frac{F_N}{A} - \frac{M}{W_z} \right| \leqslant [\sigma_c] \end{aligned} \right\} \tag{9.7}$$

【例 9.2】 如图 9.6(a)所示的钻床，其立柱为实心圆截面，材料为铸铁，许用拉应力 $[\sigma_t] = 35$ MPa，许用压应力 $[\sigma_c] = 100$ MPa，若 $F = 15$ kN，试设计钻床立柱的直径。

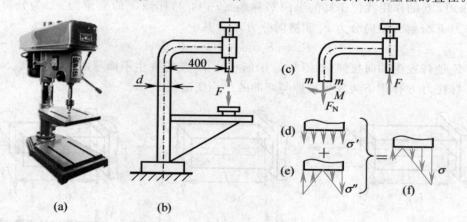

图 9.6

解题分析 本题中外力的作用线与立柱的轴线平行，但不通过立柱截面形心，钻床立柱承受偏心拉伸，是拉伸与弯曲的组合变形。

【解】 （1）内力分析。

沿立柱上的 $m-m$ 横截面将立柱截开，取截面以上部分作为研究对象，如图 9.6(c)所示。由平衡方程得截面上的轴力与弯矩分别为

$$F_N = F = 15 \text{ kN}$$
$$M = F \times 0.4 \text{ m} = 15 \text{ kN} \times 0.4 \text{ m} = 6 \text{ kN} \cdot \text{m}$$

（2）按弯曲正应力强度条件设计直径。由

$$\sigma_{max}^{t} = \frac{M}{W} = \frac{M}{\dfrac{\pi d^3}{32}} = \frac{32M}{\pi d^3} \leqslant [\sigma_t]$$

得

$$d \geqslant \sqrt[3]{\frac{32M}{\pi[\sigma_t]}} = \sqrt[3]{\frac{32 \times 6 \times 10^6 \text{ N} \cdot \text{mm}}{\pi \times 35 \text{ N/mm}^2}} = 120 \text{ mm}$$

初选直径 $d=120$ mm。

（3）按实际拉伸与弯曲的组合变形校核立柱强度。

立柱横截面上由轴力、弯矩引起的正应力分布分别如图 9.6(d)、(e)所示。轴力与弯矩共同作用下的正应力分布如图 9.6(f)所示。从应力分布图可以看出，危险点位于立柱内侧，危险点处拉应力最大，其大小为

$$\sigma_{max}^t = \sigma' + \sigma''_{max} = \frac{F_N}{A} + \frac{M}{W_z} = \frac{F_N}{\frac{\pi d^2}{4}} + \frac{M}{\frac{\pi d^3}{32}} = \frac{15 \times 10^3 \text{ N}}{\frac{\pi \times (120 \text{ mm})^2}{4}} + \frac{6 \times 10^6 \text{ N} \cdot \text{mm}}{\frac{\pi \times (120 \text{ mm})^3}{32}}$$

$$= 1.33 \text{ MPa} + 35.36 \text{ MPa} = 36.69 \text{ MPa} > [\sigma_t] = 35 \text{ MPa}$$

计算结果表明，强度略微不足，可适当增大立柱直径。

（4）适当增大立柱直径，同时进行强度校核。

当取 $d=121$ mm 时，危险点的应力为

$$\sigma_{max}^t = 35.80 \text{ MPa} > [\sigma_t] = 35 \text{ MPa}$$

当取 $d=122$ mm 时，危险点的应力为

$$\sigma_{max}^t = 34.98 \text{ MPa} < [\sigma_t] = 35 \text{ MPa}$$

故取立柱的直径为 $d=122$ mm。

讨论 本题没有直接用轴力与弯矩共同作用下的危险点的应力来建立强度条件，而是先不考虑轴力的影响，按弯曲正应力强度条件设计直径。这样处理使计算得到简化。

【例 9.3】 如图 9.7 所示，一缺口矩形截面杆受拉力 $F=12$ kN 的作用。已知截面尺寸 $h=40$ mm，$b=5$ mm，缺口深 $a=6$ mm，材料的许用应力$[\sigma]=100$ MPa。

（1）试校核杆件强度，并画出缺口处截面的应力分布图；

（2）如在杆的另一侧切出同样的缺口，试校核杆件强度。

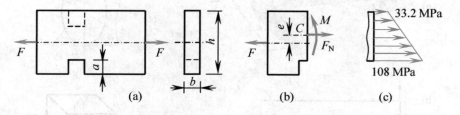

图 9.7

解题分析 当杆件一侧开有缺口时，为偏心拉伸问题，可利用拉伸与弯曲组合变形的强度条件求解。若另一侧开同样深度缺口，则变为轴向拉伸问题。

【解】 （1）在杆的一侧有缺口时，分析缺口处截面上的内力。

由截面法（见图 9.7(b)）得缺口处截面上的轴力、弯矩分别为

$$F_N = F, \quad M = Fe = \frac{Fa}{2}$$

（2）在杆的一侧有缺口时，分析缺口处截面上的应力，进行强度校核。

在缺口截面上应力分布见图 9.7(c)，上边缘应力最小，下边缘应力最大，其值分别为

$$\sigma_{\min} = \frac{F_N}{A} - \frac{M}{W_z} = \frac{F}{(h-a)b} - \frac{\dfrac{Fa}{2}}{\dfrac{b(h-a)^2}{6}} = \frac{12 \times 10^3 \, \text{N}}{34 \, \text{mm} \times 5 \, \text{mm}} - \frac{(12 \times 10^3 \, \text{N}) \times 3 \, \text{mm}}{\dfrac{5 \, \text{mm} \times (34 \, \text{mm})^2}{6}}$$

$$= 70.6 \, \text{MPa} - 37.4 \, \text{MPa} = 33.2 \, \text{MPa}$$

$$\sigma_{\max} = \frac{F_N}{A} + \frac{M}{W_z} = 70.6 \, \text{MPa} + 37.4 \, \text{MPa} = 108 \, \text{MPa} > [\sigma]$$

故强度不足。

（3）在杆的另一侧切出同样缺口的情况。

由于没有偏心，缺口截面只承受轴向拉力 F，缺口截面上正应力均匀分布，其值为

$$\sigma = \frac{F_N}{A} = \frac{F}{b(h-2a)} = \frac{12 \times 10^3 \, \text{N}}{(5 \, \text{mm})(40 \, \text{mm} - 2 \times 6 \, \text{mm})} = 85.7 \, \text{MPa} < [\sigma]$$

故安全。

讨论　从计算结果可以看出，杆的两侧有缺口，虽然截面面积减少，但正应力却比一侧有缺口时的最大正应力小。这表明载荷偏心引起的附加弯矩对构件的强度影响较大，故在工程设计中应尽量使用对称结构。

9.4　弯曲与扭转的组合变形

机械设备中的传动轴与曲柄轴等，大多承受弯曲与扭转的组合变形。下面主要讨论弯曲与扭转组合变形时的强度计算问题。

如图 9.8(a)所示，水平钢制拐轴受铅垂载荷 F 的作用，轴 AB 的直径为 d。

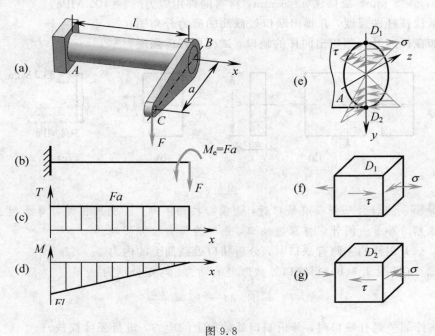

图 9.8

1. 外力分析

将力 F 向端面 B 的形心平移，得到横向力 F 和矩为 $M_e = Fa$ 的力偶（见图 9.8(b)）。横向力 F 使轴发生弯曲变形，力偶 M_e 使轴发生扭转，所以 AB 轴发生弯曲与扭转的组合变形。

2. 内力分析

作出圆轴 AB 的扭矩图和弯矩图，如图 9.8(c)、(d)所示。显然，截面 A 为危险截面，该截面上的弯矩和扭矩分别为

$$M = -Fl, \quad T = Fa$$

3. 应力分析

危险截面 A 上的弯曲正应力 σ 和扭转切应力 τ 的分布如图 9.8(e)所示。危险点为截面上边缘的点 D_1 和下边缘的点 D_2。危险点处于二向应力状态，其对应单元体如图 9.8(f)、(g)所示，其中

$$\sigma = \frac{M}{W}, \quad \tau = \frac{T}{W_p} \tag{9.8}$$

计算得危险点的三个主应力分别为

$$\sigma_1 = \frac{\sigma}{2} + \sqrt{\left(\frac{\sigma}{2}\right)^2 + \tau^2}, \quad \sigma_2 = 0, \quad \sigma_3 = \frac{\sigma}{2} - \sqrt{\left(\frac{\sigma}{2}\right)^2 + \tau^2} \tag{9.9}$$

4. 强度条件

考虑到轴类零件多用钢材类塑性材料制成，可选用第三或第四强度理论，相应的强度条件分别为

$$\sigma_{r3} = \sqrt{\sigma^2 + 4\tau^2} \leqslant [\sigma] \tag{9.10}$$

$$\sigma_{r4} = \sqrt{\sigma^2 + 3\tau^2} \leqslant [\sigma] \tag{9.11}$$

将式(9.8)分别代入式(9.10)和式(9.11)，并注意到圆截面的 $W_p = 2W$，于是得到圆轴弯曲与扭转组合变形的强度条件为

$$\sigma_{r3} = \frac{1}{W} \sqrt{M^2 + T^2} \leqslant [\sigma] \tag{9.12}$$

$$\sigma_{r4} = \frac{1}{W} \sqrt{M^2 + 0.75T^2} \leqslant [\sigma] \tag{9.13}$$

对于承受轴向拉伸（或压缩）与扭转的组合变形，或者弯曲、轴向拉伸（或压缩）与扭转的组合变形的塑性材料圆截面杆，其危险点的应力状态与图 9.8(f)、(g)相同，故仍可采用式(9.10)和式(9.11)进行强度计算。

【例 9.4】 如图 9.9(a)所示的电动机的功率 $P = 9$ kW，匀速转动的传动轴转速 $n = 715$ r/min，皮带轮的直径 $D = 200$ mm，传动轴长 $l = 500$ mm，皮带轮松边张力为 F，紧边张力为 $2F$。若传动轴的直径 $d = 40$ mm，许用应力 $[\sigma] = 100$ MPa，试按第四强度理论校核传动轴的强度。

解题分析 传动轴受到带轮松紧边的张力作用，因此有弯曲变形；松紧边张力不同，对轴有外加力偶矩，轴有扭转变形，故传动轴承受弯曲与扭转的组合变形。本题应首先将所有外力向轴线简化，画出受力简图，并计算轴上外力：根据电动机的功率和轴的转速，

计算外力偶矩，根据力矩平衡方程计算皮带张力；然后作出内力图，确定危险截面；最后根据危险截面的内力，进行强度计算。

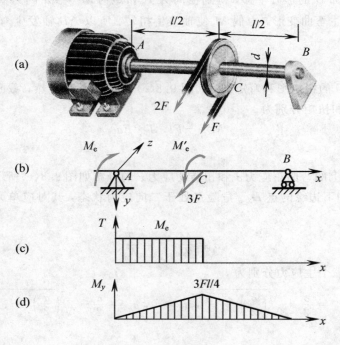

图 9.9

【解】　（1）画出受力简图，计算轴上外力。

将所有外力向轴线简化，画出受力简图，如图 9.9(b)所示。电动机输入的外力偶矩为

$$M_e = 9549 \frac{P}{n} = 9549 \times \frac{9 \text{ kW}}{715 \text{ r/min}} = 120.2 \text{ N} \cdot \text{m}$$

轴作匀速转动，根据 $\sum M_x = 0$，有

$$M'_e - M_e = 0$$

所以

$$M'_e = (2F - F)\frac{D}{2} = \frac{FD}{2} = M_e$$

从而

$$F = \frac{2M_e}{D} = \frac{2 \times 120.2 \text{ N} \cdot \text{m}}{0.2 \text{ m}} = 1202 \text{ N}$$

（2）作内力图，确定危险截面。

作出轴的扭矩图和弯矩图，如图 9.9(c)、(d)所示。由图可见，截面 C 为危险截面，该截面上的扭矩和弯矩分别为

$$T_C = M_e = 120.2 \text{ N} \cdot \text{m}$$

$$M_C = M_{Cy} = \frac{3Fl}{4} = \frac{3 \times 1202 \text{ N} \times 0.5 \text{ m}}{4} = 450.75 \text{ N} \cdot \text{m}$$

（3）强度计算。

根据第四强度理论，有

$$\sigma_{r4} = \frac{1}{W}\sqrt{M_C^2 + 0.75T_C^2} = \frac{32}{\pi d^3}\sqrt{M_C^2 + 0.75T_C^2}$$

$$= \frac{32}{\pi \times (40 \text{ mm})^3}(\sqrt{450.75^2 + 0.75 \times 120.2^2} \times 10^3 \text{ N} \cdot \text{mm}) = 73.6 \text{ MPa} < [\sigma]$$

所以传动轴 AB 满足强度要求。

讨论 在本题中，传动轴 AB 仅在 xz 平面内发生弯曲，又如图 9.8(a) 所示的问题也只是在 xy 平面内发生弯曲，它们的危险截面上都只有作用在一个平面内的弯矩。实际工程中，传动轴的危险截面上可能存在作用于两个相互垂直平面内的弯矩 M_y 和 M_z。若轴的横截面是圆截面，对任意过圆心与横截面平行的轴线的抗弯截面系数都是相同的，则当危险截面上有弯矩 M_y 和 M_z 同时作用时，应采用矢量求和的方法，确定危险截面上总弯矩 M，并按总弯矩进行强度计算。这个总弯矩通常被称为合成弯矩，其大小为

$$M = \sqrt{M_y^2 + M_z^2} \tag{9.14}$$

【例 9.5】 如图 9.10(a) 所示的钢轴有两个皮带轮 A 和 B，两个轮的直径均为 $D=800$ mm，轮的自重均为 $W=4$ kN，轴的许用应力 $[\sigma]=80$ MPa，试按第三强度理论设计轴的直径 d。

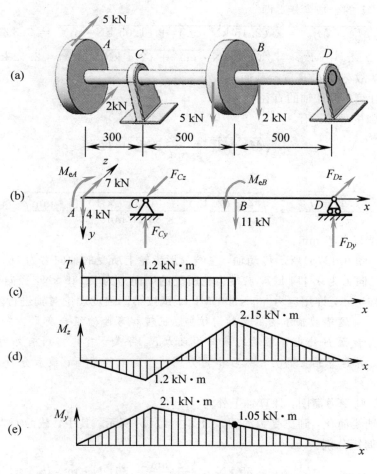

图 9.10

解题分析　　本题轮轴为弯曲与扭转的组合变形。首先要将所有外力向轴线简化，画出受力简图，并计算轴上外力；然后作内力图，确定危险截面；最后根据强度条件确定轴的直径。

【解】　（1）画受力简图，计算轴上外力。

将各力向轴线简化，画出受力简图，如图 9.10(b)所示。其中，截面 A 与截面 B 处的外力偶矩均为

$$M_{eA} = M_{eB} = (5 \text{ kN} - 2 \text{ kN}) \times \frac{D}{2} = 3 \text{ kN} \times \frac{0.8 \text{ m}}{2} = 1.2 \text{ kN} \cdot \text{m}$$

xy 平面内的支座反力为

$$F_{Cy} = 10.7 \text{ kN}, \ F_{Dy} = 4.3 \text{ kN}$$

xz 平面内的支座反力为

$$F_{Cz} = 9.1 \text{ kN}, \ F_{Dz} = 2.1 \text{ kN}$$

（2）作内力图，确定危险截面。

作出轴的扭矩图以及 xy 平面、xz 平面的弯矩图，如图 9.10(c)、(d)和(e)所示。由图可知，截面 B、C 有可能是危险截面。由于存在两个平面内的弯矩，同时轴是圆截面，故先计算截面 B、C 上的合成弯矩，即

$$M_B = \sqrt{M_{Bz}^2 + M_{By}^2} = \sqrt{(2.15 \text{ kN} \cdot \text{m})^2 + (1.05 \text{ kN} \cdot \text{m})^2} = 2.39 \text{ kN} \cdot \text{m}$$

$$M_C = \sqrt{M_{Cz}^2 + M_{Cy}^2} = \sqrt{(1.2 \text{ kN} \cdot \text{m})^2 + (2.1 \text{ kN} \cdot \text{m})^2} = 2.42 \text{ kN} \cdot \text{m}$$

由于 $M_C > M_B$，故截面 C 是危险截面。

（3）强度计算，设计轴的直径。

根据第三强度理论，有

$$\sigma_{r3} = \frac{1}{W} \sqrt{M_C^2 + T_C^2} = \frac{32}{\pi d^3} \sqrt{M_C^2 + T_C^2} \leqslant [\sigma]$$

从而

$$d \geqslant \sqrt[3]{\frac{32 \sqrt{M_C^2 + T_C^2}}{\pi [\sigma]}} = \sqrt[3]{\frac{32 \left(\sqrt{(2.42)^2 + (1.2)^2} \times 10^6 \text{ N} \cdot \text{mm}\right)}{\pi \times 80 \text{ N/mm}^2}} = 70 \text{ mm}$$

故轴的直径可取 $d = 70 \text{ mm}$。

【例 9.6】　图 9.11(a)所示传动轴，左端伞形齿轮上所受的轴向力为 16.5 kN，周向力为 4.55 kN，径向力为 0.414 kN；右端齿轮所受的周向力为 14.49 kN，径向力为 5.28 kN；轴的直径 $d = 40 \text{ mm}$，许用应力 $[\sigma] = 300 \text{ MPa}$。试按第四强度理论对轴进行强度校核。

解题分析　　本题传动轴承受的是轴向拉伸、扭转和弯曲的组合变形。左端伞形齿轮上所受的轴向力与截面 B 处止推轴承的轴向约束力 F_{Bx} 平衡。首先将所有外力向轴线简化，画出受力简图，并计算轴上外力；然后作内力图，确定危险截面；最后分析危险点的应力状态，进行强度校核。

【解】　（1）画受力简图，计算轴上外力。

将各力向轴线简化，画出受力简图，如图 9.11(b)所示。其中，截面 C 与截面 D 处的绕 x 轴的外力偶矩分别为

$$M_{Cx} = 4.55 \text{ kN} \times \frac{172 \text{ mm}}{2} = 391 \text{ N} \cdot \text{m}$$

$$M_{Dx} = 14.49 \text{ kN} \times \frac{54 \text{ mm}}{2} = 391 \text{ N} \cdot \text{m}$$

截面 C 绕 z 轴的外力偶矩为

$$M_{Cz} = 16.5 \text{ kN} \times \frac{172 \text{ mm}}{2} = 1419 \text{ N} \cdot \text{m}$$

（2）作内力图，确定危险截面。

作出轴力图、扭矩图、xy 平面与 xz 平面的弯矩图，如图 9.11(c)、(d)、(e) 与 (f) 所示。由图可知，截面 A、B 有可能是危险截面。由于存在两个平面内的弯矩，同时轴是圆截面，故先计算截面 A、B 上的合成弯矩，即

$$M_A = \sqrt{M_{Az}^2 + M_{Ay}^2} = \sqrt{(1436 \text{ N} \cdot \text{m})^2 + (182 \text{ N} \cdot \text{m})^2} = 1447 \text{ N} \cdot \text{m}$$

$$M_B = \sqrt{M_{Bz}^2 + M_{By}^2} = \sqrt{(443.5 \text{ N} \cdot \text{m})^2 + (1217 \text{ N} \cdot \text{m})^2} = 1295 \text{ N} \cdot \text{m}$$

由于 $M_A > M_B$，故截面 A 是危险截面。

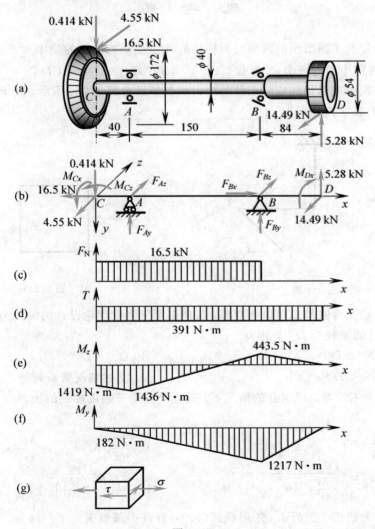

图 9.11

(3) 危险点应力分析。

危险点位于截面 A 的边缘，应力状态如图 9.11(g)所示。其中，正应力和切应力分别为

$$\sigma = \frac{F_N}{A} + \frac{M_A}{W} = \frac{4 \times (16.5 \times 10^3 \text{ N})}{\pi \times (40 \text{ mm})^2} + \frac{32 \times (1447 \times 10^3 \text{ N} \cdot \text{mm})}{\pi \times (40 \text{ mm})^3} = 243.4 \text{ MPa}$$

$$\tau = \frac{T}{W_p} = \frac{16 \times (391 \times 10^3 \text{ N} \cdot \text{mm})}{\pi \times (40 \text{ mm})^3} = 31.1 \text{ MPa}$$

(4) 强度校核。

根据第四强度理论和式(9.11)，有

$$\sigma_{r4} = \sqrt{\sigma^2 + 3\tau^2} = \sqrt{(243.4 \text{ MPa})^2 + 3(31.3 \text{ MPa})^2} = 249 \text{ MPa} < [\sigma]$$

所以，传动轴满足强度条件，安全。

讨论 本题在进行强度计算时，采用了式(9.11)。当存在轴力时，不能用式(9.13)。

思 考 题

9.1 思考题 9.1 图所示的圆截面折杆，在 A 点受竖直向下的集中力 F_1 和水平集中力 F_2 作用，各段杆产生的变形为：AB 段_____，BC 段_____，CD 段_____。

9.2 设某组合变形构件危险点处的应力状态如思考题 9.2 图所示，其第三、第四强度理论的相当应力表达式分别为 $\sigma_{r3} =$ _____，$\sigma_{r4} =$ _____。

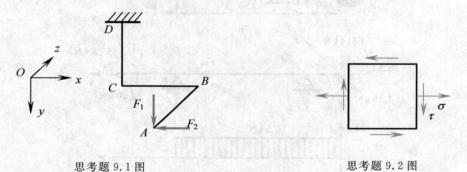

思考题 9.1 图　　　　　　　　　　　思考题 9.2 图

9.3 某圆轴受弯曲与扭转组合变形，若根据第三强度理论设计的轴径为 $D^{(3)}$，根据第四强度理论设计的轴径为 $D^{(4)}$，则有_____。

　　A. $D^{(3)} > D^{(4)}$ 　　　　　　　　　　B. $D^{(3)} = D^{(4)}$

　　C. $D^{(3)} < D^{(4)}$ 　　　　　　　　　　D. 上述情况皆有可能

9.4 在圆轴拉、弯、扭组合的情况下，其危险点第三强度理论的相当应力的正确计算公式为_____。

　　A. $\frac{1}{W}\sqrt{M^2 + T^2} + \frac{F_N}{A}$ 　　　　　B. $\frac{32}{\pi d^3}\sqrt{M^2 + T^2} + \frac{4F_N}{\pi d^2}$

　　C. $\sqrt{\left(\frac{F_N}{A} + \frac{M}{W}\right)^2 + 4\left(\frac{T}{W_p}\right)^2}$ 　　D. $\sqrt{\left(\frac{F_N}{A} + \frac{M}{W}\right)^2 + \left(\frac{T}{W_p}\right)^2}$

9.5 如思考题 9.5 图所示，矩形截面($b \times h$)杆件中部被削去了一部分，则杆件中的最大拉应力是原杆件平均应力 F/bh 的_____倍。

A. 2　　　　　　　B. 4　　　　　　　C. 6　　　　　　　D. 8

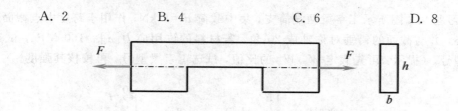

思考题 9.5 图

9.6　思考题 9.6(a)图所示杆件承受轴向拉力 F，若在杆上分别开一侧、两侧切口，如思考题图 9.6(b)和(c)所示。令(a)、(b)、(c)中的最大拉应力分别为 σ_{amax}、σ_{bmax} 和 σ_{cmax}，则下列结论中错误的是_____。

A. σ_{amax} 一定小于 σ_{bmax}　　　　　　　B. σ_{amax} 一定小于 σ_{cmax}

C. σ_{cmax} 一定大于 σ_{bmax}　　　　　　　D. σ_{cmax} 可能小于 σ_{bmax}

9.7　矩形截面杆件承受载荷如思考题 9.7 图所示，则固定端截面上 A、B 两点的应力分别为 $\sigma_A=$_____，$\sigma_B=$_____。

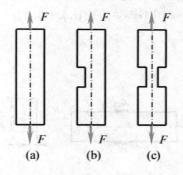

思考题 9.6 图

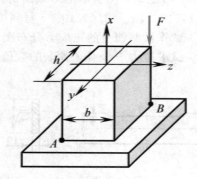

思考题 9.7 图

习　题

9.1　如习题 9.1 图所示圆截面悬臂梁的直径为 d，自由端受到集中力 F_y、F_z 作用，试求梁的最大弯曲正应力。

9.2　悬臂木梁受力如习题 9.2 图所示，$F_1=800$ N，$F_2=1600$ N，矩形截面 $b \times h=90$ mm$\times$180 mm，试求梁的最大拉应力和最大压应力，并指出各发生在何处。

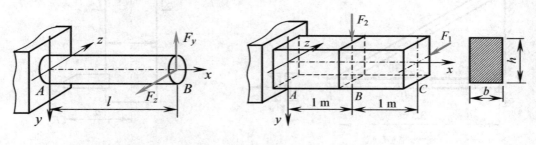

习题 9.1 图　　　　　　　　　　　　　习题 9.2 图

9.3　习题 9.3 图所示工字梁两端简支，集中载荷 $F=7$ kN，作用于跨度中点截面，通过截面形心，并与截面的铅垂对称轴成 20°角。若材料的许用应力 $[\sigma]=160$ MPa，试选择工字梁的型号。（提示：可先假定 W_z/W_y 的比值，试选工字梁型号，再校核其强度。）

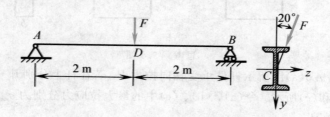

习题 9.3 图

9.4　习题 9.4 图所示钢板，$F=128$ kN，在一侧切去深 40 mm 的缺口，试求 AB 截面的最大正应力。若两侧都切去深 40 mm 的缺口，求此时 AB 截面的最大正应力。

9.5　习题 9.5 图所示矩形截面钢杆，用应变片测得杆件上、下表面的轴向正应变分别为 $\varepsilon_a=1\times10^{-3}$，$\varepsilon_b=0.4\times10^{-3}$，材料的弹性模量 $E=210$ GPa，泊松比 $\mu=0.3$。

（1）试作横截面上的正应力分布图；

（2）试求拉力 F 及偏心距 e 的数值。

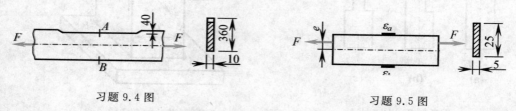

习题 9.4 图　　　　　　　　　　习题 9.5 图

9.6　习题 9.6 图所示起重架的最大起吊重量（包括行走小车等）$P=35$ kN，横梁 AC 由两根 No.18 槽钢组成，材料为 Q235 钢，许用应力 $[\sigma]=120$ MPa，试校核横梁的强度。

9.7　习题 9.7 图所示的圆截面插刀刀杆，插刀刀杆的主切削力 $F=1$ kN，偏心距 $a=25$ mm，刀杆直径 $d=25$ mm，试求刀杆内的最大拉应力和最大压应力。

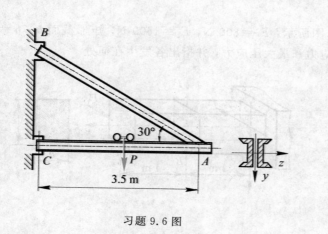
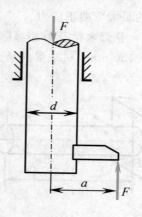

习题 9.6 图　　　　　　　　　　习题 9.7 图

9.8 单臂液压机机架及其立柱的横截面尺寸如习题 9.8 图所示，已知 $F = 1600\ \text{kN}$，材料的许用应力$[\sigma] = 160\ \text{MPa}$，试校核机架立柱的强度。

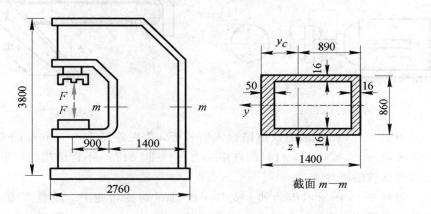

习题 9.8 图

9.9 习题 9.9 所示的螺旋夹紧器的立臂横截面为 $a \times b$ 的矩形，已知该夹紧器工作时承受的夹紧力 $F = 16\ \text{kN}$，材料的许用应力$[\sigma] = 160\ \text{MPa}$，立臂厚度 $a = 20\ \text{mm}$，偏心距$e = 140\ \text{mm}$。试求立臂宽度 b。

9.10 一手摇绞车如习题 9.10 图所示，已知轴的直径 $d = 30\ \text{mm}$，材料的许用应力$[\sigma] = 80\ \text{MPa}$，试按第三强度理论确定绞车的最大起吊重量 P。

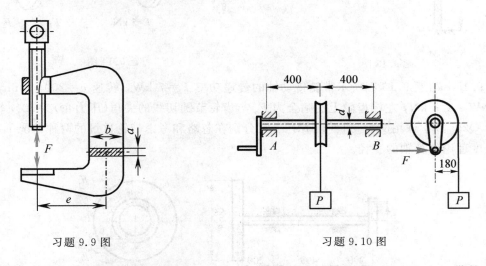

习题 9.9 图   习题 9.10 图

9.11 习题 9.11 图所示的电动机，功率 $P = 10\ \text{kW}$，转速 $n = 715\ \text{r/min}$，带轮直径 $D = 250\ \text{mm}$，主轴外伸部分长 $l = 120\ \text{mm}$，主轴直径 $d = 40\ \text{mm}$，若轴的许用应力$[\sigma] = 70\ \text{MPa}$，试用第三强度理论校核轴的强度。

9.12 习题 9.12 图所示钢质拐轴，承受铅垂载荷 F 作用，试用第三强度理论确定轴 AB 的直径。已知载荷 $F = 1\ \text{kN}$，许用应力$[\sigma] = 160\ \text{MPa}$。

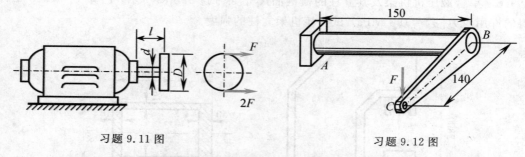

习题 9.11 图　　　　　　　　习题 9.12 图

9.13　习题 9.13 图所示的铁道路标圆信号板，装在外径 $D=60$ mm 的空心圆柱上，承受的最大风载 $p=2$ kN/m²，材料的许用应力 $[\sigma]=60$ MPa。不计结构的自重，试按第三强度理论选择圆柱的厚度 t。

9.14　习题 9.14 图所示传动轴上安装了绞盘 C 与皮带轮 D，绞盘 C 受水平力 $P=5$ kN，D 轮皮带铅直，绞盘与皮带轮 D 的直径均为 $D=400$ mm，皮带张力 $F_1=2F_2$，轴的许用应力 $[\sigma]=100$ MPa，试按第三强度理论设计轴的直径。

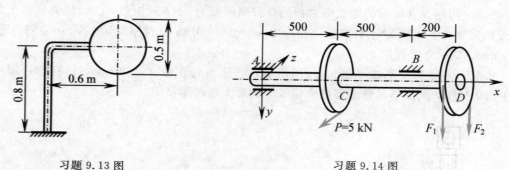

习题 9.13 图　　　　　　　　习题 9.14 图

9.15　习题 9.15 图所示带轮传动轴的传递功率 $P=7$ kW，转速 $n=200$ r/min，皮轮重量 $W=1.8$ kN，左端齿轮上的啮合力 F_n 与齿轮节圆切线的夹角（压力角）为 20°，轴的材料为 Q255 钢，许用应力 $[\sigma]=80$ MPa。试分别在忽略和考虑带轮重量的两种情况下，按第三强度理论估算轴的直径。

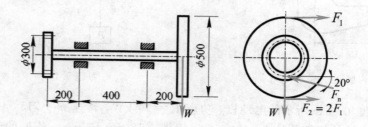

习题 9.15 图

9.16　如习题 9.16 图所示为某精密磨床砂轮轴，已知电动机功率 $P=3$ kW，转子转速 $n=1400$ r/min，转子重量 $W_1=101$ N，砂轮直径 $D=250$ mm，砂轮重量 $W_2=275$ N，磨削力 $F_y=3F_z$，砂轮轴直径 $d=50$ mm，材料为轴承钢，许用应力 $[\sigma]=60$ MPa。

（1）试用单元体表示出危险点的应力状态，并求出主应力和最大切应力；

（2）试用第三强度理论校核砂轮轴的强度。

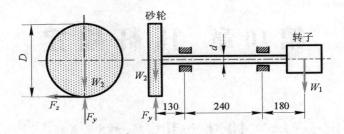

习题 9.16 图

9.17 操纵装置水平杆如习题 9.17 图所示，杆的横截面为空心圆，内径 $d=24$ mm，外径 $D=30$ mm，材料为 Q235 钢，$[\sigma]=100$ MPa，控制片受力 $F_1=600$ N，试用第三强度理论校核杆的强度。

9.18 如习题 9.18 图所示，直径为 20 mm 的圆轴受到弯矩 M 与扭矩 T 的作用。由试验测得轴表面上点 A 沿轴线方向的线应变 $\varepsilon_{0°}=6\times10^{-4}$，点 B 沿轴线成 45°角方向的线应变 $\varepsilon_{45°}=4\times10^{-4}$。若材料的弹性模量 $E=200$ GPa，泊松比 $\mu=0.25$，试确定弯矩 M 与扭矩 T。

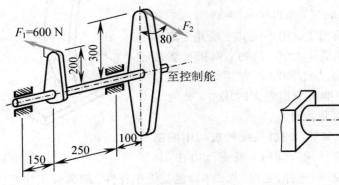

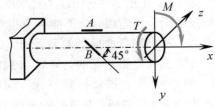

习题 9.17 图   习题 9.18 图

9.19 习题 9.19 图所示的实心圆轴，承受轴向拉力 $F=80$ kN，外力偶矩 $M_e=1.1$ kN·m，轴的许用应力 $[\sigma]=60$ MPa，试用第三强度理论确定轴的直径。

9.20 习题 9.20 图所示的圆截面钢杆，承受横向载荷 $F_1=500$ N，轴向载荷 $F_2=15$ kN，$M_e=1.2$ kN·m，$d=50$ mm，许用应力 $[\sigma]=160$ MPa，试按第三强度理论校核钢杆强度。

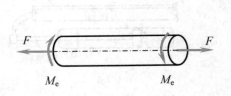

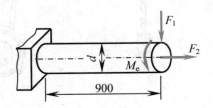

习题 9.19 图   习题 9.20 图

第10章　压杆稳定

10.1　引　言

　　当受拉杆件的应力达到屈服极限或强度极限时，将引起塑性变形或断裂。长度较小的受压短柱也有类似的现象，例如低碳钢短柱被压扁，铸铁短柱被压裂。这些都是由于强度不足引起的失效。

　　细长杆件受压时，表现出与强度失效全然不同的性质。例如，一根长为 300 mm 的钢板尺，其矩形截面尺寸为 20 mm×1 mm，许用应力$[\sigma]$=196 MPa，按强度条件计算出钢板尺所允许承受的轴向压力为

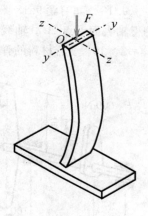

$$[F]=A[\sigma]=(20\ \text{mm}\times1\ \text{mm})\times196\ \text{N/mm}^2=3920\ \text{N}$$

但实际上，若将此钢板尺竖立在桌面上，用手压其上端并逐渐增大压力，开始轴线为直线，但当压力不足 40 N 时，钢板尺就被明显压弯，如图 10.1 所示。这个压力比 3920 N 小了约两个数量级。当钢板尺被明显压弯时，就不能再承担更大的压力，此时压力的微小增加，将引起弯曲变形的显著增大。

图 10.1

　　在工程中，压杆是很常见的。例如，内燃机配气机构中的挺杆（见图 10.2(a)），在它推动摇臂打开气阀时，就受压力作用。又如，内燃机、空气压缩机、蒸汽机的连杆（见图 10.2(b)）也是受压杆件。磨床液压装置的活塞杆（见图 10.2(c)），当驱动工作台向右移动时，油缸活塞上的压力和工作台的阻力使

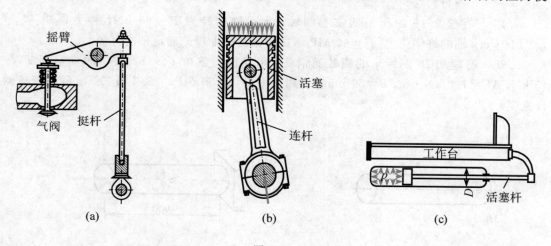

(a)　　　　　　　　　　(b)　　　　　　　　　　(c)

图 10.2

活塞杆受到压缩。还有，桁架结构中的受压杆、建筑物中的柱、建筑施工的脚手架杆件也都是压杆。对于压杆的设计，必须考虑稳定性问题。

稳定性是指平衡状态的稳定性，亦即物体保持其原有平衡状态的能力。例如，图 10.3(a) 中放置在下凹曲面上的圆球，如果给它一个微小扰动，使其稍微偏离平衡位置，当扰动撤除后，圆球仍然会回到其原来的平衡位置。这种在干扰撤除后即能恢复其原有平衡状态的平衡称为稳定平衡。相反，图 10.3(b) 中的圆球，当它受到干扰力而偏离平衡位置时，即使干扰撤除，圆球也不能恢复其原有平衡状态，这种平衡称为不稳定平衡。图 10.3(c) 中放置在平面上的圆球，当它受到干扰时，会在新的位置保持平衡，这种平衡称为中性平衡。中性平衡是一种临界状态，处于稳定与不稳定的"分岔口"。

图 10.4(a) 为一端固定、一端自由的细长压杆，设其所承受的压力 F 与杆轴线重合。给压杆一微小的侧向干扰力，使其暂时发生轻微弯曲(见图 10.4(b))。当轴向压力 F 较小时，杆件能够稳定地保持其原有的直线平衡形态，干扰力解除后，它仍将恢复直线形状(见图 10.4(c))，这表明压杆的直线平衡是稳定的。当压力超过某一极限值时，若干扰力解除，它将不能恢复原有的直线形状，而且会产生显著的弯曲变形甚至破坏(见图 10.4(d))。压杆从稳定平衡过渡到不稳定平衡所对应的轴向压力的临界值称为压杆的临界压力或临界力，用 F_{cr} 表示。在临界载荷作用下，压杆既可以保持直线形式的平衡，也可以在微弯状态下保持平衡，即处于中性平衡状态。当轴向压力超过临界载荷时，压杆丧失其直线形状的平衡而过渡为曲线平衡，称之为丧失稳定，简称失稳，也称屈曲。

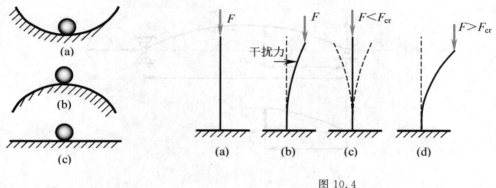

图 10.3　　　　　　　　　　　　　　　　　　　图 10.4

杆件失稳后，压力的微小增加将引起弯曲变形的显著增大，杆件已丧失了承载能力。细长压杆失稳时，应力并不一定很大，有时甚至低于比例极限。可见这种形式的失效，并非强度不足，而是稳定性不够。工程结构中的压杆失稳具有突发性，往往会引起严重的事故。例如，1907 年，加拿大长达 548 m 的魁北克大桥在施工时由于两根压杆失稳而引起坍塌，造成几十人死亡。再如，2000 年，南京电视台演播中心由于脚手架失稳造成屋顶模板倒塌，死 6 人，伤 34 人。压杆失稳是有别于强度和刚度失效的另一种具有极大破坏性的失效形式，因此工程中必须对压杆进行稳定性计算。

除压杆外，其他构件也存在稳定失效问题。例如，图 10.5(a) 所示狭长矩形截面梁，当作用在自由端的载荷 F 达到或超过一定数值时，梁将突然发生侧向弯曲与扭转；图 10.5(b) 所示承受径向外压的薄壁圆管，当外压 p 达到或超过一定数值时，圆环形截面将突然变为椭圆形。这些都是稳定性问题。本章主要讨论压杆的稳定性问题。

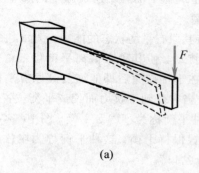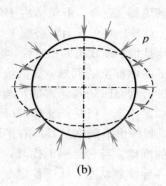

图 10.5

10.2 细长压杆的临界压力

10.2.1 两端铰支细长压杆的临界压力

如图 10.6(a)所示为两端球铰支座的细长压杆，轴线为直线，压力 F 与轴线重合。如前所述，当压力达到临界值时，压杆将由直线平衡转变为曲线平衡形态。可以认为，使压杆保持微小弯曲平衡的最小压力即为临界压力。

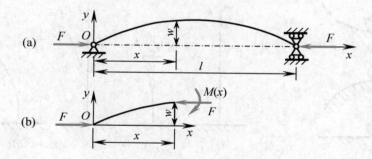

图 10.6

建立图 10.6(a)所示的坐标系，距原点 O 为 x 的截面的挠度为 w。利用截面法，从处于微弯平衡状态的杆中取出图 10.6(b)所示的一段，由平衡方程得压杆 x 截面上的弯矩为

$$M(x) = -Fw \qquad (10.1)$$

当材料在线弹性范围内时，将式(10.1)代入梁的挠曲线近似微分方程得

$$\frac{\mathrm{d}^2 w}{\mathrm{d}x^2} = \frac{M(x)}{EI} = -\frac{Fw}{EI} \qquad (10.2)$$

令

$$k^2 = \frac{F}{EI} \qquad (10.3)$$

于是式(10.2)可以写成

$$\frac{\mathrm{d}^2 w}{\mathrm{d}x^2} + k^2 w = 0 \qquad (10.4)$$

式(10.4)是一个二阶齐次常微分方程,其通解为

$$w = A \sin kx + B \cos kx \tag{10.5}$$

式中,A、B 为积分常数,可以利用杆两端的位移边界条件确定积分常数。

在杆的左端,$x=0$,$w=0$。将其代入式(10.5),得 $B=0$。于是式(10.5)变为

$$w = A \sin kx \tag{10.6}$$

在杆的右端,$x=l$,$w=0$。将其代入式(10.6),得

$$A \sin kl = 0 \tag{10.7}$$

考虑到压杆处于微弯状态,故 $A \neq 0$,因此必须是

$$\sin kl = 0$$

满足上式的条件为

$$kl = n\pi \qquad (n = 0, 1, 2, \cdots) \tag{10.8}$$

联立式(10.3)和式(10.8),解得

$$F = \frac{n^2 \pi^2 EI}{l^2} \tag{10.9}$$

式中,n 是 0,1,2,…整数中的任一整数。在这些轴向压力中,使压杆保持微弯曲线平衡的最小压力,才是临界压力 F_{cr}。因此,在式(10.9)中取 $n=1$,即得两端铰支细长压杆的临界压力计算公式:

$$F_{cr} = \frac{\pi^2 EI}{l^2} \tag{10.10}$$

式(10.10)又称为两端铰支细长压杆的欧拉公式。由此可见,临界压力与压杆的抗弯刚度 EI 成正比,与杆长 l 的平方成反比。

在两端为球铰支座的情况下,若杆件在不同平面内的抗弯刚度 EI 不同,则压杆总是在抗弯刚度最小的平面内发生弯曲,即在临界压力最小的平面内发生弯曲。因此式(10.10)中的截面惯性矩 I 应取最小值 I_{min}。

将式(10.8)代入式(10.6)并注意 $n=1$,则有

$$w = A \sin\left(\frac{\pi x}{l}\right) \qquad (0 \leqslant x \leqslant l) \tag{10.11}$$

可见,在临界力作用下,两端铰支的压杆微弯状态为半波正弦曲线,其幅值为 A,亦即杆中点($x=l/2$ 处)的挠度值。

【例 10.1】 如图 10.7 所示,矩形截面的钢制细长压杆两端铰支,已知杆长 $l=2$ m,截面尺寸 $b=40$ mm,$h=90$ mm,材料的弹性模量 $E=200$ GPa,试确定此压杆的临界力 F_{cr}。

解题分析 本题中的压杆为细长压杆,因此可根据式(10.10)计算其临界压力。压杆两端为球铰支座,因此杆件在各方向的约束相同,但杆件在不同平面内的抗弯刚度 EI 不同,压杆将在抗弯刚度最小的平面内发生弯曲。因此式(10.10)中的截面惯性矩 I 应取最小值 I_{min}。

【解】 (1)计算截面惯性矩。

如图 10.7 所示,显然 $I_y < I_z$,故应该按 I_y 计算临界力,即

$$I_y = \frac{hb^3}{12} = \frac{1}{12} \times 90 \text{ mm} \times (40 \text{ mm})^3 = 4.8 \times 10^5 \text{ mm}^4 = 4.8 \times 10^{-7} \text{ m}^4$$

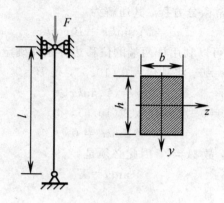

图 10.7

（2）计算压杆的临界力。

由式（10.10）得压杆临界力为

$$F_{cr} = \frac{\pi^2 EI_y}{l^2} = \frac{\pi^2 \times 200 \times 10^9 \,\mathrm{Pa} \times 4.8 \times 10^{-7} \,\mathrm{m}^4}{(2\mathrm{m})^2} = 236.9 \times 10^3 \,\mathrm{N} = 236.9 \,\mathrm{kN}$$

讨论 如果压杆在各个方向的约束相同，压杆的弯曲发生在抗弯刚度最小的平面内，则欧拉公式中的惯性矩 I 应该取压杆横截面的最小惯性矩。

10.2.2　其他支座细长压杆的临界载荷

在工程实际中，除上述两端同为铰支座的压杆之外，还存在其他约束形式的压杆。例如，千斤顶的螺杆（见图 10.8），其下端可简化成固定端，而上端因可与顶起的重物共同作微小的侧向位移，所以简化成自由端。这样就成为下端固定、上端自由的压杆。此外，还存在一端铰支、一端固定，两端固定的压杆等。这些压杆的临界压力，可按 10.2.1 节中所述方法求得，其中有些压杆也可利用两端铰支细长压杆的欧拉公式，通过比较失稳时的挠曲线形状，用类比方法得到其他约束情况下的临界力计算公式。

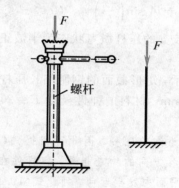

图 10.8

两端铰支细长压杆挠曲线的形状为一个半波正弦曲线，其两端截面的弯矩为零。若能在其他约束情况下的压杆上找到两个弯矩为零的截面，则可把两弯矩为零的截面之间的一段杆看成是两端铰支压杆，其临界力与具有相同长度的两端铰支细长压杆的临界力相同。

观察其他约束情况下细长压杆的挠曲线形状，若在挠曲线上能找到拐点（即挠曲线上

的凹凸分界点），由挠曲线的近似微分方程

$$\frac{\mathrm{d}^2 w}{\mathrm{d}x^2} = \frac{M(x)}{EI} = 0$$

知，挠曲线上的拐点处，弯矩等于零。

表 10.1 给出了几种典型杆端约束情况下的结果。

表 10.1　典型约束下等直细长压杆的长度因数和临界压力

杆端约束情况	两端铰支	一端固定、一端铰支	两端固定	一端固定、一端自由
失稳后挠曲线形状				
长度因数 μ	$\mu = 1$	$\mu \approx 0.7$	$\mu = 0.5$	$\mu = 2$
临界压力 F_{cr} 欧拉公式	$F_{cr} = \dfrac{\pi^2 EI}{l^2}$	$F_{cr} \approx \dfrac{\pi^2 EI}{(0.7l)^2}$	$F_{cr} = \dfrac{\pi^2 EI}{(0.5l)^2}$	$F_{cr} = \dfrac{\pi^2 EI}{(2l)^2}$

如表 10.1 所示，对于一端固定、一端铰支的压杆，失稳后挠曲线上 C 为拐点。可近似把长约为 $0.7l$ 的 BC 部分看作是两端铰支压杆。于是计算临界压力的公式可写成

$$F_{cr} \approx \frac{\pi^2 EI}{(0.7l)^2} \tag{10.12}$$

对于两端固定，但可沿轴向相对移动的细长压杆，距两端各为 $l/4$ 的 C、D 两点均为挠曲线的拐点，中间长为 $0.5l$ 的一段成为一个"半波正弦曲线"，因此其临界压力与长度为 $0.5l$ 的两端铰支细长压杆的临界压力相同，即

$$F_{cr} = \frac{\pi^2 EI}{(0.5l)^2} \tag{10.13}$$

对于一端固定、一端自由的细长压杆，其挠曲线为半个"半波正弦曲线"，将其对称延伸下去，需要两倍的长度才能完成一个"半波正弦曲线"，因此其临界压力与长度为 $2l$ 的两端铰支细长压杆的临界压力相同，即

$$F_{cr} = \frac{\pi^2 EI}{(2l)^2} \tag{10.14}$$

综合上述杆端约束的各种情况，可以得到细长压杆的临界压力欧拉公式的统一形式：

$$F_{cr} = \frac{\pi^2 EI}{(\mu l)^2} \tag{10.15}$$

式中：μ 称为压杆的长度因数，它反映了不同杆端约束对压杆临界力的影响；μl 称为压杆的相当长度，表示把压杆折算成两端铰支杆后的长度。

表 10.1 所列的杆端约束情况是典型和理想的。在工程实际中，杆端约束多种多样，要根据具体约束情况和相关设计规范选定 μ 值的大小。

【例 10.2】 一端固定、一端自由的中心受压细长直杆，已知杆长 $l = 1$ m，弹性模量 $E = 200$ GPa。当分别采用图 10.9 所示三种截面时，试计算其临界压力。

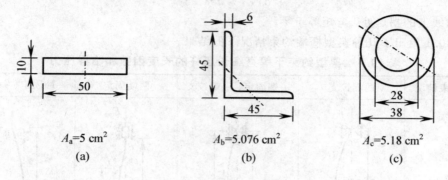

$A_a = 5$ cm^2 $A_b = 5.076$ cm^2 $A_c = 5.18$ cm^2

(a)   (b)   (c)

图 10.9

解题分析   本题中的压杆均为细长压杆，因此均可根据欧拉公式(10.15)计算其临界压力。三根压杆的约束情况相同，均为一端固定、一端自由，压杆的长度因数均为 $\mu = 2$。由于压杆在各方向的约束相同，压杆将在抗弯刚度 EI 最小的平面内发生弯曲，因此式中的截面惯性矩 I 应取最小值 I_{min}。

【解】 （a）矩形截面压杆：

$$I_{min} = \frac{1}{12} \times (50 \text{ mm}) \times (10 \text{ mm})^3 = 4.2 \times 10^3 \text{ mm}^4 = 4.2 \times 10^{-9} \text{ m}^4$$

将其代入欧拉公式，得压杆临界压力为

$$F_{cr} = \frac{\pi^2 E I_{min}}{(\mu l)^2} = \frac{\pi^2 \times (200 \times 10^9 \text{ Pa}) \times (4.2 \times 10^{-9} \text{ m}^4)}{(2 \times 1 \text{ m})^2} = 2073 \text{ N}$$

（b）等边角钢压杆：查型钢表得

$$I_{min} = 3.89 \times 10^{-8} \text{ m}^4$$

将其代入欧拉公式，得压杆临界压力为

$$F_{cr} = \frac{\pi^2 E I_{min}}{(\mu l)^2} = \frac{\pi^2 \times (200 \times 10^9 \text{ Pa}) \times (3.89 \times 10^{-8} \text{ m}^4)}{(2 \times 1 \text{ m})^2} = 19\ 196 \text{ N}$$

（c）圆环形截面压杆：圆环形截面在各个方向上的惯性矩相等，即

$$I = \frac{\pi}{64} \times (38^4 - 28^4) \times 10^{-12} \text{ m}^4 = 7.22 \times 10^{-8} \text{ m}^4$$

将其代入欧拉公式，得压杆临界压力为

$$F_{cr} = \frac{\pi^2 E I}{(\mu l)^2} = \frac{\pi^2 \times (200 \times 10^9 \text{ Pa}) \times (7.22 \times 10^{-8} \text{ m}^4)}{(2 \times 1 \text{ m})^2} = 35\ 629 \text{ N}$$

讨论   虽然本题中三种截面的面积基本相等，但因其形状不同，I_{min} 不同，致使临界压力相差很大。其中，以圆环形截面压杆的临界压力为最大。

10.3　欧拉公式的适用范围和经验公式

欧拉公式是在线弹性条件下建立的，本节研究该公式的适用范围以及压杆的非弹性稳定问题。

10.3.1　临界应力与柔度

压杆处于临界状态时横截面上的平均应力，称为压杆的临界应力，用 σ_{cr} 表示。由式 (10.15) 可知，细长压杆的临界应力为

$$\sigma_{cr} = \frac{F_{cr}}{A} = \frac{\pi^2 E}{(\mu l)^2} \frac{I}{A} \tag{10.16}$$

式中，比值 I/A 仅与截面的形状及尺寸有关，将其用 i^2 表示，即

$$i = \sqrt{\frac{I}{A}} \tag{10.17}$$

上述几何量 i 称为截面的惯性半径。将式 (10.17) 代入式 (10.16)，并令

$$\lambda = \frac{\mu l}{i} \tag{10.18}$$

则细长压杆的临界应力可改写为

$$\sigma_{cr} = \frac{\pi^2 E}{\lambda^2} \tag{10.19}$$

式 (10.19) 称为临界应力的欧拉公式。$\lambda = \dfrac{\mu l}{i}$ 称为压杆的柔度或长细比。压杆柔度的量纲为 1，它综合反映了压杆的长度 l、压杆的约束条件 μ 和压杆的截面几何性质 i 对临界应力 σ_{cr} 的影响。式 (10.19) 表明，当压杆材料确定后，压杆的临界应力只与柔度 λ 有关，柔度越大，临界应力越低。

注意，一般情况下，压杆在不同的纵向平面内具有不同的柔度值，压杆失稳首先发生在柔度最大的纵向平面内，因此，压杆的临界应力应按柔度的最大值 $\lambda_{\max}$ 计算。

10.3.2　欧拉公式的适用范围

由于欧拉公式是在线弹性范围内导出的，因此临界应力应小于材料的比例极限，即

$$\sigma_{cr} = \frac{\pi^2 E}{\lambda^2} \leqslant \sigma_p \tag{10.20}$$

或写为

$$\lambda \geqslant \lambda_p \tag{10.21}$$

其中

$$\lambda_p = \sqrt{\frac{\pi^2 E}{\sigma_p}} \tag{10.22}$$

即仅当 $\lambda \geqslant \lambda_p$ 时，欧拉公式才成立。柔度 $\lambda \geqslant \lambda_p$ 的压杆，称为大柔度杆，也称细长杆。

例如，Q235 钢的弹性模量 $E = 206$ GPa，比例极限 $\sigma_p = 200$ MPa，将其代入式 (10.22)，得

$$\lambda_p = \sqrt{\frac{\pi^2 E}{\sigma_p}} = \sqrt{\frac{\pi^2 \times 206 \times 10^3 \text{ MPa}}{200 \text{ MPa}}} \approx 100$$

这意味着，用 Q235 钢制成的压杆，只有当其柔度 $\lambda \geqslant 100$ 时，欧拉公式才适用。

10.3.3　临界应力的经验公式

当压杆的柔度 $\lambda < \lambda_p$ 时，临界应力 $\sigma_{cr} > \sigma_p$，即失稳时的临界应力 σ_{cr} 已经超过了材料的

比例极限 σ_p，这类压杆的失稳称为非弹性失稳，欧拉公式不再适用。对于此类压杆的稳定性计算，工程中通常采用以试验结果为依据的经验公式，最常用的是直线经验公式：

$$\sigma_{cr} = a - b\lambda \tag{10.23}$$

式中，a、b 是与材料力学性能有关的常数，单位是 MPa。表 10.2 中列出了一些材料的 a 和 b 的值。

表 10.2　直线经验公式的系数 a 和 b

材料（σ_s、σ_b 的单位为 MPa）	a /MPa	b / MPa
Q235 钢（$\sigma_s = 235$，$\sigma_b \geqslant 372$）	304	1.12
优质碳钢（$\sigma_s = 306$，$\sigma_b \geqslant 417$）	461	2.568
硅钢（$\sigma_s = 353$，$\sigma_b = 510$）	578	3.744
铬钼钢	9 807	5.296
铸铁	332.2	1.454
强铝	373	2.15
松木	28.7	0.19

　　柔度很小的短柱，如压缩试验用的金属短柱或水泥块，受压时不可能像大柔度杆那样出现弯曲变形，而是因应力达到屈服极限（塑性材料）或强度极限（脆性材料）而失效，这是强度问题。

　　对于塑性材料压杆，按式（10.23）计算出的临界应力 σ_{cr} 应低于材料的屈服极限 σ_s，即应有

$$\sigma_{cr} = a - b\lambda < \sigma_s \tag{10.24}$$

或者

$$\lambda > \lambda_s \tag{10.25}$$

其中

$$\lambda_s = \frac{a - \sigma_s}{b} \tag{10.26}$$

　　综上所述，对塑性材料压杆，直线经验公式的适用范围为 $\lambda_s < \lambda < \lambda_p$。这类压杆称为中柔度杆或中长杆。$\lambda \leqslant \lambda_s$ 的压杆，一般不会失稳，只会出现强度失效，这类压杆称为小柔度杆或粗短杆。对脆性材料压杆，需要将式（10.24）中的 σ_s 改为 σ_b 作类似分析。

10.3.4　临界应力总图

　　根据上述分析，可作出临界应力与柔度之间的关系曲线图，如图 10.10 所示，称为临界应力总图。该图直观地表达了压杆的临界应力 σ_{cr} 随柔度 λ 的变化规律。由图可见，压杆的柔度 λ 愈大，临界应力 σ_{cr} 就愈小。

　　设压杆的柔度为 λ，工作应力为 σ。当点 (λ, σ) 位于临界应力总图曲线 $ABCD$ 的下方时，压杆的平衡状态是稳定的；当点 (λ, σ) 位于临界应力总图曲线 $ABCD$ 的上方时，压杆的平衡状态是不稳定的；当点 (λ, σ) 位于临界应力总图曲线 $ABCD$ 上时，压杆处于临界状态。

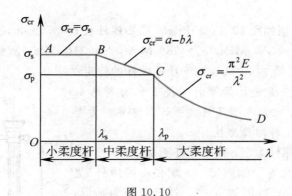

图 10.10

10.4 压杆的稳定计算

为了使压杆能正常工作而不失稳，压杆所受的轴向压力 F 必须小于临界压力 F_{cr}。考虑到一定的安全储备，压杆的稳定条件可表示为

$$n = \frac{F_{cr}}{F} \geqslant n_{st} \tag{10.27}$$

式中：n 为压杆的工作安全因数；n_{st} 为规定的稳定安全因数。

规定的稳定安全因数一般要高于强度安全因数，这是因为实际压杆不是理想压杆，而是具有一定的初始缺陷，如压杆的初弯曲、压力偏心、材料不均匀和支座缺陷等，这些不利因素将严重影响压杆的稳定性，明显降低其临界压力。而同样这些因素，对强度的影响则不像对稳定性的影响那么显著。又由于失稳破坏的突发性特点，因而，通常稳定安全因数比强度安全因数要大。而且，压杆的柔度越大，即杆件越细长时，这些不利因素的影响越大，稳定安全因数也应取得越大。稳定安全因数 n_{st} 可从有关设计规范中查到。表 10.3中给出了几种常见压杆的稳定安全因数，供读者参考。

表 10.3 几种常见压杆的稳定安全因数

压 杆	n_{st}	压 杆	n_{st}
金属结构中的压杆	1.8～3.0	磨床油缸活塞杆	2～5
矿山、冶金设备中的压杆	4～8	低速发动机挺杆	4～6
机床丝杠	2.5～4	高速发动机挺杆	2～5
水平长丝杠或精密丝杠	>4	拖拉机转向纵横推杆	5

需要说明的是，工程上的压杆由于构造或其他原因，有时截面会受到局部削弱，比如杆中有小孔或槽等。由于压杆的稳定性取决于整个杆件的抗弯刚度，压杆的失稳破坏也是整体的，所以在确定载荷的应力时，不必考虑杆件局部削弱的影响，如钉孔、油孔、沟、槽等。在计算压杆的临界应力时，一律按未削弱的截面的几何性质进行计算。但是由于强度破坏往往是局部的，所以对局部削弱的横截面处还应进行强度校核。

根据式(10.27)的稳定条件，即可进行压杆的稳定计算。与强度条件类似，压杆的稳定性条件同样可以解决三类问题，即校核稳定性、设计截面和求许可载荷。下面通过例题说明稳定条件的应用。

【例 10.3】 千斤顶如图 10.11(a)所示，已知螺杆长 $l = 375$ mm，螺杆内径 $d = 40$ mm，螺杆由 45 钢制成，$\sigma_s = 350$ MPa，$\sigma_p = 280$ MPa，$E = 210$ GPa，所受最大轴向压力 $F = 80$ kN，稳定安全因数 $n_{st} = 4$，试校核千斤顶螺杆的稳定性。

解题分析 本题应首先计算螺杆柔度 λ 和材料的 λ_p 与 λ_s，判断压杆类型；然后根据压杆类型计算临界应力与临界压力；最后校核压杆的稳定性。

【解】 （1）计算螺杆柔度，判断压杆类型。

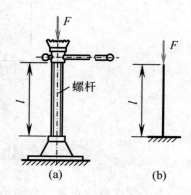

图 10.11

千斤顶螺杆可简化为一端固定、一端自由的压杆（见图 10.11(b)），压杆的长度因数 $\mu = 2$。螺杆截面为圆形，其惯性半径为

$$i = \sqrt{\frac{I}{A}} = \sqrt{\frac{\frac{\pi d^4}{64}}{\frac{\pi d^2}{4}}} = \frac{d}{4} = 10 \text{ mm}$$

螺杆的柔度 λ 为

$$\lambda = \frac{\mu l}{i} = \frac{2 \times 375 \text{ mm}}{10 \text{ mm}} = 75$$

材料的 λ_p 为

$$\lambda_p = \sqrt{\frac{\pi^2 E}{\sigma_p}} = \sqrt{\frac{\pi^2 \times (210 \times 10^3 \text{ MPa})}{280 \text{ MPa}}} = 86$$

因 $\lambda < \lambda_p$，所以压杆不是大柔度杆，需进一步计算材料的 λ_s 来判断压杆类型。查表 10.2 得优质碳钢的 a 和 b 分别为 $a = 461$ MPa，$b = 2.568$ MPa，所以材料的 λ_s 为

$$\lambda_s = \frac{a - \sigma_s}{b} = \frac{(461 - 350) \text{ MPa}}{2.568 \text{ MPa}} = 43.2$$

由于螺杆的柔度 λ 满足 $\lambda_s < \lambda < \lambda_p$，所以螺杆是中柔度压杆。

（2）计算螺杆的临界应力和临界压力。

因螺杆为中柔度压杆，所以螺杆的临界应力为

$$\sigma_{cr} = a - b\lambda = (461 \text{ MPa}) - (2.568 \text{ MPa}) \times 75 = 268.4 \text{ MPa}$$

螺杆的临界压力为

$$F_{cr} = \sigma_{cr} A = \sigma_{cr} \frac{\pi d^2}{4} = (268.4 \text{ N/mm}^2) \times \frac{\pi \times (40 \text{ mm})^2}{4} = 337.3 \text{ kN}$$

（3）稳定性校核。

螺杆的工作稳定安全因数为

$$n = \frac{F_{cr}}{F} = \frac{337.3 \text{ kN}}{80 \text{ kN}} = 4.22 > n_{st} = 4$$

故该千斤顶螺杆的稳定性满足要求。

【例 10.4】 某型平面磨床的工作台液压驱动装置如图 10.12 所示，油缸活塞直径 $D = 65$ mm，油压强 $p = 1.2$ MPa，活塞杆长度 $l = 1250$ mm，材料为 35 钢，$\sigma_p = 220$ MPa，$E = 210$ GPa，稳定安全因数 $n_{st} = 6$，试确定活塞杆的直径。

解题分析　本题中活塞杆的直径尚待确定，无法求出活塞杆的柔度，故不能判断压杆类型，也不能判定应该用欧拉公式还是用经验公式计算。为此，可先按欧拉公式试算，待直径确定后，再检查是否满足应用欧拉公式的条件。

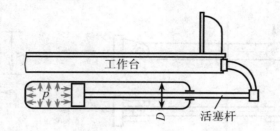

图 10.12

【解】　（1）按欧拉公式试算活塞杆的临界压力。

活塞杆可视为两端铰支压杆，即取长度因数 $\mu = 1$，由欧拉公式得

$$F_{cr} = \frac{\pi^2 EI}{(\mu l)^2} = \frac{\pi^2 \times 210 \times 10^9 \text{ Pa} \times \frac{\pi}{64} d^4}{(1 \times 1.25 \text{ m})^2}$$

（2）计算活塞杆的工作压力，即

$$F = \frac{\pi}{4} D^2 p = \frac{\pi}{4} \times (65 \times 10^{-3} \text{ m})^2 \times (1.2 \times 10^6 \text{ Pa}) = 3980 \text{ N}$$

（3）由稳定条件确定活塞杆直径。

由压杆稳定条件

$$n = \frac{F_{cr}}{F} \geqslant n_{st}$$

得

$$F_{cr} \geqslant F n_{st} = 3980 \text{ N} \times 6 = 23\ 880 \text{ N}$$

即

$$\frac{\pi^2 \times 210 \times 10^9 \text{ Pa} \times \frac{\pi}{64} d^4}{(1 \times 1.25 \text{ m})^2} \geqslant 23\ 880 \text{ N}$$

从而求得

$$d \geqslant 24.6 \text{ mm}$$

取 $d = 25$ mm。

（4）检查压杆类型。

活塞杆的柔度 λ 为

$$\lambda = \frac{\mu l}{i} = \frac{\mu l}{\dfrac{d}{4}} = \frac{1 \times 1250 \text{ mm}}{\dfrac{25 \text{ mm}}{4}} = 200$$

对所用材料 35 钢来说，其 λ_p 为

$$\lambda_p = \sqrt{\frac{\pi^2 E}{\sigma_p}} = \sqrt{\frac{\pi^2 \times (210 \times 10^3 \text{ MPa})}{220 \text{ MPa}}} = 97.1$$

由于 $\lambda \geqslant \lambda_p$，故之前假定活塞杆为大柔度杆是正确的，即活塞杆的直径 $d = 25$ mm。

【**例 10.5**】　如图 10.13 所示的矩形截面连杆，两端用柱状铰连接，已知 $l = 2.1$ m，$b = 50$ mm，$h = 80$ mm，连杆材料为 Q235 钢，$E = 206$ GPa，$\sigma_p = 200$ MPa，$\sigma_s = 235$ MPa，稳定安全因数 $n_{st} = 2.5$，试确定该连杆的许用压力 [F]。

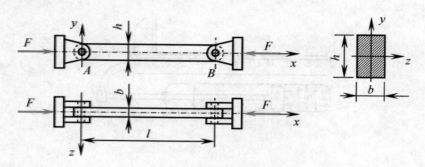

图 10.13

解题分析　连杆可能在 xy 平面内发生失稳（即失稳后弯曲的轴线位于 xy 平面内），也可能在 xz 平面内发生失稳，首先需要判断最容易失稳的平面，并根据其临界载荷大小确定连杆的许用压力值。可通过计算比较压杆在两个平面内的柔度大小，确定失稳平面。显然，失稳先发生在柔度较大的平面内。对于柱状铰，在垂直于轴销的平面内（xy 平面），轴销对于连杆的约束相当于铰支；而在轴销平面内（xz 平面），轴销对连杆的约束接近于固定端。

【**解**】　（1）计算压杆柔度，确定失稳平面。

若连杆在 xy 平面内失稳，杆端约束可视为两端铰支，长度因数 $\mu_z = 1$，惯性半径为

$$i_z = \sqrt{\frac{I_z}{A}} = \sqrt{\frac{\frac{h^3 b}{12}}{hb}} = \frac{h}{\sqrt{12}} = 23.1 \text{ mm}$$

柔度为

$$\lambda_z = \frac{\mu_z l}{i_z} = \frac{1 \times 2.1 \times 10^3 \text{ mm}}{23.1 \text{ mm}} = 90.9$$

若连杆在 xz 平面内失稳，杆端约束可视为两端固定，长度因数 $\mu_y = 0.5$，惯性半径为

$$i_y = \sqrt{\frac{I_y}{A}} = \sqrt{\frac{\frac{hb^3}{12}}{hb}} = \frac{b}{\sqrt{12}} = 14.4 \text{ mm}$$

柔度为

$$\lambda_y = \frac{\mu_y l}{i_y} = \frac{0.5 \times 2.1 \times 10^3 \text{ mm}}{14.4 \text{ mm}} = 72.9$$

由于 $\lambda_z > \lambda_y$，因此连杆将在 xy 平面内失稳，应按柔度 λ_z 计算连杆的临界压力。

（2）计算连杆的临界应力 σ_{cr} 和临界压力 F_{cr}。

连杆的材料为 Q235 钢，材料的 λ_p 为

$$\lambda_p = \sqrt{\frac{\pi^2 E}{\sigma_p}} = \sqrt{\frac{\pi^2 \times (206 \times 10^3 \text{ MPa})}{200 \text{ MPa}}} = 101$$

查表 10.2 得 Q235 钢的 a 和 b 分别为 $a = 304$ MPa，$b = 1.12$ MPa，故材料的 λ_s 为

$$\lambda_s = \frac{a - \sigma_s}{b} = \frac{(304 - 235)\,\text{MPa}}{1.12\,\text{MPa}} = 61.6$$

因为 $\lambda_s < \lambda_z < \lambda_p$，所以该杆属于中柔度杆，选用直线公式计算其临界应力，即

$$\sigma_{cr} = a - b\lambda_z = 304\,\text{MPa} - 1.12\,\text{MPa} \times 90.9 = 202.2\,\text{MPa}$$

连杆的临界压力为

$$F_{cr} = \sigma_{cr}A = \sigma_{cr}bh = 202.2\,\text{N/mm}^2 \times 50\,\text{mm} \times 80\,\text{mm} = 808.8\,\text{kN}$$

（3）确定连杆的许用压力 $[F]$。

由压杆稳定条件

$$n = \frac{F_{cr}}{F} \geqslant n_{st}$$

得

$$F \leqslant \frac{F_{cr}}{n_{st}} = \frac{808.8\,\text{kN}}{2.5} = 323.5\,\text{kN}$$

所以，连杆的许用压力 $[F] = 323.5\,\text{kN}$。

讨论 当压杆在各方向的柔度不等时，压杆失稳将发生在柔度最大的平面，因此在设计压杆时，应尽量使压杆各方向的柔度接近，一般尽量使两个主惯性矩平面内的柔度接近。

【例 10.6】 图 10.14(a)所示结构中，分布载荷 $q = 20\,\text{kN/m}$。梁的截面为矩形，$b = 90\,\text{mm}$，$h = 130\,\text{mm}$。柱 BC 为空心圆截面杆，外径 $D = 90\,\text{mm}$，内径 $d = 70\,\text{mm}$。梁和柱均为 Q235 钢，$[\sigma] = 160\,\text{MPa}$，$E = 206\,\text{GPa}$，$\lambda_p = 100$，稳定安全因数 $n_{st} = 3$。试校核结构的安全性。

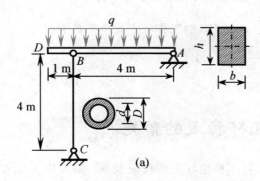 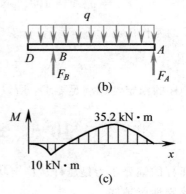

图 10.14

解题分析 本题结构中，应校核梁的强度和柱的稳定性，两者分别符合强度条件和稳定性条件才能保障结构的安全。

【解】 （1）校核梁 AD 的强度。

根据梁 AD 的受力（见图 10.14(b)），建立静力平衡方程

$$\sum F_y = 0,\ F_A + F_B - q \times 5\,\text{m} = 0$$

$$\sum M_A = 0,\ -F_B \times 4\,\text{m} + q \times 5\,\text{m} \times \frac{5\,\text{m}}{2} = 0$$

解得

$$F_A = 37.5 \text{ kN}, \ F_B = 62.5 \text{ kN}$$

作梁的弯矩图，如图 10.14(c)所示，得 $M_{max} = 35.2$ kN·m。

因为梁的最大弯曲正应力为

$$\sigma_{max} = \frac{M_{max}}{W} = \frac{6M_{max}}{bh^2} = \frac{6 \times 35.2 \times 10^6 \text{ N} \cdot \text{mm}}{90 \text{ mm} \times (130 \text{ mm})^2} = 138.9 \text{ N/mm}^2 = 138.9 \text{ MPa} < [\sigma]$$

所以梁的强度满足要求。

（2）校核柱 BC 的稳定性。

柱 BC 两端铰支，故长度因数 $\mu = 1$。

柱 BC 的惯性半径为

$$i = \sqrt{\frac{I}{A}} = \sqrt{\frac{\dfrac{\pi(D^4 - d^4)}{64}}{\dfrac{\pi(D^2 - d^2)}{4}}} = \frac{\sqrt{D^2 + d^2}}{4} = 28.5 \text{ mm}$$

柔度为

$$\lambda = \frac{\mu l}{i} = \frac{1 \times 4000 \text{ mm}}{28.5 \text{ mm}} = 140.4$$

因为 $\lambda \geqslant \lambda_p$，所以柱 BC 为大柔度压杆。由欧拉公式计算其临界应力为

$$\sigma_{cr} = \frac{\pi^2 E}{\lambda^2} = \frac{\pi^2 \times (206 \times 10^3 \text{ MPa})}{140.4^2} = 103.1 \text{ MPa}$$

临界压力为

$$F_{cr} = \sigma_{cr} A = 103.1 \text{ N/mm}^2 \times \frac{\pi(90^2 - 70^2) \text{mm}^2}{4} = 259.1 \text{ kN}$$

柱 BC 的工作压力为 $F_{BC} = F_B = 62.5$ kN，于是柱 BC 的工作稳定安全因数为

$$n = \frac{F_{cr}}{F_{BC}} = \frac{259.1 \text{ kN}}{62.5 \text{ kN}} = 4.1 > n_{st} = 3$$

可见，柱的稳定性也满足要求，所以结构是安全的。

10.5　提高压杆稳定的措施

压杆的临界压力是压杆从稳定状态过渡到不稳定状态的极限载荷。临界压力越大，压杆的稳定性就越好。

由压杆的临界应力公式

$$\sigma_{cr} = \frac{\pi^2 E}{\lambda^2}, \ \sigma_{cr} = a - b\lambda$$

及柔度公式

$$\lambda = \frac{\mu l}{i} = \frac{\mu l}{\sqrt{\dfrac{I}{A}}}$$

可以看出影响临界压力的主要因素包括杆长、两端约束、截面形状和材料力学性能等几个方面。因此，可以采用下列措施来提高压杆的稳定性。

1. 减小压杆长度

对于细长压杆，其临界力与杆长平方成反比。当结构允许时，应尽量减小压杆长度或者增加中间支承，以提高稳定性。例如，图 10.15 所示的两压杆，图 10.15(b)增加中间支承的压杆，其临界力为图 10.15(a)的 4 倍；图 10.16 所示的两桁架，不难发现两个桁架中的杆①、④均为压杆，图 10.16(b)中压杆的承载能力远远高于图 10.16(a)中压杆的承载能力。无缝钢管厂在轧制钢管时，在顶杆中部增加抱辊装置，如图 10.17 所示，就出自这个原因。

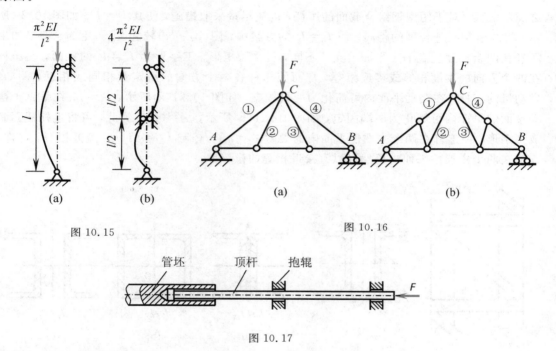

图 10.15　　　　　　　　　　　　图 10.16

图 10.17

2. 增大杆端的约束刚度

杆端约束的刚性越大，压杆的长度因数 μ 就越小，临界力也就越大。例如，若将一端固定、一端自由的细长压杆改为两端固定，则压杆的临界力可增加至原来的 16 倍。可见，增大杆端约束刚度可以有效地提高压杆的稳定性。

3. 合理设计压杆截面形状

在压杆长度、约束以及横截面面积保持不变的情况下，通过增大惯性矩 I，即增大惯性半径 i，能减小 λ，提高稳定性。例如，空心正方形或环形截面就比实心截面合理（见图 10.18），因为截面面积相同时，空心截面的 I 和 i 都比实心截面的大得多。当然，空心截面杆的壁厚也不能过小，因为过小易产生局部折皱失稳。

由型钢组成的桥梁桁架中的压杆或建筑物中的柱，也都是把型钢分开放置，如图 10.19 所示。为了使上述组合截面压杆能够如同整体杆件一样地工作，在各组成杆件之间还应采用缀板、缀条等相连接，否则各条型钢将变为分散、单独的受压杆件，达不到预期的稳定性。

选择截面形状时还应考虑失稳的方向性。如果压杆在各个纵向平面内的约束相同，则应使截面对任一形心轴的惯性半径 i 相等，或接近相等，此时，可采用圆形、环形或正方形

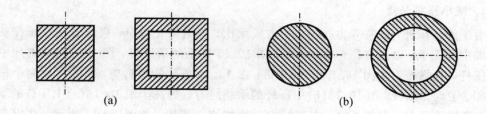

图 10.18

之类的截面；对于用型钢组合截面的压杆，也应尽量采取措施，使其 $I_y = I_z$。如图 10.20 所示，将两槽钢拉开合理的距离，使 $I_y = I_z$ 的方案中，图(b)、(c)较之图(a)更为合理。如果压杆在两个相互垂直的主平面内支承不同，可采用矩形、工字形等 $I_y \neq I_z$ 的截面，使压杆在两个方向的柔度相等或接近相等，从而使压杆在两个方向的稳定性相同或相近。例如，发动机的连杆，在摆动平面内可简化为两端铰支，如图 10.21(a)所示，$\mu_z = 1$；在垂直于摆动平面的平面内可简化为两端固定，如图 10.21(b)所示，$\mu_y = 0.5$。为此，可将连杆截面制成工字形，使连杆在两个主惯性平面内的柔度 $\lambda_z = \mu_z l_1 / i_z$ 和 $\lambda_y = \mu_y l_2 / i_y$ 接近相等。这样，连杆在两个主惯性平面内仍然可以有接近相等的稳定性。

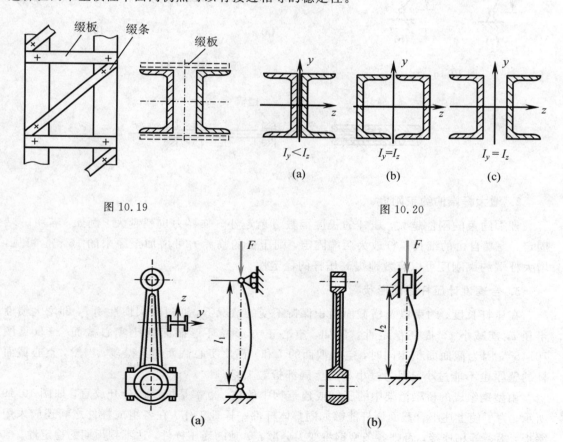

图 10.19

图 10.20

图 10.21

4. 合理选择材料

对于大柔度杆，由欧拉公式可以看出，选择弹性模量 E 较大的材料可以提高细长压杆的临界压力。但必须注意，由于各种钢材的 E 大致相等，在 $200\sim210\,\mathrm{GPa}$ 左右，因此，试图用优质钢代替普通钢来改善细长压杆的稳定性是没有意义的。对于中柔度压杆，在经验公式中的系数 a、b 与材料的屈服极限 σ_s 和强度极限 σ_b 有关。强度高的材料，其临界应力也较高。因此，对于中柔度杆，选用高强度钢，将有助于提高压杆的稳定性。对于小柔度杆，其破坏本来就是强度问题，优质钢材的强度高，其优越性自然是明显的。

思 考 题

10.1　若将圆截面细长压杆的直径缩小一半，其他条件保持不变，则压杆的临界压力为原压杆的_____。

A. $\dfrac{1}{2}$　　　　　B. $\dfrac{1}{4}$　　　　　C. $\dfrac{1}{8}$　　　　　D. $\dfrac{1}{16}$

10.2　压杆是属于细长压杆、中长压杆还是粗短压杆，是根据压杆的_____来判断的。

A. 长度　　　　　　　　　　　　B. 横截面尺寸
C. 柔度　　　　　　　　　　　　D. 临界应力

10.3　思考题 10.3 图所示两端铰支压杆的截面为矩形，当其失稳时，挠曲轴位于_____面内。

10.4　思考题 10.4 图所示三根压杆，横截面面积及材料各不相同，但它们的_____相同。

A. 长度因数 μ　　　　　　　　　B. 等效长度 μl
C. 临界压力 F_{cr}　　　　　　　　D. 柔度 λ

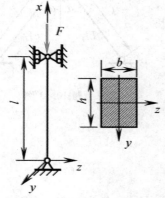

思考题 10.3 图

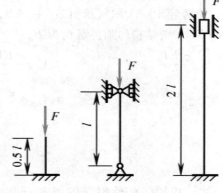

思考题 10.4 图

10.5　两根材料和柔度都相同的压杆，_____。

A. 临界应力一定相等，临界力不一定相等
B. 临界应力不一定相等，临界力一定相等

C. 临界应力和临界力都一定相等

D. 临界应力和临界力都不一定相等

10.6　材料相同的两根细长压杆,横截面面积相等,其中一个形状为正方形,另一个为圆形,其他条件均相同,则横截面为_____的柔度大,横截面为_____的临界压力大。

10.7　由四根等边角钢组成一组合截面压杆,其组合截面的形状分别如思考题10.7(a)、(b)图所示,则两种情况下,其_____。

　　A. 稳定性不同,强度相同　　　　　　B. 稳定性相同,强度不同

　　C. 稳定性和强度都不同　　　　　　D. 稳定性和强度都相同

10.8　思考题10.8图所示各杆横截面面积相等,在其他条件均相同的条件下,压杆采用图_____所示截面形状,其稳定性最好。

10.9　将低碳钢改为优质高强度钢后,并不能提高_____压杆的承压能力。

　　A. 细长　　　　　B. 中长　　　　　C. 粗短　　　　　D. 非粗短

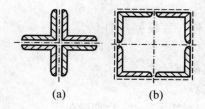

(a)　　　　　(b)

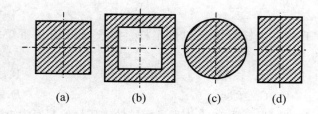

(a)　　　　(b)　　　　(c)　　　　(d)

思考题10.7图　　　　　　　　　　　　思考题10.8图

10.10　由低碳钢制成的细长压杆,经冷作硬化后,其_____。

　　A. 稳定性提高,强度不变

　　B. 稳定性不变,强度提高

　　C. 稳定性和强度都提高

　　D. 稳定性和强度都不变

10.11　思考题10.11图所示桁架,杆 AB、BC 均为细长杆,若 $EI_1 > EI_2$,则结构的临界载荷为 $F_{cr} =$ _____。

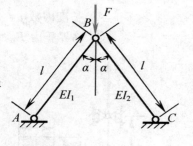

思考题10.11图

A. $\dfrac{\pi^2 EI_1}{l^2}$　　　　　　　　　　B. $\dfrac{\pi^2 EI_2}{l^2}$

C. $2\dfrac{\pi^2 EI_1}{l^2}\cos\alpha$　　　　　　D. $2\dfrac{\pi^2 EI_2}{l^2}\cos\alpha$

习　　题

10.1　材料相同、直径相等的细长杆如习题10.1图所示,若 $E = 200$ GPa、$d = 160$ mm,试求各杆的临界压力。

10.2　如习题10.2图所示,细长杆的两端为球形铰支,弹性模量 $E = 200$ GPa,试用欧拉公式计算如下三种情况下的临界压力。

(1) 圆形截面:$d = 30$ mm,$l = 1.2$ m;

(2) 矩形截面：$h=2b=50$ mm，$l=1.2$ m；

(3) No.14 工字钢，$l=1.9$ m。

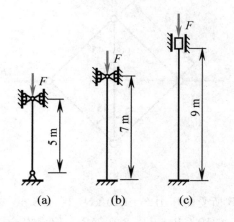

习题 10.1 图

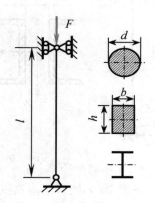

习题 10.2 图

10.3 习题 10.3 图所示千斤顶的最大承载压力 $F=150$ kN，螺杆内径 $d=52$ mm，螺杆长 $l=500$ mm。材料为 Q235 钢，$E=206$ GPa，$\sigma_p=200$ MPa，$\sigma_s=235$ MPa，稳定安全因数 $n_{st}=3$。试校核其稳定性。

10.4 习题 10.4 图所示压杆的截面为 $125\times125\times8$ 的等边角钢，材料为 Q235 钢，$E=206$ GPa，$\sigma_p=200$ MPa，$\sigma_s=235$ MPa，试分别求当其长度 $l=2$ m 和 $l=1$ m 时的临界力。

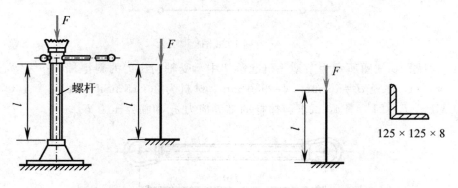

习题 10.3 图　　　　　　　　　习题 10.4 图

10.5 一木桩两端铰支，其横截面为 120 mm×200 mm 的矩形，长度为 3 m。木材的 $E=10$ GPa，$\sigma_p=20$ MPa。试求木柱的临界应力。计算临界应力的公式有：(1) 欧拉公式；(2) 直线公式 $\sigma_{cr}=(28.7-0.19\lambda)$ MPa。

10.6 习题 10.6 图所示为两端铰支压杆，用两根 No.10 槽钢按图示方式组合而成。材料为 Q235 钢，$E=206$ GPa，$\sigma_p=200$ MPa，$\sigma_s=235$ MPa。已知 $l=4$ m，试确定两根槽钢间距 a 为多少时组合杆的临界力最大，并计算此临界力。

10.7 习题 10.7 图所示正方形桁架，各杆的抗弯刚度均为 EI，且均为细长杆。试问当载荷 F 为何值时结构中的个别杆件将失稳？如果将载荷 F 的方向改为向内，则使杆件失稳的载荷 F 又为何值？

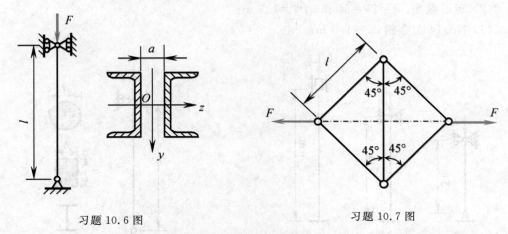

习题 10.6 图

习题 10.7 图

10.8 习题 10.8 图所示蒸汽机的活塞杆 AB 所受的压力 $F=120$ kN，$l=1.8$ m，横截面为圆形，直径 $d=75$ mm。材料为 Q255 钢，$E=210$ GPa，$\sigma_p=240$ MPa，稳定安全因数 $n_{st}=8$。试校核活塞杆的稳定性。

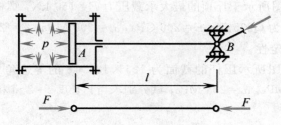

习题 10.8 图

10.9 习题 10.9 图所示为某型飞机起落架中承受轴向压力的斜撑杆。杆为空心圆管，外径 $D=54$ mm，内径 $d=46$ mm，$l=950$ mm。材料为 30CrMnSiNi2A，$\sigma_b=1600$ MPa，$\sigma_p=1200$ MPa，$E=210$ GPa。试求斜撑杆的临界应力 σ_{cr} 和临界压力 F_{cr}。

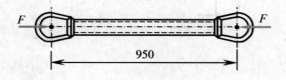

习题 10.9 图

10.10 习题 10.10 图所示为两端用柱状铰连接的连杆，轴销轴线垂直于 xy 平面。连杆横截面为工字形，面积 $A=720$ mm^2，惯性矩 $I_z=6.5\times10^4$ mm^4，$I_y=3.8\times10^4$ mm^4。连杆由硅钢制成，$\lambda_p=100$，$\lambda_s=60$，$\sigma_s=353$ MPa，$\sigma_b=510$ MPa，稳定安全因数 $n_{st}=2.5$。试确定连杆的许用压力 $[F]$。

10.11 在习题 10.11 图所示结构中，已知圆形截面杆 AB 的直径 $d=80$ mm，A 端固定、B 端与方形截面杆 BC 用球铰连接；方形截面杆 BC 截面边长 $a=70$ mm，C 端也是球铰；$l=3$ m。若两杆材料均为 Q235 钢，$E=206$ GPa，$\sigma_p=200$ MPa，$\sigma_s=235$ MPa。试求该结构的临界载荷。

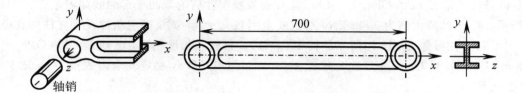

习题 10.10 图

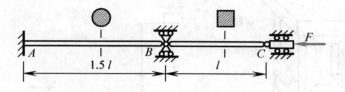

习题 10.11 图

10.12　在习题 10.12 图所示结构中，载荷 $F = 30$ kN；横梁 AB 为 No.16 工字钢，$[\sigma] = 160$ MPa；圆截面杆 CD 的直径 $d = 40$ mm，材料为 Q235 钢，$\sigma_p = 200$ MPa，$\sigma_s = 235$ MPa，$E = 206$ GPa，稳定安全因数 $n_{st} = 2.5$。试校核该结构的安全性。

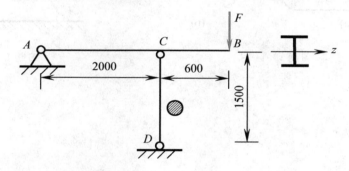

习题 10.12 图

10.13　一简易吊车如习题 10.13 图所示，最大起重量 $F = 20$ kN，压杆 AB 为空心圆截面杆，外径 $D = 50$ mm，内径 $d = 40$ mm，材料为 Q235 钢，$\sigma_p = 200$ MPa，$\sigma_s = 235$ MPa，$E = 206$ GPa，稳定安全因数 $n_{st} = 2$，试校核杆 AB 的稳定性。

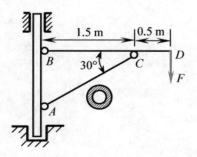

习题 10.13 图

10.14　习题 10.14 图所示为万能材料试验机的示意图，四根立柱的长度均为 $l = 3$ m，

钢材的弹性模量 $E=210$ GPa，$\lambda_p=100$。立柱丧失稳定性后的弯曲变形曲线如习题 10.14(b) 图所示。若 F 的最大值为 1000 kN，稳定安全因数 $n_{st}=4$，试按稳定条件设计立柱的直径。

10.15 在习题 10.15 图所示结构中，杆 1、2 材料及长度相同，已知 $E=200$ GPa，$l=0.8$ m，$\lambda_p=99.3$，$\lambda_s=57$，经验公式 $\sigma_{cr}=(304-1.12\lambda)$ MPa，稳定安全因数 $n_{st}=3$，试求许可载荷 $[F]$。

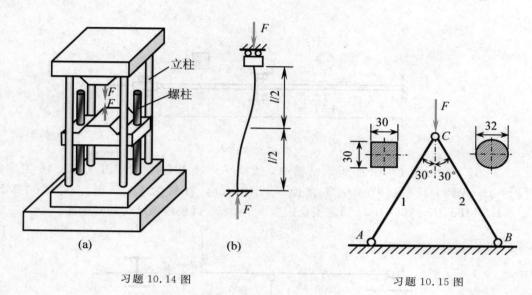

习题 10.14 图   习题 10.15 图

第11章 动 载 荷

11.1 引 言

工程结构中的杆件承受的载荷有静载荷和动载荷两类。静载荷情况下，载荷从零开始缓慢增加，增加到最终值后保持不变。加载过程中，杆件各点的加速度很小，可以不计。前几章讲述的杆件应力及变形都是在静载荷作用下进行的。然而在工程实际中多数杆件却在动载荷条件下服役。与静载荷相比，动载荷将产生更大的应力，更易使杆件发生破坏，如杆件的高速旋转或加速提升、紧急制动的转轴、机械零件长期在周期性变化的载荷下工作等。这些杆件内部质点具有明显的加速度，统称为动载荷问题。

由动载荷引起的应力称为动应力。动载荷试验表明，只要应力不超过比例极限，胡克定律仍然适用，且弹性模量与静载荷下的数值相同。

本章主要讨论以下三个方面的问题：① 杆件作加速运动时的应力与变形；② 杆件在冲击载荷作用下的应力与变形；③ 杆件在交变载荷作用下的疲劳强度计算。

11.2 杆件作加速运动时的应力与变形

对于杆件作加速运动时的动载荷问题，通常采用动静法，将其转化为静载荷问题来处理。由于杆件内部各质点存在加速度，应用达朗贝尔原理，在杆件上假想施加惯性力，将动载荷问题转化为静载荷问题。

质点惯性力 F_I 的大小等于质点的质量 m 与加速度 a 的乘积，即

$$F_I = ma$$

而惯性力的方向与加速度的方向相反。

11.2.1 杆件作匀加速直线运动

如图 11.1(a)所示，起重机匀加速吊起一根匀质等截面直杆，杆件长度为 l，横截面面积为 A，材料单位体积的重量为 γ，加速度为 a，求杆件内动应力沿轴线的分布。

用截面法将杆件沿 n—n 面截开，取截面以下部分作为研究对象，受力分析如图 11.1(b)所示。由于杆件具有向上的加速度，按照动静法，在杆件上加上沿轴线向下的惯性力 F_I，可将动载荷问题转换成静载荷问题。由平衡方程

$$\sum F_x = 0, \quad F_{Nd} - mg - F_I = 0$$

得

$$F_{Nd} = mg + ma = \gamma Ax + \frac{\gamma Ax}{g}a = \left(1 + \frac{a}{g}\right)\gamma Ax$$

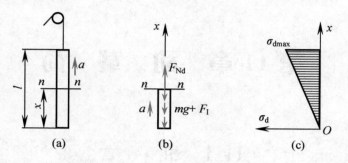

图 11.1

当加速度 $a=0$ 时，即杆件受静载荷作用时，其静荷轴力为

$$F_{Nst} = \gamma A x$$

所以，动荷轴力可表示为

$$F_{Nd} = \left(1 + \frac{a}{g}\right) F_{Nst}$$

将其两边同时除以杆件的横截面面积，得

$$\sigma_d = \left(1 + \frac{a}{g}\right)\sigma_{st} = \left(1 + \frac{a}{g}\right)\gamma x \tag{11.1}$$

引入记号

$$K_d = \frac{F_{Nd}}{F_{Nst}} = \frac{\sigma_d}{\sigma_{st}}$$

K_d 称为动荷因数。向上匀加速提升重物时的动荷因数为

$$K_d = 1 + \frac{a}{g} \tag{11.2}$$

研究表明，材料在线弹性范围内时，由于载荷与位移成正比，应力与应变成正比，因此动载荷 F_{Nd}、静载荷 F_{Nst}、动应力 σ_d、静应力 σ_{st}、动位移 Δ_d、静位移 Δ_{st}、动应变 ε_d、静应变 ε_{st} 存在如下关系：

$$\frac{F_{Nd}}{F_{Nst}} = \frac{\sigma_d}{\sigma_{st}} = \frac{\Delta_d}{\Delta_{st}} = \frac{\varepsilon_d}{\varepsilon_{st}} = K_d \tag{11.3}$$

由式（11.1）可以看出动应力 σ_d 沿轴线按线性规律分布（见图 11.1(c)），当 $x=l$ 时，得最大的动应力

$$\sigma_{dmax} = K_d \sigma_{stmax} = \left(1 + \frac{a}{g}\right)\gamma l$$

动载荷下的强度条件为

$$\sigma_{dmax} = K_d \sigma_{stmax} \leqslant [\sigma] \tag{11.4}$$

11.2.2　杆件作匀速圆周运动

如图 11.2(a)所示，以等角速度 ω 旋转的飞轮，为简化起见，将飞轮简化成半径为 R 的圆环。已知飞轮材料的质量密度为 ρ，横截面面积为 A，求飞轮轮缘内的动应力。

由于飞轮以等角速度 ω 旋转，故圆环上各点存在向心加速度。按照动静法，在圆环各点的径向上加上惯性力，方向背离中心（见图 11.2(b)），可将动载荷问题转换成静载荷问

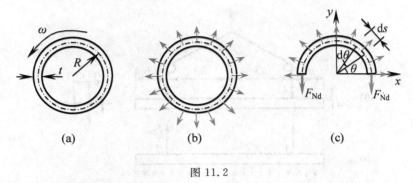

图 11.2

题。圆环上各点的向心加速度为

$$a_n = R\omega^2$$

取半个圆环作为研究对象，受力分析如图 11.2(c)所示，F_{Nd} 为圆环横截面上的内力。在圆环上取中心角为 $d\theta$ 的微元，微元的质量为

$$dm = \rho A\, ds = \rho A\, (R\, d\theta)$$

微元上的惯性力为

$$dF_I = a_n\, dm = R^2 \omega^2 \rho A\, d\theta$$

由平衡方程

$$\sum F_y = 0,\ \int_0^\pi R^2 \omega^2 \rho A\ \sin\theta\ d\theta - 2F_{Nd} = 0$$

解得

$$F_{Nd} = \rho A R^2 \omega^2$$

所以，圆环横截面上的动荷应力为

$$\sigma_d = \frac{F_{Nd}}{A} = \rho R^2 \omega^2 \tag{11.5}$$

从而圆环强度条件为

$$\sigma_d = \rho R^2 \omega^2 \leqslant [\sigma] \tag{11.6}$$

讨论 由式(11.6)可以看出，圆环横截面上的动应力与其横截面面积 A 无关。要保证圆环的强度，应限制圆环的转速和直径。

【**例 11.1**】 一长度 $l = 12$ m 的 No.16 工字钢，用横截面面积为 $A = 108$ mm^2 的钢索起吊，并以等加速度 $a = 8$ m/s^2 上升，如图 11.3(a)所示。若只考虑工字钢重量，忽略吊索自重，求吊索内的动应力及工字钢内的最大动应力。

解题分析 由于杆件作匀加速直线提升，故可根据式(11.2)计算动荷因数。动载荷作用下的应力(动应力)可以按式(11.3)，用相应的静应力乘以动荷因数计算。

【**解**】 (1)计算动荷因数，即

$$K_d = 1 + \frac{a}{g} = 1 + \frac{8\ \text{m/s}^2}{9.8\ \text{m/s}^2} = 1.82$$

(2)计算吊索内的动应力。

取杆 AB 作为研究对象，受力分析如图 11.3(b)所示，由平衡方程

$$\sum F_y = 0,\ 2F_{Nst} - q_{st}l = 0$$

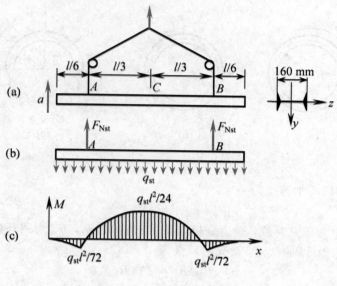

图 11.3

解得

$$F_{\text{Nst}} = \frac{1}{2} q_{\text{st}} l$$

吊索内的静应力为

$$\sigma_{\text{st}} = \frac{F_{\text{Nst}}}{A} = \frac{1}{2} \frac{q_{\text{st}} l}{A}$$

吊索内的动应力为

$$\sigma_{\text{d}} = K_{\text{d}} \sigma_{\text{st}} = K_{\text{d}} \frac{q_{\text{st}} l}{2A}$$

查型钢表得 $q_{\text{st}} = 20.513 \times 9.8$ N/m，将已知数据代入上式得

$$\sigma_{\text{d}} = K_{\text{d}} \frac{q_{\text{st}} l}{2A} = 1.82 \times \frac{20.513 \times 9.8 \text{ N/m} \times 12 \text{ m}}{2 \times 108 \text{ mm}^2} = 20.3 \text{ N/mm}^2 = 20.3 \text{ MPa}$$

（3）计算工字钢内的最大动应力。

首先根据杆 AB 静载时的受力，作出其静载时的弯矩图，如图 11.3(c)所示。

杆 AB 内最大静弯矩为

$$M_{\text{stmax}} = \frac{q_{\text{st}} l^2}{24}$$

杆 AB 内的最大静应力为

$$\sigma_{\text{stmax}} = \frac{M_{\text{stmax}}}{W_z} = \frac{q_{\text{st}} l^2}{24 W_z}$$

杆 AB 内的最大动应力为

$$\sigma_{\text{dmax}} = K_{\text{d}} \sigma_{\text{stmax}} = K_{\text{d}} \frac{q_{\text{st}} l^2}{24 W_z}$$

查型钢表得 $q_{\text{st}} = 20.513 \times 9.8$ N/m，$W_z = 21.2$ cm^3，将已知数据代入上式得

$$\sigma_{dmax} = K_d \frac{q_{st}l^2}{24W_z} = 1.82 \times \frac{(20.513 \times 9.8 \text{ N/m}) \times (12 \text{ m})^2}{24 \times (21.2 \times 10^{-6} \text{ m}^3)} = 103.5 \text{ MPa}$$

【例 11.2】 如图 11.4 所示，杆以角速度 ω 绕过杆端的轴 O 在水平面内匀速转动。已知杆长为 l，横截面面积为 A，单位体积的重量为 γ，求杆横截面上的最大动应力。

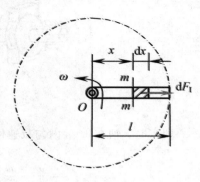

图 11.4

解题分析 由于杆件以匀角速度 ω 旋转，故杆内各点存在向心加速度。按照动静法，在杆件各点的轴向上加上惯性力，方向背离中心 O，可将动载荷问题转换成静载荷问题。

【解】 （1）计算惯性力。

在距杆端 O 为 x 的截面 m—m 处取微段 dx，微段的惯性力为

$$dF_I = a_n dm = (x\omega^2)\left(\frac{\gamma A\, dx}{g}\right)$$

从而截面 m—m 右侧杆段上的总惯性力为

$$F_I = \int_x^l dF_I = \int_x^l \frac{\omega^2 \gamma A}{g} x\, dx = \frac{\omega^2 \gamma A}{2g}(l^2 - x^2)$$

（2）求杆内最大轴力。

截面 m—m 上的轴力为

$$F_{Nd} = F_I = \frac{\omega^2 \gamma A}{2g}(l^2 - x^2)$$

当 $x=0$ 时，杆端 O 处的横截面上轴力最大，即

$$F_{Ndmax} = \frac{\omega^2 \gamma A l^2}{2g}$$

（3）求杆内最大动应力，即

$$\sigma_{dmax} = \frac{F_{Ndmax}}{A} = \frac{\omega^2 \gamma l^2}{2g}$$

讨论 计算结果表明，杆件横截面上的动应力与其横截面面积 A 无关。要保证杆件的强度，应限制杆件的转速和长度。

【例 11.3】 圆轴 AB 的 B 端安装有一个质量很大的飞轮，另一端 A 装有刹车离合器，如图 11.5 所示。已知飞轮的转速 $n=100$ r/min，对 AB 轴的转动惯量 $J=0.5$ kN·m·s²，AB 轴的直径 $d=100$ mm。若刹车时要使轴在 10 s 内匀减速停止转动，求轴内最大动应力。

解题分析 由于飞轮作匀减速转动，按照动静法，在飞轮上加上惯性力偶矩 M_I，将动载荷问题转换成静载荷问题进行求解。

【解】 （1）计算惯性力偶矩。

飞轮的初角速度为

$$\omega_0 = \frac{2\pi n}{60} = \frac{10\pi}{3} \text{ rad/s}$$

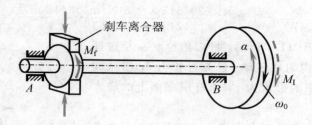

图 11.5

刹车时，轴在 10 s 内匀减速停止转动，其角加速度为

$$\alpha = \frac{\omega_1 - \omega_0}{t} = \frac{\left(0 - \frac{10\pi}{3}\right) \text{ rad/s}}{10 \text{ s}} = -\frac{\pi}{3} \text{ rad/s}^2$$

式中，等号右边的负号表示角加速度 α 与初角速度 ω_0 的转向相反（见图 11.5）。按动静法，在飞轮上加上与角加速度 α 转向相反的惯性力偶，惯性力偶矩为

$$M_I = -J\alpha = 0.5 \text{ kN} \cdot \text{m} \cdot \text{s}^2 \times \frac{\pi}{3} \text{ rad/s}^2 = 0.52 \text{ kN} \cdot \text{m}$$

（2）计算轴内的扭矩。

根据动静法，飞轮的惯性力偶矩 M_I 与作用于轴 A 端的摩擦力偶矩 M_f 平衡（见图 11.5），所以转轴 AB 发生扭转变形，其横截面上的扭矩为

$$T_d = M_I = 0.52 \text{ kN} \cdot \text{m}$$

（3）计算轴内最大动应力，即

$$\tau_{dmax} = \frac{T_d}{W_p} = \frac{T_d}{\frac{\pi d^3}{16}} = \frac{0.52 \times 10^3 \text{ N} \cdot \text{m}}{\frac{\pi}{16} \times (0.1 \text{ m})^3} = 2.65 \times 10^6 \text{ Pa} = 2.65 \text{ MPa}$$

11.3 杆件受冲击时的应力与变形

落锤打桩时，锤体以很大的速度撞击桩柱，在极短的时间内锤体的速度发生很大变化，这种现象称为冲击或撞击。工程实际中如气锤锻造、金属冲压加工、传动轴突然制动等都属于冲击问题。冲击过程中，由于冲击物与被冲击物作用时间很短，冲击速度变化急剧，加速度难以测定，所以用动静法难以计算变形中的应力和变形。工程中常应用能量法进行简化计算，这种简化计算基于以下假设：

（1）冲击物是刚性的，不计冲击物的变形，冲击物与被冲击物接触后，附着在一起运动，而不发生回弹。

（2）被冲击杆件的质量忽略不计，并假设被冲击杆件的变形在线弹性范围内。

（3）假设冲击过程中没有其他形式的能量转换，机械能守恒定律仍成立。

以上述假设为基础，利用冲击过程中的能量转换关系，即可计算冲击载荷以及由其引起的杆件的应力与变形。下面介绍几种典型的冲击问题。

11.3.1 垂直冲击

如图 11.6(a)所示，重为 P 的冲击物从高为 h 处以初速度 v_0 下落，冲击位于其正下方

的 AB 杆。根据上述假设，可以将 AB 杆简化为一个无重弹簧（见图 11.6(b)），并认为冲击物落到弹簧顶部即和弹簧顶部一起向下运动，直至速度为零（见图 11.6(c)）。速度为零时，弹簧受到的冲击载荷以及弹簧顶部产生的动荷位移均为最大值，分别记作 F_d 和 Δ_d。

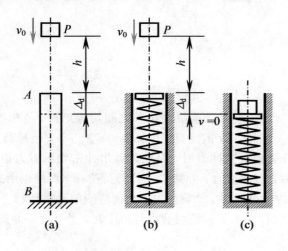

图 11.6

取 Δ_d 对应位置为冲击物的重力零势能位置，不考虑冲击过程中的能量损耗，根据能量守恒定律，冲击物在下落开始时的初动能 T_0 和重力势能 V_0 完全转换为弹簧在 Δ_d 对应位置上的弹簧变形能 V_{ed}，即

$$T_0 + V_0 = V_{ed} \tag{11.7}$$

其中，初动能为

$$T_0 = \frac{1}{2}\frac{P}{g}v_0^2$$

冲击物在下落开始时的重力势能为

$$V_0 = P(h + \Delta_d)$$

在线弹性范围内，冲击力与弹簧的变形成正比，如图 11.7 所示。弹簧的变形能等于 F_d 在 Δ_d 上所作的功，即

$$V_{ed} = \frac{1}{2}F_d\Delta_d$$

将 T_0、V_0、V_{ed} 代入式(11.7)，得

$$\frac{1}{2}\frac{P}{g}v_0^2 + P(h + \Delta_d) = \frac{1}{2}F_d\Delta_d \tag{11.8}$$

在线弹性范围内，载荷与变形成正比，故有

$$F_d = \frac{P}{\Delta_{st}}\Delta_d \tag{11.9}$$

式中，Δ_{st} 为冲击物重力 P 以静载荷方式作用于弹簧顶部时所引起的弹簧顶部的静荷位移。将式(11.9)代入式(11.8)，整理得

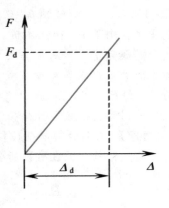

图 11.7

$$\Delta_d^2 - 2\Delta_{st}\Delta_d - \left(2h + \frac{v_0^2}{g}\right)\Delta_{st} = 0$$

这是关于动荷位移 Δ_d 的一元二次方程，解之得

$$\Delta_d = \left(1 + \sqrt{1 + \frac{2h + \dfrac{v_0^2}{g}}{\Delta_{st}}}\,\right)\Delta_{st}$$

由上式可得，垂直冲击下的动荷因数为

$$K_d = \frac{\Delta_d}{\Delta_{st}} = 1 + \sqrt{1 + \frac{2h + \dfrac{v_0^2}{g}}{\Delta_{st}}} \qquad (11.10)$$

由于在线弹性范围内，内力、应力、应变与位移之间均成正比，故依次有

$$F_d = K_d F_{st}, \quad \sigma_d = K_d \sigma_{st}, \quad \varepsilon_d = K_d \varepsilon_{st}, \quad \Delta_d = K_d \Delta_{st}$$

由此可见，当杆件受到垂直冲击时，只要计算出冲击物的重力以静载荷方式作用于杆件上所引起的静荷内力、静荷应力、静荷应变与静荷位移，再乘以由式(11.10)确定的动荷因数 K_d，即可得相应的动荷内力、动荷应力、动荷应变与动荷位移。

式(11.10)适用于垂直冲击的其他场合，当初速度 $v_0 = 0$ 时，得自由落体冲击时的动荷因数，即

$$K_d = 1 + \sqrt{1 + \frac{2h}{\Delta_{st}}} \qquad (11.11)$$

对于突然加于杆件上的载荷，称为突加载荷，相当于物体自由下落时 $h = 0$ 的情况。由式(11.11)可知，突加载荷时的动荷因数为

$$K_d = 2 \qquad (11.12)$$

所以在突加载荷作用下，杆件的应力和变形均为静载荷时的两倍。

再次强调指出，式(11.10)和式(11.11)中的 Δ_{st} 是指冲击物的重力以静荷方式作用于冲击点时所引起的杆件冲击点沿冲击方向的静位移。这一点在应用时需要特别注意。

【例 11.4】 图 11.8 所示的木桩下端固定，上端自由。木桩的截面为圆形，直径 $d = 400$ mm，长 $l = 7$ m，弹性模量 $E = 10$ GPa。在离柱顶 $h = 0.2$ m 的高度处有一重 $P = 4$ kN 的重锤自由落下，撞击木桩。试求桩内的动荷应力。

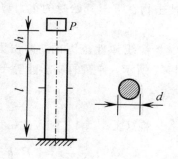

图 11.8

解题分析　本题木桩受到自由落体冲击，只要计算出冲击物的重力以静载荷方式作用于木桩顶部所引起的静荷应力、静荷位移，由式(11.11)确定动荷因数 K_d，再将静荷应力乘以动荷因数即可得相应的动荷应力。

【解】 (1) 计算静荷位移。

将重锤静止放在桩顶所引起的桩顶向下的静荷位移，等于静载下木桩的轴向变形，即

$$\Delta_{st} = \frac{Pl}{EA} = \frac{4 \times 10^3 \text{ N} \times 7 \text{ m}}{(10 \times 10^9 \text{ N/m}^2) \times \dfrac{\pi \times (0.4 \text{ m})^2}{4}} = 2.23 \times 10^{-5} \text{ m}$$

(2) 计算动荷因数，即

$$K_d = 1 + \sqrt{1 + \frac{2h}{\Delta_{st}}} = 1 + \sqrt{1 + \frac{2 \times 0.2 \text{ m}}{2.23 \times 10^{-5} \text{ m}}} = 134.9$$

（3）计算木桩内的静荷应力，即

$$\sigma_{st} = \frac{P}{A} = \frac{4 \times 10^3 \text{ N}}{\frac{\pi \times (0.4 \text{ m})^2}{4}} = 0.032 \times 10^6 \text{ N/m}^2 = 0.032 \text{ MPa}$$

（4）计算木桩内的动荷应力，即

$$\sigma_d = K_d \sigma_{st} = 134.9 \times 0.032 \text{ MPa} = 4.32 \text{ MPa}$$

讨论 计算结果表明，动荷应力是静荷应力的 134.9 倍，可见，冲击应力的增大是惊人的。

【例 11.5】 图 11.9 所示梁由两根 22a 槽钢组成，跨度 $l = 3$ m，弹性模量 $E = 200$ GPa。若重为 $P = 20$ kN 的重物从高 $h = 10$ mm 处自由落下，试求下列两种情况下梁的最大冲击应力：

（1）梁为刚性支承，如图 11.9(a)所示；

（2）梁为弹性支承，如图 11.9(b)所示，弹簧的刚度系数为 $k = 300$ kN/m。

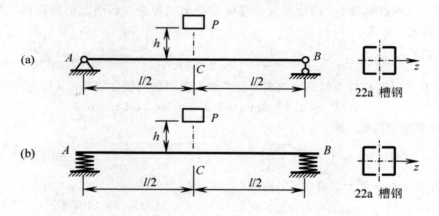

图 11.9

解题分析 本题中的梁由型钢组成，梁的几何性质需查型钢表获得。本题为自由落体冲击，先计算静荷位移 Δ_{st}，然后由式(11.11)确定动荷因数 K_d，再将梁最大静荷应力乘以动荷因数即可得相应的最大冲击应力。

【解】 （1）计算图 11.9(a)所示梁的最大冲击应力。

① 查梁的几何性质。

梁由两根 22a 槽钢组成，查型钢表得梁的几何性质为

$$I_z = 2390 \text{ cm}^4 \times 2 = 4780 \times 10^{-8} \text{ m}^4$$

$$W_z = 218 \text{ cm}^3 \times 2 = 436 \times 10^{-6} \text{ m}^3$$

② 计算静荷位移。

将重物静止放在冲击点处，即梁的跨度中点 C 处，查梁的基本变形图表，得静荷位移为

$$\Delta_{st} = \frac{Pl^3}{48EI_z} = \frac{(20 \times 10^3 \text{ N}) \times (3 \text{ m})^3}{48 \times (200 \times 10^9 \text{ N/m}^2) \times (4780 \times 10^{-8} \text{ m}^4)} = 1.18 \times 10^{-3} \text{ m}$$

③ 计算动荷因数，即

$$K_d = 1 + \sqrt{1 + \frac{2h}{\Delta_{st}}} = 1 + \sqrt{1 + \frac{2 \times 10 \text{ mm}}{1.18 \text{ mm}}} = 5.24$$

④ 计算梁内的最大静荷应力。

静载荷 P 作用在冲击点 C 时，梁的最大弯矩发生在截面 C 处，其值为

$$M_{stmax} = \frac{Pl}{4}$$

梁内的最大静应力为

$$\sigma_{stmax} = \frac{M_{stmax}}{W_z} = \frac{Pl}{4W_z} = \frac{(20 \times 10^3 \text{ N}) \times 3 \text{ m}}{4 \times (436 \times 10^{-6} \text{ m}^3)} = 34.4 \times 10^6 \text{ N/m}^2 = 34.4 \text{ MPa}$$

⑤ 计算梁内的最大动荷应力，即

$$\sigma_{dmax} = K_d \sigma_{stmax} = 5.24 \times 34.4 \text{ MPa} = 180 \text{ MPa}$$

(2) 计算图 11.9(b)所示梁的最大冲击应力。

① 计算静荷位移。

由于梁支承在弹簧上，因此静载位移中需要增加弹簧变形引起的静位移。A、B 支承处，弹簧的变形量为

$$\Delta_{st}^A = \Delta_{st}^B = \frac{F_A}{k} = \frac{P}{2k} = \frac{20 \text{ kN}}{2 \times 300 \text{ kN/m}} = 33.33 \times 10^{-3} \text{ m}$$

截面 C 的静荷位移为梁的弯曲变形和弹簧变形引起的挠度之和，其值为

$$\Delta_{st} = 1.18 \text{ mm} + 33.33 \text{ mm} = 34.51 \text{ mm}$$

② 计算动荷因数，即

$$K_d = 1 + \sqrt{1 + \frac{2h}{\Delta_{st}}} = 1 + \sqrt{1 + \frac{2 \times 10 \text{ mm}}{34.51 \text{ mm}}} = 2.26$$

③ 计算梁内的最大动荷应力，即

$$\sigma_{dmax} = K_d \sigma_{stmax} = 2.26 \times 34.4 \text{ MPa} = 78 \text{ MPa}$$

讨论　由上述计算结果可以看出，两端为弹性支座梁的冲击应力比两端为刚性支座梁的冲击应力明显下降，这说明：① 由于图 11.9(b)采用了弹簧支座，减小了系统的刚度，增加了静荷位移 Δ_{st}，因而使动荷因数 K_d 减小，从而减小了冲击应力（可见，增加弹簧等柔性支座是降低冲击应力的有效方法）；② 从能量角度分析，图 11.9(a)和图 11.9(b)中冲击物输入的能量相同，但图 11.9(a)中，冲击能量完全转化为梁的变形能，而图 11.9(b)中，只有很小一部分冲击能转化为梁的变形能，大部分能量被弹簧吸收，从而使动应力大幅减小。

11.3.2　水平冲击

如图 11.10 所示，重为 P 的物体以初速度 v_0 沿水平方向冲击杆件。F_d 和 Δ_d 分别表示杆件的冲击点沿冲击方向受到的最大冲击载荷与产生的最大动荷位移。

图 11.10

由于在水平冲击过程中，物体的重力势能没有变化，因此，冲击前物体的动能在冲击结束时全部转化为杆件的变形能，即

$$\frac{1}{2}\frac{P}{g}v_0^2 = \frac{1}{2}F_d\Delta_d \tag{11.13}$$

在线弹性范围内，载荷与变形成正比，故有

$$F_d = \frac{P}{\Delta_{st}}\Delta_d \tag{11.14}$$

将式(11.14)代入式(11.13)，整理得

$$\Delta_d = \sqrt{\frac{v_0^2}{g\Delta_{st}}} \cdot \Delta_{st} \tag{11.15}$$

由式(11.15)可得，**水平冲击下的动荷因数为**

$$K_d = \frac{\Delta_d}{\Delta_{st}} = \sqrt{\frac{v_0^2}{g\Delta_{st}}} \tag{11.16}$$

由于在线弹性范围内，内力、应力、应变与位移之间均成正比，故依次有

$$F_d = K_d F_{st}, \quad \sigma_d = K_d\sigma_{st}, \quad \varepsilon_d = K_d\varepsilon_{st}, \quad \Delta_d = K_d\Delta_{st}$$

对于其他冲击问题，如突然刹车问题，也可以利用能量法，作类似处理。

11.3.3　突然刹车

【例 11.6】　若例 11.3 中的转轴 AB 突然在 A 端刹车，瞬间停止转动，试求轴内的最大切应力。已知转轴的长度 $l=1$ m，切变模量 $G=80$ GPa。

　解题分析　当转轴的 A 端急刹车时，飞轮的转速由 $n=100$ r/min 瞬间变为零，AB 轴受到冲击。本题也可以利用能量法进行分析。

　【解】　若不计能量损耗，在冲击过程中，飞轮的初动能全部转变为轴的变形能。

飞轮的初动能为

$$T_0 = \frac{1}{2}J\omega_0^2$$

转轴的变形能为

$$V_{\varepsilon d} = \frac{1}{2}T_d\varphi_d = \frac{1}{2}T_d\frac{T_d l}{GI_p} = \frac{T_d^2 l}{2GI_p}$$

所以

$$\frac{1}{2}J\omega_0^2 = \frac{T_d^2 l}{2GI_p}$$

从而转轴的动荷扭矩为

$$T_d = \omega_0\sqrt{\frac{JGI_p}{l}}$$

轴内的最大冲击切应力为

$$\tau_{dmax} = \frac{T_d}{W_p} = \frac{\omega_0}{W_p}\sqrt{\frac{JGI_p}{l}} = \frac{\omega_0}{\frac{\pi d^3}{16}}\sqrt{\frac{JG\frac{\pi d^4}{32}}{l}} = \omega_0\sqrt{\frac{8JG}{\pi d^2 l}}$$

代入数据，计算得

$$\tau_{dmax} = 1057 \text{ MPa}$$

讨论　本题与例 11.3 相比，动应力的增大是惊人的，因此，为了保证转轴的安全，在

停车时应尽量避免急刹车。

11.3.4 提高杆件承受冲击能力的措施

在实际工程中，人们常利用冲击造成的巨大动载荷完成静载荷下难以进行的工作，如锻造、冲压及打桩等，但在更多的情况下则要求减小冲击载荷，提高杆件承受冲击的能力。

前面的分析表明，冲击时杆件中动应力的大小与动荷因数有关，所以，要提高杆件的抗冲击能力，主要是从降低冲击动荷因数入手。从冲击动荷因数的计算公式即式（11.10）和式（11.16）可知，增加静位移 Δ_{st} 是提高抗冲击能力的根本途径。具体措施可归结为以下几点：

（1）选择适当的材料。由计算位移的公式可以看出，杆件材料的 E 越小，Δ_{st} 越大，因此，可以选择 E 较低的材料制作受冲杆件，但 E 较低的材料，其许用应力 $[\sigma]$ 往往也较低，要注意两者兼顾。

（2）安装缓冲装置。工程中常采用缓冲装置来减少杆件受冲击的损害，如汽车底盘与轮轴之间安装叠板弹簧，火车车厢架与轮轴之间安装压缩弹簧，机器零件之间垫上弹簧垫圈，车窗玻璃与窗框之间嵌入橡胶垫等。这样做可以增加杆件受冲击处的静位移 Δ_{st}，从而减小动荷因数 K_d，起到很好的缓冲作用。

（3）适当增加杆件的长度。如工程中通常把承受冲击的气缸盖螺栓由短螺栓改为长螺栓（见图 11.11），以增大螺栓的静变形 Δ_{st}，降低动荷因数 K_d，从而减小冲击应力。但对于压杆，要注意避免因杆过长而导致的失稳问题。

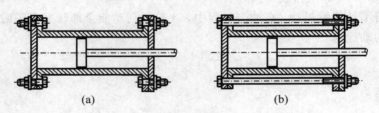

(a)　　　　　　　　　(b)

图 11.11

（4）避免杆件的局部削弱。如图 11.12 所示，两杆材料相同，一为变截面杆，一为等截面杆，受到同样重量和速度的水平冲击，由于图 11.12（a）所示杆的静荷位移小于图 11.12（b）所示杆，因而图 11.12（a）所示杆的动荷因数大于图 11.12（b）所示杆。同时，在危险面上，两杆的横截面面积同为 A_2，因此两杆的最大静应力相等，从而图 11.12（a）所示杆的最大动应力大于图 11.12（b）所示杆。因此，应尽量避免杆件的局部削弱。

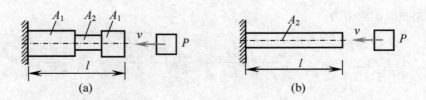

(a)　　　　　　　　　(b)

图 11.12

基于上述理由，对于抗冲击的螺钉，如气缸螺钉，光杆部分的直径与螺纹内径相比，与其前者大于后者(见图 11.13(a)),还不如使两者接近相等(见图 11.13(b)或(c))。这样,螺钉接近于等截面杆,静变形增大,而最大静应力未变,因而最大动应力降低。

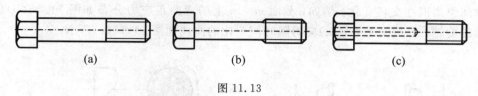

(a)   (b)   (c)

图 11.13

11.4 交变应力与疲劳破坏

11.4.1 交变应力与疲劳破坏

交变应力是指随时间作周期性交替变化的应力。在工程实际中,有很多杆件受到随时间作周期性变化的载荷作用。例如,图 11.14(a)中的汽油机连杆,曲轴通过连杆带动活塞作往复运动,连杆受到的载荷随时间作周期性变化,从而连杆内的应力也随时间作周期性变化。再如图 11.14(b)中的齿轮,齿轮每旋转一周,齿轮上的每个轮齿啮合一次,每个轮齿上受到的载荷随时间作周期性变化,从而轮齿内的应力也随时间作周期性变化。工程中有些杆件工作时受到的载荷不变,而杆件本身在转动,从而杆件内的应力也将随时间作周期性变化,例如各类机械中的传动轴。

(a)   (b)

图 11.14

在图 11.15(a)中,F 表示齿轮啮合时作用于轮齿 B 上的力。齿轮每旋转一周,轮齿 B 啮合一次。啮合时 F 由零迅速增加到最大值,然后又减小为零。因而,齿根 A 点的弯曲正应力 σ 也由零增至最大值,再减小为零。随着齿轮的旋转,σ 重复上述过程。σ 随时间 t 变化的曲线如图 11.15(b)所示。

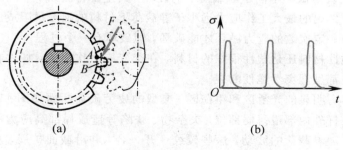

(a)   (b)

图 11.15

图 11.16(a)所示的火车轮轴上的力 F 表示来自车厢的力，其大小和方向基本不变。虽然车轴上的载荷不随时间发生变化，但由于车轴本身在旋转，因此轴内各点的弯曲正应力也随时间作周期性交替变化。例如，截面 $m—m$ 上的弯曲正应力分布如图 11.16(b)所示，随着轴的旋转，该截面上点 A 的应力随时间变化的曲线如图 11.16(c)所示。

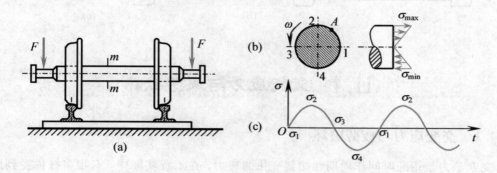

图 11.16

图 11.17(a)所示为因电动机转子偏心惯性力引起受迫振动的梁，其危险点应力随时间变化的曲线如图 11.17(b)所示。σ_{st} 表示电动机重量 P 按静载方式作用于梁上时引起的静应力，最大应力 σ_{max} 和最小应力 σ_{min} 分别表示梁在最大和最小位移时的应力。

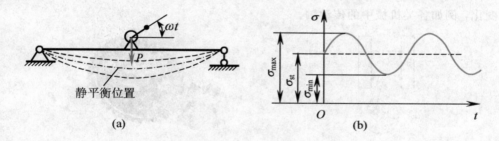

图 11.17

实践表明，交变应力引起的金属杆件的失效与静应力全然不同。在交变应力作用下，即使杆件内的最大工作应力远小于材料在静载荷下的极限应力，但经历一定时间后，杆件仍然会发生突然断裂；而且，即使是塑性材料，在断裂前，也不会产生明显的塑性变形。这种因交变应力的长期作用而引发的低应力脆性断裂现象称为疲劳破坏。

交变应力下的疲劳破坏不同于静载荷下的破坏，其主要特征如下：

(1) 破坏时杆件内的最大工作应力远小于静载荷下材料的强度极限或屈服极限。

(2) 需要经历一定次数的应力循环才能破坏，即破坏有一个过程。

(3) 无论是脆性材料还是塑性很好的材料，在交变应力作用下，杆件在破坏前都没有明显的塑性变形，都呈现突然脆性断裂。

(4) 破坏断口有明显的光滑区和粗糙区。典型的疲劳破坏断面如图 11.18 所示。在交变载荷作用下，在杆件内部最薄弱部位，夹杂物、缺陷等造成局部高应力而导致细小裂纹的出现(裂纹源)。随着载荷的波动，这些裂纹一开一合，并沿截面扩展，从而形成疲劳断口的光滑区（即裂纹扩展区），通常可见类似于海滩上的带状条纹或贝壳状花纹，这些条纹称为疲劳弧线。这种裂纹不断扩展，直至剩下的截面不足以承担载荷，致使杆件断裂，断面呈现明显的颗粒状粗糙区。即疲劳断裂包括裂纹源形成、疲劳裂纹的扩展及最后脆断三个阶段。

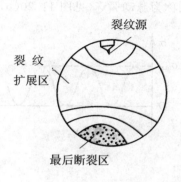

图 11.18

统计表明，在机械与航空领域中，杆件的破坏大多是疲劳引起的，而且疲劳破坏带有突发性，往往会造成灾难性的后果，因此，在工程设计中，必须高度重视杆件的疲劳强度问题。

11.4.2 交变应力的特征参数

典型的交变应力如图 11.19 所示，应力在两个极值之间作周期性交替变化。应力每重复一次，称为一个应力循环。

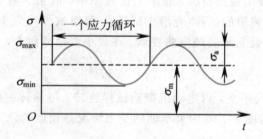

图 11.19

在一个应力循环中，应力的极大值与极小值分别称为最大应力与最小应力。最大应力 σ_{max} 与最小应力 σ_{min} 的代数平均值称为平均应力，用 σ_m 表示，即

$$\sigma_m = \frac{\sigma_{max} + \sigma_{min}}{2} \tag{11.17}$$

最大应力与最小应力的代数差的一半，称为应力幅，用 σ_a 表示，即

$$\sigma_a = \frac{\sigma_{max} - \sigma_{min}}{2} \tag{11.18}$$

循环应力的变化特点对材料的疲劳强度有直接影响。应力变化的特点可用最小应力与最大应力的比值 r 表示，称之为应力比或循环特征，即

$$r = \frac{\sigma_{\min}}{\sigma_{\max}} \tag{11.19}$$

若交变应力的最大应力 $\sigma_{\max}$ 与最小应力 $\sigma_{\min}$ 的数值相等、正负号相反，其应力比 $r = -1$，则称为对称循环(见图 11.20(a))；除此之外的其余情况，统称为非对称循环。在非对称循环交变应力中，如果 $\sigma_{\min} = 0$，其应力比 $r = 0$，则称为脉动循环(见图 11.20(b))。

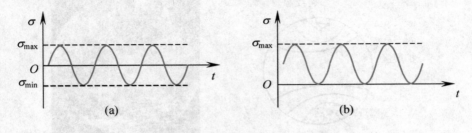

图 11.20

静应力也可看作是交变应力的特例，这时应力无变化，其应力比 $r = 1$。

11.5　杆件的疲劳强度计算

11.5.1　材料的疲劳极限

在交变应力作用下，应力低于屈服极限时材料就可能发生疲劳，因此，静载下测定的屈服极限或强度极限已不能作为强度指标，材料疲劳的强度指标应重新测定。

在对称循环下测定疲劳强度指标，技术上比较简单，故最为常见。测定时将金属加工成 $d = 7 \sim 10$ mm 且表面光滑的试样(光滑小试样)，每组试样约为 10 根。把试样装于疲劳试验机上(见图 11.21)，使它承受纯弯曲变形。在最小直径截面上，最大弯曲正应力为

$$\sigma = \frac{M}{W} = \frac{Fa}{W}$$

保持载荷 F 的大小和方向不变，以电动机带动试样旋转。每旋转一周，截面上的点便经历一次对称应力循环。这与图 11.16 中火车轴的受力情况是相似的。

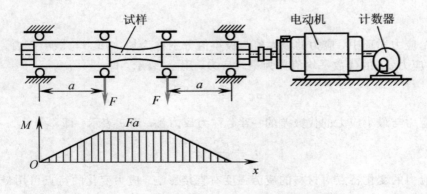

图 11.21

　　试验时，使第一根试样的最大应力 $\sigma_{\max,1}$ 较高，约为强度极限的 70％，经过 N_1 次循环后，试样疲劳破坏。N_1 称为应力为 $\sigma_{\max,1}$ 时的疲劳寿命（简称寿命）。然后，使第二根试样的应力 $\sigma_{\max,2}$ 略低于第一根，疲劳时的循环次数为 N_2。逐渐降低应力水平，得出各试样疲劳时的相应寿命。以应力 σ 为纵坐标，寿命 N 为横坐标，由试验结果描成的曲线，称为应力-寿命曲线或 S-N 曲线（见图 11.22）。钢试样的疲劳试验表明，当应力降到某一极限值时，S-N 曲线趋于水平线。这表明只要应力不超过这一极限值，N 可无限增大，这一可使材料经历无限多次应力循环而不发生疲劳破坏的最大应力 σ_r 称为材料的疲劳极限或持久极限，下标 r 代表应力比。图 11.22 中的 σ_{-1} 代表对称循环（$r=-1$）下的疲劳极限。

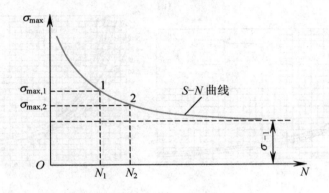

图 11.22

　　有色金属及其合金的 S-N 曲线通常不存在水平渐近线，对于这类材料，通常以某一指定寿命 N_0（一般取 $N_0=10^7\sim10^8$）所对应的最大应力作为极限应力，并称为材料的疲劳极限或条件疲劳极限。

11.5.2　影响杆件疲劳极限的因素

　　材料的疲劳极限一般是用光滑小试样测定的。实践表明，实际杆件的疲劳极限，除了与材料有关，还与杆件的外形、尺寸、表面状况及工作环境等因素有关。下面介绍影响杆件疲劳极限的几种主要因素。

1. 杆件外形的影响

　　杆件外形的突变将引起应力集中，而应力集中将促使疲劳裂纹的形成，从而显著降低杆件的疲劳极限。在对称循环下，应力集中对疲劳极限的影响用有效应力集中因数 K_σ（或 K_τ）表示，它代表光滑试样的疲劳极限与同样尺寸但存在应力集中试样的疲劳极限之比值。

　　工程中为使用方便，把关于有效应力集中因数的数据整理成曲线或表格，可从有关机械设计手册中查到。图 11.23 给出了阶梯形圆轴纯弯曲和扭转时的有效应力集中因数 K_σ 和 K_τ。

　　从图 11.23 中可见，有效应力集中因数非但与杆件外形有关，还与材料的静载强度极限 σ_b 有关。一般来说，静载强度极限 σ_b 越高，有效应力集中因数就越大，即对应力集中越敏感。因此，对优质钢材更应减弱应力集中的影响，否则因应力集中导致的持久极限的降低，将使其并不能达到预期的高强度。

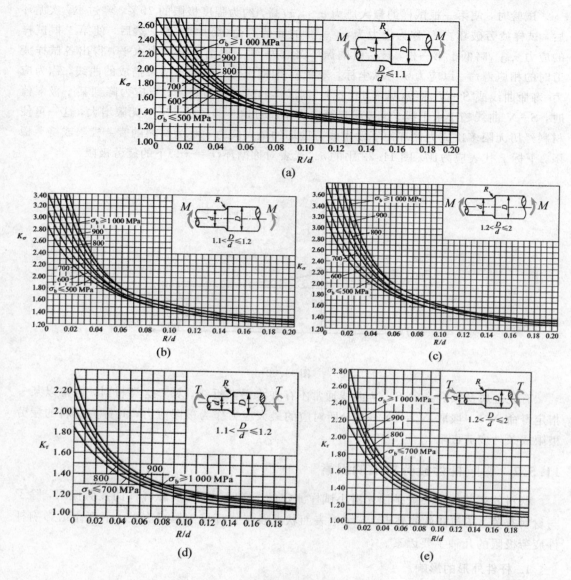

图 11.23

2. 杆件尺寸的影响

材料的疲劳极限一般是用直径 $d = 7 \sim 10$ mm 的小试样测定的。弯曲和扭转疲劳试验均表明，疲劳极限随杆件横截面尺寸的增大而降低。现以图 11.24 中两个受扭试样进行说明。沿圆截面的半径，切应力是线性分布的，若两者最大切应力相等，显然沿圆截面半径，大试样应力的衰减比小试样缓慢，因而大试样横截面上的高应力区比小试样的大。即大试样中处于

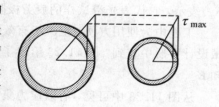

图 11.24

高应力状态的晶粒比小试样的多，所以，在大试样中，疲劳裂纹更易于形成并扩展，疲劳

极限因而降低。

截面尺寸对疲劳极限的影响用尺寸因数 ε_σ（或 ε_τ）表示，它代表光滑大尺寸试样的疲劳极限与光滑小尺寸试样的疲劳极限之比值。表 11.1 给出了常用钢材的尺寸因数。

表 11.1 尺寸因数 ε_σ（或 ε_τ）

直径 d/mm		>20~30	>30~40	>40~50	>50~60	>60~70
ε_σ	碳钢	0.91	0.88	0.84	0.81	0.78
	合金钢	0.83	0.77	0.73	0.70	0.68
各种钢 ε_τ		0.89	0.81	0.78	0.76	0.74
直径 d/mm		>70~80	>80~100	>100~120	>120~150	>150~500
ε_σ	碳钢	0.75	0.73	0.70	0.68	0.60
	合金钢	0.66	0.64	0.62	0.60	0.54
各种钢 ε_τ		0.73	0.72	0.70	0.70	0.60

3. 杆件表面质量的影响

最大应力一般发生在杆件表层，同时，杆件表层又常常存在各种缺陷（刀痕与擦伤等），因此，杆件表面的加工质量和表面状况对杆件的疲劳强度存在显著影响。

表面加工质量对杆件疲劳极限的影响用表面质量因数 β 表示，它代表用某种方法加工的杆件的疲劳极限与光滑试样（经磨削加工）的疲劳极限之比值。表 11.2 列出了不同表面粗糙度的表面质量因数 β 值，可以看出，表面质量低于磨光试样时，$\beta<1$。还可以看出，高强度钢材随表面质量的降低，β 的下降比较明显。这说明优质钢材需要高质量的表面加工，才能充分发挥其高强度的优势。

表 11.2 不同表面粗糙度的表面质量因数 β

加工方法	轴表面粗糙度 R_a/μm	σ_b/MPa		
		400	800	1200
磨 削	0.4~0.2	1	1	1
车 削	3.2~0.8	0.95	0.90	0.80
粗 车	25~6.3	0.85	0.80	0.65
未加工的表面	∽	0.75	0.65	0.45

注："∽"表示非去除加工的表面粗糙度状况。

另一方面，如杆件经淬火、渗碳、氮化等热处理使表面得到强化，或者经滚压、喷丸等机械处理使表面形成预压应力，减弱容易引起裂纹的工作拉应力，这些都会明显提高杆件的持久极限，$\beta>1$。表 11.3 列出了不同强化方法的表面质量因数。

综合上述三种因素，在对称循环下，杆件的持久极限为

$$\sigma_{-1}^0 = \frac{\varepsilon_\sigma \beta}{K_\sigma} \sigma_{-1} \tag{11.20}$$

式中，σ_{-1} 是光滑小试样的持久极限。式(11.20)是对正应力而言的，若为扭转，可写成

$$\tau_{-1}^0 = \frac{\varepsilon_\tau \beta}{K_\tau} \tau_{-1} \tag{11.21}$$

以上两式中上标"0"表示实际杆件。除了上述三种因素外，杆件的工作环境，如温度、介质

等也会影响持久极限。仿照前面的方法，这些因素的影响也可用修正因数来反映，这里不再赘述。

表 11.3　不同强化方法的表面质量因数 β

强化方法	心部强度 σ_b/ MPa	β		
		光轴	低应力集中的轴 $K_\sigma \leqslant 1.5$	高应力集中的轴 $K_\sigma \geqslant 1.8 \sim 2$
高频淬火	$600 \sim 800$	$1.5 \sim 1.7$	$1.6 \sim 1.7$	$2.4 \sim 2.8$
	$800 \sim 1000$	$1.3 \sim 1.5$		
氮化	$900 \sim 1200$	$1.1 \sim 1.25$	$1.5 \sim 1.7$	$1.7 \sim 2.1$
渗碳	$400 \sim 600$	$1.8 \sim 2.0$	3	
	$700 \sim 800$	$1.4 \sim 1.5$		
	$1000 \sim 1200$	$1.2 \sim 1.3$	2	
喷丸硬化	$600 \sim 1500$	$1.1 \sim 1.25$	$1.5 \sim 1.6$	$1.7 \sim 2.1$
滚子滚压	$600 \sim 1500$	$1.1 \sim 1.3$	$1.3 \sim 1.5$	$1.6 \sim 2.0$

　　注：（1）高频淬火是根据直径为 $10 \sim 20$ mm、淬硬层厚度为 $(0.05 \sim 0.20)d$ 的试样试验求得的数据，对大尺寸的试样，β 值会有某些降低。

　　（2）氮化层厚度为 $0.01d$ 时用小值，为 $(0.03 \sim 0.04)d$ 时用大值。

　　（3）喷丸硬化是根据直径为 $8 \sim 40$ mm 的试样求得的数据。喷丸速度低时用小值，速度高时用大值。

　　（4）滚子滚压是根据直径为 $17 \sim 130$ mm 的试样求得的数据。

11.5.3　对称循环下杆件的疲劳强度计算

　　在对称循环交变应力作用下，杆件的许用应力为

$$[\sigma_{-1}] = \frac{\sigma_{-1}^0}{n_f} = \frac{\varepsilon_\sigma \beta}{n_f K_\sigma} \sigma_{-1} \tag{11.22}$$

式中，$n_f > 1$，为规定的疲劳安全因数（其值可查阅有关设计规范）。由此得对称循环下杆件的疲劳强度条件为

$$\sigma_{\max} \leqslant [\sigma_{-1}] = \frac{\varepsilon_\sigma \beta}{n_f K_\sigma} \sigma_{-1} \tag{11.23}$$

或者改写为

$$n_\sigma = \frac{\varepsilon_\sigma \beta \sigma_{-1}}{K_\sigma \sigma_{\max}} \geqslant n_f \tag{11.24}$$

式中，n_σ 为杆件的工作安全因数。

　　若杆件承受对称循环扭转交变切应力的作用，则强度条件为

$$n_\tau = \frac{\varepsilon_\tau \beta \tau_{-1}}{K_\tau \tau_{\max}} \geqslant n_f \tag{11.25}$$

　　根据式（11.23）～式（11.25），即可进行对称循环下杆件的疲劳强度计算。

　　【例 11.7】 图 11.25 所示的阶梯形圆轴，受弯曲对称循环交变应力的作用。已知 $M = 400$ N·m，$D = 50$ mm，$d = 40$ mm，$R = 2$ mm；材料为高强度合金钢，强度极限 $\sigma_b = 1200$ MPa，疲劳极限 $\sigma_{-1} = 450$ MPa；轴的表面经车削加工。若规定的疲劳安全因数 $n_f =$

1.6，试校核其疲劳强度。

解题分析 本题为对称循环下的弯曲疲劳强度校核问题，先计算最大工作应力 σ_{max}，再确定影响杆件疲劳极限的因数 K_σ、ε_σ 与 β，最后由式(11.24)校核其疲劳强度。

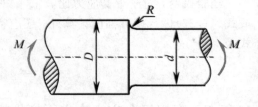

图 11.25

【解】 (1) 计算圆轴弯曲时的最大工作应力，即

$$\sigma_{max} = \frac{M}{W} = \frac{32M}{\pi d^3} = \frac{32 \times 400 \text{ N} \cdot \text{m}}{\pi \times (40 \times 10^{-3} \text{ m})^3} = 63.7 \times 10^6 \text{ Pa} = 63.7 \text{ MPa}$$

(2) 确定影响杆件疲劳极限的因数 K_σ、ε_σ 与 β。

根据 $\sigma_b = 1200$ MPa、$D/d = 1.25$、$R/d = 0.05$，查图 11.23(c)得其有效应力集中因数为

$$K_\sigma = 2.17$$

根据 $d = 40$ mm，材料为合金钢，查表 11.1 得其尺寸因数为

$$\varepsilon_\sigma = 0.77$$

根据车削加工的表面状况，材料的强度极限 $\sigma_b = 1200$ MPa，查表 11.2 得其表面质量因数为

$$\beta = 0.80$$

(3) 疲劳强度校核。

由式(11.24)得交变应力作用下的工作安全因数为

$$n_\sigma = \frac{\varepsilon_\sigma \beta \sigma_{-1}}{K_\sigma \sigma_{max}} = \frac{0.77 \times 0.80 \times 450 \text{ MPa}}{2.17 \times 63.7 \text{ MPa}} = 2.0 > n_f$$

计算结果表明，该阶梯轴的疲劳强度满足要求。

11.5.4 非对称循环下杆件的疲劳强度计算

非对称循环交变应力，可以看成是在平均应力 σ_m 上叠加了一个应力幅为 σ_a 的对称循环交变应力。根据试验结果的分析，非对称循环下杆件的疲劳强度条件为

$$n_\sigma = \frac{\sigma_{-1}}{\dfrac{K_\sigma}{\varepsilon_\sigma \beta}\sigma_a + \psi_\sigma \sigma_m} \geqslant n_f \tag{11.26}$$

若杆件承受非对称循环扭转交变切应力的作用，则杆件的疲劳强度条件为

$$n_\tau = \frac{\tau_{-1}}{\dfrac{K_\tau}{\varepsilon_\tau \beta}\tau_a + \psi_\tau \tau_m} \geqslant n_f \tag{11.27}$$

式(11.26)和式(11.27)中，ψ_σ 和 ψ_τ 称为**敏感因数**，反映了材料对应力循环非对称性的敏感程度。敏感因数 ψ_σ 和 ψ_τ 与材料有关。表 11.4 列出了碳钢和合金钢的 ψ_σ 与 ψ_τ 的值。

表 11.4 材料的敏感因数 ψ_σ 与 ψ_τ

材料	ψ_σ	ψ_τ
碳钢	0.1～0.2	0.05～0.1
合金钢	0.2～0.3	0.1～0.15

经验表明，对于承受应力比 $r>0$ 的非对称循环交变应力的杆件，除了根据式(11.26)或式(11.27)进行疲劳强度计算外，还应补充静强度校核。对于正应力，静强度校核计算公式为

$$\sigma_{\max} = \sigma_{\mathrm{m}} + \sigma_{\mathrm{a}} \leqslant [\sigma] = \frac{\sigma_{\mathrm{S}}}{n_{\mathrm{S}}} \tag{11.28}$$

11.5.5 弯扭组合交变应力下杆件的疲劳强度计算

弯扭组合下的交变应力在工程中较为常见。分析表明，其疲劳强度条件为

$$n_{\sigma\tau} = \frac{n_\sigma n_\tau}{\sqrt{n_\sigma^2 + n_\tau^2}} \geqslant n_{\mathrm{f}} \tag{11.29}$$

式中：$n_{\sigma\tau}$ 为弯扭组合交变应力下杆件的工作安全因数；n_σ 和 n_τ 分别为只有弯曲交变正应力和扭转交变切应力时的工作安全因数；n_{f} 为规定的疲劳安全因数。

【例 11.8】 阶梯轴的尺寸如图 11.26 所示。材料为合金钢，$\sigma_{\mathrm{b}} = 900$ MPa，$\sigma_{-1} = 410$ MPa，$\tau_{-1} = 240$ MPa。轴上的弯矩在 $-1000 \sim +1000$ N·m 之间变化，扭矩在 $0 \sim 1500$ N·m 之间变化。若规定安全因数 $n_{\mathrm{f}} = 2$，试校核轴的疲劳强度。

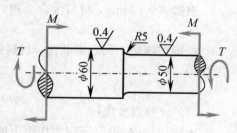

图 11.26

解题分析 本题中，弯曲正应力为对称循环交变应力，n_σ 按式(11.24)计算；扭转切应力为非对称循环交变应力，n_τ 按式(11.27)计算。

【解】 (1) 计算弯曲工作安全因数 n_σ。

① 计算圆轴弯曲时的工作应力，即

$$\sigma_{\max} = \frac{M_{\max}}{W} = \frac{32 M_{\max}}{\pi d^3} = \frac{32 \times 1000 \text{ N·m}}{\pi \times (50 \times 10^{-3} \text{ m})^3} = 81.5 \times 10^6 \text{ Pa} = 81.5 \text{ MPa}$$

$$\sigma_{\min} = \frac{M_{\min}}{W} = \frac{32 M_{\min}}{\pi d^3} = \frac{32 \times (-1000 \text{ N·m})}{\pi \times (50 \times 10^{-3} \text{m})^3} = -81.5 \times 10^6 \text{ Pa} = -81.5 \text{ MPa}$$

因为 $\sigma_{\max} = -\sigma_{\min}$，所以弯曲正应力为对称循环交变应力。

② 确定影响杆件疲劳极限的因数 K_σ、ε_σ 与 β。

根据 $\sigma_{\mathrm{b}} = 900$ MPa、$D/d = 1.2$、$R/d = 0.1$，查图 11.23(b)得其有效应力集中因数约为 $K_\sigma = 1.55$；根据 $d = 50$ mm，材料为合金钢，查表 11.1 得其尺寸因数为 $\varepsilon_\sigma = 0.73$；轴表面的粗糙度为 0.4，查表 11.2 得其表面质量因数为 $\beta = 1$。

③ 计算弯曲工作安全因数 n_σ。

因弯曲正应力为对称循环交变应力，由式(11.24)得

$$n_\sigma = \frac{\varepsilon_\sigma \beta \sigma_{-1}}{K_\sigma \sigma_{\max}} = \frac{0.73 \times 1 \times 410 \text{ MPa}}{1.55 \times 81.5 \text{ MPa}} = 2.37$$

(2) 计算扭转的工作安全因数 n_τ。

① 计算圆轴扭转时的工作应力，即

$$\tau_{\max} = \frac{T_{\max}}{W_{\mathrm{p}}} = \frac{16 T_{\max}}{\pi d^3} = \frac{16 \times 1500 \text{ N·m}}{\pi \times (50 \times 10^{-3} \text{m})^3} = 61.1 \times 10^6 \text{Pa} = 61.1 \text{ MPa}$$

$$\tau_{\min} = 0$$

所以，扭转切应力为脉动循环交变应力，属于非对称循环交变应力。

$$\tau_m = \tau_a = 30.6 \text{ MPa}$$

② 确定影响杆件疲劳极限的因数 K_τ、ε_τ、β 与敏感因数 ψ_τ。

根据 $\sigma_b = 900$ MPa、$D/d = 1.2$、$R/d = 0.1$，查图 11.23(d) 得其有效应力集中因数约为 $K_\tau = 1.24$；根据 $d = 50$ mm，查表 11.1 得其尺寸因数为 $\varepsilon_\tau = 0.78$；轴表面的粗糙度为 0.4，查表 11.2 得其表面质量因数为 $\beta = 1$；查表 11.4 得合金钢 $\psi_\tau = 0.1$。

③ 计算扭转的工作安全因数 n_τ。

因扭转切应力为非对称循环交变应力，由式 (11.27) 得

$$n_\tau = \frac{\tau_{-1}}{\dfrac{K_\tau}{\varepsilon_\tau \beta} \tau_a + \psi_\tau \tau_m} = \frac{240 \text{ MPa}}{\dfrac{1.24}{0.78 \times 1} \times 30.6 \text{ MPa} + 0.1 \times 30.6 \text{ MPa}} = 4.64$$

(3) 计算弯扭组合交变应力下轴的工作安全因数 n_σ。

由式 (11.29) 得

$$n_\sigma = \frac{n_\sigma n_\tau}{\sqrt{n_\sigma^2 + n_\tau^2}} = \frac{2.37 \times 4.64}{\sqrt{(2.37)^2 + (4.64)^2}} = 2.11 > n_f = 2$$

所以，阶梯轴满足疲劳强度要求。

11.5.6　提高杆件疲劳强度的措施

疲劳裂纹的形成主要在应力集中的部位和杆件表面。提高杆件疲劳强度应从减轻应力集中、降低表面粗糙度、增强表层强度等方面入手。

1. 减轻应力集中

合理设计杆件外形，以降低应力集中因数。一般在设计时要避免出现带有尖角的孔和槽。在截面尺寸突然改变处，要采用足够大的过渡圆角。有时因结构上的原因，难以加大过渡圆角的半径，可以在直径较大部分轴上开减荷槽或退刀槽。这些方法均具有减轻应力集中的作用。

2. 降低表面粗糙度

由于杆件的最大应力往往发生在表层，而且加工刀具的切痕或损伤又会引起应力集中，极易形成裂纹源，因此，对疲劳强度要求较高或对应力集中敏感的杆件表面要精加工，降低表面粗糙度。

3. 增强表层强度

为了强化杆件的表层，可作热处理和化学处理(如表面高频淬火、渗碳、氮化等)，也可采用机械的方法(如滚压、喷丸等)，以提高疲劳强度。

思 考 题

11.1　杆件作匀变速上下直线运动时，其内的动应力和相应的静应力之比，即动荷因数 K_d _____ 。

　　A. 等于 1　　　　B. 不等于 1　　　　C. 恒大于 1　　　　D. 恒小于 1

11.2　半径为 R 的薄壁圆环，绕其圆心以等角速度 ω 转动，采用_____的措施可以有效地减小圆环内的动应力。

　　　A. 增大圆环的横截面面积　　　　　　B. 减小圆环的横截面面积

　　　C. 增大圆环的半径 R　　　　　　　　D. 降低圆环的角速度 ω

11.3　如思考题 11.3 图所示，重量为 P 的物体自高度 h 处下落在梁上截面 D 处，梁上截面 C 的动应力 $\sigma_{Cd}=K_d\sigma_{C,\,\mathrm{st}}$，其中 $K_d=1+\sqrt{1+\dfrac{2h}{\Delta_{\mathrm{st}}}}$，式中 Δ_{st} 应取静载荷作用下梁上_____。

　　　A. 截面 C 的挠度　　　　　　　　　B. 截面 D 的挠度

　　　C. 截面 E 的挠度　　　　　　　　　D. 最大挠度

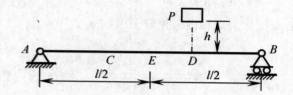

思考题 11.3 图

11.4　设思考题 11.4 图所示梁在两种冲击载荷作用下的最大动应力分别为 σ_d^a、σ_d^b，梁的最大动位移分别为 Δ_d^a、Δ_d^b，则下列关系中正确的是_____。

　　　A. $\sigma_d^a<\sigma_d^b$，$\Delta_d^a<\Delta_d^b$　　　　B. $\sigma_d^a>\sigma_d^b$，$\Delta_d^a>\Delta_d^b$

　　　C. $\sigma_d^a>\sigma_d^b$，$\Delta_d^a<\Delta_d^b$　　　　D. $\sigma_d^a<\sigma_d^b$，$\Delta_d^a>\Delta_d^b$

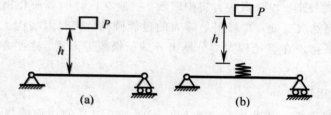

思考题 11.4 图

11.5　思考题 11.5 图所示两正方形截面柱，图（a）为等截面，图（b）为变截面。设两柱承受同样冲击物的冲击作用，两柱的动荷因数分别为 K_d^a、K_d^b，柱内的最大动应力分别为 σ_d^a、σ_d^b，则下列关系中正确的是_____。

　　　A. $K_d^a<K_d^b$，$\sigma_d^a<\sigma_d^b$

　　　B. $K_d^a<K_d^b$，$\sigma_d^a>\sigma_d^b$

　　　C. $K_d^a>K_d^b$，$\sigma_d^a>\sigma_d^b$

　　　D. $K_d^a>K_d^b$，$\sigma_d^a<\sigma_d^b$

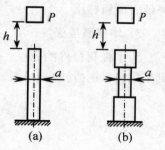

思考题 11.5 图

11.6　四根圆柱及其冲击载荷情况如思考题 11.6 图所示，图（c）所示柱上端有一橡胶垫。其中图_____所示柱内的最大动应力最大。

11.7 竖直放置的简支梁及其水平冲击载荷如思考题 11.7 图所示，其中梁的横截面为直径等于 d 的圆形。若将直径 d 加粗为 $2d$，其他条件不变，则梁内的最大冲击应力变为原来的 _____ 倍。

　A. $\frac{1}{2}$ 　　　　B. 2 　　　　C. $\frac{1}{4}$ 　　　　D. 4

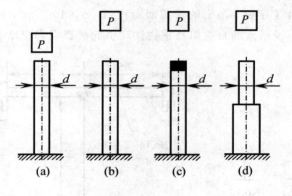

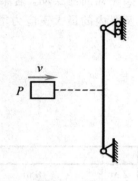

思考题 11.6 图　　　　　　　　　　　　　思考题 11.7 图

11.8 材料的疲劳极限与试样的 _____ 无关。

　A. 材料 　　　　　　　　　　　　　B. 变形形式

　C. 循环特征 　　　　　　　　　　　D. 最大应力

11.9 在以下措施中，_____ 将会降低杆件的疲劳极限。

　A. 降低杆件表面粗糙度 　　　　　　B. 增强杆件表层硬度

　C. 加大杆件的几何尺寸 　　　　　　D. 减缓杆件的应力集中

11.10 齿轮传动时，齿根部某点弯曲正应力的循环特征 $r=$ _____ 。

　A. -1 　　　　B. 0 　　　　C. $\frac{1}{2}$ 　　　　D. 1

11.11 思考题 11.11 图所示为一交变应力曲线，其循环特征 $r=$ _____，应力幅 $\sigma_a=$ _____ ，平均应力 $\sigma_m=$ _____ 。

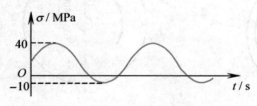

思考题 11.11 图

习　题

11.1 用一直径 $d=40$ mm 的缆绳竖直起吊 $P=50$ kN 的重物。已知重物在最初 3 s 内按匀加速被提升了 9 m。若不计缆绳自重，试计算在提升过程中缆绳横截面上的动荷应力。

11.2　如习题 11.2 图所示，用两根相同吊索，以 $a=10$ m/s² 的等加速度吊一根长 $l=12$ m 的 No.14 工字钢。已知吊索的横截面面积 $A=72$ mm²，若吊索自重不计，试求吊索内的动荷应力与工字钢内的最大动荷应力。

11.3　如习题 11.3 图所示，桥式起重机在梁桥中点处吊起 $P=50$ kN 的重物，以匀速度 $v=1$ m/s 沿轨道向前移动（在图中，移动的方向垂直于纸面）。当移动突然停止时，重物像单摆一样向前摆动。若梁为 No.14 工字钢，吊索的横截面面积 $A=5\times10^{-4}$ m²，问此时吊索及梁内的最大正应力增加多少？设吊索的自重以及重物摆动引起的影响都忽略不计。

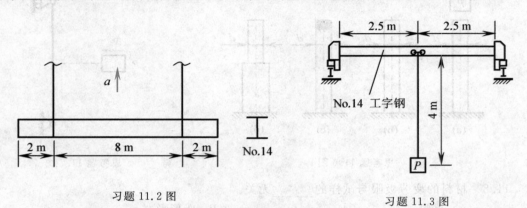

习题 11.2 图　　　　　习题 11.3 图

11.4　如习题 11.4 图所示，飞轮的最大圆周速度 $v=30$ m/s，材料的密度 $\rho=7.41\times10^3$ kg/m³。若不计轮辐的影响，试求轮缘内的最大正应力。

11.5　如习题 11.5 图所示，转轴上装一钢制圆盘，盘上有一圆孔。若轴与盘以匀角速度 $\omega=40$ rad/s 旋转，试求轴内由这一圆孔引起的最大动荷正应力。已知钢的质量密度 $\rho=7.8\times10^3$ kg/m³。

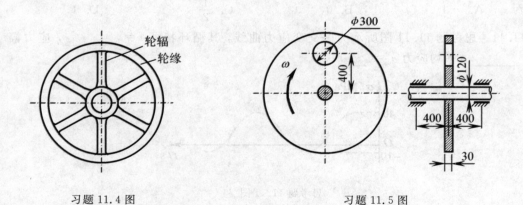

习题 11.4 图　　　　　习题 11.5 图

11.6　如习题 11.6 图所示，钢轴 AB 上有一钢质圆杆 CD，两者的轴线互相垂直。若 AB 以匀角速度 $\omega=40$ rad/s 转动，轴与杆的直径均为 80 mm，且材料相同，材料的许用应力 $[\sigma]=70$ MPa，密度 $\rho=7.8\times10^3$ kg/m³，试校核轴与杆的强度。

11.7　如习题 11.7 图所示，直径 $d=300$ mm、长为 $l=6$ m 的圆木桩，下端固定，上端受 $P=2$ kN 的重锤作用。木材的 $E_1=10$ GPa。求图示三种情况下木桩横截面上的最大正应力。其中：

图（a）重锤以静载荷的方式作用于木桩上；

图（b）重锤从离桩顶 0.5 m 的高度自由落下；

图（c）在桩顶放置直径为 150 mm、厚为 40 mm 的橡皮垫，橡皮的弹性模量 $E_2 =$ 8 MPa，重锤从离橡皮垫顶面 0.5 m 的高度自由落下。

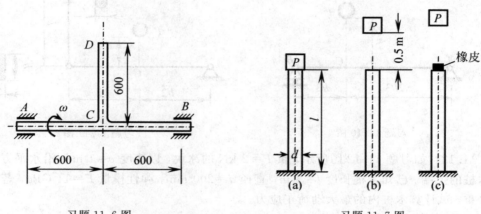

习题 11.6 图　　　　　　　　　习题 11.7 图

11.8　如习题 11.8 图所示，钢杆的下端有一固定圆盘，钢杆直径 $d = 20$ mm，钢杆长 $l = 2$ m，弹性模量 $E = 210$ GPa，一重量 $P = 500$ N 的冲击物沿杆轴自高度 $h = 100$ mm 处自由下落。试求图示两种情况下杆内横截面上的最大动荷正应力。其中：

图（a）冲击物直接落在杆下端的圆盘上；

图（b）圆盘上放有弹簧，弹簧的刚度系数 $k = 200$ N/m。

设杆与圆盘的重量以及圆盘与冲击物的变形均忽略不计。

11.9　如习题 11.9 图所示，重量为 $P = 1$ kN 的物体，从 $h = 40$ mm 的高度自由下落至梁 AB 的 B 端。已知梁的长度 $l = 2$ m，弹性模量 $E = 10$ GPa，梁的横截面为矩形，尺寸如习题 11.9 图所示，试求冲击时梁 AB 内的最大正应力。

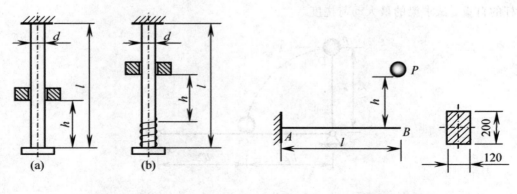

习题 11.8 图　　　　　　　　　习题 11.9 图

11.10　如习题 11.10 图所示，重量为 P 的重物自高度 h 下落，冲击梁上的 C 点。设梁的 E、I 及抗弯截面系数 W 皆为已知量，试求梁内的最大正应力及梁跨度中点的挠度。

11.11　如习题 11.11 图所示，矩形截面钢梁 AD 和圆截面钢杆 BD 在 D 点处铰结，一重量 $P=1$ kN 的物体自高度 $H=100$ mm 处自由下落，落在 AD 梁的中点 C 处。已知 $l=1$ m，$L=4$ m，$b=40$ mm，$h=60$ mm，$d=10$ mm，材料的弹性模量均为 $E=200$ GPa，若不计梁和杆的自重，试计算 BD 杆的动荷伸长。

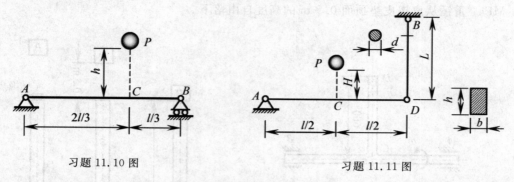

习题 11.10 图　　　　　　　　习题 11.11 图

11.12　如习题 11.12 图所示，重 $P=2$ kN 的冰块，以速度 $v=1$ m/s 沿水平方向冲击一木桩的上端。已知木桩长度 $l=3$ m，直径 $d=200$ mm，弹性模量 $E=11$ GPa，若不计木桩自重，试计算木桩内的最大动荷正应力。

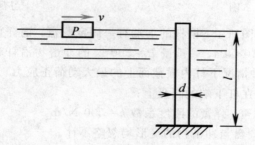

习题 11.12 图

11.13　如习题 11.13 图所示，竖直杆 AD 的 D 端固结一重量为 P 的物体，给该物体一水平初速度 v，其落在水平简支梁 AB 的中点 C。已知梁 AB 的抗弯刚度为 EI，若不计梁和杆的自重，试求梁的最大动荷挠度。

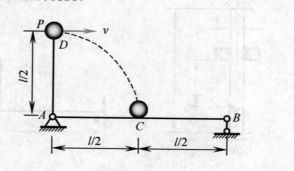

习题 11.13 图

11.14　如习题 11.14 图所示，若将 11.13 题中的装置顺时针旋转 90°，而其他条件均不变，则此时梁的最大动荷挠度是多少？

11.15 试计算习题 11.15 图所示各交变应力的循环特征、平均应力和应力幅。

11.16 柴油发动机连杆大头螺钉在工作时受到的最大拉力 $F_{\max}=58.3$ kN，最小拉力 $F_{\min}=55.8$ kN，螺纹处内径 $d=11.5$ mm，试求其平均应力 σ_m、应力幅 σ_a、循环特征 r，并作出 $\sigma\text{-}t$ 曲线。

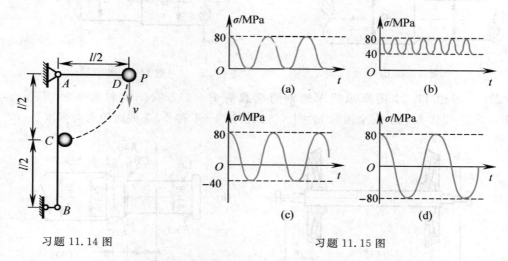

习题 11.14 图   习题 11.15 图

11.17 火车轮轴受力情况如习题 11.17 图所示，已知 $a=500$ mm，$l=1435$ mm，轮轴中段直径 $d=150$ mm。若 $F=52$ kN，试求轮轴中段某截面边缘上任一点的最大应力 $\sigma_{\max}$、最小应力 $\sigma_{\min}$、循环特征 r，并作出 $\sigma\text{-}t$ 曲线。

11.18 如习题 11.18 图所示，一发动机连杆的横截面面积 $A=2.83\times10^3$ mm²，在气缸点火时，连杆受到轴向压力 520 kN，在吸气开始时，受到轴向拉力 120 kN，试求连杆的应力循环特征、平均应力及应力幅。

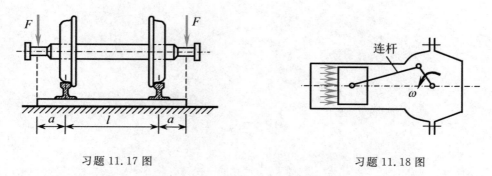

习题 11.17 图   习题 11.18 图

11.19 阶梯轴如习题 11.19 图所示，材料为铬镍合金钢，$\sigma_b=920$ MPa，$\sigma_{-1}=420$ MPa，$\tau_{-1}=250$ MPa，轴的尺寸是 $d=40$ mm、$D=50$ mm、$R=5$ mm，求弯曲时和扭转时的有效应力集中因数及尺寸因数。

11.20 习题 11.20 图所示直径 $D=50$ mm、$d=40$ mm 的阶梯轴，在动载荷作用下，横截面上有交变弯矩和扭矩。已知轴肩过渡圆角半径 $R=2$ mm，正应力从 50 MPa 变到 -50 MPa，切应力从 40 MPa 变到 20 MPa。轴的材料为碳钢，$\sigma_b=550$ MPa，$\sigma_{-1}=220$ MPa，$\tau_{-1}=120$ MPa，$\sigma_s=300$ MPa，$\tau_s=180$ MPa。若取 $\psi_\tau=0.1$，试求此轴的工作安

全因数。设 $\beta=1$。

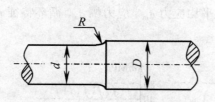

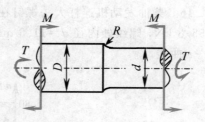

习题 11.19 图

习题 11.20 图

11.21　习题 11.21 图所示货车轮轴两端载荷 $F=112$ kN，材料为车轴钢，$\sigma_b=500$ MPa，$\sigma_{-1}=240$ MPa，安全因数 $n_f=1.5$，试校核 1—1 和 2—2 截面的疲劳强度。

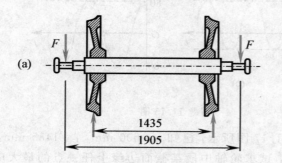

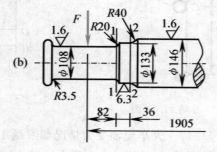

习题 11.21 图

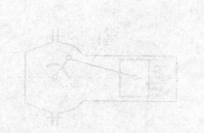

第 12 章 能 量 法

12.1 引 言

固体力学中,把与功和能有关的一些定理统称为能量原理。对构件的变形计算及超静定结构的求解,能量原理都起着重要作用。

在外力作用下,固体的变形将引起外力作用点沿其作用方向产生位移,外力因此而作功;另一方面,弹性固体因变形而储备了能量,这种能量称为应变能或变形能。

对于在静载荷作用下的完全弹性体,外力从零开始缓慢地增加到最终值,变形中的每一瞬间弹性体都处于平衡状态,动能和其他能量的变化皆可不计,根据能量守恒原理,外力功 W 应等于弹性体的应变能 V_ε,即

$$W = V_\varepsilon \tag{12.1}$$

以此为基础,即可建立起外力与位移之间的关系,从而给出计算弹性结构位移的方法。这类方法就称为能量法。

本章主要内容包括杆件应变能的计算、互等定理、卡氏定理、莫尔定理与单位载荷法等。

12.2 杆件应变能的计算

12.2.1 轴向拉(压)杆的应变能

如图 12.1(a)所示,设受拉杆件上端固定,作用于下端的拉力 F 由零开始缓慢地增加。拉力 F 与伸长 Δl 的关系如图 12.1(b)所示。在逐渐加力的过程中,当拉力为 F 时,杆件的伸长为 Δl。如再增加一个 dF,杆件相应的变形增量为 $d(\Delta l)$。于是已经作用于杆件上的力 F 因位移而作功,且所作的功为

$$dW = Fd(\Delta l)$$

容易看出,dW 等于图 12.1(b)中画阴影线的微

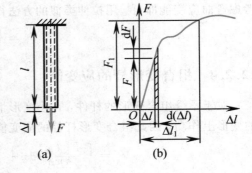

图 12.1

面积。把拉力的增加看作是一系列 dF 的积累,则拉力所作的总功 W 应为上述微面积的总和,它等于 $F - \Delta l$ 曲线下面的面积,即

$$W = \int_0^{\Delta l_1} Fd(\Delta l)$$

在应力小于比例极限的范围内，F 与 Δl 的关系是一斜直线，斜直线下面的面积是一个三角形，故有

$$W = \frac{1}{2}F\Delta l \tag{12.2}$$

根据能量守恒原理，外力功 W 应等于弹性体的应变能 V_ε，即有

$$V_\varepsilon = W = \frac{1}{2}F\Delta l = \frac{1}{2}F_N \cdot \frac{F_N l}{EA} = \frac{F_N^2 l}{2EA} \tag{12.3}$$

需要指出，式(12.2)是在线弹性范围内，拉伸杆件上的拉力 F 所作功的计算式。对于线弹性体，载荷 F 与沿 F 作用方向产生的位移 Δ 成正比，因此线弹性结构上外力功的计算公式为

$$W = \frac{1}{2}F\Delta \tag{12.4}$$

式中：外力 F 是广义的，它在拉伸时代表拉力，在扭转或弯曲时代表力偶，称为广义力；Δ 是与 F 对应的位移，称为广义位移。

12.2.2　扭转圆轴的应变能

与拉伸相似，扭转圆轴的应变能为

$$V_\varepsilon = \int_l \frac{T^2(x)}{2GI_p}\mathrm{d}x \tag{12.5}$$

式中：$T(x)$ 为轴 x 截面上的扭矩；GI_p 为轴的抗扭刚度。当 $\dfrac{T}{GI_p}$ 为常量时，式(12.5)成为

$$V_\varepsilon = \frac{T^2 l}{2GI_p} \tag{12.6}$$

12.2.3　弯曲梁的应变能

研究表明，对于工程中常见的细长梁，剪切应变能相对很小，因此，梁的应变能只需考虑弯曲应变能即可。用拉伸类似的方法得出，平面弯曲梁的应变能为

$$V_\varepsilon = \int_l \frac{M^2(x)}{2EI}\mathrm{d}x \tag{12.7}$$

12.2.4　组合变形杆的应变能

对于承受组合变形的杆件，在小变形情况下，可以认为，各个内力分量只在各自引起的变形上作功，因此组合变形杆件的应变能为

$$V_\varepsilon = \int_l \frac{F_N^2(x)}{2EA}\mathrm{d}x + \int_l \frac{T^2(x)}{2GI_p}\mathrm{d}x + \int_l \frac{M^2(x)}{2EI}\mathrm{d}x \tag{12.8}$$

与有势力的功一样，弹性体的应变能也是状态参量，只取决于加载与变形的始末状态，而与中间过程无关。另外，应注意，应变能恒为正值。

【例 12.1】　线弹性杆件受力如图 12.2 所示，若两杆的抗拉(压)刚度均为 EA，试利用外力功与应变能之间的关系计算 B 点的铅垂位移 Δ_{BV}。

解题分析　外力作用在线弹性杆系上，外力所作的功完全转化为杆系的应变能，利用该关系可以计算 B 点的铅垂位移。

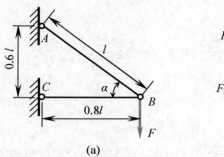
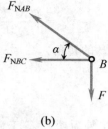

(a) (b)

图 12.2

【解】 (1) 计算两杆轴力。

取节点 B 作为研究对象,受力分析如图 12.2(b)所示。由节点 B 的静力平衡条件求得两杆轴力分别为

$$F_{NAB} = \frac{5F}{3}, \ F_{NBC} = -\frac{4F}{3}$$

(2) 计算杆系应变能,即

$$V_\varepsilon = V_{\varepsilon AB} + V_{\varepsilon BC} = \frac{F_{NAB}^2 l_{AB}}{2EA} + \frac{F_{NBC}^2 l_{BC}}{2EA} = \frac{\left(\frac{5F}{3}\right)^2 l}{2EA} + \frac{\left(\frac{4F}{3}\right)^2 \cdot 0.8l}{2EA} = \frac{4.2F^2 l}{2EA}$$

(3) 计算外力功,即

$$W = \frac{1}{2} F\Delta_{BV}$$

(4) 计算 B 点的铅垂位移。

根据能量守恒原理,外力功 W 等于弹性体的应变能 V_ε,由式(12.1)得

$$\frac{1}{2} F\Delta_{BV} = \frac{4.2F^2 l}{2EA}$$

即

$$\Delta_{BV} = \frac{4.2Fl}{EA}(\downarrow)$$

Δ_{BV} 的方向与 F 一致,即向下。

討論 本题利用式(12.1),只能计算力 F 的作用点 B,且沿着力 F 的作用方向(铅垂方向)的位移。

【例 12.2】 悬臂梁 AB 受载如图 12.3 所示,已知梁的抗弯刚度为 EI,试计算其应变能以及截面 B 的转角 θ_B。

解题分析 本题中,根据能量守恒原理,外力偶 M_e 所作的功完全转变为梁的应变能,利用该关系可计算截面 B 的转角 θ_B。

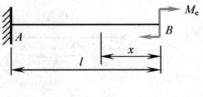

图 12.3

【解】 (1) 计算梁的应变能。

梁任一横截面上的弯矩(见图 12.3)为

$$M(x) = -M_e$$

将弯矩代入式（12.7），得梁的应变能为

$$V_\varepsilon = \int_l \frac{M^2(x)}{2EI}\mathrm{d}x = \int_0^l \frac{(-M_e)^2}{2EI}\mathrm{d}x = \frac{M_e^2 l}{2EI}$$

（2）计算截面 B 的转角。

梁上外力作的功为

$$W = \frac{1}{2}M_e\theta_B$$

根据能量守恒原理，外力功 W 等于弹性体的应变能 V_ε，由式（12.1）得

$$\frac{1}{2}M_e\theta_B = \frac{M_e^2 l}{2EI}$$

所以截面 B 的转角为

$$\theta_B = \frac{M_e l}{EI}\ (\curvearrowright)$$

θ_B 的转向与外力偶矩 M_e 的转向一致，为顺时针转向。

讨论　本题利用式（12.1），只能计算外力偶 M_e 的作用点 B 处的转角。由例 12.1 与例 12.2 可见，直接运用式（12.1）来计算结构的位移有很大的局限性。首先，只能有一个集中载荷作用在结构上；其次，所求位移必须是集中载荷的作用点在载荷作用方向上的位移。对于一般情况下的位移计算，可采用下面介绍的互等定理、卡氏定理、单位载荷法等其他能量方法。

12.3　互 等 定 理

对线弹性结构，利用应变能的概念，可以导出功的互等定理和位移互等定理。它们在结构分析中起着重要作用。

首先考虑受到 F_1 与 F_2 两组外力作用的简支梁，如图 12.4 所示，假设采用两种加载方式：第一种为先加载第一组外力 F_1，后加载第二组外力 F_2（见图 12.4(a)）；第二种为先加载第二组外力 F_2，后加载第一组外力 F_1（见图 12.4(b)）。图中，Δ_{11} 为 F_1 所引起的 F_1 的作用点沿 F_1 作用方向的位移；Δ_{22} 为 F_2 所引起的 F_2 的作用点沿 F_2 作用方向的位移；Δ_{12} 为 F_2 所引起的 F_1 作用点沿 F_1 作用方向的位移；Δ_{21} 为 F_1 所引起的 F_2 的作用点沿 F_2 作用方向的位移。

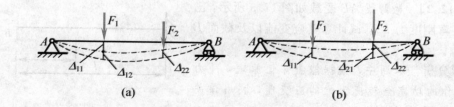

(a)　　　　　　　　　　　(b)

图 12.4

对于第一种加载方式，由能量守恒原理知，梁的应变能 $V_{\varepsilon 1}$ 等于外力功 W_1，即

$$V_{e1} = W_1 = \frac{1}{2}F_1\Delta_{11} + F_1\Delta_{12} + \frac{1}{2}F_2\Delta_{22} \qquad (12.9)$$

同理，对于第二种加载方式，梁的应变能为

$$V_{e2} = W_2 = \frac{1}{2}F_2\Delta_{22} + F_2\Delta_{21} + \frac{1}{2}F_1\Delta_{11} \qquad (12.10)$$

由于应变能为状态参量，只取决于加载变形的始末状态，而与加载变形的中间过程无关，因此 $V_{e1}=V_{e2}$，于是联立式(12.9)和式(12.10)，得

$$F_1\Delta_{12} = F_2\Delta_{21} \qquad (12.11)$$

该式表明：对于线弹性小变形结构，第一组外力在第二组外力所引起的位移上所作的功等于第二组外力在第一组外力所引起的位移上所作的功。该结论称为功的互等定理。

功的互等定理的一个重要推论：在式(12.11)中，令 $F_1=F_2$，则得到

$$\Delta_{12} = \Delta_{21} \qquad (12.12)$$

即当 $F_1=F_2$ 时，F_2 在 F_1 作用点处沿 F_1 作用方向所引起的位移 Δ_{21} 等于 F_1 在 F_2 作用点处沿 F_2 作用方向所引起的位移 Δ_{21}。该结论称为位移互等定理。

互等定理在结构分析中具有重要作用。在应用互等定理时应特别注意以下两点：

(1) 在互等定理中，力和位移均为广义力和相应的广义位移，例如，把力换成力偶，则相应的位移应换成角位移。

(2) 互等定理仅适用于线弹性结构。

【例 12.3】 图 12.5(a)所示简支梁 AB，已知梁的抗弯刚度为 EI，在跨中 C 处作用有集中力 F 时，横截面 B 的转角 $\theta_B = \dfrac{Fl^2}{16EI}$。试计算在截面 B 作用矩为 M_e 的力偶时，截面 C 的挠度 Δ_C(见图 12.5(b))。

解题分析 本题可将力 F 作为第一组外力，矩为 M_e 的力偶作为第二组外力。根据功的互等定理，第一组外力 F 在第二组外力 M_e 所引起的位移 Δ_C 上所作的功等于第二组外力 M_e 在第一组外力 F 所引起的位移 θ_B 上所作的功，即 $F\Delta_C = M_e\theta_B$。

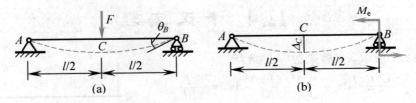

图 12.5

【解】 根据功的互等定理，有

$$F\Delta_C = M_e\theta_B = M_e \frac{Fl^2}{16EI}$$

故截面 C 的挠度为

$$\Delta_C = \frac{M_e l^2}{16EI} \ (\downarrow)$$

【例 12.4】 装有尾顶针的车削工件 AB 可简化成超静定梁(7.5 节)，如图 12.6(a)所示，F 为切削力，试利用功的互等定理求解 B 处的约束力 F_{RBy}。

解题分析 本题应首先解除支座 B 的多余约束,并用 F_{RBy} 代替(见图 12.6(b))。将工件上作用的切削力 F 和支座 B 的约束力 F_{RBy} 作为第一组外力。为便于利用功的互等定理,可假想在 B 端作用一竖直向上的集中力 P(见图 12.6(c)),并将其作为第二组外力。

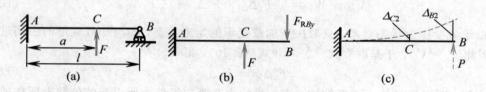

图 12.6

【解】 首先将活动铰链支座 B 视为多余约束,解除之,并用 F_{RBy} 代替,把工件看作静定的悬臂梁(见图 12.6(b))。将 F 与 F_{RBy} 作为第一组外力。由于支座 B 实际上是活动铰链支座,故其竖直方向的位移 $\Delta_{B1}=0$。

为便于利用功的互等定理,假想在 B 端作用一竖直向上的集中力 P(见图 12.6(c)),并将其作为第二组外力。由表 7.2 得,第二组外力在第一组外力 F 与 F_{RBy} 作用点的相应位移分别为

$$\Delta_{C2} = \frac{Pa^2}{6EI}(3l-a), \ \Delta_{B2} = \frac{Pl^3}{3EI}$$

根据功的互等定理,有

$$F\Delta_{C2} - F_{RBy}\Delta_{B2} = P\Delta_{B1}$$

将各个位移量代入上式,解得活动支座 B 的约束力为

$$F_{RBy} = \frac{Fa^2}{2l^3}(3l-a) \ (\downarrow)$$

讨论 利用功的互等定理求解问题时,涉及两组外力,求解具体问题时,可根据需要假想地添加第二组外力。

12.4 卡 氏 定 理

如图 12.7 所示,悬臂梁的应变能为

$$V_\varepsilon = \int_0^l \frac{M^2(x)}{2EI}\mathrm{d}x = \int_0^l \frac{(-Fx)^2}{2EI}\mathrm{d}x = \frac{F^2 l^3}{6EI}$$

应变能可以理解为载荷 F 的函数,即

$$V_\varepsilon = V_\varepsilon(F)$$

计算 V_ε 对 F 的导数,得

$$\frac{\mathrm{d}V_\varepsilon}{\mathrm{d}F} = \frac{\mathrm{d}}{\mathrm{d}F}\left(\frac{F^2 l^3}{6EI}\right) = \frac{Fl^3}{3EI}$$

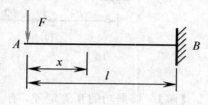

图 12.7

从上式可见,应变能对 F 的导数正好等于集中力 F 作用下,该悬臂梁 A 点的挠度值。这一结论并不是偶然巧合,而是线弹性体的普遍规律。

假设线弹性结构在任意一组载荷 F_1,F_2,$\cdots$,F_i,$\cdots$,F_n 的作用下发生变形,其应变能 V_ε 为载荷 F_1,F_2,$\cdots$,F_i,$\cdots$,F_n 的函数,若 Δ_i 代表结构因变形引起的 F_i 作用点沿 F_i 作用方向的位移,则可证明

$$\Delta_i = \frac{\partial V_\varepsilon}{\partial F_i} \tag{12.13}$$

即应变能 V_ε 对任一载荷 F_i 的一阶偏导数等于 F_i 的作用点沿 F_i 作用方向的位移 Δ_i。这就是卡氏定理。应该指出，卡氏定理中的载荷 F_i 与位移 Δ_i 同样也都是广义的。同时还需要强调，卡氏定理仅适用于线弹性结构。

将式(12.7)代入式(12.13)，可得到适用于梁和刚架的卡氏定理的表达形式：

$$\Delta_i = \int_l \frac{M(x)}{EI} \frac{\partial M(x)}{\partial F_i} \mathrm{d}x \tag{12.14}$$

将式(12.3)代入式(12.13)，可得到适用于桁架结构的卡氏定理的表达形式：

$$\Delta_i = \sum_{j=1}^{n} \left(\frac{F_{Nj} l_j}{EA_j} \frac{\partial F_{Nj}}{\partial F_i} \right) \tag{12.15}$$

【例 12.5】　如图 12.8 所示，已知①、②两杆的材料相同，$E = 200\ \mathrm{GPa}$，①、②两杆的横截面面积分别为 $A_1 = 90\ \mathrm{mm}^2$、$A_2 = 150\ \mathrm{mm}^2$，$F = 12\ \mathrm{kN}$，求桁架节点 B 的竖直位移。

解题分析　用卡氏定理求结构某处的位移时，该处应有与所求位移相应的载荷。本题中，由于待求位移 Δ_{BV} 就是外力 F 的作用点沿 F 作用方向的位移，因此，可直接运用卡氏定理计算。

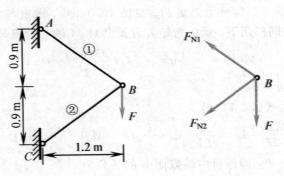

图 12.8

【解】　(1) 计算两杆轴力及其对 F 的一阶偏导数。

由节点 B 的静力平衡条件求得两杆轴力，并计算其对力 F 的一阶偏导数分别为

$$F_{N1} = \frac{5F}{6}, \quad \frac{\partial F_{N1}}{\partial F} = \frac{5}{6}$$

$$F_{N2} = -\frac{5F}{6}, \quad \frac{\partial F_{N2}}{\partial F} = -\frac{5}{6}$$

(2) 求节点 B 的竖直位移 Δ_{BV}。

根据卡氏定理，由式(12.15)得

$$\Delta_{BV} = \frac{F_{N1} l_1}{EA_1} \frac{\partial F_{N1}}{\partial F} + \frac{F_{N2} l_2}{EA_2} \frac{\partial F_{N2}}{\partial F} = \frac{l_1}{EA_1} \frac{5F}{6} \frac{5}{6} + \frac{l_2}{EA_2} \left(-\frac{5F}{6} \right) \left(-\frac{5}{6} \right)$$

将杆长 $l_1 = l_2 = 1.5\ \mathrm{m}$ 和其他数据代入后计算得

$$\Delta_{BV} = 1.11\ \mathrm{mm}\ (\downarrow)$$

计算结果为正，说明 Δ_{BV} 的方向和力 F 的方向一致，即向下。

讨论　用卡氏定理求结构某处的位移时，该处应有与所求位移相应的载荷。如需计算

某处的位移,而该处并无与位移对应的载荷,则可采用附加力法。下面用例题说明这一方法。

【例 12.6】 受均布载荷 q 作用的悬臂梁如图 12.9(a)所示,已知梁的抗弯刚度为 EI,试求自由端截面 B 的转角 θ_B。

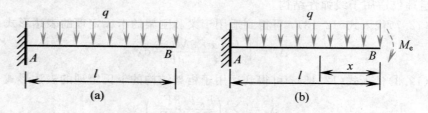

图 12.9

解题分析 由于在截面 B 处没有与转角 θ_B 对应的外力偶作用,因此不能直接运用卡氏定理。为此,先在截面 B 处添加一个外力偶矩 M_e(见图 12.9(b)),这样,就可以根据卡氏定理求出梁在载荷 q 和 M_e 共同作用下截面 B 的转角,最后,再令 $M_e = 0$,即得均布载荷 q 单独作用所引起的截面 B 的转角 θ_B。

【解】 (1)在截面 B 添加外力偶矩 M_e(见图 12.9(b)),求出弯矩方程及相应偏导数。

在载荷 q 和 M_e 共同作用下,梁的弯矩方程及其对 M_e 的一阶偏导数分别为

$$M(x) = -\frac{1}{2}qx^2 - M_e, \quad \frac{\partial M(x)}{\partial M_e} = -1$$

(2)求截面 B 的转角 θ_B。

根据卡氏定理,由式(12.14)得

$$\theta_B = \int_l \frac{M(x)}{EI}\frac{\partial M(x)}{\partial M_e}dx = \frac{1}{EI}\int_0^l \left(-\frac{1}{2}qx^2 - M_e\right)\times(-1)dx = \frac{1}{EI}\left(\frac{ql^3}{6} + M_e l\right)$$

在上述结果中,令 $M_e = 0$,即得自由端截面 B 的转角为

$$\theta_B = \frac{ql^3}{6EI} \quad (\frown)$$

计算结果为正,说明 θ_B 转向与附加力偶矩 M_e 的转向相同,为顺时针转向。

【例 12.7】 一平面刚架如图 12.10(a)所示,若各段杆的抗弯刚度均为 EI,试求其自由端截面 C 的竖直位移 Δ_{CV} 与水平位移 Δ_{CH}。(轴力和剪力对变形的影响可略去不计。)

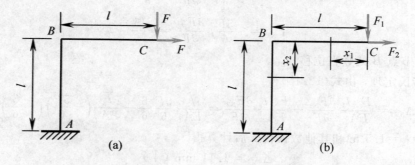

图 12.10

解题分析 由于在刚架上同时作用了两个力 F(见图 12.10(a)),因此不能直接使用卡氏定理。在这种情况下,可分别记竖直方向的力 F 为 F_1、水平方向的力 F 为 F_2(见图 12.10(b)),在符号上将两者区分开来,将应变能表达为 F_1 和 F_2 的函数。这样,根据卡氏定理,分别将应变能对 F_1 与 F_2 求一阶偏导数,就可以得到截面 C 的竖直位移 Δ_{CV} 与水平位移 Δ_{CH}。最后,在结果中令 $F_1 = F_2 = F$ 即可。

【解】 (1)用 F_1 与 F_2 分别替换竖直与水平方向的力 F,求弯矩方程及相应偏导数。

替换力的符号后(见图 12.10(b)),BC 段、AB 段的弯矩方程及其一阶偏导数分别为

$$M(x_1) = -F_1 x_1, \quad \frac{\partial M(x_1)}{\partial F_1} = -x_1, \quad \frac{\partial M(x_1)}{\partial F_2} = 0$$

$$M(x_2) = -F_1 l - F_2 x_2, \quad \frac{\partial M(x_2)}{\partial F_1} = -l, \quad \frac{\partial M(x_2)}{\partial F_2} = -x_2$$

(2)求自由端截面 C 的竖直位移 Δ_{CV}。

根据卡氏定理,由式(12.14)得

$$
\begin{aligned}
\Delta_{CV} &= \int_l \frac{M(x_1)}{EI} \frac{\partial M(x_1)}{\partial F_1} \mathrm{d}x_1 + \int_l \frac{M(x_2)}{EI} \frac{\partial M(x_2)}{\partial F_1} \mathrm{d}x_2 \\
&= \frac{1}{EI} \left[\int_0^l (-F_1 x_1)(-x_1) \mathrm{d}x_1 + \int_0^l (-F_1 l - F_2 x_2)(-l) \mathrm{d}x_2 \right] \\
&= \frac{l^3}{EI} \left(\frac{4}{3} F_1 + \frac{1}{2} F_2 \right) (\downarrow)
\end{aligned}
$$

令 $F_1 = F_2 = F$,即得截面 C 的竖直位移为 $\Delta_{CV} = \dfrac{11 F l^3}{6EI}$ $(\downarrow)$。

(3)求自由端截面 C 的水平位移 Δ_{CH}。

根据卡氏定理,由式(12.14)得

$$
\begin{aligned}
\Delta_{CH} &= \int_l \frac{M(x_1)}{EI} \frac{\partial M(x_1)}{\partial F_2} \mathrm{d}x_1 + \int_l \frac{M(x_2)}{EI} \frac{\partial M(x_2)}{\partial F_2} \mathrm{d}x_2 \\
&= \frac{1}{EI} \int_0^l (-F_1 l - F_2 x_2)(-x_2) \mathrm{d}x_2 \\
&= \frac{l^3}{EI} \left(\frac{1}{2} F_1 + \frac{1}{3} F_2 \right) (\rightarrow)
\end{aligned}
$$

令 $F_1 = F_2 = F$,即得截面 C 的水平位移为 $\Delta_{CH} = \dfrac{5 F l^3}{6EI}$ $(\rightarrow)$。

讨论 本题如果不对水平与垂直方向的载荷加以区分,直接对 F 求偏导,则计算出的位移为水平与竖直方向位移的代数和。本题也可以不改变刚架上的载荷名称,在求解截面 C 的水平位移和竖直位移时,分别在截面 C 处添加竖直载荷 F_V 和水平载荷 F_H,求解过程中将弯矩对添加的载荷求偏导,最后令添加的载荷为零。

【例 12.8】 如图 12.11(a)所示,一小曲率圆弧形曲梁承受力偶矩 M_e 的作用,若其抗弯刚度 EI 为常量,试求自由端截面 B 的铅垂位移 Δ_{BV}。

解题分析 对于小曲率曲梁,弯矩依然是造成其变形的主要原因,因此,式(12.14)同样适用。由于在曲梁上没有与 Δ_{BV} 相对应的载荷,故需要在截面 B 添加一个铅垂力。

【解】 (1)在截面 B 添加铅垂力 F_V(见图 12.11(b)),求出弯矩方程及相应偏导数。

在载荷 M_e 和 F_V 共同作用下,梁的弯矩方程及其对 F_V 的一阶偏导数分别为

$$M(\varphi) = M_e - F_V R \sin\varphi, \frac{\partial M(\varphi)}{\partial F_V} = -R \sin\varphi$$

（2）求截面 B 的铅垂位移 Δ_{BV}。

根据卡氏定理，由式（12.14）得（其中 $ds = Rd\varphi$，$F_V = 0$）

$$\Delta_{BV} = \int_l \frac{M(\varphi)}{EI} \frac{\partial M(\varphi)}{\partial F_V} ds = -\frac{1}{EI} \int_0^{\frac{\pi}{2}} M_e R^2 \sin\varphi d\varphi = -\frac{M_e R^2}{EI} \ (\uparrow)$$

计算结果为负，说明 Δ_{BV} 的方向与附加力 F_V 的方向相反，即向上。

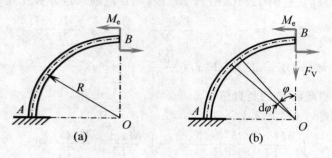

图 12.11

12.5 莫尔定理与单位载荷法

12.5.1 莫尔定理

下面以弯曲变形为例证明莫尔定理。图 12.12（a）所示的简支梁在一组集中力 F_1，F_2，$\cdots$，F_n 作用下发生弯曲变形，此时梁的弯矩方程为 $M(x)$。若梁是线弹性的，则梁的应变能为

$$V_\varepsilon = \int_l \frac{M^2(x)}{2EI} dx \tag{12.16}$$

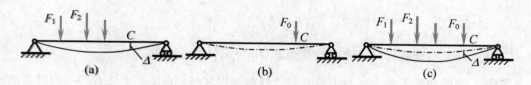

图 12.12

现在欲求梁上任一点 C 处的位移 Δ（见图 12.12（a））。首先在梁上 C 处施加一单位集中力 F_0，$F_0 = 1$（见图 12.12（b）），此时梁的弯矩方程为 $\overline{M}(x)$，梁的应变能为

$$\overline{V}_\varepsilon = \int_l \frac{[\overline{M}(x)]^2}{2EI} dx \tag{12.17}$$

已经作用单位载荷 F_0 后，再将原来的载荷 F_1，F_2，$\cdots$，F_n 施加到梁上（见图 12.12（c））。线弹性结构的位移与载荷之间为线性关系，F_1，F_2，$\cdots$，F_n 引起的位移不因预先作用 F_0 而变化，与未曾作用 F_0 时的相同。因此，梁因再作用 F_1，F_2，$\cdots$，F_n 而储存的应变能是由式（12.16）表示的 V_ε，C 点上已有 F_0 作用，且 F_0 与 Δ 方向一致，于是在作用 F_1，F_2，$\cdots$，F_n

过程中，F_0 又完成了数量为 $F_0 \cdot \Delta = 1 \cdot \Delta$ 的功。这样，按先作用 F_0 后作用 F_1，F_2，$\cdots$，F_n 的次序加载力，梁内应变能为

$$V_{\varepsilon 1} = V_\varepsilon + \overline{V}_\varepsilon + 1 \cdot \Delta$$

在 F_0 和 F_1，F_2，$\cdots$，F_n 共同作用下，梁的弯矩方程为 $[M(x) + \overline{M}(x)]$，应变能又可用弯矩方程来计算，即

$$V_{\varepsilon 1} = \int_l \frac{[M(x) + \overline{M}(x)]^2}{2EI} \mathrm{d}x$$

故

$$V_\varepsilon + \overline{V}_\varepsilon + 1 \cdot \Delta = \int_l \frac{[M(x) + \overline{M}(x)]^2}{2EI} \mathrm{d}x \qquad (12.18)$$

由式(12.16)～式(12.18)可得

$$\Delta = \int_l \frac{M(x)\overline{M}(x)\mathrm{d}x}{EI} \qquad (12.19)$$

对于扭转圆轴与桁架，相应的位移计算公式分别为

$$\Delta = \int_l \frac{T(x)\overline{T}(x)\mathrm{d}x}{GI_\mathrm{p}} \qquad (12.20)$$

$$\Delta = \sum_{i=1}^n \left(\frac{F_\mathrm{N} \overline{F}_\mathrm{N} l}{EA} \right)_i \qquad (12.21)$$

式(12.19)～式(12.21)统称为**莫尔定理**，式中积分称为**莫尔积分**。

对于组合变形的杆件，莫尔定理为

$$\Delta = \sum_{i=1}^n \left(\frac{F_\mathrm{N} \overline{F}_\mathrm{N} l}{EA} \right)_i + \int_l \frac{T(x)\overline{T}(x)}{GI_\mathrm{p}} \mathrm{d}x + \int_l \frac{M(x)\overline{M}(x)}{EI} \mathrm{d}x \qquad (12.22)$$

12.5.2　单位载荷法

莫尔定理为我们提供了计算位移的新方法，这种方法称为**莫尔法**，又称为**单位力法**或**单位载荷法**。式(12.19)～式(12.22)仅适用于线弹性结构。其中：F_N、$M(x)$、$T(x)$ 分别为所要求位移的结构在外载荷作用下杆件横截面上的轴力、弯矩和扭矩；$\overline{F}_\mathrm{N}$、$\overline{M}(x)$、$\overline{T}(x)$ 分别为结构在单位力作用下杆件横截面上的轴力、弯矩和扭矩。

莫尔定理中的 Δ 应理解为广义位移，所添加的单位载荷必须是与 Δ 对应的广义力。例如，如果要计算梁某截面的转角，则在该截面上所施加的单位载荷必须是单位力偶。

【**例 12.9**】　已知梁的抗弯刚度为 EI，试用单位载荷法计算图 12.13(a)所示悬臂梁自由端截面 A 的挠度 Δ_A 和转角 θ_A。

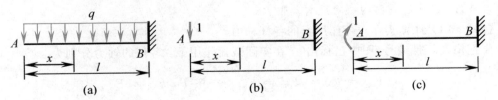

图 12.13

解题分析　要用单位载荷法求位移，首先应在结构上添加与待求位移相对应的单位载

荷；然后分别计算单位载荷与实际载荷各自单独作用时所引起的内力；再将内力结果代入相应公式，即式(12.19)～式(12.22)，计算位移。

【解】　(1) 计算截面 A 的挠度 Δ_A。

首先，在截面 A 添加一沿竖直方向的单位力(见图12.13(b))。在实际载荷与单位载荷作用下，梁的弯矩方程分别为

$$M(x) = -\frac{1}{2}qx^2$$

$$\overline{M}(x) = -x$$

将 $M(x)$、$\overline{M}(x)$ 代入式(12.19)，得截面 A 的挠度为

$$\Delta_A = \int_l \frac{M(x)\overline{M}(x)}{EI}\mathrm{d}x = \frac{1}{EI}\int_0^l \left(-\frac{1}{2}qx^2\right)(-x)\mathrm{d}x = \frac{ql^4}{8EI} \ (\downarrow)$$

计算结果为正，说明 Δ_A 的方向与添加的单位力的方向一致，即向下。

(2) 计算截面 A 的转角 θ_A。

首先，在截面 A 施加一单位力偶(见图12.13(c))。在实际载荷与单位载荷作用下，梁的弯矩方程分别为

$$M(x) = -\frac{1}{2}qx^2, \ \overline{M}(x) = 1$$

将 $M(x)$、$\overline{M}(x)$ 代入式(12.19)，得截面 A 的转角为

$$\theta_A = \int_l \frac{M(x)\overline{M}(x)}{EI}\mathrm{d}x = \frac{1}{EI}\int_0^l \left(-\frac{1}{2}qx^2\right)\cdot 1 \cdot \mathrm{d}x = -\frac{ql^3}{6EI} \ (\curvearrowleft)$$

计算结果为负，说明 θ_A 的转向与添加的单位力偶的转向相反，为逆时针转向。

【例 12.10】　一正方形桁架结构如图12.14(a)所示，已知5根杆的抗拉(压)刚度均为 EA，正方形的边长为 a，试计算 A、C 两节点之间的相对位移 Δ_{AC}。

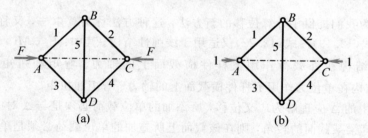

(a)　　　　　　　　　　　　(b)

图 12.14

解题分析　本题要计算 A、C 两点间的相对线位移，所添加的单位载荷应是作用于 A、C 两点沿 A、C 连线方向的一对反向单位力。

【解】　(1) 计算实际载荷作用下的各杆轴力。

先把桁架杆件编号(图中已标出)。在实际载荷作用下，各杆的轴力分别为

$$F_{N1} = F_{N2} = F_{N3} = F_{N4} = -\frac{\sqrt{2}}{2}F, \ F_{N5} = F$$

(2) 添加单位力，并计算各杆轴力。

在 A、C 两点沿 A、C 连线方向添加一对反向单位力(见图12.14(b))，各杆的轴力分别为

$$\overline{F}_{N1} = \overline{F}_{N2} = \overline{F}_{N3} = \overline{F}_{N4} = -\frac{\sqrt{2}}{2}, \ \overline{F}_{N5} = 1$$

（3）利用单位载荷法计算位移。

由式（12.21）得 A、C 两节点间的相对位移为

$$\Delta_{AC} = \sum_{i=1}^{5} \left(\frac{F_N \overline{F}_N l}{EA}\right)_i = \frac{1}{EA}\left[4 \times \left(-\frac{\sqrt{2}}{2}F\right) \times \left(-\frac{\sqrt{2}}{2}\right) \times a + F \times 1 \times (\sqrt{2}a)\right]$$
$$= \frac{Fa}{EA}(2+\sqrt{2}) \ (\rightarrow \leftarrow)$$

计算结果为正，说明 Δ_{AC} 的方向与添加的单位力的方向一致，即相互靠近。

讨论 本题计算了两点的相对线位移，如果要计算两个截面的相对角位移，则附加的单位载荷应是作用于两个截面沿相应位移方向的一对反向单位力偶。

【例 12.11】 如图 12.15（a）所示的刚架 ABC，C 为固定端，AB 段作用均布载荷 q，各段的抗弯刚度均为 EI。若不计轴力和剪力对位移的影响，试用单位载荷法计算自由端截面 A 的铅垂位移 Δ_{AV} 和截面 B 的转角 θ_B。

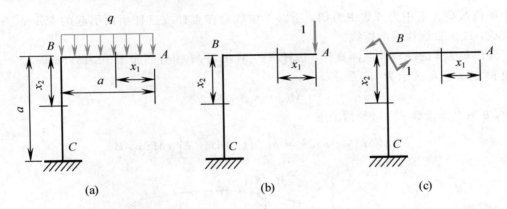

图 12.15

解题分析 已有的研究表明，对于抗弯杆件或杆系的变形，轴力和剪力对位移的影响较小，一般可以省略。

【解】（1）计算截面 A 的铅垂位移 Δ_{AV}。

在截面 A 处添加铅垂向下的单位力（见图 12.15（b））。按图 12.15（a）及（b）计算刚架各段内的 $M(x)$ 和 $\overline{M}(x)$。

AB 段： $\qquad M(x_1) = -\frac{1}{2}qx_1^2, \ \overline{M}(x_1) = -x_1$

BC 段： $\qquad M(x_2) = -\frac{1}{2}qa^2, \ \overline{M}(x_2) = -a$

应用莫尔定理，得截面 A 的铅垂位移 Δ_{AV} 为

$$\Delta_{AV} = \int_0^a \frac{M(x_1)\overline{M}(x_1)}{EI}dx_1 + \int_0^a \frac{M(x_2)\overline{M}(x_2)}{EI}dx_2 = \frac{5qa^4}{8EI} \ (\downarrow)$$

计算结果为正，说明 Δ_{AV} 的方向与添加的单位力的方向相同，即向下。

（2）求截面 B 的转角 θ_B。

在截面 B 处添加一单位力偶(见图 12.15(c)),由图 12.15(a)及(c)计算刚架各段内的 $M(x)$ 和 $\overline{M}(x)$。

AB 段: $\qquad M(x_1) = -\dfrac{1}{2}qx_1^2,\ \overline{M}(x_1) = 0$

BC 段: $\qquad M(x_2) = -\dfrac{1}{2}qa^2,\ \overline{M}(x_2) = 1$

应用莫尔定理,得截面 B 的转角 θ_B 为

$$\theta_B = \int_0^a \frac{M(x_1)\overline{M}(x_1)}{EI}\mathrm{d}x_1 + \int_0^a \frac{M(x_2)\overline{M}(x_2)}{EI}\mathrm{d}x_2 = -\frac{qa^3}{2EI}\ (\frown)$$

计算结果为负,说明 θ_B 的转向与添加的单位力偶的转向相反,为顺时针转向。

12.5.3 计算莫尔积分的图乘法

用单位载荷法计算梁或平面刚架的一般公式为

$$\Delta = \int_l \frac{M(x)\overline{M}(x)\mathrm{d}x}{EI}$$

由于单位载荷为集中力或集中力偶,所以单位载荷在直杆或直杆系内引起的弯矩 $\overline{M}$ 图必为直线,或由直线构成的折线。

考虑长为 l 的一段等截面直杆,该杆段的 M 图与 $\overline{M}$ 图分别如图 12.16(a)与(b)所示,弯矩 $\overline{M}$ 的方程可表示为

$$\overline{M}(x) = b + kx \tag{12.23}$$

式中,b 与 k 为常数。在这种情况下

$$\int_l M(x)\overline{M}(x)\mathrm{d}x = b\int_l M(x)\mathrm{d}x + k\int_l xM(x)\mathrm{d}x$$

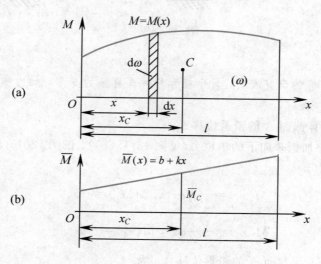

图 12.16

由图 12.16(a)可以看出,$M(x)\mathrm{d}x$ 代表 $\mathrm{d}x$ 区间内 M 图的面积 $\mathrm{d}\omega$,$xM(x)\mathrm{d}x$ 代表微面积 $\mathrm{d}\omega$ 对坐标轴 M 的静矩。所以,如果 l 区间内 M 图的面积为 ω,该图形形心 C 的横坐标为 x_C,则

$$\int_l M(x)\overline{M}(x)\mathrm{d}x = b\omega + k\omega x_C = \omega(b + kx_C) \tag{12.24}$$

由式(12.23)可知,式(12.24)中的 $b + kx_C$ 代表 $x = x_C$ 处的 $\overline{M}$ 值,即图 12.16(b)中的 $\overline{M}_C$,故

$$\Delta = \int_l \frac{M(x)\overline{M}(x)\mathrm{d}x}{EI} = \frac{\omega\overline{M}_C}{EI} \tag{12.25}$$

这种将莫尔积分转化为图形几何量相乘的计算方法称为图乘法。

若 $\overline{M}$ 图是由几段直线构成的,或者抗弯刚度 EI 为分段常数,则应分段运用式(12.25),然后代数相加,即有

$$\Delta = \sum_{i=1}^{n}\left(\frac{\omega\overline{M}_C}{EI}\right)_i \tag{12.26}$$

为了方便图乘法的运用,表 12.1 给出了几种常见图形的面积与形心位置。需要指出,表 12.1 中的抛物线均为标准抛物线,即其顶点处的斜率为零。

表 12.1　几种常见图形的面积与形心位置

	三角形	二次抛物线	n 次抛物线
图形			
面积	$\omega = \dfrac{lh}{2}$	$\omega_1 = \dfrac{lh}{3}$, $\omega_2 = \dfrac{2lh}{3}$	$\omega_1 = \dfrac{lh}{n+1}$, $\omega_2 = \dfrac{nlh}{n+1}$
形心位置	$x_C = \dfrac{2l}{3}$	$x_{C1} = \dfrac{3l}{4}$, $x_{C2} = \dfrac{3l}{8}$	$x_{C1} = \dfrac{(n+1)l}{n+2}$, $x_{C2} = \dfrac{(n+1)l}{2(n+2)}$

【例 12.12】 均布载荷作用下的简支梁如图 12.17(a)所示,已知梁的抗弯刚度为 EI,试用图乘法计算梁跨度中点截面 C 的挠度 Δ_{CV}。

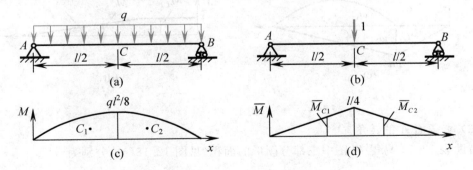

图 12.17

解题分析 本题需先添加单位载荷，作出 M 图和 $\overline{M}$ 图，然后应用图乘法求解。

【解】 （1）添加单位载荷，作弯矩图。

在梁的跨中截面 C 处施加一个竖直向下的单位力（见图 12.17(b)），分别作出梁的 M 图、$\overline{M}$ 图，如图 12.17(c)、(d)所示。

（2）求梁跨度中点截面 C 的挠度 Δ_{CV}。

借助表 12.1，易得 AC 和 CB 两段内弯矩图面积为

$$\omega_1 = \omega_2 = \frac{2}{3} \times \frac{l}{2} \times \frac{ql^2}{8} = \frac{ql^3}{24}$$

ω_1 和 ω_2 的形心在 $\overline{M}$ 图中对应的纵坐标为

$$\overline{M}_{C1} = \overline{M}_{C2} = \frac{5}{8} \times \frac{l}{4} = \frac{5l}{32}$$

因此跨度中点的挠度为

$$\Delta_{CV} = \frac{\omega_1 \overline{M}_{C1}}{EI} + \frac{\omega_2 \overline{M}_{C2}}{EI} = \frac{2}{EI} \times \frac{ql^3}{24} \times \frac{5l}{32} = \frac{5ql^4}{384EI} \quad (\downarrow)$$

讨论 本题中简支梁在均布载荷作用下的弯矩图为二次抛物线（见图 12.17(c)）。在跨度中点 C 作用一单位力时，$\overline{M}$ 图为一条折线（见图 12.17(d)）。M 图虽然是一光滑连续曲线，但 $\overline{M}$ 图却有一个转折点，所以仍应以 $\overline{M}$ 图的转折点为界，分段应用图乘法。

【例 12.13】 图 12.18(a)所示的外伸梁，梁的抗弯刚度 EI 为常数，试用图乘法计算自由端截面 A 的转角。

解题分析 当有多组载荷作用于梁上时，为了便于确定 M 图的面积及形心位置，常采用叠加法作 M 图。

【解】 （1）添加单位载荷，作弯矩图。

在截面 A 加一单位力偶（见图 12.18(b)），分别作出梁的 M 图、$\overline{M}$ 图，如图 12.18(c)、(d)所示。

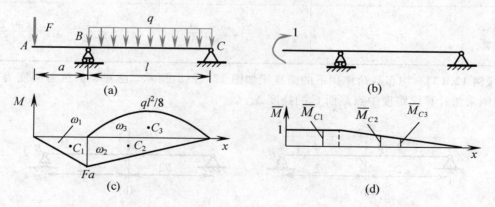

图 12.18

（2）求截面 A 的转角。

借助表 12.1，易得 M 图中三部分图形的面积（见图 12.18(c)）分别为

$$\omega_1 = -\frac{1}{2} \times a \times Fa = -\frac{Fa^2}{2}$$

$$\omega_2 = -\frac{1}{2} \times l \times Fa = -\frac{Fal}{2}$$

$$\omega_3 = \frac{2}{3} \times l \times \frac{ql^2}{8} = \frac{ql^3}{12}$$

ω_1、ω_2 和 ω_3 的形心在 $\overline{M}$ 图中对应的纵坐标(见图 12.18(d))分别为

$$\overline{M}_{C1} = 1, \ \overline{M}_{C2} = \frac{2}{3}, \ \overline{M}_{C3} = \frac{1}{2}$$

于是自由端截面 A 的转角为

$$\theta_A = \frac{\omega_1 \overline{M}_{C1}}{EI} + \frac{\omega_2 \overline{M}_{C2}}{EI} + \frac{\omega_3 \overline{M}_{C3}}{EI} = -\frac{Fa^2}{EI}\left(\frac{1}{2} + \frac{l}{3a}\right) + \frac{ql^3}{24EI}$$

计算结果中：第一项前面的负号表示 A 端因 F 引起的转角的转向与单位力偶的转向相反；第二项前面的正号表示因载荷 q 引起的转角的转向与单位力偶的转向相同。

12.6　用单位载荷法求解超静定问题

前面曾陆续讨论过一些超静定问题，对于比较复杂的超静定问题，用基于能量原理的单位载荷法求解较为方便。

12.6.1　用力法分析超静定问题

用力法分析超静定问题的步骤是：首先，将超静定结构的多余约束解除，而以相应的多余未知力代替其作用，得原结构的**相当系统**；然后，利用相当系统在多余约束处所应满足的变形协调条件，建立用载荷与多余未知力表示的补充方程；最后，由补充方程确定多余未知力，并通过相当系统计算原超静定结构的内力、应力与位移等。

【例 12.14】 图 12.19(a)所示的刚架，各段杆的抗弯刚度 EI 为常量，已知均布载荷 $q = 10$ kN/m，$a = 2$ m，$l = 4$ m，试计算各支座处的约束反力。

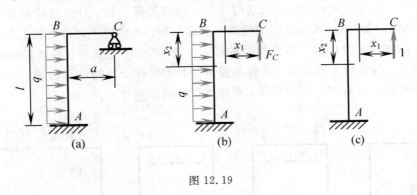

图 12.19

解题分析　本题 A、C 处共有四个未知的支座反力，而刚架的有效平衡方程只有三个，是一次超静定问题，需要解除一个多余约束。

【解】　(1) 解除多余约束。

以活动铰支座 C 作为多余约束，将其撤除，并以力 F_C 代替其作用，得图 12.19(b)所示的基本静定刚架。

（2）列变形协调方程。

将 C 端约束解除后，只有在 $\Delta_{Cy}=0$ 的条件下，相当系统才和原问题等价，所以变形协调方程为

$$\Delta_{Cy}=0$$

（3）用单位载荷法，求支座 C 的约束反力 F_C。

在基本静定刚架的截面 C 处加载单位集中力（见图 12.19(c)），在实际载荷和单位载荷作用下，基本静定刚架的弯矩方程分别为

BC 段：　　　　　　　　$M(x_1)=F_C x_1$，$\overline{M}(x_1)=x_1$

AB 段：　　　　　　　　$M(x_2)=F_C a-\dfrac{qx_2^2}{2}$，$\overline{M}(x_2)=a$

根据单位载荷法，得

$$\Delta_{Cy}=\int_0^a \frac{M(x_1)\overline{M}(x_1)}{EI}\mathrm{d}x_1+\int_0^l \frac{M(x_2)\overline{M}(x_2)}{EI}\mathrm{d}x_2=\frac{1}{EI}\left(\frac{F_C a^3}{3}+F_C a^2 l-\frac{qal^3}{6}\right)$$

将其代入变形协调方程得补充方程

$$\frac{F_C a^3}{3}+F_C a^2 l-\frac{qal^3}{6}=0$$

代入已知量后求得

$$F_C=\frac{80}{7}=11.4\ \mathrm{kN}(\uparrow)$$

（4）求支座 A 的约束反力。

由基本静定刚架的平衡方程可解得支座 A 的约束反力为

$$F_{Ax}=40\ \mathrm{kN}(\leftarrow),\ F_{Ay}=11.4\ \mathrm{kN}(\downarrow),\ M_A=57.2\ \mathrm{kN\cdot m}\ (\curvearrowright)$$

12.6.2　对称与反对称超静定问题分析

在实际工程中，许多超静定结构是对称的。利用对称性，可以减少未知力的个数，使计算得到简化。所谓对称结构，是指结构具有对称的几何形状、对称的约束条件和对称的力学性能。如图 12.20(a)所示的刚架就属于对称结构。若作用于对称结构上的载荷，其作用位置、大小和方向均对称于结构的对称轴，如图 12.20(b)所示，则该载荷称为对称载荷；若作用于对称结构上的载荷，其作用位置、大小对称于结构的对称轴，但方向反对称于结构的对称轴，如图 12.20(c)所示，则该载荷称为反对称载荷。

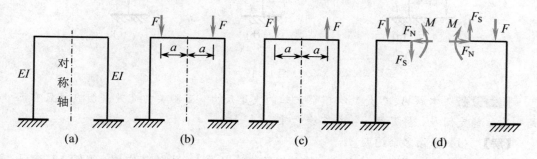

图 12.20

无论在对称结构上作用的是对称载荷还是反对称载荷，都可以利用对称性简化计算。先考虑对称载荷情况。将图 12.20(b)中的刚架沿对称轴截开(见图 12.20(d))，由于对称结构，载荷对称，其变形对称，所以内力也必然对称。于是在截开截面上的反对称内力分量(剪力 F_S)必然为零，这样就把该截面上的三个未知内力简化为两个。

对称结构在反对称载荷作用下，在对称轴所在截面上，内力必然是反对称的，亦即对称内力(轴力 F_N 和弯矩 M)必为零。于是，三个未知内力简化为一个。

【**例 12.15**】 图 12.21(a)所示的刚架，各段杆的抗弯刚度 EI 为常量，求该刚架的支反力。

解题分析 该刚架为对称结构承受反对称载荷的情况，在截面 C 上只有反对称内力(剪力 F_S)。

【**解**】 (1)解除多余约束。

沿截面 C 将刚架截开，取截面左侧部分作为研究对象，在截面 C 上加上反对称内力(剪力 F_SC)，如图 12.21(b)所示。

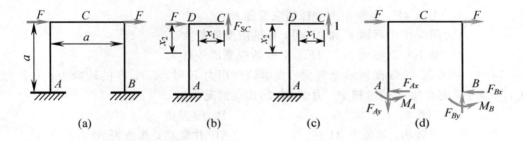

图 12.21

(2)列变形协调方程。

由于载荷为反对称，刚架的变形也必为反对称，所以在截面 C 处竖直方向上的位移必然为零，即变形协调方程为

$$\Delta_{Cy} = 0$$

(3)用单位载荷法求 F_SC。

在静定刚架的截面 C 处加载单位集中力(见图 12.21(c))，在实际载荷和单位载荷作用下，静定刚架的弯矩方程为

CD 段： $\qquad M(x_1) = F_\text{SC} x_1 , \overline{M}(x_1) = x_1$

AD 段： $\qquad M(x_2) = F_\text{SC} \cdot \dfrac{a}{2} - F x_2 , \overline{M}(x_2) = \dfrac{a}{2}$

根据单位载荷法，得

$$\Delta_{Cy} = \int_0^{\frac{a}{2}} \frac{M(x_1)\overline{M}(x_1)}{EI} \mathrm{d}x_1 + \int_0^a \frac{M(x_2)\overline{M}(x_2)}{EI} \mathrm{d}x_2$$

$$= \frac{7 F_\text{SC} a^3}{24 EI} - \frac{F a^3}{4 EI}$$

将其代入变形协调方程，解得

$$F_\text{SC} = \frac{6}{7} F$$

（4）计算支座 A、B 的约束反力。

由刚架的平衡方程求得

$$F_{Ax} = F_{Bx} = F, \ F_{Ay} = F_{By} = \frac{6}{7}F, \ M_A = M_B = \frac{4}{7}Fa$$

各反力的方向如图 12.21（d）所示。

思 考 题

12.1 一梁在集中力 F 作用下，其应变能为 V_ε。若将力改为 $2F$，其他条件不变，则其应变能为_____。

  A. $V_\varepsilon/2$ B. $2V_\varepsilon$ C. $4V_\varepsilon$ D. $8V_\varepsilon$

12.2 思考题 12.2 图所示拉杆，在截面 B、C 上分别作用有集中力 F 和 $2F$。下列关于该杆变形能的说法中，正确的是_____。

  A. 先加 F、再加 $2F$ 时，杆的应变能最大

  B. 先加 $2F$、再加 F 时，杆的应变能最大

  C. 同时按比例加 F 和 $2F$ 时，杆的应变能最大

  D. 按不同次序加 F 和 $2F$ 时，杆的应变能一样大

12.3 思考题 12.3 图所示悬臂梁，当单独作用力 F 时，截面 B 的转角为 θ，若先加 M_e，后加 F，则在加 F 的过程中，力偶 M_e 的作功情况为_____。

  A. 不作功   B. 作正功

  C. 作负功，其值为 $M_e\theta$ D. 作负功，其值为 $M_e\theta/2$

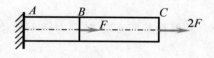
                         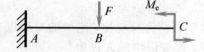

思考题 12.2 图   思考题 12.3 图

12.4 一简支梁的四种受载情况如思考题 12.4 图所示，其中在图____所示载荷作用下，梁的应变能最大。

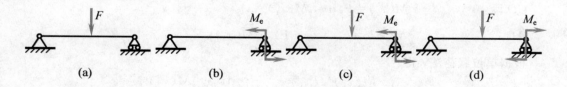

  (a)   (b)   (c)   (d)

思考题 12.4 图

12.5 思考题 12.5 图所示杆件同时承受集中力 F 和力偶 M_e，设单独作用 F 时，杆的应变能为 $V_\varepsilon(F)$；单独作用 M_e 时，杆的应变能为 $V_\varepsilon(M_e)$。在 F 和 M_e 共同作用下，图_____所示的载荷作用方式，杆的应变能 $V_\varepsilon(F, M_e) \neq V_\varepsilon(F) + V_\varepsilon(M_e)$。

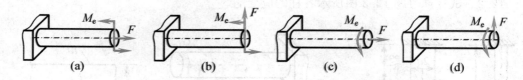

思考题 12.5 图

12.6　思考题 12.6 图所示圆轴，在图(a)、(b)两种受载情况下，其 _____。

A. 应变能相同，自由端扭转角不同　　B. 应变能不同，自由端扭转角相同

C. 应变能和自由端扭转角均相同　　　D. 应变能和自由端扭转角均不同

12.7　如思考题 12.7 图所示的悬臂梁 AB，当 F_1 单独作用于 B 端时，梁的应变能为 $V_{\varepsilon 1}$，B 点挠度为 w_1；当 F_2 单独作用于 B 端时，梁的应变能为 $V_{\varepsilon 2}$，B 端挠度为 w_2。若 F_1、F_2 同时作用，则梁的应变能 V_ε 和 B 端挠度 w 的结果是 _____。

A. $V_\varepsilon = V_{\varepsilon 1} + V_{\varepsilon 2}$，$w = w_1 + w_2$　　　　B. $V_\varepsilon = V_{\varepsilon 1} + V_{\varepsilon 2}$，$w \neq w_1 + w_2$

C. $V_\varepsilon \neq V_{\varepsilon 1} + V_{\varepsilon 2}$，$w = w_1 + w_2$　　　　D. $V_\varepsilon \neq V_{\varepsilon 1} + V_{\varepsilon 2}$，$w \neq w_1 + w_2$

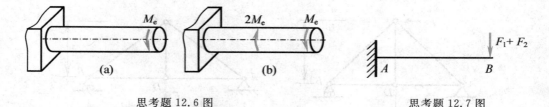

思考题 12.6 图　　　　　　　　　　　　思考题 12.7 图

12.8　思考题 12.8 图所示悬臂梁在 A、B 处分别作用两个集中力，大小均为 F。设梁的应变能为 V_ε，则根据卡氏定理，$\dfrac{\partial V_\varepsilon}{\partial F}$ 的物理意义是 _____。

A. 截面 A 的挠度　　　　　　　　　B. 截面 C 的挠度

C. 截面 A、C 挠度的代数和　　　　D. 无意义

12.9　思考题 12.9 图所示外伸梁，若在截面 C 处受集中力 $F = 6$ kN 时，测得端面 D 的转角 $\theta_D = 0.012$ rad，那么梁在截面 B 处承受 _____ 载荷时，截面 C 产生向下的挠度为 $w = 2$ mm。

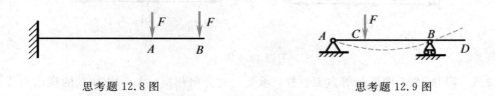

思考题 12.8 图　　　　　　　　　　　思考题 12.9 图

习　　题

12.1　两根材料相同的圆截面直杆，作用的载荷相同，尺寸如习题 12.1 图所示，其中图(a)为等截面杆，图(b)为变截面杆，试比较两杆的应变能。

12.2　试计算习题12.2图所示各杆的应变能。

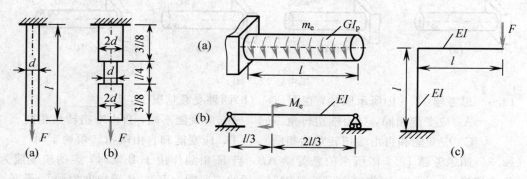

习题 12.1 图　　　　　　　　　　习题 12.2 图

12.3　如习题12.3图所示的桁架结构系统，各杆的抗拉（压）刚度均为 EA。试求在载荷 F 作用下结构的应变能，并根据外力功与应变能的关系求载荷作用节点沿载荷方向的位移。

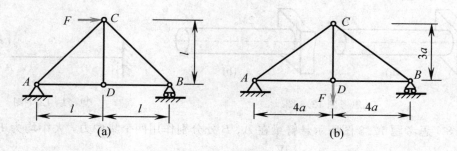

习题 12.3 图

12.4　习题12.4图所示各梁的 EI 均为常量，试计算梁的应变能及所加载荷的相应位移。

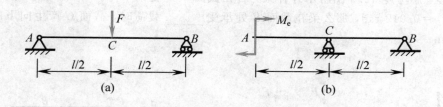

习题 12.4 图

12.5　习题12.5图所示等截面直杆，承受一对方向相反、大小均为 F 的横向力作用。设截面宽度为 b，拉压刚度为 EA，材料的泊松比为 μ。试用功的互等定理计算杆的轴向变形。

12.6　如习题12.6图所示，在外伸梁的自由端作用矩为 M_e 的力偶，梁的 EI 为常量。试用功的互等定理，并借助第 7 章的弯曲变形图表，求跨度中点 C 的挠度 Δ_C。

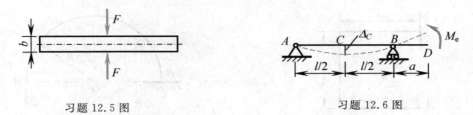

习题 12.5 图　　　　　　　　　　　　习题 12.6 图

12.7　试用卡氏定理解习题 12.3。

12.8　试用卡氏定理解习题 12.4。

12.9　车床主轴可简化成 EI 为常量的当量轴，如习题 12.9 图所示。试用卡氏定理求在载荷 F 作用下，截面 C 的挠度和前轴承 B 处的截面转角。

12.10　已知梁的抗弯刚度为 EI，试用卡氏定理求习题 12.10 图所示梁上截面 B 的挠度。

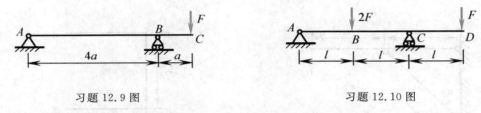

习题 12.9 图　　　　　　　　　　　　习题 12.10 图

12.11　已知梁的抗弯刚度为 EI，试用单位载荷法求习题 12.11 图所示各梁截面 B 的挠度和截面 C 的转角。

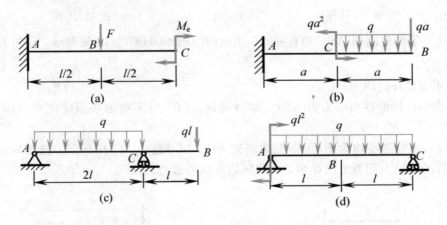

习题 12.11 图

12.12　习题 12.12 图所示刚架，EI 为常量，试用单位载荷法求 A 点的水平和铅垂位移。

12.13　习题 12.13 图所示小曲率杆，EI 为常量，试用单位载荷法求截面 A 的水平和铅垂位移。

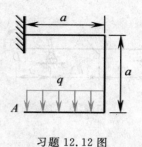

习题 12.12 图

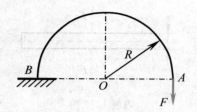

习题 12.13 图

12.14 习题 12.14 所示结构，已知杆 AC 的抗弯刚度为 EI，杆 BD 的抗拉（压）刚度为 EA，试求截面 C 的铅垂位移与转角。

12.15 已知各段 EI 为常数，试求习题 12.15 图所示结构中 A、B 两点的相对铅垂位移。

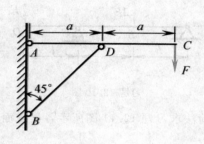

习题 12.14 图

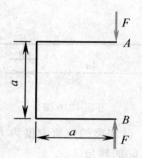

习题 12.15 图

12.16 等刚度刚架 ABC 和直杆 AC 组成的结构如习题 12.16 图所示，已知 E、A、a、$I = Aa^2/\sqrt{2}$。

（1）求 AC 杆的内力；

（2）当 AC 杆的许用应力为 $[\sigma]$ 时，求许可载荷 $[F]$。（不考虑等刚度刚架 ABC 的拉伸变形）

12.17 抗弯刚度均为 EI 的等截面刚架 ABC 如习题 12.17 图所示，已知均布载荷集度为 q，若不计轴力和剪力的影响，求刚架的支座约束力。

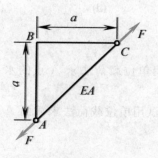

习题 12.16 图

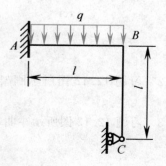

习题 12.17 图

12.18 已知各段杆的抗弯刚度均为 EI，试求解习题 12.18 图所示的超静定刚架，并作出弯矩图。

12.19 如习题 12.19 图所示的超静定刚架，已知各段杆的抗弯刚度均为 EI，试求刚架的支座约束力。

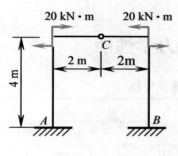

习题 12.18 图

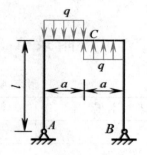

习题 12.19 图

附　录

附录 A　常用材料的力学性能

附表 A-1　常用材料的弹性常数

材料名称	E/GPa	μ
碳钢	196~216	0.24~0.28
合金钢	186~206	0.25~0.30
灰铸铁	78.5~157	0.23~0.27
铜及铜合金	72.6~128	0.31~0.42
铝合金	70~72	0.26~0.34
混凝土	15.2~36	0.16~0.18
木材(顺纹)	9~12	

附表 A-2　常用材料的主要力学性能

材料名称	牌号	σ_s/MPa	σ_b/MPa[①]	$\delta_5/(\%)$[②]
普通碳素钢	Q215	215	335~450	26~31
	Q235	235	375~500	21~26
	Q255	255	410~550	19~24
	Q275	275	490~630	15~20
优质碳素钢	25	275	450	23
	35	315	530	20
	45	355	600	16
	55	380	645	13
低合金钢	15MnV	390	530~680	18
	16Mn	345	510~660	22
合金钢	20Cr	540	835	10
	40Cr	785	980	9
	30CrMnSi	885	1080	10
铸钢	ZG200-400	200	400	25
	ZG270-500	270	500	18
灰铸铁	HT150	—	150	—
	HT250	—	250	—
铝合金	LY12 (2A12)	274	412	19

注：① σ_b 为拉伸强度极限。

② δ_5 表示标距 $l=5d$ 的标准试样的伸长率。

附录 B　型钢表(GB/T 706—2008)

附表 B-1　热轧等边角钢

符号意义:
b—边宽;
d—边厚;
r—内圆弧半径;
r₁—边端内弧半径;
I—惯性矩;
i—惯性半径;
W—截面模数;
Z_0—重心距离;

型号	截面尺寸/mm			截面面积/cm²	理论重量/(kg/m)	外表面积/(m²/m)	惯性矩/cm⁴				惯性半径/cm			截面模数/cm³			重心距离/cm
	b	d	r				I_x	I_{x1}	I_{x0}	I_{y0}	i_x	i_{x0}	i_{y0}	W_x	W_{x0}	W_{y0}	Z_0
2	20	3	3.5	1.132	0.889	0.078	0.40	0.81	0.63	0.17	0.59	0.75	0.39	0.29	0.45	0.20	0.60
		4		1.459	1.145	0.077	0.50	1.09	0.78	0.22	0.58	0.73	0.38	0.36	0.55	0.24	0.64
2.5	25	3	3.5	1.432	1.124	0.098	0.82	1.57	1.29	0.34	0.76	0.95	0.49	0.46	0.73	0.33	0.73
		4		1.859	1.459	0.097	1.03	2.11	1.62	0.43	0.74	0.93	0.48	0.59	0.92	0.40	0.76
3.0	30	3	4.5	1.749	1.373	0.117	1.46	2.71	2.31	0.61	0.91	1.15	0.59	0.68	1.09	0.51	0.85
		4		2.276	1.786	0.117	1.84	3.63	2.92	0.77	0.90	1.13	0.58	0.87	1.37	0.62	0.89
3.6	36	3	4.5	2.109	1.656	0.141	2.58	4.68	4.09	1.07	1.11	1.39	0.71	0.99	1.61	0.76	1.00
		4		2.756	2.163	0.141	3.29	6.25	5.22	1.37	1.09	1.38	0.70	1.28	2.05	0.93	1.04
		5		3.382	2.654	0.141	3.95	7.84	6.24	1.65	1.08	1.36	0.70	1.56	2.45	1.09	1.07
4	40	3	5	2.359	1.852	0.157	3.59	6.41	5.69	1.49	1.23	1.55	0.79	1.23	2.01	0.96	1.09
		4		3.086	2.422	0.157	4.60	8.56	7.29	1.91	1.22	1.54	0.79	1.60	2.58	1.19	1.13
		5		3.791	2.976	0.156	5.53	10.74	8.76	2.30	1.21	1.52	0.78	1.96	3.10	1.39	1.17

续表一

型号	截面尺寸/mm			截面面积/cm²	理论重量/(kg/m)	外表面积/(m²/m)	惯性矩/cm⁴				惯性半径/cm			截面模数/cm³			重心距离/cm
	b	d	r				I_x	I_{x1}	I_{x0}	I_{y0}	i_x	i_{x0}	i_{y0}	W_x	W_{x0}	W_{y0}	Z_0
4.5	45	3	5	2.659	2.088	0.177	5.17	9.12	8.20	2.14	1.40	1.76	0.89	1.58	2.58	1.24	1.22
		4		3.486	2.736	0.177	6.65	12.18	10.56	2.75	1.38	1.74	0.89	2.05	3.32	1.54	1.26
		5		4.292	3.369	0.176	8.04	15.25	12.74	3.33	1.37	1.72	0.88	2.51	4.00	1.81	1.30
		6		5.076	3.985	0.176	9.33	18.36	14.76	3.89	1.36	1.70	0.88	2.95	4.64	2.06	1.33
5	50	3	5.5	2.971	2.332	0.197	7.18	12.50	11.37	2.98	1.55	1.96	1.00	1.96	3.22	1.57	1.34
		4		3.897	3.059	0.197	9.26	16.69	14.70	3.82	1.54	1.94	0.99	2.56	4.16	1.96	1.38
		5		4.803	3.770	0.196	11.21	20.90	17.79	4.64	1.53	1.92	0.98	3.13	5.03	2.31	1.42
		6		5.688	4.465	0.196	13.05	25.14	20.68	5.42	1.52	1.91	0.98	3.68	5.85	2.63	1.46
5.6	56	3	6	3.343	2.624	0.221	10.19	17.56	16.14	4.24	1.75	2.20	1.13	2.48	4.08	2.02	1.48
		4		4.390	3.446	0.220	13.18	23.43	20.92	5.46	1.73	2.18	1.11	3.24	5.28	2.52	1.53
		5		5.415	4.251	0.220	16.02	29.33	25.42	6.61	1.72	2.17	1.10	3.97	6.42	2.98	1.57
		6		6.420	5.040	0.220	18.69	35.26	29.66	7.73	1.71	2.15	1.10	4.68	7.49	3.40	1.61
		7		7.404	5.812	0.219	21.23	41.23	33.63	8.82	1.69	2.13	1.09	5.36	8.49	3.80	1.64
		8		8.367	6.568	0.219	23.63	47.24	37.37	9.89	1.68	2.11	1.09	6.03	9.44	4.16	1.68
6	60	5	6.5	5.829	4.576	0.236	19.89	36.05	31.57	8.21	1.85	2.33	1.19	4.59	7.44	3.48	1.67
		6		6.914	5.427	0.235	23.25	43.33	36.89	9.60	1.83	2.31	1.18	5.41	8.70	3.98	1.70
		7		7.977	6.262	0.235	26.44	50.65	41.92	10.96	1.82	2.29	1.17	6.21	9.88	4.45	1.74
		8		9.020	7.081	0.235	29.47	58.02	46.66	12.28	1.81	2.27	1.17	6.98	11.00	4.88	1.78
6.3	63	4	7	4.978	3.907	0.248	19.03	33.35	30.17	7.89	1.96	2.46	1.26	4.13	6.78	3.29	1.70
		5		6.143	4.822	0.248	23.17	41.73	36.77	9.57	1.94	2.45	1.25	5.08	8.25	3.90	1.74
		6		7.288	5.721	0.247	27.12	50.14	43.03	11.20	1.93	2.43	1.24	6.00	9.66	4.46	1.78
		7		8.412	6.603	0.247	30.87	58.60	48.96	12.79	1.92	2.41	1.23	6.88	10.99	4.98	1.82
		8		9.515	7.469	0.247	34.46	67.11	54.56	14.33	1.90	2.40	1.23	7.75	12.25	5.47	1.85
		10		11.657	9.151	0.246	41.09	84.31	64.85	17.33	1.88	2.36	1.22	9.39	14.56	6.36	1.93

续表二

型号	截面尺寸/mm			截面面积/cm²	理论重量/(kg/m)	外表面积/(m²/m)	惯性矩/cm⁴				惯性半径/cm			截面模数/cm³			重心距离/cm
	b	d	r				I_x	I_{x1}	I_{x0}	I_{y0}	i_x	i_{x0}	i_{y0}	W_x	W_{x0}	W_{y0}	Z_0
7	70	4	8	5.570	4.372	0.275	26.39	45.74	41.80	10.99	2.18	2.74	1.40	5.14	8.44	4.17	1.86
		5		6.875	5.397	0.275	32.21	57.21	51.08	13.34	2.16	2.73	1.39	6.32	10.32	4.95	1.91
		6		8.160	6.406	0.275	37.77	68.73	59.93	15.61	2.15	2.71	1.38	7.48	12.11	5.67	1.95
		7		9.424	7.398	0.275	43.09	80.29	68.35	17.82	2.14	2.69	1.38	8.59	13.81	6.34	1.99
		8		10.667	8.373	0.274	48.17	91.92	76.37	19.98	2.12	2.68	1.37	9.68	15.43	6.98	2.03
7.5	75	5	9	7.412	5.818	0.295	39.97	70.56	63.30	16.63	2.33	2.92	1.50	7.32	11.94	5.77	2.04
		6		8.797	6.905	0.294	46.95	84.55	74.38	19.51	2.31	2.90	1.49	8.64	14.02	6.67	2.07
		7		10.160	7.976	0.294	53.57	98.71	84.96	22.18	2.30	2.89	1.48	9.93	16.02	7.44	2.11
		8		11.503	9.030	0.294	59.96	112.97	95.07	24.86	2.28	2.88	1.47	11.20	17.93	8.19	2.15
		9		12.825	10.068	0.294	66.10	127.30	104.71	27.48	2.27	2.86	1.46	12.43	19.75	8.89	2.18
		10		14.126	11.089	0.293	71.98	141.71	113.92	30.05	2.26	2.84	1.46	13.64	21.48	9.56	2.22
8	80	5	9	7.912	6.211	0.315	48.79	85.36	77.33	20.25	2.48	3.13	1.60	8.34	13.67	6.66	2.15
		6		9.397	7.376	0.314	57.35	102.50	90.98	23.72	2.47	3.11	1.59	9.87	16.08	7.65	2.19
		7		10.860	8.525	0.314	65.58	119.70	104.07	27.09	2.46	3.10	1.58	11.37	18.40	8.58	2.23
		8		12.303	9.658	0.314	73.49	136.97	116.60	30.39	2.44	3.08	1.57	12.83	20.61	9.46	2.27
		9		13.725	10.774	0.314	81.11	154.31	128.60	33.61	2.43	3.06	1.56	14.25	22.73	10.29	2.31
		10		15.126	11.874	0.313	88.43	171.74	140.09	36.77	2.42	3.04	1.56	15.64	24.76	11.08	2.35
9	90	6	10	10.637	8.350	0.354	82.77	145.87	131.26	34.28	2.79	3.51	1.80	12.61	20.63	9.95	2.44
		7		12.301	9.656	0.354	94.83	170.30	150.47	39.18	2.78	3.50	1.78	14.54	23.64	11.19	2.48
		8		13.944	10.946	0.353	106.47	194.80	168.97	43.97	2.76	3.48	1.78	16.42	26.55	12.35	2.52
		9		15.566	12.219	0.353	117.72	219.39	186.77	48.66	2.75	3.46	1.77	18.27	29.35	13.46	2.56
		10		17.167	13.476	0.353	128.58	244.07	203.90	53.26	2.74	3.45	1.76	20.07	32.04	14.52	2.59
		12		20.306	15.940	0.352	149.22	293.76	236.21	62.22	2.71	3.41	1.75	23.57	37.12	16.49	2.67

续表三

型号	截面尺寸/mm b	截面尺寸/mm d	截面尺寸/mm r	截面面积/cm²	理论重量/(kg/m)	外表面积/(m²/m)	惯性矩/cm⁴ I_x	I_{x1}	I_{x0}	I_{y0}	惯性半径/cm i_x	i_{x0}	i_{y0}	截面模数/cm³ W_x	W_{x0}	W_{y0}	重心距离/cm Z_0
10	100	6	12	11.932	9.366	0.393	114.95	200.07	181.98	47.92	3.10	3.90	2.00	15.68	25.74	12.69	2.67
		7		13.796	10.830	0.393	131.86	233.54	208.97	54.74	3.09	3.89	1.99	18.10	29.55	14.26	2.71
		8		15.638	12.276	0.393	148.24	267.09	235.07	61.41	3.08	3.88	1.98	20.47	33.24	15.75	2.76
		9		17.462	13.708	0.392	164.12	300.73	260.30	67.95	3.07	3.86	1.97	22.79	36.81	17.18	2.80
		10		19.261	15.120	0.392	179.51	334.48	284.68	74.35	3.05	3.84	1.96	25.06	40.26	18.54	2.84
		12		22.800	17.898	0.391	208.90	402.34	330.95	86.84	3.03	3.81	1.95	29.48	46.80	21.08	2.91
		14		26.256	20.611	0.391	236.53	470.75	374.06	99.00	3.00	3.77	1.94	33.73	52.90	23.44	2.99
		16		29.627	23.257	0.390	262.53	539.80	414.16	110.89	2.98	3.74	1.94	37.82	58.57	25.63	3.06
11	110	7	12	15.196	11.928	0.433	177.16	310.64	280.94	73.38	3.41	4.30	2.20	22.05	36.12	17.51	2.96
		8		17.238	13.532	0.433	199.46	355.20	316.49	82.42	3.40	4.28	2.19	24.95	40.69	19.39	3.01
		10		21.261	16.690	0.432	242.19	444.65	384.39	99.98	3.38	4.25	2.17	30.60	49.42	22.91	3.09
		12		25.200	19.782	0.431	282.55	534.60	448.17	116.93	3.35	4.22	2.15	36.05	57.62	26.15	3.16
		14		29.056	22.809	0.431	320.71	625.16	508.01	133.40	3.32	4.18	2.14	41.31	65.31	29.14	3.24
12.5	125	8	14	19.750	15.504	0.492	297.03	521.01	470.89	123.16	3.88	4.88	2.50	32.52	53.28	25.86	3.37
		10		24.373	19.133	0.491	361.67	651.93	573.89	149.46	3.85	4.85	2.48	39.97	64.93	30.62	3.45
		12		28.912	22.696	0.491	423.16	783.42	671.44	174.88	3.83	4.82	2.46	41.17	75.96	35.03	3.53
		14		33.367	26.193	0.490	481.65	915.61	763.73	199.57	3.80	4.78	2.45	54.16	86.41	39.13	3.61
		16		37.739	29.625	0.489	537.31	1048.62	850.98	223.65	3.77	4.75	2.43	60.93	96.28	42.96	3.68
14	140	10	14	27.373	21.488	0.551	514.65	915.11	817.27	212.04	4.34	5.46	2.78	50.58	82.56	39.20	3.82
		12		32.512	25.522	0.551	603.68	1099.28	958.79	248.57	4.31	5.43	2.76	59.80	96.85	45.02	3.90
		14		37.567	29.490	0.550	688.81	1284.22	1093.56	284.06	4.28	5.40	2.75	68.75	110.47	50.45	3.98
		16		42.539	33.393	0.549	770.24	1470.07	1221.81	318.67	4.26	5.36	2.74	77.46	123.42	55.55	4.06

续表四

| 型号 | 截面尺寸/mm | | | 截面面积/cm² | 理论重量/(kg/m) | 外表面积/(m²/m) | 惯性矩/cm⁴ | | | | 惯性半径/cm | | | 截面模数/cm³ | | | 重心距离/cm |
	b	d	r				I_x	I_{x1}	I_{x0}	I_{y0}	i_x	i_{x0}	i_{y0}	W_x	W_{x0}	W_{y0}	Z_0
15	150	8	14	23.750	18.644	0.592	521.37	899.55	827.49	215.25	4.69	5.90	3.01	47.36	78.02	38.14	3.99
		10		29.373	23.058	0.591	637.50	1125.09	1012.79	262.21	4.66	5.87	2.99	58.35	95.49	45.51	4.08
		12		34.912	27.406	0.591	748.85	1351.26	1189.97	307.73	4.63	5.84	2.97	69.04	112.19	52.38	4.15
		14		40.367	31.688	0.590	855.64	1578.25	1359.30	351.98	4.60	5.80	2.95	79.45	128.16	58.83	4.23
		15		43.063	33.804	0.590	907.39	1692.10	1441.09	373.69	4.59	5.78	2.95	84.56	135.87	61.90	4.27
		16		45.739	35.905	0.589	958.08	1806.21	1521.02	395.14	4.58	5.77	2.94	89.59	143.40	64.89	4.31
16	160	10	16	31.502	24.729	0.630	779.53	1365.33	1237.30	321.76	4.98	6.27	3.20	66.70	109.36	52.76	4.31
		12		37.441	29.391	0.630	916.58	1639.57	1455.68	377.49	4.95	6.24	3.18	78.98	128.67	60.74	4.39
		14		43.296	33.987	0.629	1048.36	1914.68	1665.02	431.70	4.92	6.20	3.16	90.05	147.17	68.24	4.47
		16		49.067	38.518	0.629	1175.08	2190.82	1865.57	484.59	4.89	6.17	3.14	102.63	164.89	75.31	4.55
18	180	12	16	42.241	33.159	0.710	1321.35	2332.80	2100.10	542.61	5.59	7.05	3.58	100.82	165.00	78.41	4.89
		14		48.896	38.383	0.709	1514.48	2723.48	2407.42	621.53	5.56	7.02	3.56	116.25	189.14	88.38	4.97
		16		55.467	43.542	0.709	1700.99	3115.29	2703.37	698.60	5.54	6.98	3.55	131.13	212.40	97.83	5.05
		18		61.955	48.634	0.708	1875.12	3502.43	2988.24	762.01	5.50	6.94	3.51	145.64	234.78	105.14	5.13
20	200	14	18	54.642	42.894	0.788	2103.55	3734.10	3343.26	863.83	6.20	7.82	3.98	144.70	236.40	111.82	5.46
		16		62.013	48.680	0.788	2366.15	4270.39	3760.89	971.41	6.18	7.79	3.96	163.65	265.93	123.96	5.54
		18		69.301	54.401	0.787	2620.64	4808.13	4164.54	1076.74	6.15	7.75	3.94	182.22	294.48	135.52	5.62
		20		76.505	60.056	0.787	2867.30	5347.51	4554.55	1180.04	6.12	7.72	3.93	200.42	322.06	146.55	5.69
		24		90.661	71.168	0.785	3338.25	6457.16	5294.97	1381.53	6.07	7.64	3.90	236.17	374.41	166.65	5.87

续表五

型号	截面尺寸/mm b	d	r	截面面积/cm²	理论重量/(kg/m)	外表面积/(m²/m)	惯性矩/cm⁴ I_x	I_{x1}	I_{x0}	I_{y0}	惯性半径/cm i_x	i_{x0}	i_{y0}	截面模数/cm³ W_x	W_{x0}	W_{y0}	重心距离/cm Z_0
22	220	16	21	68.664	53.901	0.866	3187.36	5681.62	5063.73	1310.99	6.81	8.59	4.37	199.55	325.51	153.81	6.03
		18		76.752	60.250	0.866	3534.30	6395.93	5615.32	1453.27	6.79	8.55	4.35	222.37	360.97	168.29	6.11
		20		84.756	66.533	0.865	3871.49	7112.04	6150.08	1592.90	6.76	8.52	4.34	244.77	395.34	182.16	6.18
		22		92.676	72.751	0.865	4199.23	7830.19	6668.37	1730.10	6.78	8.48	4.32	266.78	428.66	195.45	6.26
		24		100.512	78.902	0.864	4517.83	8550.57	7170.55	1865.11	6.70	8.45	4.31	288.39	460.94	208.21	6.33
		26		108.264	84.987	0.864	4827.58	9273.39	7656.98	1998.17	6.68	8.41	4.30	309.62	492.21	220.49	6.41
25	250	18	24	87.842	68.956	0.985	5268.22	9379.11	8369.04	2167.41	7.74	9.76	4.97	290.12	473.42	224.03	6.84
		20		97.045	76.180	0.984	5779.34	10 426.97	9181.94	2376.74	7.72	9.73	4.95	319.66	519.41	242.85	6.92
		24		115.201	90.433	0.983	6763.93	12 529.74	10 742.67	2785.19	7.66	9.66	4.92	377.34	607.70	278.38	7.07
		26		124.154	97.461	0.982	7238.08	13 585.18	11 491.33	2984.84	7.63	9.62	4.90	405.50	650.05	295.19	7.15
		28		133.022	104.422	0.982	7709.60	14 643.62	12 219.39	3181.81	7.61	9.58	4.89	433.22	691.23	311.42	7.22
		30		141.807	111.318	0.981	8151.80	15 705.30	12 927.26	3376.34	7.58	9.55	4.88	460.51	731.28	327.12	7.30
		32		150.508	118.149	0.981	8592.01	16 770.41	13 615.32	3568.71	7.56	9.51	4.87	487.39	770.20	342.33	7.37
		35		163.402	128.271	0.980	9232.44	18 374.95	14 611.16	3853.72	7.52	9.46	4.86	526.97	826.53	364.30	7.48

注：截面图中的 $r_1=1/3d$ 及表中 r 的数据用于孔型设计，不做交货条件。

附表 B-2　热轧普通槽钢

符号意义:

h—高度;
b—腿宽;
d—腰厚;
t—平均腿厚;
r—内圆弧半径
r₁—腿端圆弧半径;
I—惯性矩;
W—截面模数;
Z₀—Y—Y 与 Y₁—Y₁轴线间距离;

型号	截面尺寸/mm						截面面积/cm²	理论重量/(kg/m)	惯性矩/cm⁴			惯性半径/cm		截面模数/cm³		重心距离/cm
	h	b	d	t	r	r_1			I_x	I_y	I_{y1}	i_x	i_y	W_x	W_y	Z_0
5	50	37	4.5	7	7.0	3.5	6.928	5.438	26.0	8.30	20.9	1.94	1.10	10.4	3.55	1.35
6.3	63	40	4.8	7.5	7.5	3.8	8.451	6.634	50.8	11.9	28.4	2.45	1.19	16.1	4.50	1.36
6.5	65	40	4.8	7.5	7.5	3.8	8.547	6.709	55.2	12.0	28.3	2.54	1.19	17.0	4.59	1.38
8	80	43	5.0	8.0	8.0	4.0	10.248	8.045	101	16.6	37.4	3.15	1.27	25.3	5.79	1.43
10	100	48	5.3	8.5	8.5	4.2	12.748	10.007	198	25.6	54.9	3.95	1.41	39.7	7.80	1.52
12	120	53	5.5	9.0	9.0	4.5	15.362	12.059	346	37.4	77.7	4.75	1.56	57.7	10.2	1.62
12.6	126	53	5.5	9.0	9.0	4.5	15.692	12.318	391	38.0	77.1	4.95	1.57	62.1	10.2	1.59
14a	140	58	6.0	9.5	9.5	4.8	18.516	14.535	564	53.2	107	5.52	1.70	80.5	13.0	1.71
14b	140	60	8.0	9.5	9.5	4.8	21.316	16.733	609	61.1	121	5.35	1.69	87.1	14.1	1.67
16a	160	63	6.5	10.0	10.0	5.0	21.962	17.240	866	73.3	144	6.28	1.83	108	16.3	1.80
16b	160	65	8.5	10.0	10.0	5.0	25.162	19.752	935	83.4	161	6.10	1.82	117	17.6	1.75

续表—

型号	截面尺寸/mm						截面面积/cm²	理论重量/(kg/m)	惯性矩/cm⁴			惯性半径/cm		截面模数/cm³		重心距离/cm
	h	b	d	t	r	r_1			I_x	I_y	I_{y1}	i_x	i_y	W_x	W_y	Z_0
18a	180	68	7.0	10.5	10.5	5.2	25.699	20.174	1270	98.6	190	7.04	1.96	141	20.0	1.88
18b	180	70	9.0	10.5	10.5	5.2	29.299	23.000	1370	111	210	6.84	1.95	152	21.5	1.84
20a	200	73	7.0	11.0	11.0	5.5	28.837	22.637	1780	128	244	7.86	2.11	178	24.2	2.01
20b	200	75	9.0	11.0	11.0	5.5	32.837	25.777	1910	144	268	7.64	2.09	191	25.9	1.95
22a	220	77	7.0	11.5	11.5	5.8	31.846	24.999	2390	158	298	8.67	2.23	218	28.2	2.10
22b	220	79	9.0	11.5	11.5	5.8	36.246	28.453	2570	176	326	8.42	2.21	234	30.1	2.03
24a	240	78	7.0	12.0	12.0	6.0	34.217	26.860	3050	174	325	9.45	2.25	254	30.5	2.10
24b	240	80	9.0	12.0	12.0	6.0	39.017	30.628	3280	194	355	9.17	2.23	274	32.5	2.03
24c	240	82	11.0	12.0	12.0	6.0	43.817	34.396	3510	213	388	8.96	2.21	293	34.4	2.00
25a	250	78	7.0	12.0	12.0	6.0	34.917	27.410	3370	176	322	9.82	2.24	270	30.6	2.07
25b	250	80	9.0	12.0	12.0	6.0	39.917	31.335	3530	196	353	9.41	2.22	282	32.7	1.98
25c	250	82	11.0	12.0	12.0	6.0	44.917	35.260	3690	218	384	9.07	2.21	295	35.9	1.92
27a	270	82	7.5	12.5	12.5	6.2	39.284	30.838	4360	216	393	10.5	2.34	323	35.5	2.13
27b	270	84	9.5	12.5	12.5	6.2	44.684	35.077	4690	239	428	10.3	2.31	347	37.7	2.06
27c	270	86	11.5	12.5	12.5	6.2	50.084	39.316	5020	261	467	10.1	2.28	372	39.8	2.03
28a	280	82	7.5	12.5	12.5	6.2	40.034	31.427	4760	218	388	10.9	2.33	340	35.7	2.10
28b	280	84	9.5	12.5	12.5	6.2	45.634	35.823	5130	242	428	10.6	2.30	366	37.9	2.02
28c	280	86	11.5	12.5	12.5	6.2	51.234	40.219	5500	268	463	10.4	2.29	393	40.3	1.95

续表二

型号	截面尺寸/mm						截面面积/cm²	理论重量/(kg/m)	惯性矩/cm⁴			惯性半径/cm		截面模数/cm³		重心距离/cm
	h	b	d	t	r	r_1			I_x	I_y	I_{y1}	i_x	i_y	W_x	W_y	Z_0
30a	300	85	7.5	13.5	13.5	6.8	43.902	34.463	6050	260	467	11.7	2.43	403	41.1	2.17
30b		87	9.5	13.5	13.5	6.8	49.902	39.173	6500	289	515	11.4	2.41	433	44.0	2.13
30c		89	11.5	13.5	13.5	6.8	55.902	43.883	6950	316	560	11.2	2.38	463	46.4	2.09
32a	320	88	8.0	14.0	14.0	7.0	48.513	38.083	7600	305	552	12.5	2.50	475	46.5	2.24
32b		90	10.0	14.0	14.0	7.0	54.913	43.107	8140	336	593	12.2	2.47	509	49.2	2.16
32c		92	12.0	14.0	14.0	7.0	61.313	48.131	8690	374	643	11.9	2.47	543	52.6	2.09
36a	360	96	9.0	16.0	16.0	8.0	60.910	47.814	11900	455	818	14.0	2.73	660	63.5	2.44
36b		98	11.0	16.0	16.0	8.0	68.110	53.466	12700	497	880	13.6	2.70	703	66.9	2.37
36c		100	13.0	16.0	16.0	8.0	75.310	59.118	13400	536	948	13.4	2.67	746	70.0	2.34
40a	400	100	10.5	18.0	18.0	9.0	75.068	58.928	17600	592	1070	15.3	2.81	879	78.8	2.49
40b		102	12.5	18.0	18.0	9.0	83.068	65.208	18600	640	1140	15.0	2.78	932	82.5	2.44
40c		104	14.5	18.0	18.0	9.0	91.068	71.488	19700	688	1220	14.7	2.75	986	86.2	2.42

注：表中 r、r_1 的数据用于孔型设计，不做交货条件。

附表 B-3　热轧普通工字钢

符号意义：

h—高度；
b—腿宽；
d—腰厚；
t—平均腿厚；
r—内圆弧半径；
r₁—腿端圆弧半径；
I—惯性矩；
W—截面模数；
i—惯性半径；
Sₓ—半截面静矩

型号	截面尺寸/mm						截面面积/cm²	理论重量/(kg/m)	惯性矩/cm⁴		惯性半径/cm		截面模数/cm³		参数比/cm
	h	b	d	t	r	r_1			I_x	I_y	i_x	i_y	W_x	W_y	$I_x{:}S_x$
10	100	68	4.5	7.6	6.5	3.3	14.345	11.261	245	33.0	4.14	1.52	49.0	9.72	8.59
12	120	74	5.0	8.4	7.0	3.5	17.818	13.987	436	46.9	4.95	1.62	72.7	12.7	
12.6	126	74	5.0	8.4	7.0	3.5	18.118	14.223	488	46.9	5.20	1.61	77.5	12.7	10.8
14	140	80	5.5	9.1	7.5	3.8	21.516	16.890	712	64.4	5.76	1.73	102	16.1	12.0
16	160	88	6.0	9.9	8.0	4.0	26.131	20.513	1130	93.1	6.58	1.89	141	21.2	13.8
18	180	94	6.5	10.7	8.5	4.3	30.756	24.143	1660	122	7.36	2.00	185	26.0	15.4
20a	200	100	7.0	11.4	9.0	4.5	35.578	27.929	2370	158	8.15	2.12	237	31.5	17.2
20b	200	102	9.0	11.4	9.0	4.5	39.578	31.069	2500	169	7.96	2.06	250	33.1	16.9
22a	220	110	7.5	12.3	9.5	4.8	42.128	33.070	3400	225	8.99	2.31	309	40.9	18.9
22b	220	112	9.5	12.3	9.5	4.8	46.528	36.524	3570	239	8.78	2.27	325	42.7	18.7

续表一

| 型号 | 截面尺寸/mm | | | | | | 截面面积/cm² | 理论重量/(kg/m) | 惯性矩/cm⁴ | | 惯性半径/cm | | 截面模数/cm³ | | 参数比/cm |
	h	b	d	t	r	r_1			I_x	I_y	i_x	i_y	W_x	W_y	$I_x:S_x$
24a	240	116	8.0	13.0	10.0	5.0	47.741	37.477	4570	280	9.77	2.42	381	48.4	
24b		118	10.0				52.541	41.245	4800	297	9.57	2.38	400	50.4	
25a	250	116	8.0	13.0	10.0	5.0	48.541	38.105	5020	280	10.2	2.40	402	48.3	21.6
25b		118	10.0				53.541	42.030	5280	309	9.94	2.40	423	52.4	21.3
27a	270	122	8.5	13.7	10.5	5.3	54.554	42.825	6550	345	10.9	2.51	485	56.6	
27b		124	10.5				59.954	47.064	6870	366	10.7	2.47	509	58.9	24.6
28a	280	122	8.5	13.7	10.5	5.3	55.404	43.492	7110	345	11.3	2.50	508	56.6	
28b		124	10.5				61.004	47.888	7480	379	11.1	2.49	534	61.2	24.2
30a	300	126	9.0	14.4	11.0	5.5	61.254	48.084	8950	400	12.1	2.55	597	63.5	
30b		128	11.0				67.254	52.794	9400	422	11.8	2.50	627	65.9	
30c		130	13.0				73.254	57.504	9850	445	11.6	2.46	657	68.5	
32a	320	130	9.5	15.0	11.5	5.8	67.156	52.717	11100	460	12.8	2.62	692	70.8	27.5
32b		132	11.5				73.556	57.741	11600	502	12.6	2.61	726	76.0	27.1
32c		134	13.5				79.956	62.765	12200	544	12.3	2.61	760	81.2	26.8
36a	360	136	10.0	15.8	12.0	6.0	76.480	60.037	15800	552	14.4	2.69	875	81.2	30.7
36b		138	12.0				83.680	65.689	16500	582	14.1	2.64	919	84.3	30.3
36c		140	14.0				90.880	71.341	17300	612	13.8	2.60	962	87.4	29.9

续表二

型号	截面尺寸/mm						截面面积/cm²	理论重量/(kg/m)	惯性矩/cm⁴		惯性半径/cm		截面模数/cm³		参数比/cm
	h	b	d	t	r	r_1			I_x	I_y	i_x	i_y	W_x	W_y	$I_x:S_x$
40a	400	142	10.5	16.5	12.5	6.3	86.112	67.598	21700	660	15.9	2.77	1090	93.2	34.1
40b		144	12.5				94.112	73.878	22800	692	15.6	2.71	1140	96.2	33.6
40c		146	14.5				102.112	80.158	23900	727	15.2	2.65	1190	99.6	33.2
45a	450	150	11.5	18.0	13.5	6.8	102.446	80.420	32200	855	17.7	2.89	1430	114	38.6
45b		152	13.5				111.446	87.485	33800	894	17.4	2.84	1500	118	38.0
45c		154	15.5				120.446	94.550	35300	938	17.1	2.79	1570	122	37.6
50a	500	158	12.0	20.0	14.0	7.0	119.304	93.654	46500	1120	19.7	3.07	1860	142	42.8
50b		160	14.0				129.304	101.504	48600	1170	19.4	3.01	1940	146	42.4
50c		162	16.0				139.304	109.354	50600	1220	19.0	2.96	2080	151	41.8
55a	550	166	12.5	21.0	14.5	7.3	134.185	105.335	62900	1370	21.6	3.19	2290	164	
55b		168	14.5				145.185	113.970	65600	1420	21.2	3.14	2390	170	
55c		170	16.5				156.185	122.605	68400	1480	20.9	3.08	2490	175	
56a	560	166	12.5				135.435	106.316	65600	1370	22.0	3.18	2340	165	47.7
56b		168	14.5				146.635	115.108	68500	1490	21.6	3.16	2450	174	47.2
56c		170	16.5				157.835	123.900	71400	1560	21.3	3.16	2550	183	46.7
63a	630	176	13.0	22.0	15.0	7.5	154.658	121.407	93900	1700	24.5	3.31	2980	193	54.2
63b		178	15.0				167.258	131.298	98100	1810	24.2	3.29	3160	204	53.5
63c		180	17.0				179.858	141.189	102000	1920	23.8	3.27	3300	214	52.9

注：表中 r、r_1 的数据用于孔型设计，不做交货条件。新国标中未提供 $I_x:S_x$，表中参考旧国标给出部分参考数值。

附录 C 思考题与习题参考答案

第 1 章

思考题

1.1 强度、刚度、稳定性

1.2 C

1.3 连续性假设、均匀性假设、各向同性假设

1.4 D   1.5 B   1.6 D   1.7 A   1.8 D   1.9 A   1.10 0；2α

习题

1.1 $F_S = F$，$M = Fb$

1.2 $\sigma = 118.2$ MPa，$\tau = 20.8$ MPa

1.3 $\varepsilon = 4.5 \times 10^{-4}$

1.4 $\varepsilon_{周} = \varepsilon_{径} = 3.75 \times 10^{-5}$

1.5 $\gamma_{DAB} = 0.001$ rad

第 2 章

思考题

2.1 (a)和(b)

2.2 A

2.3 a, b, c

2.4 D   2.5 B   2.6 B   2.7 B   2.8 C   2.9 C   2.10 C   2.11 A

习题

2.1 (a) $F_{Nmax} = F$；(b) $F_{Nmax} = F$；(c) $F_{Nmax} = 3$ kN；(d) $F_{Nmax} = 1$ kN

2.2 $F_{N1} = 10$ kN，$\sigma_1 = 50$ MPa；$F_{N2} = -10$ kN，$\sigma_2 = -33.3$ MPa；
$F_{N3} = -20$ kN，$\sigma_3 = -50$ MPa

2.3 (1) $\sigma_{1-1} = 159.2$ MPa；   (2) $F_2 = 62.5$ kN

2.4 $F_N = 25$ kN，$\sigma = 124.3$ MPa

2.5 $\sigma = 10$ MPa

2.6 $\sigma_{45°} = 5$ MPa，$\tau_{45°} = 5$ MPa

2.7 (1) $\theta = 30.96°$；   (2) $[F] = 18.4$ kN

2.8 $\delta_1 = 9.0\%$，$\delta_2 = 26.4\%$，$\delta_3 = 38.8\%$；$\psi_1 = 8.8\%$，$\psi_2 = 37.6\%$，$\psi_3 = 74.5\%$；
均为塑性材料

2.9 $E = 70$ GPa，$\mu = 0.33$

2.10 (1) $d_{AB} \geqslant 17.8$ mm；   (2) $A_{CD} \geqslant 833$ mm²；   (3) $F_{max} \leqslant 15.7$ kN

2.11 $\sigma = 184.5$ MPa$< [\sigma_c]$，安全

2.12 $\sigma = 5.63$ MPa$< [\sigma]$，安全

2.13 $h \geqslant 243$ mm，$b \geqslant 173$ mm

2.14 $\sigma_1 = 82.9$ MPa$< [\sigma]$，$\sigma_2 = 131.8$ MPa$< [\sigma]$，安全

2.15　$[F] = 40$ kN

2.16　$\sigma = 37.1$ MPa$< [\sigma]$, 安全

2.17　45 mm$\times$45 mm$\times$3 mm

2.18　$\sigma = 200$ MPa$< [\sigma]$, 安全

2.19　$a \geqslant 228$ mm, $b \geqslant 398$ mm

2.20　$p = 6.80$ MPa

2.21　$\sigma_{AD} = \sigma_{CD} = 100$ MPa$< [\sigma]$, 安全

2.22　$\Delta l = 0.055$ mm

2.23　$F_{N1} = 20$ kN(拉力), $F_{N2} = -10$ kN(压力)

2.24　$\sigma_{max} = -64$ MPa

2.25　$[F] = 698$ kN

2.26　$\sigma_1 = 66.6$ MPa$< [\sigma]$, $\sigma_2 = 133.2$ MPa$< [\sigma]$, 安全

2.27　$F_{N1} = \dfrac{3}{1 + 4\,\cos^3 \alpha} F$, $F_{N2} = \dfrac{6\,\cos^2 \alpha}{1 + 4\,\cos^3 \alpha} F$

2.28　$F_{N1} = -\dfrac{9EA\alpha\Delta T}{10}$, $F_{N2} = -\dfrac{3EA\alpha\Delta T}{10}$

2.29　$F_{N1} = F_{N2} = \dfrac{\delta E_1 A_1 E_3 A_3 \,\cos^2 \alpha}{2E_1 A_1 \,\cos^3 \alpha + E_3 A_3} \cdot \dfrac{1}{l}$, $F_{N3} = \dfrac{2\delta E_1 A_1 E_3 A_3 \,\cos^3 \alpha}{2E_1 A_1 \,\cos^3 \alpha + E_3 A_3} \cdot \dfrac{1}{l}$

2.30　$\sigma_1 = \sigma_3 = -8$ MPa, $\sigma_2 = -2$ MPa

第 3 章

思考题

3.1　C

3.2　圆柱面, $A_S = \pi dh$; 环形平面, $A_{bs} = \dfrac{\pi D^2}{4} - \dfrac{\pi d^2}{4}$

3.3　D

3.4　D

习题

3.1　$\tau = 106$ MPa$< [\tau]$, $\sigma_{bs} = 141$ MPa$< [\sigma_{bs}]$, 安全

3.2　$\tau = 1.07$ MPa, $\sigma_{bs} = 2.86$ MPa

3.3　$d \geqslant 50$ mm, $b \geqslant 100$ mm

3.4　由剪切强度 $l \geqslant 78$ mm, 由挤压强度 $l \geqslant 119$ mm

3.5　$\tau = 19.1$ MPa$< [\tau]$, 安全

3.6　$\tau = 50.5$ MPa, $\sigma_{bs} = 69.4$ MPa

3.7　$d \geqslant 10.8$ mm, $D \geqslant 13.82$ mm, $h \geqslant 3.54$ mm

3.8　$F \leqslant 1100$ kN

3.9　$\tau_b = 89.1$ MPa, $n = 1.1$

3.10　$D = 50.1$ mm

3.11　$F \geqslant 177$ N, $\tau = 17.6$ MPa

3.12　$F \geqslant 823$ kN

3.13　$\tau = 99.5$ MPa$\leqslant [\tau]$, $\sigma_{bs} = 125$ MPa$< [\sigma_{bs}]$, $\sigma_{max} = 125$ MPa$< [\sigma]$, 安全

3.14　$[F] = 157.4$ kN

第 4 章

思考题

4.1　D　　4.2　A

4.3　I_p 正确，W_p 错误　　4.4　略

4.5　48 MPa，24 MPa

4.6　略　　4.7　C　　4.8　A　　4.9　D　　4.10　C

4.11　木纤维之间的结合力较弱，在扭转时纵截面上的切应力使木纤维间发生分离

习题

4.1　(a) $|T|_{max}=2$ kN·m；(b) $|T|_{max}=3$ kN·m；(c) $|T|_{max}=3M_e$；(d) $|T|_{max}=3M_e$

4.2　$\tau_\rho=70$ MPa，$\tau_{max}=87.6$ MPa

4.3　$\tau_A=63.7$ MPa，$\tau_{max}=84.9$ MPa，$\tau_{min}=42.4$ MPa

4.4　(1) $|T|_{max}=1273$ N·m，扭矩图略；(2) 有利，$|T|_{max}=955$ N·m

4.5　$d \geqslant 32.2$ mm

4.6　$\tau_{max}=18.1$ MPa $<[\tau]$，安全

4.7　$\tau_{max}=81.5$ MPa $<[\tau]$，安全

4.8　$d_1 \geqslant 42.2$ mm，$D_2 \geqslant 43.1$ mm

4.9　$\tau=189$ MPa，$\gamma=2.53\times10^{-3}$ rad

4.10　$s \leqslant 39.5$ mm

4.11　$G=79.6$ GPa

4.12　$\varphi_{AC}=-7.55\times10^{-4}$ rad $=-0.0432°$

4.13　$d \geqslant 70$ mm

4.14　$d \geqslant 63$ mm

4.15　(1) $d_1 \geqslant 84.6$ mm，$d_2 \geqslant 74.5$ mm；(2) $d \geqslant 84.6$ mm；

　　　(3) 主动轮 1 放在从动轮 2，3 之间比较合理

4.16　$\tau_{max}=50.8$ MPa $<[\tau]$，强度满足要求；$\varphi'_{max}=1.9°/$m $<[\varphi']$，刚度也满足要求

4.17　(1) $\tau_{max}=40.1$ MPa；(2) $\tau'_{max}=34.4$ MPa；(3) $\varphi'=0.565°/$m

第 5 章

思考题

略

习题

5.1　(a) $F_{SC_-}=0$，$M_{C_-}=Fa$，$F_{SC_+}=-F$，$M_{C_+}=Fa$，$F_{SD_-}=-F$，$M_{D_-}=0$；

　　　(b) $F_{SB_-}=-qa$，$M_{B_-}=-\dfrac{qa^2}{2}$，$F_{SB_+}=-qa$，$M_{B_+}=-\dfrac{qa^2}{2}$，$F_{SC_+}=0$，$M_{C_+}=0$；

　　　(c) $F_{SC_-}=-F+qa$，$M_{C_-}=M_e+Fa-\dfrac{qa^2}{2}$，$F_{SC_+}=-F+qa$，$M_{C_+}=Fa-\dfrac{qa^2}{2}$；

　　　(d) $F_{SB_-}=-\dfrac{qa}{4}+\dfrac{M_e}{2a}$，$M_{B_-}=M_e$，$F_{SC_+}=-\dfrac{qa}{4}+\dfrac{M_e}{2a}$，$M_{C_+}=\dfrac{qa^2}{4}+\dfrac{M_e}{2}$；

　　　(e) $F_{SC_+}=-\dfrac{2}{3}qa$，$M_{C_+}=\dfrac{2}{3}qa^2$，$F_{SD}=\dfrac{1}{3}qa$，$M_D=\dfrac{5}{6}qa^2$；

材料力学

(f) $F_{SA_-} = -F$, $M_{A_-} = -Fa$, $F_{SA_+} = \dfrac{M_e + Fa}{l}$, $M_{A_+} = -Fa$,

$F_{SB_-} = \dfrac{M_e + Fa}{l}$, $M_{B_-} = M_e$, $F_{SC_+} = -F$, $M_{C_+} = 0$;

(g) $F_{SC_+} = 0$, $M_{C_+} = -M_e$, $F_{SD_-} = \dfrac{Fa + M_e}{2a}$, $M_{D_-} = \dfrac{Fa - M_e}{2}$,

$F_{SD_+} = \dfrac{-Fa + M_e}{2a}$, $M_{D_+} = \dfrac{Fa - M_e}{2}$;

(h) $F_{SA_-} = 0$, $M_{A_-} = -M_e$, $F_{SC_+} = 0$, $M_{C_+} = -M_e$, $F_{SD} = \dfrac{M_e}{2a}$, $M_D = \dfrac{qa^2 - M_e}{2}$

5.2 (a) $|F_S|_{max} = qa$, $|M|_{max} = \dfrac{3}{2}qa^2$;   (b) $|F_S|_{max} = qa$, $|M|_{max} = 3qa^2$;

(c) $|F_S|_{max} = \dfrac{3}{4}qa$, $|M|_{max} = \dfrac{9}{32}qa^2$;   (d) $|F_S|_{max} = qa$, $|M|_{max} = qa^2$;

(e) $|F_S|_{max} = qa$, $|M|_{max} = qa^2$;   (f) $|F_S|_{max} = \dfrac{3}{2}qa$, $|M|_{max} = qa^2$;

(g) $|F_S|_{max} = qa$, $|M|_{max} = \dfrac{1}{2}qa^2$;   (h) $|F_S|_{max} = \dfrac{qa}{2}$, $|M|_{max} = \dfrac{1}{8}qa^2$

5.3 (a) $|F_S|_{max} = qa$, $|M|_{max} = 2qa^2$;   (b) $|F_S|_{max} = qa$, $|M|_{max} = \dfrac{3}{2}qa^2$;

(c) $|F_S|_{max} = \dfrac{5}{4}qa$, $|M|_{max} = qa^2$;   (d) $|F_S|_{max} = \dfrac{5}{3}qa$, $|M|_{max} = \dfrac{25}{18}qa^2$;

(e) $|F_S|_{max} = qa$, $|M|_{max} = \dfrac{1}{2}qa^2$;   (f) $|F_S|_{max} = \dfrac{3}{2}qa$, $|M|_{max} = qa^2$;

(g) $|F_S|_{max} = \dfrac{5}{3}qa$, $|M|_{max} = \dfrac{7}{6}qa^2$;   (h) $|F_S|_{max} = qa$, $|M|_{max} = \dfrac{1}{2}qa^2$

5.4 (a) BC 段：$|M|_{max} = 20$ kN·m, AB 段：$|M|_{max} = 80$ kN·m;

(b) BC 段：$|M|_{max} = 45$ kN·m, AB 段：$|M|_{max} = 45$ kN·m;

(c) AB 段：$|M|_{max} = 0$, BC 段：$|M|_{max} = 7.5$ kN·m, CD 段：$|M|_{max} = 7.5$ kN·m

5.5 (a) $|F_S|_{max} = 26$ kN, $|M|_{max} = 36$ kN·m;

(b) $|F_S|_{max} = 15$ kN, $|M|_{max} = 10$ kN·m

5.6 略

5.7 $a = 0.207l$

第 6 章

思考题

略

习题

6.1 (1) $y_C = 0.275$ m, $S_{z_C} = -0.02$ m²; (2) 大小相等，正负相反

6.2 (a) $\bar{z}_C = 0$, $\bar{y}_C = 348.3$ mm, $I_{z_C} = 1.73 \times 10^9$ mm⁴;

(b) $\bar{z}_C = 0$, $\bar{y}_C = 431$ mm, $I_{z_C} = 1.55 \times 10^{10}$ mm⁴;

(c) $\bar{z}_C = 0$, $\bar{y}_C = \dfrac{h(2a+b)}{3(a+b)}$, $I_{z_C} = \dfrac{(a^2 + 4ab + b^2)h^3}{36(a+b)}$;

(d) $\bar{z}_C = 0$, $\bar{y}_C = 261$ mm, $I_{z_C} = 1.19 \times 10^{10}$ mm⁴;

(e) $\bar{z}_C = 0$, $\bar{y}_C = 141$ mm, $I_{z_C} = 4.45 \times 10^7$ mm⁴

6.3 $\sigma_{max} = 67.5$ MPa

6.4　(a) $b=\dfrac{\sqrt{3}}{3}d$, $h=\dfrac{\sqrt{6}}{3}d$; (b) $b=\dfrac{1}{2}d$, $h=\dfrac{\sqrt{3}}{2}d$

6.5　中间部位，$\sigma_{max}=41.5$ MPa$<[\sigma]$；外伸部位，$\sigma_{max}=46.4$ MPa$<[\sigma]$，安全

6.6　$x_{max}=5.33$ m

6.7　$W_z=17.5$ cm^3，选 No.8 槽钢

6.8　$h=125$ mm，$b=41.7$ mm

6.9　$l_2\leqslant\dfrac{(h_1^2+h_2^2)l_1}{h_1^2}$，$F\leqslant\dfrac{2bh_1^2}{3l_1}[\sigma]$

6.10　最大允许轧制力 910 kN

6.11　$[q]=15.68$ kN/m

6.12　$\sigma_{max}^c=45.36$ MPa$<[\sigma_c]$，$\sigma_{max}^t=60.4$ MPa$>[\sigma_t]$

6.13　$\sigma_{max}^t=39.3$ MPa，$\sigma_{max}^c=78.6$ MPa，倒置后 $\sigma_{max}^t=78.6$ MPa，$\sigma_{max}^c=39.3$ MPa

6.14　$b=510$ mm

6.15　$\sigma_{max}^t=18.3$ MPa，$\sigma_{max}^c=63.8$ MPa，$\tau_{max}=29.7$ MPa

6.16　No.28a 工字钢，$\tau_{max}=13.9$ MPa

6.17　$\sigma_{max}=6.67$ MPa，$\tau_{max}=1$ MPa

6.18　$S<107$ mm

6.19　$b(x)=\dfrac{b_0}{L}x$，$b_0=\dfrac{6FL}{\delta^2[\sigma]}$

6.20　$a=b=2$ m，$F\leqslant14.8$ kN

6.21　$\alpha=78°$

第 7 章

思考题

略

习题

7.1　(a) $w_A=0$，$w_B=0$；　　　　　(b) $w_A=0$，$w_B=0$；

(c) $w_A=0$，$w_B=\dfrac{M_eh}{E_1A_1l}$；　　(d) $w_A=0$，$\theta_A=0$

7.2　略

7.3　(a) $|w|_{max}=\dfrac{ql^4}{8EI}$，$|\theta|_{max}=\dfrac{ql^3}{6EI}$；　　(b) $|w|_{max}=\dfrac{71ql^4}{384EI}$，$|\theta|_{max}=\dfrac{13ql^3}{48EI}$

7.4　(a) $\theta_A=-\theta_B=-\dfrac{11qa^3}{6EI}$，$w_C=w_{max}=-\dfrac{19qa^4}{8EI}$；

(b) $\theta_A=-\dfrac{3ql^3}{128EI}$，$\theta_B=\dfrac{7ql^3}{384EI}$，$w_C=-\dfrac{5ql^4}{768EI}$

7.5　$\theta_A=\dfrac{5ql^3}{48EI}$，$\theta_B=\dfrac{ql^3}{24EI}$，$w_A=-\dfrac{ql^4}{24EI}$，$w_D=-\dfrac{ql^4}{384EI}$

7.6　(a) $w_A=\dfrac{ql^4}{16EI}$，$\theta_B=\dfrac{ql^3}{12EI}$；　　(b) $w_A=-\dfrac{Fl^3}{6EI}$，$\theta_B=-\dfrac{9Fl^2}{8EI}$；

(c) $w_A=-\dfrac{Fa(3b^2+6ab+2a^2)}{6EI}$，$\theta_B=\dfrac{Fa(2b+a)}{2EI}$；

(d) $w_A=-\dfrac{5ql^4}{768EI}$，$\theta_B=\dfrac{ql^3}{384EI}$

7.7　(a) $w_A = \dfrac{qal^2}{24EI}(5l+6a)$，$\theta_A = -\dfrac{ql^2}{24EI}(5l+12a)$；

　　(b) $w_A = \dfrac{Fa}{48EI}(3l^2-16al-16a^2)$，$\theta_A = \dfrac{F}{48EI}(24a^2+16al-3l^2)$；

　　(c) $w_A = -\dfrac{qa}{24EI}(3a^3+4a^2l-l^3)$，$\theta_A = \dfrac{q}{24EI}(4a^3+4a^2l-l^3)$；

　　(d) $w_A = -\dfrac{5qa^4}{24EI}$，$\theta_A = \dfrac{qa^3}{4EI}$

7.8　$F=0.349$ N，$a=0.80$ mm

7.9　$w_C = -\dfrac{11qa^4}{12EI}$，$\theta_C = -\dfrac{2qa^3}{3EI}$

7.10　$w_E = -\dfrac{3M_e a^2}{4EI}$，$\theta_E = 0$

7.11　$w=13.8$ mm$<[w]$，安全

7.12　$w_C = \dfrac{Fl^3}{24E(I_2+2I_1)}$

7.13　$F_{RC}=0.224F$（↓），$F_{RA}=0.488F$（↑），$F_{RB}=0.736F$（↑）

7.14　$F_S=85.1$ N

7.15　$F=1.375$ N

第8章

思考题

8.1　B；D；A 和 D；C　　8.2　B　　8.3　D　　8.4　C　　8.5　D，B

8.6　87.5×10^{-6}

8.7　A　　8.8　D　　8.9　B，D　　8.10　B　　8.11　(d)

8.12　横，轴线约成 45°的曲面

8.13　不一定；不一定；应根据破坏形式选择强度理论

习题

8.1　略

8.2　(a) $\sigma=47.3$ MPa，$\tau=7.3$ MPa；(b) $\sigma=20$ MPa，$\tau=0$；

　　(c) $\sigma=0.5$ MPa，$\tau=-20.5$ MPa；(d) $\sigma=62.5$ MPa，$\tau=21.7$ MPa

8.3　(a) $\sigma_1=57$ MPa，$\sigma_2=0$，$\sigma_3=-7$ MPa，$\alpha_0=-19°20'$，$\tau_{max}=32$ MPa；

　　(b) $\sigma_1=11.2$ MPa，$\sigma_2=0$，$\sigma_3=-71.2$ MPa，$\alpha_0=-37°59'$，$\tau_{max}=41.2$ MPa；

　　(c) $\sigma_1=4.7$ MPa，$\sigma_2=0$，$\sigma_3=-84.7$ MPa，$\alpha_0=-13°17'$，$\tau_{max}=44.7$ MPa；

　　(d) $\sigma_1=37$ MPa，$\sigma_2=0$，$\sigma_3=-27$ MPa，$\alpha_0=19°20'$，$\tau_{max}=32$ MPa

8.4　$\sigma_1=70$ MPa，$\sigma_2=10$ MPa，$\sigma_3=0$，$\theta=144°$

8.5　上：$\sigma_1=60$ MPa，$\sigma_2=\sigma_3=0$；

　　中：$\sigma_1=30.2$ MPa，$\sigma_2=0$，$\sigma_3=-0.2$ MPa；

　　下：$\sigma_1=3$ MPa，$\sigma_2=0$，$\sigma_3=-3$ MPa

8.6　(1) $\sigma_\alpha=-45.8$ MPa，$\tau_\alpha=8.8$ MPa；

　　(2) $\sigma_1=108$ MPa，$\sigma_2=0$，$\sigma_3=-46.3$ MPa，$\alpha_0=33°17'$

8.7　(a) $\sigma_1=84.7$ MPa，$\sigma_2=20$ MPa，$\sigma_3=-4.7$ MPa，$\tau_{max}=44.7$ MPa；

　　(b) $\sigma_1=50$ MPa，$\sigma_2=40$ MPa，$\sigma_3=-40$ MPa，$\tau_{max}=45$ MPa；

　　(c) $\sigma_1=130$ MPa，$\sigma_2=30$ MPa，$\sigma_3=-30$ MPa，$\tau_{max}=80$ MPa

8.8　(1) $\sigma_a = 2.13$ MPa，$\tau_a = 24.3$ MPa；

　　　(2) $\sigma_1 = 84.9$ MPa，$\sigma_2 = 0$，$\sigma_3 = -5$ MPa，$\alpha_0 = 13°16'$

8.9　(a) $\sigma_{r1} = 57$ MPa，$\sigma_{r2} = 58.8$ MPa，$\sigma_{r3} = 64$ MPa，$\sigma_{r4} = 60.8$ MPa；

　　　(b) $\sigma_{r1} = 11.2$ MPa，$\sigma_{r2} = 29$ MPa，$\sigma_{r3} = 82.4$ MPa，$\sigma_{r4} = 77.4$ MPa；

　　　(c) $\sigma_{r1} = 4.7$ MPa，$\sigma_{r2} = 25.9$ MPa，$\sigma_{r3} = 89.4$ MPa，$\sigma_{r4} = 87.1$ MPa；

　　　(d) $\sigma_{r1} = 37$ MPa，$\sigma_{r2} = 43.8$ MPa，$\sigma_{r3} = 64$ MPa，$\sigma_{r4} = 55.7$ MPa

8.10　$\sigma_1 = 0$，$\sigma_2 = -19.8$ MPa，$\sigma_3 = -60$ MPa；

　　　$\Delta l_1 = 3.76 \times 10^{-3}$ mm，$\Delta l_2 = 0$，$\Delta l_3 = -7.65 \times 10^{-3}$ mm

8.11　$\Delta l = 9.29 \times 10^{-3}$ mm

8.12　$T = 2997$ N·m

8.13　$\sigma_{r3} = 280$ MPa $< [\sigma]$，$\sigma_{r4} = 246$ MPa $< [\sigma]$，安全

8.14　$\sigma_{r1} = 24.3$ MPa $< [\sigma_t]$，$\sigma_{r2} = 26.6$ MPa $< [\sigma_t]$，安全

8.15　$n_3 = 1.92$，$n_4 = 2.19$

8.16　(1) $\sigma_x = 40$ MPa，$\sigma_t = 80$ MPa，$p = 3.2$ MPa；　(2) $\sigma_{r4} = 72.1$ MPa $< [\sigma]$，安全

第 9 章

思考题

9.1　弯曲，压弯扭，拉弯扭

9.2　$\sqrt{\sigma^2 + 4\tau^2}$，$\sqrt{\sigma^2 + 3\tau^2}$

9.3　A

9.4　C

9.5　D

9.6　C

9.7　$\dfrac{5F}{bh}$，$\sigma_B = -\dfrac{7F}{bh}$

习题

9.1　$\sigma_{max} = \dfrac{32l \sqrt{F_y^2 + F_z^2}}{\pi d^3}$

9.2　$\sigma_{tmax} = 9.876$ MPa，$\sigma_{cmax} = -9.876$ MPa

9.3　No.16 工字梁

9.4　$\sigma_{max} = 55$ MPa；$\sigma'_{max} = 45.7$ MPa

9.5　(1) 略；(2) $F = 18.38$ kN，$e = 1.785$ mm

9.6　$\sigma_{max} = 106$ MPa $< [\sigma]$，安全

9.7　$\sigma_{tmax} = 14.26$ MPa，$\sigma_{cmax} = -18.3$ MPa

9.8　$\sigma_{max} = 55.7$ MPa $< [\sigma]$，安全

9.9　$b \geqslant 68$ mm

9.10　$P = 788$ N

9.11　$\sigma_{r3} = 64.8$ MPa $< [\sigma]$，安全

9.12　$d \geqslant 23.6$ mm

9.13　$t \geqslant 2.64$ mm

9.14　$d \geqslant 68.5$ mm

9.15　忽略带轮重量：$d \geqslant 48$ mm；考虑带轮重量：$d \geqslant 49.3$ mm

9.16 (1) $\sigma_1 = 3.11$ MPa，$\sigma_2 = 0$，$\sigma_3 = -0.22$ MPa，$\tau_{max} = 1.67$ MPa；

(2) $\sigma_{r3} = 3.33$ MPa$<[\sigma]$，安全

9.17 $\sigma_{r3} = 89.2$ MPa$<[\sigma]$，安全

9.18 $M = 94.2$ N·m，$T = 100.5$ N·m

9.19 $d = 59.7$ mm

9.20 $\sigma_{r3} = 107$ MPa$<[\sigma]$，安全

第 10 章

思考题

10.1　D　　10.2　C　　10.3　$x-z$　　10.4　B　　10.5　A

10.6　圆形，正方形

10.7　A　　10.8　(b)　　10.9　A　　10.10　B　　10.11　D

习题

10.1　(a) $F_{cr} = 2540$ kN；(b) $F_{cr} = 2645$ kN；(c) $F_{cr} = 3136$ kN

10.2　(1) $F_{cr} = 54.5$ kN；(2) $F_{cr} = 89.2$ kN；(3) $F_{cr} = 352$ kN

10.3　$n = 3.08 \geqslant n_{st}$，安全

10.4　$F_{cr} = 156.9$ kN，$F_{cr} = 423.4$ kN

10.5　$\sigma_{cr} = 13.2$ MPa

10.6　$a = 43.2$ mm，$F_{cr} = 505$ kN

10.7　F 向外时：$F_{cr} = \dfrac{\pi^2 EI}{2l^2}$；$F$ 向内时：$F_{cr} = \dfrac{\sqrt{2}\pi^2 EI}{l^2}$

10.8　$n = 8.3 > n_{st}$，安全

10.9　$\sigma_{cr} = 722$ MPa，$F_{cr} = 454$ kN

10.10　$[F] = 87$ kN

10.11　$F_{cr} = 412$ kN

10.12　横梁 AB：$\sigma_{max} = 127.6$ MPa$<[\sigma]$；压杆 CD：$n = 2.9 > n_{st}$，结构安全

10.13　$n = 2.3 > n_{st}$，结构安全

10.14　$d = 97$ mm

10.15　$[F] = 91.7$ kN

第 11 章

思考题

11.1　B　　11.2　D　　11.3　B　　11.4　B　　11.5　A

11.6　(d)　　11.7　A　　11.8　D　　11.9　C　　11.10　B

11.11　-0.25，25 MPa，15 MPa

习题

11.1　47.9 MPa

11.2　吊索：$\sigma_d = 27.9$ MPa；工字钢：$\sigma_{dmax} = 19.67$ MPa

11.3　吊索最大正应力的增量为 $\Delta\sigma_{max} = 2.55$ MPa，梁中央截面上最大正应力的增量为 $\Delta\sigma_{max} = 15.6$ MPa

11.4　$\sigma_{dmax} = 6.67$ MPa

11.5　$\sigma_{dmax} = 12.5$ MPa

11.6　CD 杆：$\sigma_{dmax} = 2.27$ MPa$<[\sigma]$，安全；AB 轴：$\sigma_{dmax} = 68.2$ MPa$<[\sigma]$，安全

11.7　(a) $\sigma_{st} = 0.0283$ MPa；(b) $\sigma_d = 6.9$ MPa；(c) $\sigma_d = 1.2$ MPa

11.8　(a) $\sigma_{dmax} = 184.3$ MPa；(b) $\sigma_{dmax} = 15.85$ MPa

11.9　$\sigma_{dmax} = 15$ MPa

11.10　$\sigma_{dmax} = \dfrac{2Pl}{9W}\left(1 + \sqrt{1 + \dfrac{243EIh}{2Pl^3}}\right)$，$\Delta_{d跨中} = \dfrac{23Pl^3}{1296EI}\left(1 + \sqrt{1 + \dfrac{243EIh}{2Pl^3}}\right)$

11.11　$\Delta_{dBD} = 4.1$ mm

11.12　$\sigma_{dmax} = 16.9$ MPa

11.13　$\Delta_{dmax} = \left(1 + \sqrt{1 + \dfrac{48EI(v^2 + gl)}{gPl^3}}\right)\dfrac{Pl^3}{48EI}$

11.14　$\Delta_{dmax} = \sqrt{\dfrac{48EI(v^2 + gl)}{gPl^3}}\dfrac{Pl^3}{48EI}$

11.15　(a) $r = 0$，$\sigma_m = 40$ MPa，$\sigma_a = 40$ MPa；　　(b) $r = 0.5$，$\sigma_m = 60$ MPa，$\sigma_a = 20$ MPa；

　　　　(c) $r = -0.5$，$\sigma_m = 20$ MPa，$\sigma_a = 60$ MPa；　　(d) $r = -1$，$\sigma_m = 0$ MPa，$\sigma_a = 80$ MPa

11.16　$\sigma_m = 549$ MPa，$\sigma_a = 12$ MPa，$r = 0.957$

11.17　$\sigma_{max} = -\sigma_{min} = 78.5$ MPa，$r = -1$

11.18　$r = -4.33$，$\sigma_m = -70.7$ MPa，$\sigma_a = 113$ MPa

11.19　$K_\sigma = 1.55$，$K_\tau = 1.26$，$\varepsilon_\sigma = 0.77$，$\varepsilon_\tau = 0.81$

11.20　$n_{\sigma} = 1.88$

11.21　1—1 截面：$n_\sigma = 1.59 > n_f$，安全；2—2 截面：$n_\sigma = 1.99 > n_f$，安全

第 12 章

思考题

12.1　C　　　12.2　D　　　12.3　C　　　12.4　(c)　　　12.5　(b)

12.6　A　　　12.7　C　　　12.8　C

12.9　逆时针转向的矩为 1 kN·m 的力偶

习题

12.1　(a) $V_\varepsilon = \dfrac{2F^2 l}{\pi Ed^2}$；(b) $V_\varepsilon = \dfrac{7F^2 l}{8\pi Ed^2}$

12.2　(a) $V_\varepsilon = \dfrac{m_e^2 l^3}{6GI_p}$；(b) $V_\varepsilon = \dfrac{M_e^2 l}{18EI}$；(c) $V_\varepsilon = \dfrac{2F^2 l^3}{3EI}$

12.3　(a) $V_\varepsilon = 0.957\dfrac{F^2 l}{EA}$，$\Delta_{CH} = 1.914\dfrac{Fl}{EA}$（→）；　　(b) $V_\varepsilon = \dfrac{27F^2 a}{4EA}$，$\Delta_{DV} = \dfrac{27Fa}{2EA}$（↓）

12.4　(a) $V_\varepsilon = \dfrac{F^2 l^3}{96EI}$，$\Delta_C = \dfrac{Fl^3}{48EI}$（↓）；　　(b) $V_\varepsilon = \dfrac{M_e^2 l}{3EI}$，$\theta_A = \dfrac{2M_e l}{3EI}$（顺）

12.5　$\Delta l = \dfrac{\mu bF}{EA}$（伸长）

12.6　$\Delta_C = \dfrac{M_e l^2}{16EI}$（↓）

12.7　略

12.8　略

12.9　$\Delta_C = \dfrac{5Fa^3}{3EI}$（↓），$\theta_B = \dfrac{4Fa^2}{3EI}$（顺）

12.10　$\Delta_B = \dfrac{Fl^3}{12EI}$　（↓）

12.11　(a)　$w_B = \dfrac{M_e l^2}{8EI} + \dfrac{Fl^3}{24EI}$（↓），$\theta_C = \dfrac{M_e l}{EI} + \dfrac{Fl^2}{8EI}$（顺）；

　　　　(b)　$w_B = \dfrac{23qa^4}{8EI}$（↓），$\theta_C = \dfrac{3qa^3}{2EI}$（顺）；

　　　　(c)　$w_B = \dfrac{2ql^4}{3EI}$（↓），$\theta_C = \dfrac{ql^3}{3EI}$（顺）；

　　　　(d)　$w_B = \dfrac{11ql^4}{24EI}$（↓），$\theta_C = \dfrac{2ql^3}{3EI}$（逆）

12.12　$\Delta_{AH} = \dfrac{qa^4}{4EI}$（→），$\Delta_{AV} = \dfrac{17qa^4}{24EI}$（↓）

12.13　$\Delta_{AH} = \dfrac{2FR^3}{EI}$（←），$\Delta_{AV} = \dfrac{3\pi FR^3}{2EI}$（↓）

12.14　$\Delta_{CV} = \dfrac{2Fa^3}{3EI} + \dfrac{8\sqrt{2}\,Fa}{EA}$（↓），$\theta_C = \dfrac{5Fa^2}{6EI} + \dfrac{4\sqrt{2}\,F}{EA}$（顺）

12.15　$\Delta_{AB} = \dfrac{5Fa^3}{3EI}$

12.16　(1)　$F_N = \dfrac{F}{4}$；(2)　$[F] = 4[\sigma]A$

12.17　$F_C = \dfrac{ql}{8}$，$F_{Ax} = -\dfrac{ql}{8}$，$F_{Ay} = ql$，$M_A = \dfrac{3ql^2}{8}$

12.18　$F_{Cx} = 7.5\ \text{kN}$，$F_{Cy} = 0$

12.19　$F_{Ax} = F_{Bx} = 0$，$F_{Ay} = \dfrac{qa}{2}$，$F_{By} = -\dfrac{qa}{2}$

参 考 文 献

[1] 刘鸿文. 材料力学[M]. 5版. 北京:高等教育出版社,2010.

[2] 单辉祖. 材料力学[M]. 3版. 北京:高等教育出版社,2010.

[3] 范钦珊. 材料力学[M]. 北京:清华大学出版社,2003.

[4] 孙训方,方孝淑,关来泰. 材料力学[M]. 5版. 北京:高等教育出版社,2009.

[5] 苟文选. 材料力学[M]. 2版. 北京:科学出版社,2010.

[6] 秦飞. 材料力学[M]. 北京:科学出版社,2012.

[7] 王永廉. 材料力学[M]. 2版. 北京:机械工业出版社,2011.

[8] 景荣春,刘建华. 材料力学简明教程[M]. 北京:清华大学出版社,2015.

[9] 隋允康,宇慧平,杜家政. 材料力学:杆系变形的发现[M]. 北京:机械工业出版社, 2014.

[10] 杨梅,张连文,弓满锋. 材料力学[M]. 武汉:华中科技大学出版社,2013.

[11] 何青. 材料力学[M]. 北京:机械工业出版社,2013.

[12] Hibbeler R C. Mechanics of Materials[M]. 8th ed. 北京:机械工业出版社,2013.

[13] Gere J M. Mechanics of Materials[M]. 5th ed. 北京:机械工业出版社,2003.

[14] 刘鸿文,吕荣坤. 材料力学实验[M]. 北京:高等教育出版社,2006.

[15] 郭应征. 材料力学学习指导[M]. 北京:中国电力出版社,2013.

[16] 苟文选,王安强. 材料力学重点难点考点辅导与精析[M]. 西安:西北工业大学出版社,2012.

[17] 马红艳. 材料力学解题指导[M]. 北京:科学出版社,2014.

[18] 江苏省力学学会教育科普委员会. 理论力学材料力学考研与竞赛试题精解[M]. 3版. 徐州:中国矿业大学出版社,2011.